SCHLEIF- UND POLIERTECHNIK / BAND III

Schleif- und Poliertechnik

HANDBUCH DES GESAMTEN SCHLEIF- UND POLIERWESENS

in 5 Bänden

von Senator e. h. B. Kleinschmidt

Band I: Das Schleifen in der Metallbearbeitung

Band II: Das Polieren der Metalle

Band III: Das Schleifen und Polieren in der Holzbearbeitung

Band IV: Das Schleifen und Polieren in der Glas-, Stein-, Leder-, Kunststoff- usw. -Bearbeitung

Band V: Das Schleifen der Werkzeuge

TECHNISCHER VERLAG HERBERT CRAM

BERLIN W 35 · 1958

Schleif- und Poliertechnik

HANDBUCH DES GESAMTEN SCHLEIF- UND POLIERWESENS

Band III

DAS SCHLEIFEN UND POLIEREN IN DER HOLZBEARBEITUNG

Mit 314 Abbildungen

2., verbesserte Auflage

TECHNISCHER VERLAG HERBERT CRAM

BERLIN W 35 · 1958

Satz: Walter de Gruyter & Co., Berlin W 35

Druck: Otto von Holten GmbH., Berlin

Printed in Germany

Vorwort

Während auf dem Gebiete der Metallbearbeitung durch Schleifen und Polieren für alle wichtigen Arbeitsverfahren eine, wenn auch nicht reichhaltige, Literatur vorhanden ist, und zum Teil eingehende wissenschaftliche Untersuchungen vorliegen, deren Ergebnisse für die Ausbildung bestimmter Maschinen und Werkzeuge grundlegend geworden sind, sind auf dem Gebiete der maschinellen Holzbearbeitung, insbesondere durch Schleifen und Polieren, recht wenige Arbeiten erschienen und auch erst nur einige wissenschaftliche Untersuchungen angestellt worden. Durch die Umstellung auf maschinelle Arbeitsverfahren hat in den letzten Jahren — in ähnlicher Weise wie in der Metallindustrie — die Oberflächenbehandlung durch Schleifen auch in der Holzindustrie an Bedeutung gewonnen. Da eine zusammenfassende Arbeit auf dem Gebiete der Holzbearbeitung durch Schleifen und Polieren noch nicht vorliegt, erschien es zweckmäßig, dieses Gebiet ausführlich zu behandeln und ihm im Handbuch des gesamten Schleif- und Polierwesens einen vollen Band zu widmen. Bei dieser Arbeit ging es darum, einer immer größer werdenden Verbraucherschaft die Bedeutung der Arbeitsverfahren des Schleifens und Polierens in der Holzbearbeitung, besonders in Hinsicht auf ihre große Wirtschaftlichkeit, vor Augen zu führen und schleif- und poliertechnische Kenntnisse zu vermitteln.
Die Herstellung der in der Holzbearbeitung zur Verwendung kommenden Schleif- und Poliermittel wurde in der vorliegenden Arbeit nur so weit behandelt, als dies zum besseren Verständnis der verschiedenen Arbeitsverfahren für den Verbraucher zweckmäßig erschien. Leider ist ja über die zeitgemäßen Schleif- und Poliermittel und ihre zweckmäßige Verwendung noch verhältnismäßig wenig bekannt. Der Austausch von Betriebserfahrungen, der doch dem Fortschritt aller beteiligten Werke dienen soll, ist noch nicht so in die Wege geleitet worden, wie dies so dringend notwendig wäre. Es herrscht noch eine über das berechtigte Maß hinausgehende Geheimniskrämerei. In seiner langen Tätigkeit als Schriftleiter der von ihm im Jahre 1924 gegründeten Fachzeitschrift „Die Schleif- und Poliermittel-Industrie" und des im Jahre 1926 gegründeten „Schleifindustrie-Kalenders" hatte der Verfasser leider nur zu oft

Gelegenheit, dies zu beobachten. Auch kann von einer für die Weiterentwicklung unserer deutschen Industrie so wichtigen regen Gemeinschaftsarbeit zwischen Herstellern, Verbrauchern und Wissenschaft, die dem Verfasser schon 1928 vorschwebte, als er auf der von ihm angeregten Fachveranstaltung für Schleif- und Poliertechnik auf der Kölner Frühjahrsmesse die Gründung der Deutschen Schleiftechnischen Forschungsgesellschaft vergeblich zu verwirklichen suchte, noch keine Rede sein.

Holz ist ein besonderer Stoff, als Rohstoff wird es nicht in Lagerstätten abgebaut, sondern stets neu erzeugt; die damit verbundenen besonderen Umstände bedingen auch, daß kaum ein Baum dem anderen in bezug auf Form, Holzbeschaffenheit, Wachstumserscheinungen oder inneren Eigenschaften gleicht. Man kann Stahl in bestimmt genormter Güte erzeugen, die in weiten Grenzen schwankenden Eigenschaften des Holzes lassen aber eine Normierung nicht zu. Holz ist also etwas Besonderes, und es liegt auf der Hand, daß man bei seiner Bearbeitung auch den besonderen Eigenschaften Rechnung tragen muß. Das Polieren des Holzes stellt ein Sondergebiet dar, das bei der Fülle des Stoffes in diesem Buche nur ganz kurz behandelt werden konnte. Im übrigen ist über dieses Sondergebiet auch eine brauchbare Literatur vorhanden.

Das Schleifen hat nun für die wirtschaftliche Fertigung in der Holzindustrie eine besondere Bedeutung; denn von ihm hängt die Güte aller später gebeizten, polierten oder lackierten Erzeugnisse ab. Der Arbeitsgang des Schleifens läßt sich bei der Holzbearbeitung nicht ausschalten, wohl aber können die Schleifkosten verringert und die Oberflächengüte verbessert werden, wenn die für den jeweiligen Arbeitsprozeß geeigneten Schleifmittel, Schleifmaschinen und Schleifverfahren Anwendung finden. Ihre richtige Wahl ist Vorbedingung für den Erfolg.

Der vorliegende Band soll den Holzwerker mit den zur Verwendung gelangenden vielartigen Schleifmitteln, den Schleifmaschinen und den zeitgemäßen Schleifverfahren vertraut machen und ihn damit in den Stand setzen, wirtschaftlich zu arbeiten und Erzeugnisse bester Güte herzustellen.

Senator e. h. B. Kleinschmidt

Vorwort zur 2. Auflage

Dem dritten Band des Handbuchs für das gesamte Schleif- und Polierwesen war Anerkennung und Erfolg beschieden gewesen. Die vom Verfasser seinerzeit geäußerte Ansicht, daß ein dringendes Bedürfnis für eine weitgehende Unterrichtung der immer größer werdenden Verbraucherschaft von Schleif- und Poliermitteln über die vielartigen Schleif- und Poliermittel und Schleif- und Polierverfahren vorhanden ist, wurde erfreulicherweise bestätigt.

Das Schleifen hat für die wirtschaftliche Fertigung im Holzgewerbe gerade in der heutigen Zeit eine große Bedeutung; denn von ihm hängt die Güte aller später gebeizten, polierten oder lackierten Erzeugnisse ab. Bei der Holzbearbeitung läßt sich der Arbeitsgang des Schleifens nicht ausschalten, wohl aber können die Schleifkosten verringert und die Oberflächengüte (die beim Holz ja so außerordentlich wichtig ist) verbessert werden; nur muß man die für den betreffenden Arbeitsprozeß jeweils geeigneten Schleifmittel, Schleifmaschinen und Schleifverfahren anwenden. Ihre richtige und sachgemäße Auswahl ist Vorbedingung für den Erfolg.

Die nach Beendigung des zweiten Weltkrieges eingesetzte Entwicklung der deutschen Schleif- und Poliermittelindustrie, die als hervorragend bezeichnet werden muß, hat in einem früher nicht für möglich gehaltenen Umfange unsere Gesamtindustrie befähigt, noch wirtschaftlicher als bisher zu arbeiten. Zu dieser Entwicklung hat und trägt auch noch immer das im Jahre 1930 auf Veranlassung des Verfassers an der Technischen Hochschule Braunschweig gegründete Institut für Schleif- und Poliertechnik durch seine Forschungstätigkeit in großem Umfange bei. Es sind an diesem Institut, wie auch an anderen deutschen Technischen Hochschulen, eine Reihe wichtiger Untersuchungen vorgenommen, deren Ergebnisse dazu beitragen werden, die Weiterentwicklung der Schleif- und Poliertechnik auch in Zukunft günstig zu beeinflussen.

Die erste Auflage dieses Buches wurde einer gründlichen Durchsicht unterzogen, Ergänzungen und Verbesserungen vorgenommen und das Werk auf den neuesten Stand der Schleif- und Poliertechnik gebracht.

Senator e. h. Bernhard Kleinschmidt

Inhaltsverzeichnis

ABSCHNITT 4

Abschnitt 1

DIE SCHLEIFMITTEL

Einleitung

Unter Schleifen versteht man die Erzeugung oder Fertigstellung von ebenen oder gekrümmten Flächen durch gleichzeitiges Abtrennen feiner Späne von einem Werkstück mittels einer Vielheit von verhältnismäßig kleinen scharfen Schneidkannten oder Schneidspitzen, die sich an dem Schleifkorn befinden.
Hinsichtlich der Spanleistung im Grobschliff als auch der Genauigkeit in der Maßhaltung der bearbeiteten Gegenstände im Fein- und Feinstschliff bis zum Politurschliff ist seit einigen Jahrzehnten ein großer Aufschwung zu verzeichnen. Zurückzuführen ist dieser Aufschwung in erster Linie auf die Verbesserung der Schleifmittel.
Damit ging auch Hand in Hand die Verbesserung und die Vervollkommnung der Schleifmaschinen und die Verbesserung und Vervollkommnung der zum Schleifen benutzten, das Werkzeug und das Werkstück in seinen verschiedenartigen Bedingungen überwachenden und prüfenden Maschinen, Einrichtungen usw.
Die Schleifmaschine steht in der Tat heute an der Spitze aller Werkzeugmaschinen, ohne daß diese Entwicklung als abgeschlossen betrachtet werden kann. In fast allen Industrie- und Handwerksberufen ist das Arbeitsverfahren des Schleifens und Polierens zum ausschlaggebenden Arbeitsverfahren geworden. Es ist daher verständlich, daß nur eine auf höchster Stufe befindliche Erzeugung der Schleifwerkzeuge diesem Stand der Technik genügen und eine Gewähr für Spitzenleistungen bieten kann.
Um ein in jeder Beziehung hochwertiges Erzeugnis für die verschiedenartigen Verwendungszwecke auf den Markt zu bringen, müssen die Hersteller der vielartigen Schleifmittel nicht nur eine langjährige Erfahrung und durchaus neuzeitliche Einrichtungen besitzen, wie auch hochentwickelte Arbeitsverfahren anwenden; sie sind auch auf die Mitarbeit erster Fachleute und auf einen Stab geschulter Arbeitskräfte angewiesen. Voraussetzung ist selbstverständlich dabei, daß auch nur ausgesuchte Schleifrohstoffe und Bindemittel angewendet werden.
Die Schleifmittel werden in den verschiedensten Formen verwendet und zwar in Form von Schleifpulver, Schleifkorn, Schleifpaste, Schleifscheiben oder Schleifrädern, Abziehsteinen, Schleifpapier- und Schleifleinen usw.
Unter diesen verschiedenen Formen der Schleifmittel hat die Schleifscheibe das größte Anwendungsgebiet gefunden; sie enthält viele Tausende kleiner Schleifkörner. Bringt man nun diese kleinen scharfen Schneidwerkzeuge bei hoher Umlaufgeschwindigkeit mit dem Werkstück in Berührung, so schneidet jedes Schleifkorn einen kleinen Span vom Arbeitsstück ab.
Wenn sich die Schleifkörner abgenutzt haben, so müssen sich sich aus der Bindung, die sie festhält, lösen, damit die darunter sitzenden scharfen Schleif-

körner in Tätigkeit treten können. Werden die abgenutzten stumpfen Schleifkörner von der Bindung nicht rechtzeitig freigelassen, so fängt die Schleifscheibe an zu schmieren, es entsteht eine große Wärmeentwicklung, wodurch das Werkstück beschädigt und ein genaues Arbeiten unmöglich gemacht wird. Wird aber das Schleifkorn von der Bindung zu früh freigegeben, d. h. ehe es stumpf geworden ist, so nutzt sich die Schleifscheibe viel zu schnell ab.
Man bezeichnet im ersten Fall die Schleifscheiben als zu hart, im letzteren als zu weich.
Bei den in der Schleifindustrie Verwendung findenden Schleifmitteln werden zwei Gruppen unterschieden:

die natürlichen und die hergestellten Schleifstoffe.

Die weitaus größte Bedeutung haben in den zeitgemäßen Arbeitsverfahren die hergestellten Schleifstoffe gewonnen; durch ihre Erzeugung haben die natürlichen Schleifstoffe an Bedeutung erheblich verloren.

Die natürlichen Schleifstoffe und ihre Verwendung

Naturkorund	Schmirgel	Quarz	Flint
Glas	Sandstein	Granat	Bimsstein

Der Naturkorund

Bei dem Naturkorund, der einen größeren Gehalt an Aluminiumoxyd (Al_2O_3) als der Schmirgel besitzt, werden je nach der Beschaffenheit drei verschiedene Arten unterschieden:

Blockkorund, Sandkorund und Kristallkorund.

Der Blockkorund ist meistens mit anderen Mineralien durchsetzt. Durch seine große Härte läßt er sich schwer zerkleinern und seine Aufbereitung ist schwierig.
Der Sandkorund findet sich als Einlagerung und besteht aus unregelmäßig groben und feinen Körnern.
Die kristallisierten Arten des Korunds, die sich häufig in anderen Mineralien befinden, werden als Kristallkorund bezeichnet.
Die Gewinnung des Naturkorunds, der farblos bis gelb vorkommt und sich in erster Linie in Kanada, in den Vereinigten Staaten von Amerika, in Afrika, Brasilien, Indien und auf Madagaskar findet, ist sehr schwierig wegen der großen Zähigkeit des Werkstoffes und weil er sich meist als Einsprengung in anderen Gesteinen findet. Man zerkleinert den gewonnenen Korund in schweren Steinbrechern und auf Walzengängen, die mit Rührwerken versehen sind. Die Beimengungen des Korunds fließen ab, und der schwere Korund sinkt zu Boden. Der Korund hat dann noch verschiedene Rührwerke und Siebarten zu durchlaufen, ehe er verwendungsfähig ist. Die kugelige Kornform wird durch Zerkleinerung auf dem Pochwerk und die flache Form auf Walzwerken erzielt.
Der Korund, der neben seiner Härte eine gute Spaltbarkeit zeigt, d. h. neue scharfe Kanten, Schneiden und Ecken bildet, ist als der wertvollste anzusprechen. Die Erfindung der hergestellten Schleifmittel Silizium-Karbid und

Elektro-Korund hat den Absatz des Naturkorunds stark herabgemindert. Die hergestellten Schleifmittel haben den Vorzug, daß sie in ihrer Zusammensetzung viel gleichmäßiger sind und folglich einen größeren Wert darstellen.
Der Naturkorund findet hauptsächlich Anwendung in der Schleifindustrie, einmal zur Herstellung fester Scheibenkörper, der Schleifrutscher, Schleiffeilen, Abziehsteine, dann aber auch als Schleifbelag von Schleifpapier und Schleifleinen, wie auch als loses Schleifmittel oder zum Belegen von Feuerscheiben, Filzscheiben usw.

Der Schmirgel

Der Schmirgel, der in dichten Massen von dunkelgrauer bis schwarzer Färbung vorkommt, ist ein Gemenge aus Aluminiumoxyd (Al_2O_3) und Magneteisenerz mit Hämatit, Quarz und verschiedenen Silikaten. In Griechenland, Kleinasien und Nordamerika befinden sich die wichtigsten Lagerstätten. Der auf der Insel Naxos gegrabene Schmirgel ist der bekannteste.
Je nach der Art der Ausbildung und der Beimengung anderer Mineralien unterscheidet man eine Reihe von Abarten des Schmirgels, nämlich: körnigen, schiefrigen, gebänderten, Chloritoid-, Pyrit- usw. -Schmirgel.
Bei der Handelsware spielte diese Verschiedenheit in der Zusammensetzung des Schmirgels jedoch keine große Rolle, da die Menge der hauptsächlichen Bestandteile immer nur in engen Grenzen schwankt.
Der in mehr oder weniger großen Blöcken gebrochene Schmirgel muß, ehe er als Schleifrohstoff weiter Verwendung finden kann, einer gründlichen Zerkleinerung und Aufbereitung unterzogen werden. Das Material wird an den Fundstätten durch Handsortierung einigermaßen ausgesucht und durchläuft in den Schmirgelfabriken eine Reihe von schweren Brechern und Zerkleinerungsanlagen, durch das es zum Teil bis zu Staubfeinheit zermahlen wird.
Die einzelnen Korngrößen werden durch eine Anzahl von Sieben mit bestimmten Maschenweiten voneinander getrennt und so sortiert. Der bei der Zerkleinerung enstehende Staub fällt durch die feinsten Siebe, er wird dann abgeschlämmt und liefert das zum Polieren benutzte Schmirgelmehl.
Die Bedeutung des Schmirgels für die Herstellung von Schleifscheiben ist sehr gering geworden, und zwar durch die Verwendung der hergestellten Schleifmittel. In der Glas- und Steinschleiferei braucht man den Schmirgel heute noch in Körnerform, während die feinsten Körnungen in weitem Umfang als Poliermittel für Metall, Glas, Marmor, Bau- und Dekorationssteine Verwendung finden. Auch bei der Herstellung von Schneidwaren findet der Schmirgel noch Verwendung. Der größte Teil der feineren und mittleren Körnungen wird heute aber wohl zur Herstellung von Schleifpapier und Schleifleinen für die Metall- und Holzbearbeitung benutzt.

Der Granat

Granat ist ein natürlicher Schleifrohstoff, dessen besondere Eignung für bestimmte Verwendungszwecke innerhalb der Schleifmittelindustrie erst in neuerer Zeit voll erkannt und ausgewertet worden ist.

Der Granat wird meistens in Granit-, Glimmer- und Chloritschiefer-, Serpentin- und Gneislagern gefunden. Er geht häufig mit diesen Gesteinen eine innige Verbindung ein und erscheint in kristallinischen Gebilden verschiedener Form, auch in Kristallkörpern und Aggregaten, selten in dichten Massen. So sind z. B. die wertvollen Glieder der Familie des Granats der Rubingranat, Pyrop, Almandin usw., Steine, die zu den Schmucksteinen gezählt werden, während der als Schleifmittel bekannte Granat gewöhnlicher Art und meistens von gelber bis rötlicher Färbung ist.

Für die Anwendung des Granats als Schleifmittel ist seine Härte und die Art seines Bruches, der besonders viele Angriffsflächen und -spitzen bieten soll, maßgebend. In dieser Beziehung liefert Nordamerika den besten Granat. Andere Lager finden sich in Norwegen, Spanien, Böhmen und im Ural. Auch in Bayern wird Granat gegraben, doch ist sein Vorkommen hier nur von geringer Bedeutung.

Die Hauptverwendung des Granats liegt in der Verarbeitung zu Schleifpapier und Schleifleinen für die Holzbearbeitungsindustrie. Teilweise werden auch Schleifscheiben aus Granat für diese Industrie hergestellt. Diese Schleifscheiben werden nicht im keramischen Verfahren gewonnen, sondern mit Kunstharzbindung oder Gummibindung hergestellt, da der Schmelzpunkt des Granats zu niedrig ist, um eine Weißgluthistze beim Brennprozeß aushalten zu können.

Die Amerikaner haben zuerst herausgefunden, daß die Bearbeitung von Hartholz mittels Granat sehr wesentliche Vorteile bietet. Bei Weichholz setzten sich die Granatschleifpapiere sehr leicht zu, so daß hier noch die in Europa üblichen Flintpapiere ihre Verwendung beibehalten haben. Neuerdings ist ein Schleifpapier, das nur sehr dünn mit Granat besetzt ist, herausgekommen, das sich sehr wenig zusetzt und fast restlos aufgebraucht werden kann. Es wird dies durch entsprechende Beleimung erreicht. Nur Granat von kugeliger Form findet unter Verarbeitung mit dem besten Leim zur Erzeugung von Schleifpapier Verwendung, da flache Granatstücke nur sehr wenig Angriffsflächen bieten.

Gerösteter Granat ist zäher als natürlicher Granat, und wenn man ihn für Schleifscheiben, besonders solche in Kunstharzbindung, verwendet, ergibt er ein Erzeugnis, das zäher als dasjenige ist, das aus dem gewöhnlichen Korn hergestellt wird.

Der Bimsstein

Der natürliche Bimsstein besteht aus dem erkalteten Schaum der Lava. Er ist auf der Erde weit verbreitet, findet man ihn doch sowohl in Mexiko wie auch auf den Sundainseln, in Armenien, Deutschland und ganz besonders in Italien auf der Insel Lipari.

Das Gefüge und die Zusammensetzung sind je nach der Gegend, wo er gefunden wird, verschieden. Die geologische Beschaffenheit seines Entstehungsortes ist ebenfalls für seine Zusammensetzung maßgebend.

Der graue Bimsstein enthält viel Kali und ist schwer an Gewicht. Seine Lufträume sind blasiger Natur, so daß er den Eindruck eines Schwammes erweckt.

Der helle, weißere Bimsstein, dessen Poren eine röhrenförmige Art zeigen, enthält mehr Kieselsäure. Je mehr Kali ein Bimsstein enthält, desto grauer wird sein Aussehen.
Genau wie dies bei den anderen natürlichen Schleifmitteln der Fall ist, so ist auch die Zusammensetzung und Struktur des Bimssteins unregelmäßig. Es finden sich oft im Bimsstein harte Körper, die bei der Entstehung durch die Explosion hereingeraten sind und ein Kratzen beim Schleifprozeß hervorrufen. Aus diesem Grund kam man auf den Gedanken, künstliche Bimssteine herzustellen, die in Härte und Bindung verschieden sein sollten.
Der natürliche Bimsstein findet Anwendung in den verschiedensten Industriezweigen, und zwar wird er zum Abschleifen von Metall, zum Vorpolieren von Holz, Horn, Knochen, Elfenbein und ähnlichen Gegenständen verwendet; auch zur Herstellung von Bimssteinpapier oder -leinwand wird er benutzt.
Schon im Jahre 1829 wurde der Bimsstein künstlich hergestellt, da die Härtegrade des natrürlichen Bimssteines als Naturprodukt nicht zu regeln waren und der Naturstoff so verwendet werden mußte, wie er eben gewonnen wurde. Es kam dabei sehr häufig vor, daß sich in dem natürlichen Bimsstein unreine Teile befanden, welche die Arbeit, zu der sie gerade verwendet wurden, durch Kratzer unbrauchbar machten. Dieser Übelstand führte zur Herstellung des künstlichen Bimssteins. Der künstliche Bimsstein wird hauptsächlich als Poliermittel in der Holzbearbeitung verwendet.

Der Quarz

Der gemeine Quarz ist ein häufig vorkommendes hartes sprödes Mineral, das muscheligen Bruch, aber keine Spaltbarkeit aufweist. Auf dem Bruch besitzt der Quarz deutlichen Fettglanz, seine Farbe ist außerordentlich wechseln. Man findet sehr verschieden gefärbte Arten: weiße, gelbe, braune, rote und andere mehr neben vollkommen farblosen. — Auf der Mohsschen Härteskala erhält der Quarz die Nummer 7, sein spezifisches Gewicht ist 2,64. Quarzpulver und -mehl finden in der Technik verschiedenartige Verwendung; in vielen Fällen wird zu den gleichen Zwecken auch Quarzsand in seiner natürlichen Beschaffenheit benutzt. Gröbere sowie mittlere Sorten dienen außer bei Metall auch als Schleifmittel für Holz, Glas und Stein und zwar in Form von losem Material oder aufgetragen als Belag auf Papier im sogenannten Sandpapier.

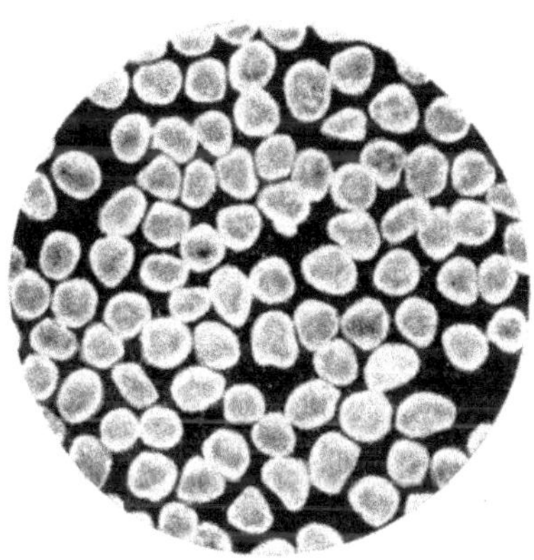

Abb. 1. Quarzsand

Der Flint

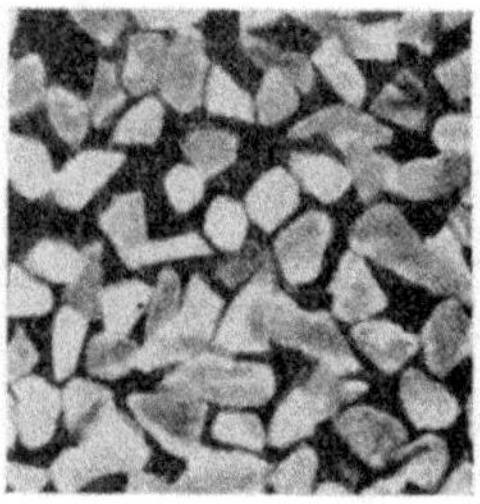

Abb. 2. Der Flint

Der Flint, der auch Feuerstein genannt wird, ist zum Hand- und Maschinenschliff von Holz jeder Art durchaus geeignet, besonders der als Strandfeuerstein an der Nord- und Ostseeküste gesammelte Flint, der ein günstiges Gefüge besitzt. Er ist von grauer Farbe, hat eine spitze Bruchform, ist brüchig und erhält auf der Härtetafel von Mohs die Nr. 5—6. Er ist hauptsächlich zusammengesetzt aus Kieselsäure, Kalzium und Aluminium. Es ist also ein durch verschiedene Silikate verunreinigtes Quarz. Rotschleifpapier ist mit einer Streuung aus Flint versehen und findet zuweilen als Ersatz für Granatschleifpapier Verwendung.

Glas

Als ein weiteres Schleifmittel, das für die Herstellung von Schleifpapier benutzt wird, ist Glas zu nennen. Das gekörnte Material gewinnt man vorwiegend aus grünem Bruchglas (Flaschenscherben) und das daraus hergestellte Glaspapier findet fast nur in der Holz- und Lederindustrie zum Handschliff Verwendung. Es ist wohl das billigste Schleifpapier, tritt aber als Schleifmittel mehr und mehr zurück.

Der Sandstein

Der Sandstein ist ein Sedimentgestein von sehr verschiedenem Alter, in dem Quarzkörner durch ein im wesentlichen toniges Bindemittel mehr oder minder fest verbunden sind. Man unterscheidet zwischen grob-, mittel- und feinkörnigem Sandstein. Nicht alle Sandsteine eignen sich zum Schleifen. Bei vielen ist die Bindung der Quarzkörner so gering, daß die Schleifwirkung unwesentlich und die Abnutzung des Steines sehr groß ist; andere Steine sind zu hart, was sich darin zeigt, daß die nicht mehr schleiffähigen Quarzkörner von dem Bindemittel festgehalten werden und statt der Spanabhebung ein bloßes Gleiten bewirken.

Zum Schleifen von Holz zur Papierherstellung eignet sich sehr gut ein sehr grobkörniger, fast nur aus Quarz bestehender Sandstein, wie er z. B. bei Pirna in Sachsen gewonnen wird.

Der Sandstein ist in Deutschland ziemlich stark verbreitet, so findet man den meist rötlich oder gelbrot gefärbten Eifler Sandstein, den rosaroten Pfälzer Stein, den grünlich-weißen Schweinfurter Sandstein und den schönen weißen Sandstein von Haßfurt im Steigerwald.

In der Holzbearbeitung spielt der Sandstein mit Ausnahme der Steine, die zum Schleifen zur Papierherstellung benutzt werden, keine große Rolle. Im übrigen sind Bestrebungen im Gange, den Sandstein durch Kunststein zu ersetzen. Heute werden schon in beachtlichem Umfange große Schleifsteine in der sogenannten Magnesitbindung für gewisse Schleifarbeiten verwendet. Für andere Schleifarbeiten werden auch Schleifscheiben in anderen Bindungsarten mehr und mehr benutzt.

Der Diamant

Er ist ein reiner Kohlenstoff und der härteste aller Stoffe. Sollte es einmal gelingen, ihn in großen Mengen künstlich zu erträglichem Preise herzustellen, so würde er sicherlich alle anderen Schleifrohstoffe verdrängen. Was seine Härte anbetrifft, so steht der Diamant mit der Nr. 10 an der Spitze der Härtetafel nach Mohs, wobei allerdings der Härte-Unterschied zwischen ihm und dem nächstharten Mineral, dem Korund, um ein Vielfaches größer ist (Korund = Nr. 9) als der zwischen Mineralien der Gruppe 1—8. Etwa die Hälfte aller Diamanten erweist sich für Schmuckzwecke ungeeignet, als Arbeitsdiamant ist aber dieses Material wegen seiner großen Härte für Industriezwecke hervorragend geeignet. Innerhalb der Gruppe der Diamanten unterscheidet man amorphe und kristallisierte Diamanten. Die amorphen Diamanten, die sogenannten Karbone, sind die härtesten aller Arten. Die kristallisierten Industrie-Diamanten, die sogenannten Borts, lassen sich gut spalten, was bei den Karbonen nicht der Fall ist. Beide Arten eignen sich im Naturzustande hervorragend für eine ganze Reihe wichtiger Verwendungszwecke. In erster Linie werden die sogenannten Diamantschleifscheiben, die eine dünne Schicht von Diamanten enthalten, hergestellt. Durch ein besonderes Verfahren zerkleinert man die Diamanten und siebt sie sehr sorgfältig auf Standardsieben, mischt sie alsdann mit einem für diesen Zweck besonders geschaffenen Bindemittel und formt darauf die Mischung in der gewünschten Größe. Die Diamantenschicht hat eine Stärke von etwa 0,79—3 mm. Die Diamantenschleifscheibe findet besonders zweckmäßige Verwendung beim Schleifen der mit gesintertem Hartmetall bestückten Werkzeuge, ebenso auch beim Läppen derselben. Aber auch zum Abrichten der Schleifscheiben wird der Diamant mit Vorteil verwendet.

Der Diamant findet aber nicht nur in der Metallbearbeitung in normalen Zeiten eine ausgedehnte Verwendung, sondern auch bei der Bearbeitung von Glas und Kunststoffen, wie auch als Diamantstaub zum Schleifen und Polieren von Diamanten und anderen Schmucksteinen.

Die hergestellten (künstlichen) Schleifrohstoffe und ihre Erzeugung

Silizium-Karbid	Borkarbid
Elektro-Korund (Kunstkorund)	Bimsstein
Berylliumoxyd	Stahlwolle

Silizium-Karbid

Unter den hergestellten (künstlichen) Schleifrohstoffen spielt das Silizium-Karbid wohl die größte Rolle. Außer in Nordamerika wird Silizium-Karbid in Deutschland, Frankreich, Norwegen, Rußland, Schweden, der Schweiz und der Tschechoslowakei erzeugt. Die Welterzeugung wird auf etwa 65—70000 t jährlich geschätzt. Daran hat Nordamerika mit einer jährlichen Erzeugung von etwa 50000 t den größten Anteil.

Acheson, der im Jahre 1891 das Silizium-Karbid erfunden hat, hatte schon seit längerem an die Möglichkeit geglaubt, den Schleifstoff Schmirgel durch einen härteren Stoff zu ersetzen und den Gedanken gehabt, hierzu den elektrischen Ofen zu benutzen, um eine Form von kristallisierter Kohle zu erzeugen, die einige der Eigenschaften des Diamanten besitzen und sich als Schleifmittel eignen sollte. Acheson erkannte, daß die Kohle das Härtungsmittel im Stahl ist und daß sie in ihrer Kristallform als Diamant die härteste bekannte Substanz war. Er entschloß sich daher, Versuche zu machen, Ton mit Kohle unter Einfluß elektrischer Hitze zusammenzuschmelzen.

Dies war die erste Vorstellung eines hergestellten Schleifmittels, und die Autobiographie Achesons gibt folgende Schilderung seines ersten Versuches:

„Ein eisernes Gefäß, wie es die Bleigießer benutzen, um die flüssige Lötmasse zu halten, wurde mit einem Leitungsdraht eines Dynamos verbunden und mit einer Mischung von Ton und pulverisiertem Koks gefüllt. Das Ende einer Bogenlampenkohle, die mit dem anderen Leitungsdraht verbunden war, wurde in die Masse gesteckt. Der Prozentsatz an Koks war groß genug gewählt, um den Strom zu leiten, und nun wurde ein starker Stromzufluß durch die Masse zwischen der Bogenlampenkohle und dem Gefäß gelassen, bis der Ton in der Mitte geschmolzen und in hohem Grade erhitzt war. Nachdem die Masse erkaltet war, wurde sie geprüft. Es war nicht das, was ich erwartete, aber ganz zufällig bemerkte ich einige helle Flecke am Ende der Bogenlampenkohle, die in die Masse gesteckt worden war. Ich legte ein Stäubchen auf die Spitze eines Bleistiftes und fuhr damit über die Glasscheibe. Die Scheibe wurde wie von einem Diamanten geschnitten. Ich wiederholte das Experiment und sammelte genügend von dem Material, um die schleifenden Eigenschaften zu prüfen. Ich spannte eine eiserne Scheibe in eine Drehbank, ölte die Fläche und beschmierte sie mit dem Material, und siehe: mit dieser in Drehung versetzten Scheibe schnitt ich die polierte Fläche eines Diamanten von einem Ring, den ich heute noch trage.

Ich baute nun einen kleinen Ofen aus Ziegelsteinen und nach langer geduldiger Arbeit hatte ich von der Masse genug erzeugt, um damit zu den Edelsteinschleifern New Yorks zu gehen. Auf dem Wege schmiedete ich einen Namen für mein neues, namenloses Material. Da ich, ohne chemische Analyse, unter dem Eindruck stand, daß es aus Kohle und Korundum bestand, nannte ich es Carborundum."

Die kleinen, schillernden Kristalle wurden später als Silizium-Karbid festgestellt. Es war dies bis dahin eine unbekannte chemische Verbindung, dessen Molekül aus einem Atom Silizium und einem Atom Kohle besteht.

Silizium-Karbid bildet rhomboedrische Kristalle (Abb. 3), die durch Graphit und Silizium-Verbindungen verschiedener Oxydationsstufen, welche in dünnen

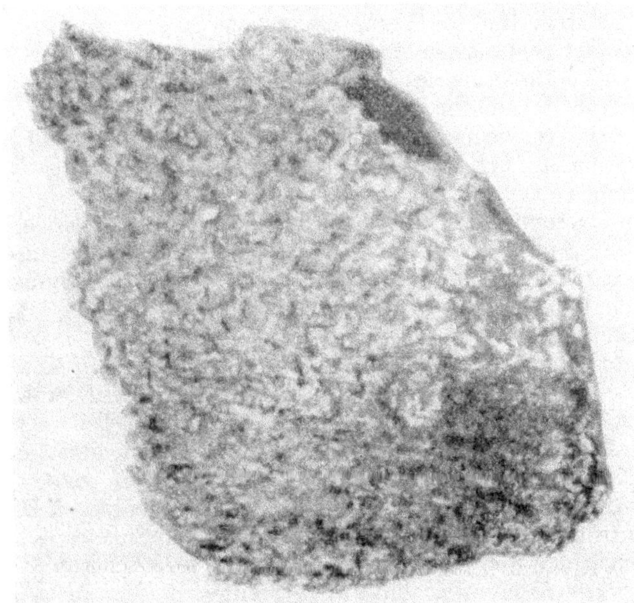

Abb. 3
Siliziumkarbid-
Kristall

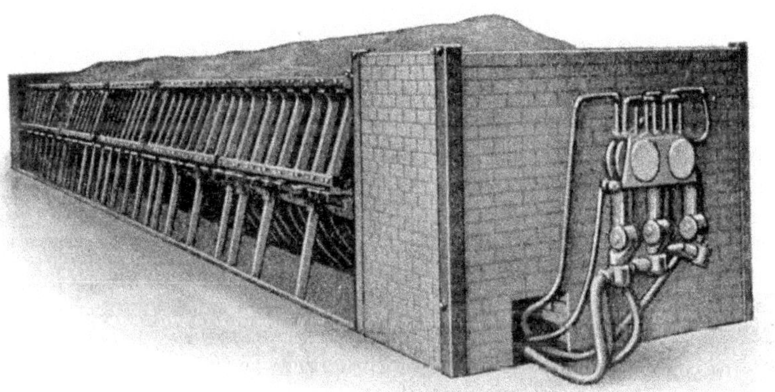

Abb. 4. Elektrischer
Ofen zur Herstellung von
Siliziumkarbid

Schichten auf der Oberfläche lagern, schwarz, grün oder blau getönt sind. Sind die Kristalle frei von Verunreinigungen, so sind sie farblos und durchsichtig. In einem bestimmten Ausmaß kann man die Färbung des Silizium-Karbids durch Veränderung des Fertigungsganges beeinflussen.
Die große technische Bedeutung des Silizium-Karbids liegt vor allem in seiner hohen Härte; wenn man die heute als ungenügend geltende Mohssche Härteskala als Grundlage nimmt, so muß man das Silizium-Karbid zwischen Härte 9 und 10 einreihen. (Es neigt aber mehr nach Härte 10.)
Hinzu kommt noch, daß die Schleifkörner eine günstige Kristallisationsform haben, scharfe Ecken und Kanten besitzen, so daß man das Silizium-Karbid als ein ideales Schleifmittel anzusprechen vermag. Es findet daher auch in ausgedehntem Umfang in der Schleifmittelindustrie als Schleifrohstoff Verwendung.
Heute wird Silizium-Karbid durch die Reaktion von Kohle und Quarzsand in der sehr hohen Temperatur des elektrischen Ofens (Abb. 4) hergestellt, und zwar, wie bereits erwähnt, zum überwiegenden Teil in Nordamerika an den Niagara-Wasserfällen, weil dort durch Ausnutzung der Wasserkräfte der Strompreis überaus niedrig ist. Auch in Deutschland werden bereits bedeutende Mengen erzeugt, die ausreichen dürften, den deutschen Bedarf zu decken.
Das technische Verfahren zur Erzeugung von Silizium-Karbid im elektrischen Schmelzofen mit Kohleelektroden wurde von Acheson ausgearbeitet, der den Wert des Silizium-Karbids als Schleifmittel sehr rasch erkannte und es im Jahre 1893 auf die Weltausstellung in Chikago brachte.
Die heutige Schmelzofenform ist zum Teil noch nach seinen Vorschlägen aufgebaut. Man arbeitet mit Öfen zu 750 kW und 7 m Länge, 2,5 m Breite und 2 m Höhe, sowie mit Öfen zu 1500 kW, 12 m Länge, 4 m Breite und 3 m Höhe.
An Silizium-Kristallen liefern nach einer Schmelzdauer von 36 Stunden:

der 750 kW-Ofen etwa 3 Tonnen
„ 1500 „ „ 6,5 „

Zur Herstellung von 1 t kristallisiertem Silizium-Karbid sind etwa 3,5 t feinkörniges Gemisch notwendig, das aus 1900 kg Quarz (55%), 1200 kg (35%) Petrolkoks, Hüttenkoks oder Anthrazit, 370 kg (8%) Holzsägespänen und 60 kg (2%) Kochsalz besteht. Der Stromverbrauch beträgt 8500 kWh. Während auf 1 kg Silizium-Kristalle im 750-kW-Ofen ein Stromverbrauch von 8,5 kWh aufgewendet werden muß, sind im 1500-kW-Ofen nur 7,5 kWh notwendig. Mit Rücksicht auf die bessere Stromausbeute in größeren Öfen hat man auch schon Versuche mit 2000-kW-Öfen gemacht. Bei diesen Öfen ist aber nicht nur der Aufbau und die Betriebsführung schwierig, sondern es ist auch schwerer, ein gleichmäßiges Erzeugnis zu bekommen. Man hat deshalb bisher nur Versuchsanlagen aufgestellt.
Bei der Inbetriebsetzung der Öfen werden zunächst die beiden abtragbaren Seitenwände aus größeren Mauerwerksteilen aufgebaut, die aus hochhitzebeständigen Steinen ohne Mörtelzwischenlage, aber mit einer zusammenfassenden Eisenbereifung hergestellt werden. Hierauf wird der Ofen bis an den oberen Rand der Kohleelektroden, welche in mehreren Stücken an den beiden Stirnwänden eingesetzt sind, mit der fertigen Mischung angefüllt und in der

Längsrichtung zwischen den gegenüberliegenden Elektrodenpaketen ein 50 bis 70 cm breiter und 25—40 cm tiefer Graben ausgehöhlt. In diesem Graben stampft man feinkörnigen Koks und zwischen die Elektroden und diesen Kokskern feines Kokspulver. Nunmehr schüttet man fertige Mischung über den Kokskern bis zum oberen Ofenrand. Der Ofen ist nun für die Schmelze fertig und der elektrische Strom, der dann zwischen den beiden Elektrodenpaketen durch den Kokskern als Widerstand hindurchströmt, kann eingeschaltet werden. Man beginnt mit 220 Volt und geht allmählich, wenn mit steigender Ofentemperatur der elektrische Widerstand des Kokskerns abnimmt, auf 80—60 Volt herab, um die Stromstärke von etwa 6000 A konstant halten zu können.

Bald nach dem Einschalten entweichen aus der Beschickung Schwelgase und Kohlenoxyd von den verbrennenden Sägespänen. Die entweichenden Gase werden angezündet. Das Kochsalz in der Mischung verdampft mit steigender Temperatur und bildet mit den schädlichen Eisenverunreinigungen der Mischung, vor allem des Quarzes, Chloridverbindungen, die gleichfalls verdampfen und entweichen. Die Mischung muß also gasdurchlässig sein; deshalb werden Sägespäne beigemischt.

Wenn beim Kokskern eine Temperatur von 1900—2000° vorhanden ist, so erfolgt die chemische Verbindung des Quarzes mit Kohlenstoff etwa nach der Umsetzungsgleichung SiO_2 (Quarz) + 3 C (Koks) = SiC (Silizium-Karbid) + 2 CO, und es bilden sich Silizium-Karbid-Kristalle. Weiter entfernt vom Kern bildet sich wegen der geringeren Temperatur von unter 1900° nur amorphes, graugrünes Silizium-Karbid, und in der äußeren Schicht tritt keine Umänderung auf.

Bis genügend Mischung in Silizium-Karbid umgesetzt ist, vergehen 36—38 Stunden. Dann wird abgeschaltet und der Ofen 20—24 Stunden abgekühlt. Nach dieser Zeit schafft man die Seitenwände des Ofens weg und entnimmt vorsichtig den Ofeninhalt. Die unveränderte Mischung wird wieder verwendet. Das amorphe Silizium-Karbid wird größtenteils zur Herstellung von hochfeuerfesten Ofensteinen aufbereitet, das wertvolle kristallisierte Silizium-Karbid wird mit hydraulischen Pressen gebrochen und auf Kollergängen gemahlen. Dann wird es mit Schwefelsäure und anschließend mit Natronlauge gewaschen, um Verunreinigungen wie Graphit, Silizium, Ferrosilizium und Aluminium-Silizium zu entfernen. Nach gründlichem Nachwaschen mit Wasser wird die Silizium-Karbid-Ware getrocknet, über magnetische Eisenabscheider geleitet und durch Siebe in Körner von 4—0,01 mm Größe getrennt.

Elektrokorund oder Kunstkorund

Der Elektrokorund kommt unter verschiedenen Handelsnamen auf den Markt. Seine chemische Zusammensetzung ist wie folgt:

$Al_2O_3 + Fe_2O_3 + SiO_2 + TiO_2$.

Der Gehalt an Al_2O_3 beträgt 90—95 und bis 99,5%. Der Elektrokorund kristallisiert rhomboedrisch. Seine Spaltbarkeit ist geringer als die des Naturkorunds, seine Farbe rötlich bis weiß, die Bruchform muschelig körnig, seine Härte nach Mohs über 9, sein spezifisches Gewicht 3,9—4. Es handelt sich bei dem Elektrokorund um ein sehr zähes Material.

Der Elektrokorund, der als hergestellter Schleifrohstoff auch Kunstkorund genannt wird, darf als der heute zweitwichtigste Schleif- und Polierrohstoff angesprochen werden.
Man versteht unter Elektrokorund (Abb. 5) das auf elektrischem Wege hergestellte, kristallisierte Aluminiumoxyd zum Unterschied von dem als „Natur-Korund“ bezeichneten, in der Natur vorkommenden, kristallisierten Alu-

Abb. 5
Elektrokorund-Kristall

miniumoxyd. Im Gegensatz zu Silizium-Karbid, das nur in einer Qualität hergestellt wird, gibt es bei dem Elektrokorund eine ganze Reihe von Arten und Sorten, die sich durch ihren Tonerdegehalt unterscheiden Dazu kommt noch, daß selbst zwei Erzeugnisse, die denselben Tonerdegehalt haben, je nach ihrer Herstellungsweise verschieden sein können.
Als Rohstoff dient bei der Herstellung des Elektrokorunds neben der Kohle das bekannte, tonerdereichste Mineral Bauxit, so genannt nach seinen ersten Fundstätten bei Les Beaux ind Südfrankreich. Bauxit ist ein kolloidales Verwitterungsprodukt tonerdehaltiger Gesteine, wie z. B. Granit, Gneis und Basalt. Das Mineral ist rot bis weiß gefärbt und wurde lange Zeit nur in Frankreich abgebaut.
Andere wichtige Lagerstätten des Minerals befinden sich in Ungarn, Dalmatien, Istrien, Rumänien und vor allem in Nordamerika. Die nordamerikanischen Lager wurden kurz vor dem Weltkrieg entdeckt. Die Bauxiterzeugung Nordamerikas hat sich seitdem ganz bedeutend erhöht. Auch der dalmatinische Bauxit gewinnt mehr und mehr an Bedeutung. In Rumänien ist Bauxit ebenfalls in riesigen Lagern vorhanden, von denen die wichtigsten sich im westlichen Siebenbürgen zwischen der ungarischen Grenze und Klausenburg, süd-

lich von Großwardein in den Bergen des Bihur befinden. Die Bauxitlager Frankreichs erstrecken sich über die südlichen Departements: Var, Boûches du Rhône und Ariège, sie gehören der Kreideformation an; die Mächtigkeit der Lager erstreckt sich meistens auf 6—8 m, an einigen Stellen aber bis auf 25 m. Die Weltvorräte an Bauxit betragen nach „Rohstoffumschau" insgesamt 1,5 Billionen Tonnen.

Abb. 6. Elektrischer Ofen zur Erzeugung von Elektrokorund

Die durchschnittlichen, prozentualen Zusammensetzungen sind die folgenden:

Bauxit	Al_2O_3	SiO_2	Fe_2O_3	TiO_2	H_2O
weiß	60—70	3—13	2—5	3—5	12—20
rot	55—65	1—3	15—20	3—5	15—20
grau	55—60	8—12	8—12	3—5	15—20

Im Bauxit kommen außerdem Kalk, Kalium und Natriumkarbonat und auch Borsäure in kleinen Mengen vor.

Für die Verarbeitung auf Kunstkorund wird der Bauxit etwa auf Größe einer Walnuß zerkleinert, möglichst weit kalziniert und mit Anthrazit gemischt. Im elektrischen Ofen (Abb. 6) wird hierauf das Gemisch auf über 2000° erhitzt, wobei der Bauxit schmilzt und zuerst die Eisen- und hierauf die Silizium- und Titan-Verbindungen durch den Kohlenstoff reduziert werden. Der kleinere Teil des Siliziums entweicht als Siliziumoxyd in Form eines weißen Rauches und der größere Teil bildet mit dem reduzierten, metallischen Eisen Eisensilizite. Auf Grund ihres hohen spezifischen Gewichtes sinken die Eisensilizite, die wäh-

rend des Schmelzvorganges flüssig bleiben, zu Boden. Die Trennung des spezifisch leichteren Aluminiumoxyds von den Reduktionsprodukten wird hierdurch rein mechanisch unterstützt.
Der Raffinationsprozeß ist beendet, sobald die Reduktion der Eisen-, Silizium- und Titan-Oxyde vollzogen und eine weitgehende Scheidung der Schmelze in eine untere Schicht von silizium- und titanhaltigem Eisen und eine obere von Aluminiumoxyd eingetreten ist. Hierauf wird das flüssige Eisen und das Aluminiumoxyd getrennt aus dem Ofen entfernt oder je nach der Arbeitsweise

Abb. 7. Die Elektrokorund-Blöcke werden aus dem Ofen gehoben

läßt man es auch im Ofen erkalten. Hierbei kristallisiert Aluminiumoxyd zu Elektrokorund.
Der Herstellungsgang wird entweder als Abstichbetrieb fortlaufend gestaltet, wenn man dem Ofen von oben immer neue Mischung zugibt und von Zeit zu Zeit den gebildeten Korund und das Eisen im flüssigen Zustand durch eine Abstichöffnung abzieht, oder auch unterbrochen als sogenannter Blockbetrieb, d. h. man läßt im Ofen einen möglichst großen Block von geschmolzenem Korund anwachsen, unterbricht hierauf den Prozeß, entfernt den Block aus dem Ofen und beschickt hierauf den Ofen von neuem.
Die Herstellung der Blockware ist zwar teurer als die der Abstichware, jedoch ist die Güte eine bessere. Die Herstellung des Elektrokorunds ist durchaus nicht einfach. Gibt man zu wenig Kohle zu, so erhält man zwar ein gut auskristallisiertes Erzeugnis, das jedoch dunkelbraun bis schwarz ist, und wenn es nur etwa 85—92% Aluminiumoxyd enthält, sich nur für Schleifscheiben geringerer Güte eignet. Ein solcher Korund ist auch wohl zäh, aber nicht so hart als die reinere Ware. Gibt man zuviel Kohle zu, so erhält man ein Erzeugnis, das wegen seiner Brüchigkeit gänzlich unbrauchbar ist und unter Umständen sogar zu Staub zerfällt.
Infolge der an sich erwünschten Zähigkeit des Elektrokorunds ist das Zerkleinern des Materials außerordentlich schwierig.

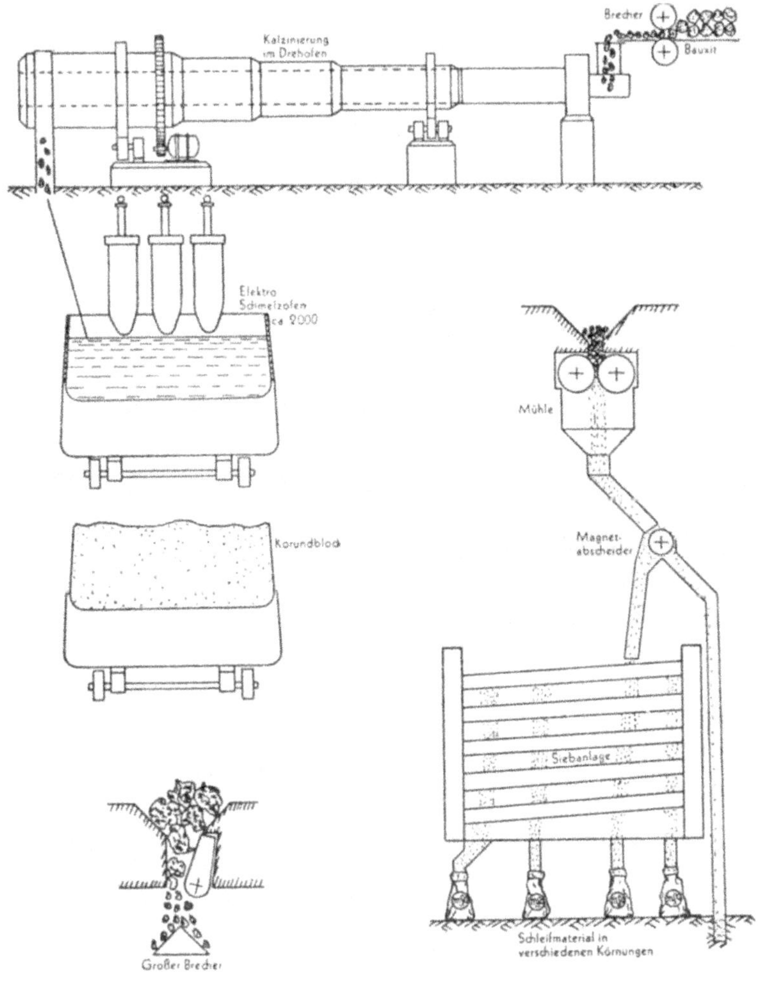

Abb. 7a. Schematische Darstellung der Herstellung von Elektrokorund.

Eine schematische Darstellung der Herstellung von Elektrokorund zeigt Abb. 7a.
Sowohl für den Abstich- wie auch für den Blockbetrieb werden Öfen gleicher Art verwendet, und zwar wird ein Ofen benutzt, der aus einem ortsfesten oder fahrbaren Herd von $1^1/_2$ bis 4 m Durchmesser besteht, dessen Boden mit Kohle, Teer usw. ausgestampft ist. In dem oberen offenen Ofen werden freischwebend drei Kohleelektroden gehängt, zwischen denen der Lichtbogen erzeugt wird. Als Verbindung der Elektroden mit den Kupferkabeln, die als Stromzuführung

dienen, gelangen Fassungen verschiedener Art mit und ohne Wasserkühlung zur Verwendung. Als Stromquelle dient Dreiphasen-Drehstrom von 6300 Volt.
Die Brenndauer des Ofens beträgt etwa 36—40 Stunden. Im Blockverfahren legt man nach dem Erkalten um den Block eine an einem Kran hängende Kette (Abb. 7) und hebt ihn von der Schmelzstelle auf einen Wagen, um ihn dann aus der Schmelzhalle zu fahren. Der Block muß nun noch etwa 4 bis 5 Tage erkalten, ehe er von dem Wagen gehoben werden kann; auch kann er noch nicht weiter bearbeitet werden, muß vielmehr noch 8 bis 12 Tage erkalten. Hierauf wird der Block mittels eines Fällbären zerschlagen. Die zerschlagenen Stücke werden in Brechern weiter zerkleinert und dann gereinigt.

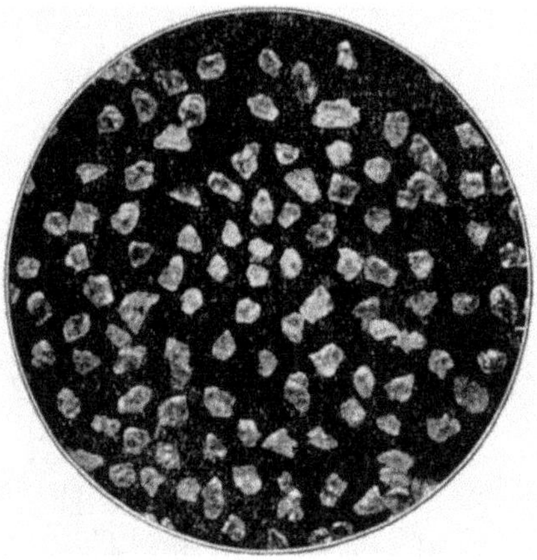

Abb. 8. Edelkorund
Körnung Nr. 30 (2,5 mal vergrößert)

Im Abstichbetrieb wird in ähnlicher Weise wie beim Blockbetrieb vorgegangen, nur wird der flüssige Elektrokorund alle vier bis sechs Stunden durch ein Loch im Ofenmantel abgezogen.
Während die minderwertige Qualität des Elektrokorunds dunkelgrau bis schwarz gefärbt ist, zeigt die hochwertige Ware weiße bis graue Farbe, öfters auch ins Bräunliche oder Rosa gehend. Seine Härte ist geringer als die des Silizium-Karbids, wenn sie auch erheblich über 9 der Mohsschen Härteskala hinausgeht.
Der handelsübliche Elektrokorund teilt sich in drei Arten: die geringere Qualität enthält etwa 60 bis 80%, die bessere Qualität etwa 94 bis 97% Aluminiumoxyd, während die ganz hochwertige Ware, die als Sonder- oder Edelkorund bezeichnet wird, einen Aluminiumgehalt von 99 bis 99,5% hat. Der Edelkorund (Abb. 8) wird aus Tonerdepulver (Tonerdehydrat) hergestellt und besteht aus weißen, gut durchgebildeten Kristallen, die sich mit der Hand leicht auseinanderbrechen lassen; der einzelne Kristall besitzt scharfe Spitzen und Kanten, so daß er eine sehr gute Schleif- und Polierarbeit leisten kann.
Von den hergestellten Schleifmitteln sind noch das Berylliumoxyd, das Borkarbid und Bimsstein zu nennen.

Berylliumoxyd

Ein weißes, amorphes, unschmelzbares Pulver ist eine Sauerstoffverbindung des Leichtmetalls Beryllium. Mit seinem spezifischen Gewicht von 1,85 ist es um ein Drittel leichter als Aluminium und besitzt eine sehr große Härte, andererseits ist es aber auch sehr spröde.
Die Tatsache, daß das Beryllium dem Aluminium chemisch nahesteht, läßt es nicht überraschend erscheinen, daß auch sein Oxyd große Härte besitzt.

Berylliumoxyd, dessen Eignung als Polier- und Schleifmittel für Gegenstände großer Härte erst kürzlich erkannt worden ist, wird vorteilhaft in Form von Schleifscheiben oder dergleichen verwendet. Dabei können die Berylliumoxyd-Teilchen durch einen Stoff miteinander vereinigt sein, der ebenfalls bei hoher Temperatur gesintert ist, wie z. B. Aluminiumoxyd.
Nach dem DRP Nr. 589374, Kl. 80b II ist Berylliumoxyd der Hauptbestandteil eines Schleifmittels, das zum Polieren, Abziehen und Schleifen von Gegenständen großer Härte, insbesondere von Hartlegierungen, verwendet wird und dadurch gekennzeichnet ist, daß es hauptsächlich aus möglichst reinem, bei über 1700° C gesintertem Berylliumoxyd besteht.

Borkarbid

Borkarbid (B_4C) ist eine im elektrischen Ofen hergestellte Verbindung von Bor und Kohlenstoff. Dieser Stoff besteht aus kleinen glänzenden Kristallen von außerordentlich großer Härte. Das Siliziumkarbid wird in seiner Härte vom Borkarbid übertroffen, die Härte des Diamanten aber nicht erreicht. Hergestellt wird dieser Stoff nach dem amerikanischen Patent Nr. 1897, 214. Die chemische Zusammensetzung ist die folgende:

B_4C	97 vH
Freier Graphit	Spuren
Bor, frei und als Boriden	2 vH
Eisen	0,4 vH
Aluminium	0,2 vH
Silizium	0,3 vH
Kalzium und Magnesium	0,1 vH

Als feines Pulver für Feinschleif- und Läppzwecke wurde Borkarbid zuerst von Nordamerika aus in den Handel gebracht; heute wird es auch in Deutschland in ansehnlichen Mengen erzeugt und als Ersatz für Diamantpulver für gewisse Arbeitsprozesse, z. B. zum Facettenschleifen von Diamanten, zum Schneiden von Steinen usw. verwendet. Wegen der hohen Härte wird es auch zur Bearbeitung der verschiedenen Arten von Hartmetallen verwendet, insbesondere auch zum Läppen und für Düsen an Sandstrahlgebläsen. Für allgemeine Schleifzwecke kommt Borkarbid wohl kaum in Frage, einmal ist seine Struktur nicht so günstig wie die des Siliziumkarbids und dann vor allem sind die Herstelllungskosten so außerordentlich hoch, daß sie einen sehr hohen Verkaufspreis bedingen.

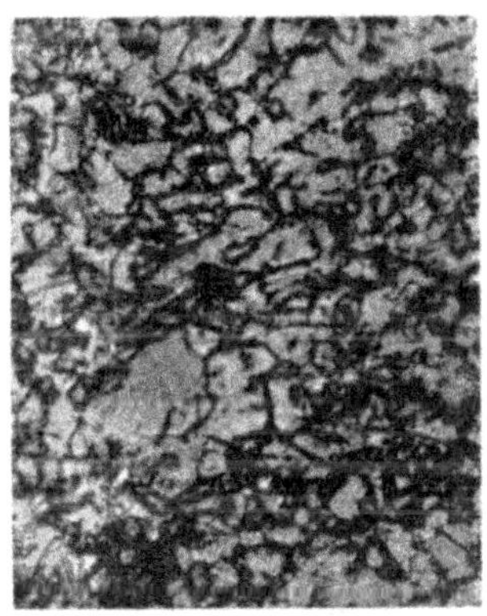

Abb. 9. Borkarbid (B_4C)

Der künstliche Bimsstein

Dem künstlichen Bimsstein, der auch vielfach unter dem Namen „Wiener Bimsstein" bekannt ist, die Eigenschaften zu verleihen, die er heute besitzt, blieb der deutschen Industrie vorbehalten. Es ist ihr gelungen, den Bimsstein zu einem vollendeten Schleif- und Polierstein zu gestalten. Künstliche Bimssteine werden ähnlich hergestellt wie die Korundschleifscheiben. Die Hauptbestandteile sind Quarzsand, ebenfalls auch etwas Naxosschmirgel und ein entsprechender Bindeton. Je nach der Feinheit und Härte werden die erforderlichen künstlichen Bimssteine bei etwa 900—1200° C gebrannt. Manche Firmen stellen Bimsstein aus Naturbimsstein her. Dieser Bimsstein wird gemahlen, gewaschen und mit Wasserglas als Bindemittel vermengt. Danach wird er in der gewünschten Form, die er erhalten soll, getrocknet. Sein Vorteil liegt darin, daß er ein gleichmäßiges Gefüge aufweist und infolgedessen beim Polieren keine kratzende Wirkung ausüben kann.
In der Regel werden die künstlichen Bimssteine in 4 Körnungen (Rauhgrade) und 3 Härten hergestellt:

Nr. 1 I = grobes Korn — weich
Nr. 1 II = grobes Korn — hart
Nr. 1 III = grobes Korn — extra hart
Nr. 2 I = mittelgrobes Korn — weich
Nr. 2 II = mittelgrobes Korn — hart
Nr. 2 III = mittelgrobes Korn — extra hart
Nr. 3 I = feines Korn — weich
Nr. 3 II = feines Korn — mittelhart
Nr. 3 III = feines Korn — hart
Nr. 4 I = feinstes Korn — weich
Nr. 4 II = feinstes Korn — mittelhart
Nr. 4 III = feinstes Korn — hart

Die deutsche Ziffer bezeichnet also die Körnung und die römische die Härte — Nr. 3 II ist also zum Beispiel feines Korn — mittelhart.
Dieser künstliche Bimsstein wird im Gegensatz zu den unregelmäßigen Stücken des natürlichen Bimssteins in handlichen Formen geliefert, von denen das $^3/_4$ Kilo-Handformat das gebräuchlichste ist.
Durch dieses dem Verwendungszweck angepaßte Herstellungsverfahren wird dem Verbraucher die Möglichkeit gegeben, sowohl hinsichtlich Körnung und Härte als auch hinsichtlich Formen die Sorten auszusuchen, welche für seine Zwecke am geeignetsten sind und ihm ein wirtschaftliches Arbeiten gestatten.
Die künstlichen Bimssteine finden hauptsächlich Verwendung in Waggonfabriken, Möbelfabriken, Lackierereien usw.

Die gangbaren Größen des künstlichen Bimssteins sind folgende:

Handform
von etwa $^3/_4$ kg .. .. .. etwa 130 × 70 × 60 mm
von etwa $^1/_2$ kg .. .. .. etwa 100 × 60 × 60 mm

Platten

von etwa 2¼ kg	etwa 200 × 150 × 50 mm
von etwa 2 kg	etwa 200 × 120 × 50 mm
Täfelchen (Speichensteine) ..	etwa 130 × 60 × 20 mm
Täfelchen (Speichensteine) ..	etwa 110 × 70 × 10 mm
Täfelchen (Speichensteine) ..	etwa 70 × 40 × 7,5 mm
Täfelchen (Speichensteine) ..	etwa 65 × 55 × 7,5 mm

Ferner erfolgt die Herstellung in verschiedenen Größen in Scheiben-, Würfel- und Stangenform usw.

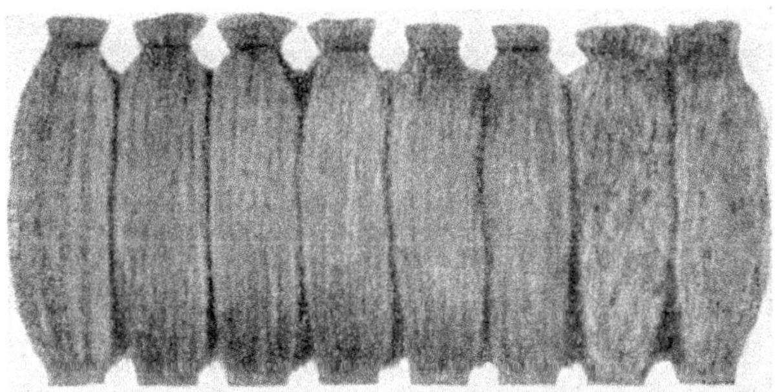

Abb. 10. Stahlwolle

Stahlwolle

Stahlwolle, die auf eigens dafür gebauten Maschinen aus einem Sonderstahl hergestellt wird, besteht aus langen, zähen Fasern, die sehr geschmeidig sind und nicht brechen. Der Querschnitt der einzelnen Stahlwollefasern ist rechteckig und bewegt sich je nach den 8 einzelnen Feinheitsgraden (5, 4, 3, 2, 1, 0, 00, 000) Abb. 10 in den Abmessungen von 0,40 : 0,15 mm bis 0,10 : 0,004 mm. Eine gute, brauchbare Stahlwolle muß aus parallelen gleichmäßig gelagerten Fasern bestehen und darf nicht gekräuselt sein. Damit sie nicht so leicht rostet, ist die Stahlwolle leicht eingeölt. Sie kommt in Packungen von 250 oder 500 g in Strängen, die zu Ballen zusammengewickelt sind, in den Handel. Die Spanerzeugung der Stahlwolle beruht auf ihrer ziehklingenartigen Wirkung. Jede einzelne Faser wirkt gewissermaßen als kleine Ziehklinge. Bei der Stahlwolle handelt es sich nicht etwa um ein Abfallerzeugnis, sondern um ein aus edelsten Rohstoffen hergestelltes Sondererzeugnis, das auf komplizierten Sondermaschinen hergestellt wird. Die Erzeugung geschieht in der Weise, daß aus Stahldrähten feine, langfaserige bzw. endlose Stahlfäden hergestellt werden, die so fein wie Seide sind und die, zu einem Strang zusammengefügt, die Schleifmasse-Stahlwolle ergeben. Um Bruchteile von Millimeter steigert bzw. vermindert sich die Feinheit der einzelnen Wollefäden, je nachdem ob man eine gröbere Stahlwolle zum Abschleifen alter Farb- und Lackanstriche oder eine feinere und feinste zur Bearbeitung kratzfreier Flächen für neue Farb- und Lacküberzüge oder zum Polieren von geschliffenen Flächen und Metallen herstellen will.

Den Unterschieden im Bimsstein und Sandpapier entsprechen die so erzeugten Feinheitsgrade ungefähr wie folgt:

Nr. 000 und Nr. 00 = Bimsstein
Nr. 0 = Bimsstein oder feinstes Sandpapier
Nr. 1 = Sandpapier Nr. 0
Nr. 2 = Sandpapier Nr. $^1/_2$
Nr. 3 = Sandpapier Nr. 1

Weisen die bei der Erzeugung zur Verwendung kommenden Stahldrähte nur die geringsten Härteunterschiede oder Materialfehler auf, so brechen die einzelnen Stahlfäden und geben daher eine unbrauchbare Stahlwolle; das Gleiche tritt ein, wenn die Werkzeuge, mit denen Stahlwolle geschnitten wird, nicht höchste Genauigkeit aufweisen und sorgsamst behandelt und gepflegt werden. Man kann schon aus diesen Angaben ersehen, wie schwierig die Herstellung einer wirklich brauchbaren Stahlwolle ist und daß es sich hier um ein in kostspieliger und jahrzehntelanger Versuchsarbeit hochentwickeltes Erzeugnis handelt.

Abschnitt 2

DIE HERSTELLUNG DER SCHLEIFMITTEL AUS TECHNISCHEN SCHLEIFROHSTOFFEN

Die Zerkleinerung der Schleifrohstoffe

Zum Zerkleinern der Schleifrohstoffe auf die erforderliche Korngröße werden in der Schleifmittel-Industrie Kollergänge, Kugelmühlen, Hammermühlen, Schleudermühlen, Walzmühlen und andere Mühlentypen verwendet. Es entfällt bei dieser Art der Zerkleinerung neben den gewünschten Korngrößen auch viel Feinmaterial und Staub, wofür nur ein ganz geringer Bedarf besteht. Wenn die Zerkleinerung in einem Pochwerk vorgenommen wird, dann erhält man ein sehr gleichmäßiges, derbes, scharfkantiges, würfel- oder tetraederähnliches Korn. Es entstehen scharfkantige Körner, da die vorzerkleinerten Schleifrohstoffe offenbar nach bestimmten Kristallflächen zertrümmert werden. Dies sind gerade die Kornformen, welche die größte Schleifleistung aufweisen und aus diesem Grunde in der Schleifmittel-Industrie am begehrtesten sind.
Gegenüber den anderen Zerkleinerungsvorrichtungen soll der Anfall an Feinmaterial unter etwa 0,2 mm Kantenlänge sehr gering sein. Der Anfall an einzelnen Korngrößen läßt sich bei diesen Zerkleinerungsverfahren in weiten Grenzen nach Wunsch regeln.

Die Körnungen der Schleifrohstoffe

Eines der wichtigsten Kapitel in der Schleifmittel-Herstellung ist die Körnung der Schleifrohstoffe bzw. deren Größen-Messung. Zusammen mit der Härte der Schleifkörner und der angewendeten Bindung bestimmt die Größe des Schleifkornes die Verwendungsart und auch den Schleifwert der Schleifmittel. Ein wirtschaftlicher Schrupp-Schliff läßt sich nämlich mit einer ganz feinkörnigen Schleifscheibe nicht erzielen, wie man auch mit einem ganz groben Korn keine einwandfreie Politur herstellen kann.
Man kann die Größe eines Körpers verhältnismäßig leicht bestimmen, wenn er seiner Form nach regelmäßig und genügend groß ist. Die Schwierigkeiten des Messens wechseln aber mit zunehmender Größe und Unregelmäßigkeit, vor allem bei stets kleiner werdenden Körpern, und zwar ebenso hinsichtlich der Genauigkeit wie auch in bezug auf den Umfang der Meßarbeit.
Nach der Mahlung des Schleifrohstoffes wird das gemahlene Gut nach Korngrößen auf Siebmaschinen eingeteilt, und zwar kann die Siebung durch Drahtgewebe und Seidengaze, durch Windsichtung und durch Schlämmen erfolgen. Gesiebt werden die Korngrößen bis etwa 0,05 mm herunter.
In Deutschland bestehen zwei genormte Siebreihen nebeneinander, da eine Vereinheitlichung der Siebgrößen noch nicht erreicht werden konnte. Es sind

dies die deutsche und die amerikanische Siebreihe, die auf verschiedenen Grundlagen beruhen. Die amerikanische Normung ist die ältere; man hat aber die deutsche derselben insofern angepaßt, als die genormten deutschen Siebabmessungen zum größten Teil innerhalb des Spielraums der amerikanischen Siebabmessungen liegen.

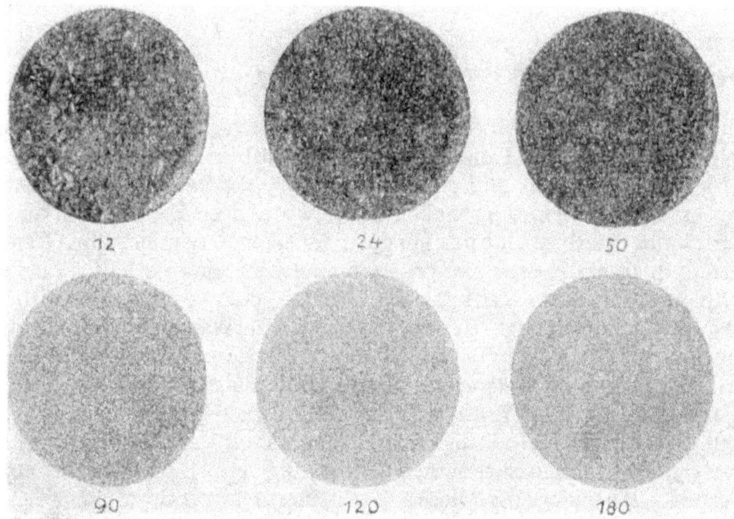

Abb. 11. Körnungen von Elektrokorund

Nach der amerikanischen Siebreihe wird die Siebnummer nach der Anzahl der Maschen des Siebes auf ein Zoll Länge bezeichnet. Die Nummer der Korngröße stimmt hierbei in etwa mit der Nummer des Siebes überein, so daß die Schleifkörner noch gerade hindurchgehen, um auf dem nächstfolgenden Sieb liegen zu bleiben.

Korngröße 30 fällt z. B. durch ein Sieb, das 30 Maschen auf ein Zoll Seitenlänge oder Öffnungen auf ein Quadratzoll hat, hingegen durch die nächste Siebnummer 40 zurückgehalten wird.

Die Abb. 12 zeigt Elektrokorund Körnung Nr. 12 (10mal vergrößert), während Abb. 13 Elektrokorund in Körnung Nr. 16 und Abb. 14 die Scheibenfläche des gleichen Korns und Abb. 15 Elektrokorund Korn Nr. 24 zeigt.

Natürlich ist auch die Form des Schleifkorns außer der Größe von Bedeutung. Man unterscheidet kubisches und spitzes Korn wie aus den Abb. 16 und 17 ersichtlich. Weder die eine noch die andere Art fällt bei dem Mehl- und Siebvorgang rein an, vielmehr ein aus beiden bestehendes Gemisch, wie aus der Abb. 18 ersichtlich. In dem Bestreben, einheitliche Größen festzulegen, hat der Deutsche Normenausschuß die Siebnummern bzw. Größen in dem Normenblatt DIN 1171 festgelegt. Dieses Blatt nimmt die lichte Maschenweite sowie

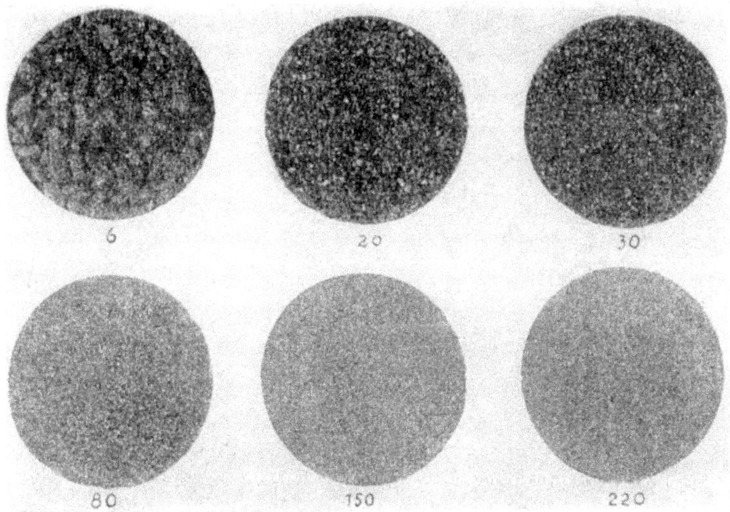

Abb. 11 a. Körnungen von Siliziumkarbid

Abb. 12. Elektrokorund Nr. 12 (10 mal vergrößert)

die Drahtstärke eines Siebgewebes als Grundlage für dessen Bezeichnung an. Zwangsläufig ergibt sich aus diesen beiden Angaben dann ja auch die Anzahl der Maschen auf den Quadratzentimeter. Dieser Begriff dient aber lediglich noch dazu, sich von der Feinheit eines Siebes eine leichtere Vorstellung zu machen.

Es sei noch auf die Veröffentlichungen des Vereins Deutscher Schleifmittelwerke EV, Gruppe Schleifscheiben, Beuel-Bonn, hingewiesen, und zwar auf die Ausführungen über „Einheitliche Bezeichnung der Körnung von Schleifscheiben" auf Seite 41 und auf „Die Normung der Schleifkörper" auf Seite 55.

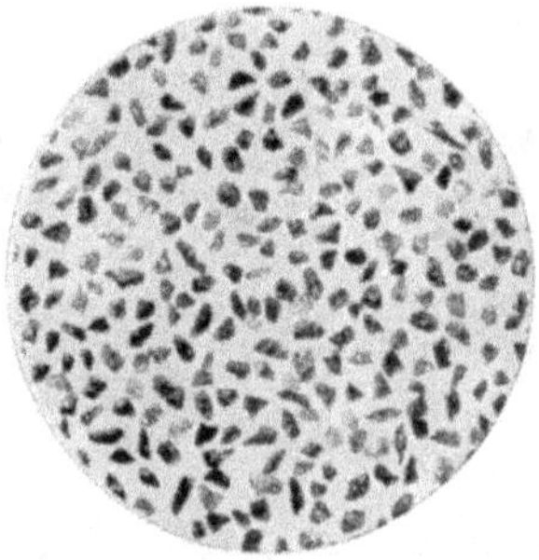

Abb. 13. Elektrokorund
Korn Nr. 16

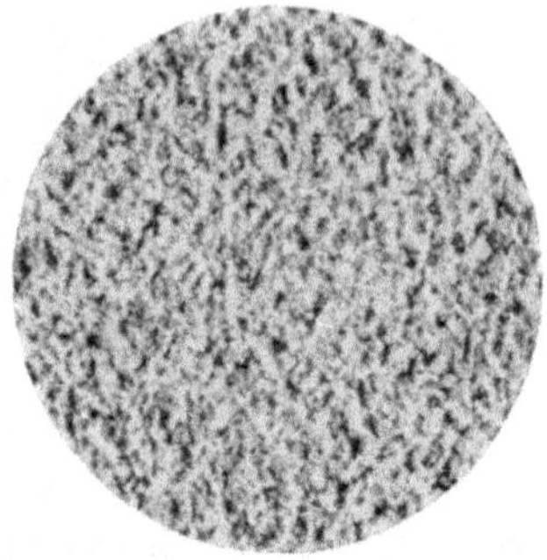

Abb. 14. Scheibenfläche
Korn Nr. 16

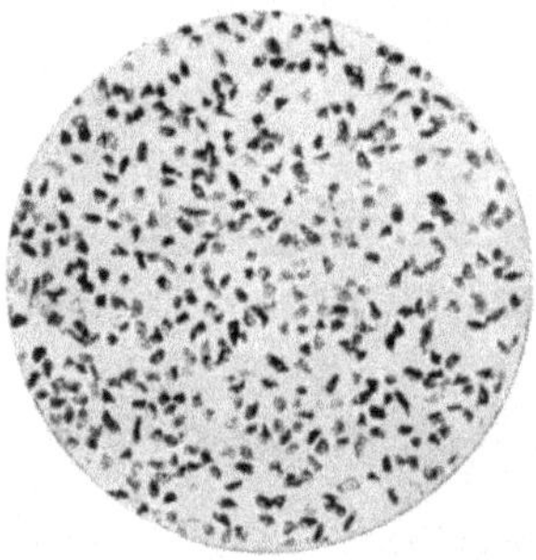

Abb. 15. Elektrokorund
Korn Nr. 24

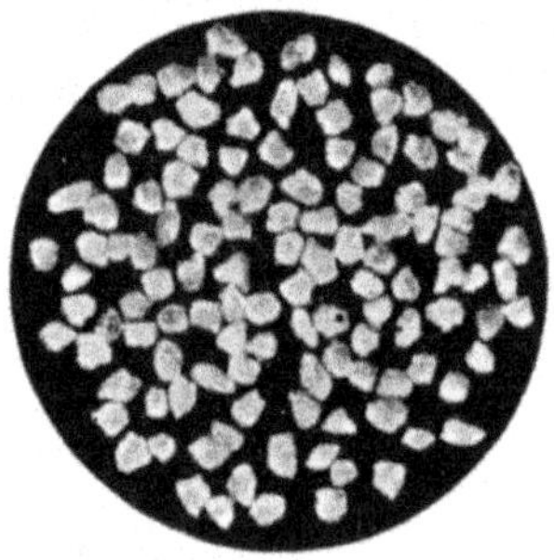

Abb. 16. Kubisches Korn

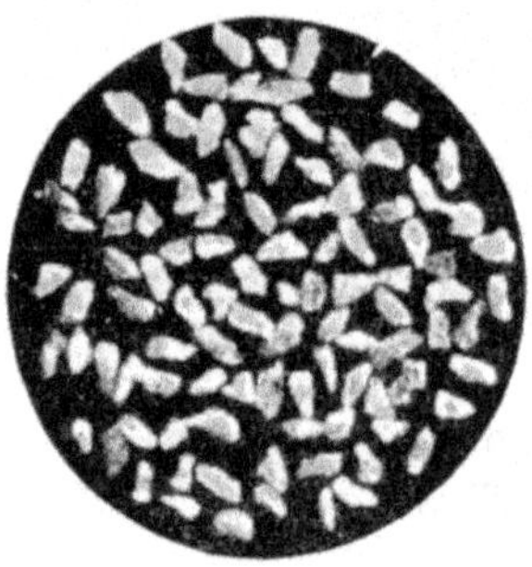

Abb. 17. Spitzes Korn

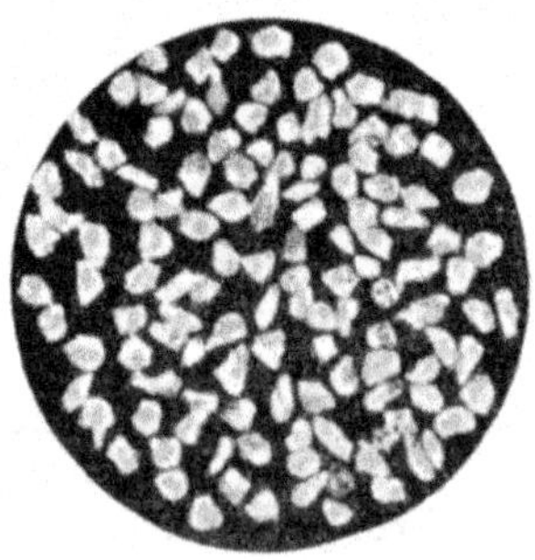

Abb. 18. Gemischtes Korn

Drahtgewebe für Prüfsiebe DIN 1171

Auszug aus dem Normalblatt Blatt 1

Drahtgewebe für Prüfsiebe werden als glattes Gewebe hergestellt und nach der lichten Maschenweite gemäß Spalte 2 der Tabelle in Verbindung mit der Nummer DIN 1171 bezeichnet, z. B.: Drahtgewebe für Prüfsiebe mit einer lichten Maschenweite von l = 0,20 mm (Spalte 2): Prüfsiebgewebe 0,20 DIN 1171.

Bisherige Gewebe Nr.	Lichte Maschenweite l in mm		Drahtdurchmesser d in mm		Rechnungsmäßig Maschenzahl je cm²
	Sollwert und Siebbezeichnung	Zulässige Abweichung (Durchschnittswert) %	Sollwert	Zulässige Abweichung (Durchschnittswert) %	
100	0,060	± 5	0,040	± 5	10000
80	0,075		0,050		6400
70	0,090		0,055		4900
60	0,100		0,065		3600
50	0,12	± 5	0,08	± 5	2500
40	0,15		0,10		1600
30	0,20		0,13		900
24	0,25		0,17		576
20	0,3	± 5	0,20	± 5	400
16	0,4		0,24		250
(14)	(0,43)		(0,28)		196
12	0,5		0,34		144
10	0,6		0,4		100
8	0,75		0,5		64
6	1,0	± 5	0,65	± 5	36
5	1,2		0,8		25
4	1,5		1,0		16
—	2,0	± 5	1,0	± 5	
—	2,5		1,0		
—	3,0		1,2		
—	4,0		1,6		
—	5,0		2,0		
—	6,0		2,5		

Auf Grund der gemachten Erfahrungen werden außer den Normalgeweben DIN 1171 noch Ergänzungsgewebe geliefert. Diese Gewebe füllen teils Lücken zwischen Normalgeweben, teils sind ihre lichten Maschenweiten feiner als das feinste Normensieb. Ferner ermöglichen sie auch eine engere Anpassung der deutschen Normensiebe an die ASTM-Siebskala.

Ergänzungsgewebe

Gewebe Nr.	Lichte Maschenweite l in mm	Drahtdurchmesser d in mm	Rechnungsmäßig Maschenzahl je cm²
11	0,54	0,37	121
18	0,34	0,21	324
35	0,177	0,12	1 225
90	0,066	0,045	8 100
110	0,053	0,041	12 100
130	0,040	0,036	16900

Drahtgewebe für Prüfsiebe nach anderen Normen

Außer den deutschen Normengeweben DIN 1171 sind auch noch erhältlich Drahtsiebgewebe
nach Skala der American Society for Testing Materials (ASTM),
nach Skala Tyler,
nach Skala der British Engineering Standard Association (BESA),
nach Skala des Internationalen Normenausschusses (ISA),
nach dem Normenblatt N 380 der Hoofdcommissie voor de Normalisatie in Nederland.

Die Bindungsarten der Schleifscheiben

Die Schleifscheiben werden in verschiedenen Bindungsarten hergestellt:

1. keramische Bindung,
2. organische Bindung (Kunstharzbindung, Gummibindung, Schellackbindung),
3. Silikatbindung,
4. Mineralische Bindung.

Das Bindemittel hält die Schleifkörner zusammen und durch die Art und Menge des zur Verwendung gelangenden Bindemittels werden auch bestimmte Eigenschaften der Schleifscheiben, die man als Härtegrade bezeichnet, erhalten. Die größte Anwendung findet heute wohl noch die keramische Bindung. Etwa 70 v. H. aller Schleifscheiben werden in dieser Bindungsart hergestellt, Ton, Kaolin, Feldspat, Quarz werden hierbei als Hauptbindemittel verwendet. Die keramische Bindungsart hat eine ganze Reihe Vorteile aufzuweisen: Die Schleifscheiben werden sehr fest und porös. Man kann die gewünschten Härten in sämtlichen Körnungen herstellen. Auch verändert sich das Gefüge der in dieser Bindungsart hergestellten Schleifscheiben durch chemische Einflüsse nicht. Allerdings hat die keramische Bindung auch einen Nachteil aufzuweisen, das ist ihre Sprödigkeit und infolgedessen sind die Schleifscheiben dieser Bindungsart empfindlich gegen starken Druck und Stöße.
Unter organischer Bindung faßt man die Bindungen zusammen, bei denen natürliche Harze von Kolophonium, Schellack usw., pflanzliche Öle, Gummi

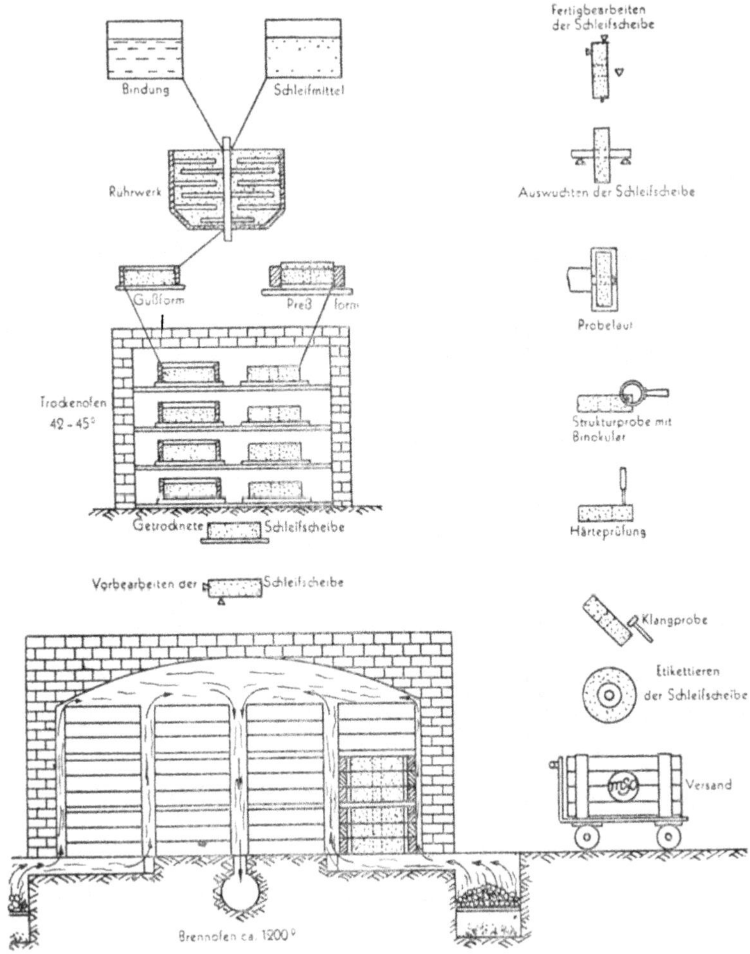

Abb. 19. Schematische Darstellung der Herstellung von Schleifscheiben

oder künstliche Harze als Hauptbestandteile in Frage kommen. Diese Bindungsart wird auch vegetabilische oder elastische Bindung genannt. Da sie hohe Festigkeit mit hoher Zähigkeit vereinigt, besonders bei Verwendung von Gummi oder Kunstharz, und große Umfangsgeschwindigkeiten zuläßt, gewinnt sie immer mehr an Bedeutung. Die in dieser Bindungsart hergestellten Schleifscheiben eignen sich auch zum Schleifen von Werkstücken, welche die Schleifscheiben leicht verschmieren. Vorteilhaft kann man auch feine und grobe keramische Erzeugnisse bei Trockenschliff damit bearbeiten. Die Schleifscheiben in organischer Bindung ergeben einen zarten, sauberen Schliff. Vor allem lassen sich feine und zarte Schneiden an Werkzeugen, wie Messer, Holzmeißel, Schaber usw. herstellen.

Was nun die Kunstharzbindung anbetrifft, so verwendet man für die Herstellung der Schleifscheiben mit dieser Bindungsart sowohl flüssiges wie auch pulverförmiges Phenolharz. Erfahrungsgemäß beträgt der Festharzgehalt der gehärteten Schleifscheiben 10—15 %. Er ist abhängig von der Korngröße des Schleifmittels, sowie von der Härte und dem Verwendungszweck der Schleif-

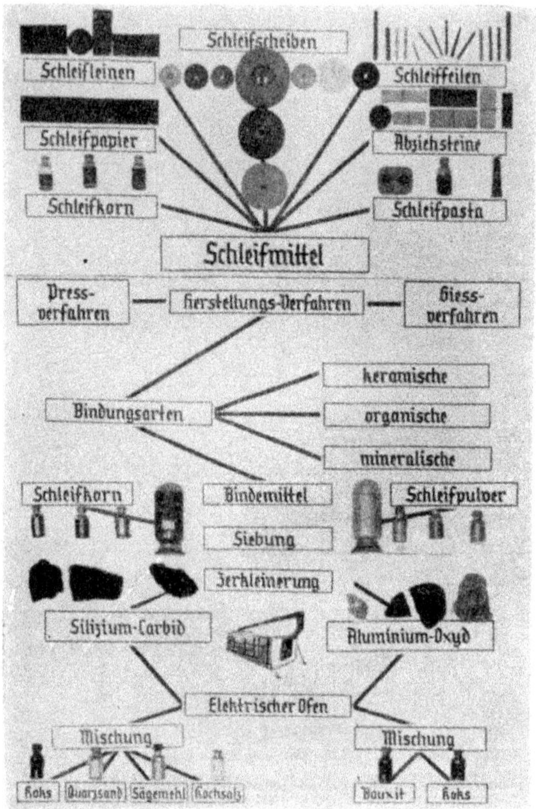

Abb. 20. Herstellung der Schleifrohstoffe (Sammlung Senator Kleinschmidt)

scheiben. Geringer Harzgehalt macht die Schleifscheiben härter und spröder, hoher Harzgehalt erhöht die Festigkeit der Schleifscheiben, begünstigt aber auch das Schmieren derselben. Für Schrupp- und Metallschleifscheiben, die hoch beansprucht werden, kommt ein Festharzgehalt von 10—14 %, für Feinschleif- und Polierscheiben bis 18 % und für Trennscheiben bis 20 % in Frage. Das Pressen der Schleifscheiben in Kunstharzbindung erfolgt sowohl in kalten als auch in heißen Preßformen, und zwar bevorzugt man bei Heißpressung eine Werkzeugtemperatur von etwa 150° C, denn dadurch verläuft die Nachhärtung schneller. Bei hohem Druck gepreßte Schleifscheiben erhalten eine erhöhte Härte. Die Nachhärtung erfolgt im Wärmeofen, der mit Gas- oder

Stromheizung arbeitet. Nach erfolgter Härtung werden die Schleifscheiben im Ofen auf Zimmertemperatur etwa 10—12 Stunden abgekühlt.
Die in Kunstharzbindung hergestellten Schleifscheiben haben gegenüber den in keramischer Bindung erzeugten Scheiben den Vorteil, daß man sie innerhalb weniger Tage erzeugen kann, während zur Anfertigung der Schleifscheiben in

Abb. 21. Mischtrommel, in der das Schleifkorn mit dem Bindemittel gemischt wird

Abb. 22. Die Mischung wird in die Form eingefüllt

keramischer Bindung ein Zeitraum von 4—5 Wochen erforderlich ist. Man kann die in Kunstharz gebundenen Schleifkörper sowohl zum Naß- als auch zum Trockenschleifen benutzen. Auch haben sie sich bei schnellaufenden Maschinen bestens bewährt. Wichtig ist, daß man in dieser Bindungsart vor allem Schleifscheiben von geringer Stärke und großer Zähigkeit herzustellen vermag.
Wird eine Schleifscheibe außergewöhnlich starken Beanspruchungen ausgesetzt, und soll sie mit hohen Umfangsgeschwindigkeiten arbeiten, so stellt man sie zweckmäßig in Gummibindung her. Derartige Schleifscheiben finden hauptsächlich Verwendung zum Schärfen von Sägen, für Temperguß, Stahlguß, zum Abschneiden von Sonderstählen, Durchschneiden von Kabeln usw. Man kann in dieser Bindungsart auch ganz besonders dünne Schleifscheiben her-

stellen, allerdings kann diese Art von Schleifscheiben, wie dies bei den vegetabilisch gebundenen Scheiben der Fall ist, keine sehr hohen Temperaturen vertragen, denn sie erweicht schon bei 120° C. Bei dieser Temperatur wird das Bindemittel klebrig, die Abschleifteile werden festgehalten und die Schleiffläche zerstört.
Da sich mit den Schleifscheiben in Gummibindung ein zarter sauberer Schliff erzielen läßt, ist es verständlich, daß sie in den feinsten Körnungen besonders für Polierzwecke und bei gröberen Körnungen für Flächenschliff ausgedehnte Verwendung finden.

Abb. 23. Im Preßverfahren hergestellte keramische Schleifscheibe

Die Schellackbindung ähnelt der Gummibindung. Die in Schellackbindung hergestellten Schleifscheiben werden zum Schärfen von Sägen verwendet. Sie eignen sich aber auch zum Zerschneiden von Steinen sowie zur Erzielung eines hochwertigen Feinschliffs in der Werkzeugherstellung an gehärteten Stählen. Ferner kann man damit einen feinen Fertigschliff an Hartguß und Stahlwalzen erzielen; sehr gut eignen sie sich auch zum Schärfen feinzahniger Sägen, weil man sie ebenfalls äußerst dünn herstellen kann.
Die Silikatbindung besteht im wesentlichen aus Silikaten. Die Schneidwirkung der in Silikatbindung hergestellten Schleifscheibe ähnelt der des Sandsteins. Betriebe, welche eine Schneidwirkung zu erhalten wünschen wie die des Sandsteins, und solche Betriebe, die den Sandstein aus Sicherheitsgründen zu ersetzen wünschen, verwenden Schleifscheiben in Silikatbindung.
Feldspat, Schlämmkreide, Kaolin und Wasserglas sind die Bindemittel, die bei einer Silikat-Schleifscheibe Verwendung finden; ausschlaggebend ist hierbei das Wasserglas. Die Mischung wird prozentual zusammengesetzt, wobei der Feldspat am stärksten vertreten ist; je nach der gewünschten Härte der anzufertigenden Schleifscheibe wird das Ganze wiederum prozentual der Schleifkornmenge zugefügt.

Abb. 24. Das Pressen

In den meisten Fällen werden die Silikatschleifscheiben gestampft; bei gleichmäßiger Verteilung der Maße kann man sie aber auch im Preßverfahren herstellen. Es genügt hierbei ein Preßdruck von 20 bis 40 kg/cm². Das Preßverfahren hat gegenüber dem Stampfen den Vorzug, daß eine viel größere Gleichmäßigkeit erreicht wird.

Nachdem die Schleifscheiben an der Luft getrocknet sind, werden sie in den Ofen eingesetzt; sie werden aber nicht gebrannt, sondern erhärtet. Die Erhärtung muß langsam vor sich gehen, weil bei einem zu starken Feuer durch den hierdurch hervorgerufenen Temperaturanstieg sich kleine Haarrisse bilden können, die unter Umständen zum Bruch der Schleifscheibe führen. Die Temperatur darf bei langsamen Anstieg 300° C nicht übersteigen, und in etwa 30 Stunden ist der ganze Erhärtungsprozeß beendet.
Die schnelle Anfertigung dieser Art von Scheiben stellt gegenüber den Schleifscheiben in keramischer Bindung einen Vorteil dar; der Hersteller kann sie schon in einigen Tagen liefern. Außerdem weisen die Schleifscheiben in Silikatbindung auch noch andere Vorzüge auf. Sie besitzen eine erhöhte Betriebssicherheit, hohe Schleifleistung und gute Wasserbeständigkeit. Ihr Arbeitsfeld ist sehr ausgedehnt; sie eignen sich besonders für Flächenschliff und zum Schleifen scharfkantiger Werkzeuge. Man schleift daher mit ihnen vorteilhaft Maschinenmesser, Papiermesser, Furniermesser, Fleischermesser usw. Für grobe Schleifarbeiten ist die Schleifscheibe in Silikatbindung allerdings nicht geeignet.
Die mineralische Bindung ist die älteste Bindungsart. Sie besteht aus Magnesia-(Sorel-)Zement mit Magnesium-Chlorid. Wegen ihrer Billigkeit und ihrer verhältnismäßig kurzen Herstellungszeit wird diese Art Bindung hauptsächlich verwendet. Als Ersatz für die großen Sandsteine werden neuerdings mineralisch gebundene Schleifsteine (Magnesit-Bindung) für Naßschleifen in allen gangbaren Abmessungen erzeugt. Sie sind nicht teurer als die Sandsteine, weisen aber eine Reihe von Vorzügen gegenüber den Sandsteinen auf, und zwar zeichnen sie sich aus durch eine gleichmäßige Härte, große Schneidfähigkeit, lange Lebensdauer, geringe Schlammbildung und, was vor allem wichtig ist, sie sind nicht gesundheitsschädlich wie die Sandsteine. Bekanntlich setzt sich die im Sandstein vorkommende Kieselsäure in der Lunge der Schleifer fest, so daß die gefürchtete Staublunge entsteht. Dies ist bei dem Kunststein nicht der Fall, so daß die Berufsgenossenschaften für das Schleifen der Eisen- und Stahlwaren die Verwendung desselben empfehlen.

Die Herstellungsverfahren der Schleifscheiben

Bei der Herstellung von Schleifscheiben kommen zwei Verfahren zur Anwendung: das Preß- und das Gieß-Verfahren. Die Frage, welches von beiden Verfahren das bessere sei, ist noch nicht entschieden; es lassen sich aber nach beiden Verfahren in jeder Beziehung geeignete Schleifscheiben herstellen.
Man muß beim Preßverfahren sehr sorgfältig arbeiten; dies trifft besonders zu, wenn kleinere Schleifscheiben auf Spindelpressen gepreßt werden; denn hier hängt der zu erzielende Druck von der Kraft des pressebedienenden Arbeiters ab, die natürlich im Laufe des Tages schwankt. Weiterhin spielt bei der Wahl der Herstellungsverfahren der Verwendungszweck, die Stückzahl, die Art der Pressen usw. eine wichtige Rolle. Man preßt die Schleifscheiben auf hydraulischen Pressen oder Spindelpressen, und zwar liegt die zur Verwendung gelangende Mischung auf dem Arbeitstisch des Pressers griffbereit. Er füllt sie in die Formen und schiebt sie unter die hydraulische Presse. Nach erfolgter

Abb. 25. Ausstoßtisch

Abb. 26. Das Gießverfahren

Pressung wird die Form entleert, und zwar geschieht dies auf Ausstoßtischen, wie in Abb. 25 gezeigt. Die Maschine drückt die fertiggepreßte Schleifscheibe unbeschädigt aus der Preßform heraus, und zwar wird die Form mit der gepreßten Schleifscheibe auf dem Tisch mit 4 Krampen festgespannt, worauf mit dem großen, unten liegenden Rad so lange gedreht wird, bis Schleifscheibe und Preßplatte aus der Form herausgestoßen sind. Der in Abb. 25 gezeigte Ausstoßtisch genügt für Formen bis 400 mm Durchmesser. Der innere Ausstoßtisch ist zur Aufnahme der durchfallenden Dorne hohl, hat einen Durchmesser von 140 mm und 180 mm Hub. Praktisch sind die drei Formhalter, sie lassen sich leicht an die Form heranschieben und ihre Festhalte-Nasen lassen sich bequem in der Höhe verstellen.

Abb. 27. Das Innere eines Brennofens

Nach dem Pressen kommt die Schleifscheibe in den Trockenraum, wo ihr jegliche Feuchtigkeit entzogen wird.

Für Schleifscheiben, die im Gießverfahren hergestellt werden, wird die Mischung in großen Rührbottichen angerührt und dann in die Form (einen auf einem Untersatz befindlichen Blechkranz mit Papiereinlage) gelöffelt oder dem Rührbottich abgelassen. Sobald nun der gegossene Kuchen soweit getrocknet ist, daß er befördert werden kann, kommt er ebenfalls in den Trockenofen. Je nach der Größe der Schleifscheiben ist die Dauer des Trockenprozesses verschieden.

Die gegossenen Schleifscheiben, die sogenannten Rohlinge, wie die vorgetrockneten Formen genannt werden, werden nun abgedreht, und zwar auf das verlangte Maß, jedoch mit Übermaß, weil sich das Brenngut im Ofen verziehen kann und sowieso später nochmals in der Dreherei abgedreht werden muß.

Die im Preßverfahren hergestellten Schleifscheiben kommen hingegen von der Trockenkammer sofort in den Brennofen.

Die Brennkapseln

Schleifscheiben, Abziehsteine, Schleiffeilen usw. werden in Kapseln eingesetzt und gebrannt. Die Kapseln bestehen aus einem Gemisch von feuerfestem quarzfreiem Ton und Schamotte in Korngrößen von 1—5 mm. Sie schützen die Ware vor der unmittelbaren Berührung mit der Flamme. Je nach der Höhe der Brenntemperatur müssen die Kapseln mehr oder weniger feuerfest sein. Sie dürfen sich im Brande nicht durchbiegen, müssen widerstandsfähig gegen Temperaturschwankungen sein und eine mehrmalige Benutzung zulassen.

Das Brennen der Schleifscheiben

Die zum Brennen der Schleifscheiben benutzten Öfen sind Rund- und Viereck-öfen, und zwar beheizt man diese mit Steinkohlen, Braunkohlen, Gas und Öl; Öfen kleinerer Abmessungen in einigen Fällen auch mit Elektrizität usw. In Deutschland findet man meistens die größeren ortsfesten Rundöfen, die auf Steinkohlenheizung oder die feuerungstechnisch weit günstigere Braunkohlen-heizung eingestellt sind. Das Brenngut wird in Kapseln eingelegt, d. h. in Quarzsand eingebettet bzw. eingerieben und dann gebrannt. Bei der Schleif-

Abb. 28. Teilansicht eines Rundofens

scheiben-Herstellung ist der Brennprozeß der schwierigste Arbeitsgang. Schon das Einsetzen der Kapseln in den Ofen muß mit größter Sorgfalt von erfahrenen Fachleuten vorgenommen werden, denn in ein und demselben Ofen werden kleinere, mittlere und große Schleifscheiben gebrannt.

Bei den in Weißgluthitze gebrannten Schleifscheiben in keramischer Bindung usw. geht man bis zur Temperatur von etwa 1300° C. Das Messen der Brenntemperaturen erfolgt mit dem selbstschreibenden Pyrometer und gegebenenfalls auch noch mit Segerkegeln. Für einen Rundofen von etwa 4,5 m Durchmesser und 4 m Höhe, welcher etwa 12000 kg Brenngut aufnehmen kann, dauert das Einsetzen 6 Tage, die Brenndauer bei Schleifscheiben aus Elektrokorund 7 und bei solchen aus Siliziumkarbid 8 Tage und Nächte. Etwa 7—8 Tage muß der Ofen abkühlen. Auch nimmt das Entleeren des Ofens etwa 1—2 Tage in Anspruch.

Elektrische Öfen werden von einzelnen Firmen für das Brennen oder vielmehr Backen der in elastischer bzw. vegetabilischer Bindung hergestellten Schleifscheiben wie auch der Silikatscheiben benutzt. Die Brenndauer beträgt bei diesen Öfen etwa 20—25 Stunden, die Abkühlungszeit etwa 20 Stunden. Die Schleifscheiben werden in etwa 250—300° C gehärtet. Zu diesem Zweck werden aber vorwiegend noch Trockenschränke für Leuchtgasbeheizung oder für Beheizung durch feste Brennstoffe verwendet.

Um zu erreichen, daß die Schleifscheibe in einwandfreier Beschaffenheit aus dem Ofen und in den Abdrehraum kommt, ist es notwendig, im Brennprozeß nur durchaus zuverlässige und erfahrene Facharbeiter zu verwenden.

Der Tunnelofen

Auch auf dem Gebiete des Brennens von Schleifscheiben hat sich in den letzten Jahren der Tunnelofen mit bestem Erfolg eingeführt. Damit ist es möglich, auch der Schleifscheibenindustrie die Vorteile zukommen zu lassen, welche der Tunnelofen bietet.

An das Brennen von Siliziumkarbid- und Korundscheiben im Tunnelofen ist jedoch die Voraussetzung geknüpft, daß die keramischen Massen und Bindungen so aufeinander eingestellt sind, daß sie sämtlich bei einer Temperatur die im allgemeinen dem Segerkegel 10 entspricht, gebrannt werden können.

Die Einsparungen an Arbeitsaufwand, die der Tunnelofen gegenüber den periodischen Öfen aufweist, ergeben sich zwangsläufig aus der Betrachtung seiner Arbeitsweise. Ebenso ergeben sich hieraus die Vorteile, welche in fabrikatorischer Hinsicht auftreten.

Der Brenn- bzw. Kühlkanal eines Tunnelofens ist mit dem Brennwagenstrang ausgefüllt. Er besteht aus einer festgelegten Anzahl von Brennwagen, die mit den Stirnseiten fest aneinander stoßen und deren Zahl nach der Leistung des Ofens bestimmt ist. Entsprechend der Schubzeit wird nach bestimmter Zeit durch die Einstoßmaschine ein mit grünen Scheiben beladener Wagen an der Einfahrtseite in den Ofenkanal eingedrückt, wobei der Wagenstrang selbsttätig um eine Wagenlänge zur Ofenausfahrt vorwärtsbewegt und der letzte Wagen mit den fertiggebrannten und gekühlten Scheiben ausgestoßen wird. Die Ein- und Ausfahrtseiten des Ofens sind durch Schiebetüren und mit dem parallel zum Ofen liegenden Rückfahrtgleis, welches der Beförderung der Brennwagen dient, miteinander verbunden. Wenn die Wagen die Ausfahrtseite des Ofens verlassen, werden sie zweckmäßig auf dem Rückfahrtgleis in der Nähe dieser Stelle entladen und danach zur Einfahrtseite vorgeschoben. In der Nähe der Ofen-Einfahrt erfolgt das Beladen mit grüner Ware, so daß sich ein dauernder Kreislauf für den Transport ergibt.

In fabrikatorischer Hinsicht ergeben sich hieraus die Vorteile einer gleichmäßigen Versorgung der Ofenanlage mit Schleifscheiben und ebenso gestattet es nach ihrem Brennen und Kühlen gleichmäßigen Abtransport. Durch zweckmäßiges Einschalten der Tunnelofenanlage in den ganzen Fertigungsprozeß läßt sich daher ein Arbeitsfluß mit geringstmöglichem Arbeitsaufwand durchführen. Zu dieser Vereinfachung des gesamten fabrikatorischen Arbeitsvorganges tritt noch eine weitere hinzu, die besonders zu einer Einsparung an Arbeitskräften durch Verwendung des Tunnelofens führt.

Abgesehen davon, daß die Bedienung der Tunnelofenanlage denkbar einfach ist und nur in der Überwachung der Temperatur-Meßanlage, der Brennereinstellung und dem Bedienen der Einstoßmaschine und Schiebebühnen besteht, erfordert infolge der besonderen Ausbildung der Brennwagen auch das Setzen der grünen und das Abladen der gebrannten Scheiben nur geringen Arbeitsaufwand. Die Scheiben werden heute allgemein auf einem mehrtägigen Auf-

Abb. 29. Tunnelofen zum Brennen von Schleifscheiben, Bauart Heimsoth-Vollmer-Dreßler

Abb. 30. Brennwagen

bau, welcher aus Sonderplatten und Säulen besteht, frei gesetzt, so daß der Aufwand für die Herstellung der Kapseln und das zeitraubende Setzen der Scheiben in ihnen fortfällt. Die Arbeitsbedingungen selbst für das Setzen und Entladen sind günstigere, weil diese Arbeiten außerhalb des Ofens, meist auf dem Rückfahrgleis, vorgenommen werden. Zu den vorstehend aufgeführten Einsparungen an Arbeitsaufwand, treten noch die Vorteile hinzu, die sich aus der Brennstoffersparnis ergeben. Wenn auch der Brennstoffbedarf von verschiedenen Umständen wie der Setzweise, den Durchmessern und Dicken der Scheiben, dem Zugabegewicht vor dem Abschleifen usw. abhängig ist, so kann ohne das eine Paradezahl angegeben ist, mit einem Bedarf von etwa 3000 kcal je kg fertiggebrannter Scheiben als einer in der Praxis erprobten Durchschnittszahl gerechnet werden. Der Wärmebedarf in periodisch betriebenen Öfen dürfte, vorsichtig gerechnet, mindestens das Doppelte betragen.

Ein anderer wichtiger Vorteil besteht darin, daß infolge des absolut gleichmäßigen Durchbrandes der Scheiben im Tunnelofen ihr Ausfall in qualitativer Hinsicht ein viel besserer ist. Weiterhin kann auf Grund der Erfahrung gesagt werden, daß die Ausschußziffern beim Brennen im Tunnelofen gegenüber denen im periodisch betriebenen Ofen ganz erheblich geringere sind.

Die Tunnelöfen selbst gliedern sich von der Ausfahrt aus betrachtet in Vorwärm-, Brenn- und Kühlzone. Die Brennzone, etwa in dem mittleren Teil des Ofens gelegen, enthält die Brennereinrichtung, welcherKoksofengas (Ferngas) oder Generatorgas, welches in werkseigener Gaserzeugeranlage hergestellt wird, zugeführt wird.

Die Beheizung der Brenn- bzw. Vorwärmzone erfolgt im Gegenstromprinzip zu dem Wagenstrang, das heißt also, daß die Wärme von den Brennern zur Ofeneinfahrt abfließt, während die Brennwagen in entgegengesetzter Richtung vorgeschoben werden und die Wärme allmählich aufnehmen. Die Abgabe der Wärme an das Brenngut kann durch direkte oder indirekte Beheizung erfolgen. Die Wahl der Beheizungsart oder des Ofensystems richtet sich danach, wie sich die Scheiben gegenüber den Einflüssen der rauchgashaltigen oder oxydierenden Ofenatmosphäre verhalten.

Bei der indirekten Beheizung wird der Tunnelofen z. B. mit den Dressler-Muffeln ausgerüstet, welche von der Brennzone bis zur Ofeneinfahrt hier an den Längswänden verlaufen. In diesen Muffeln, die aus Sondermaterial bestehen, kommen die Brenngase zur Verbrennung und werden zur Ofeneinfahrt hin so geleitet, daß ein Übertritt der Rauchgase aus den Muffeln an das Brenngut praktisch unmöglich ist und diese deshalb keinen nachteiligen Einfluß auf die Schleifscheiben ausüben können. Die Wärmezufuhr an das Brenngut erfolgt durch Strahlung von den Muffelwänden und durch Konvektion der um die einzelnen Muffelteile kreisenden Luftschichten.

Die Kühlzone ist so konstruiert, daß sie ein langsames, schrittweises Abkühlen der Schleifscheiben gewährleistet.

Zu empfehlen ist noch, daß die Rauchgase vor ihrer Beförderung durch einen Schornstein oder Abgasexhaustor ins Freie einen Lufterhitzer durchströmen. Durch die Abgabe der Abgas-Wärme an die eingeführte Kaltluft im Austauschverfahren wird zusätzlich Warmluft für Heiz- oder Trockenzwecke gewonnen. Tunnelöfen sind bisher für unterschiedliche Ofenleistungen gebaut worden. Die Abmessungen der Anlagen wie auch der Platzbedarf richten sich nach der ver-

langten Leistung sowie dem größten Durchmesser der zu brennenden Schleifscheiben. Die Tagesleistungen der errichteten Anlagen schwanken zwischen 500—8000 kg gebrannte Scheiben, die Größe der Scheiben von den kleinsten bis zu solchen von 1 m Durchmesser.
Allgemein kann gesagt werden, daß die Wirtschaftlichkeit einer Tunnelofenanlage mit der größeren Leistung steigt.

Die Härte der Schleifscheiben

Die Schleifscheiben werden in der Regel nach ihrer Härte in sehr weiche, weiche, mittelharte, harte und sehr harte Schleifscheiben eingeteilt. Unter einer weichen Schleifscheibe versteht man eine solche, die sich leicht von Hand mit einem spitzen Werkzeug tiefer anritzen läßt. Bei mittelharten Schleifscheiben ist das Anritzen schon etwas schwieriger und erfordert mehr Kraft als bei der weichen Schleifscheibe. Die sehr harten Schleifscheiben lassen sich nicht mehr auf diese Weise ritzen. Die Schleifscheibe wird sehr leicht angeschabt, weil sie dem Eindringen des Prüfstiftes zu großen Widerstand entgegensetzt.
Es kommt häufig vor, daß die Härte des Schleifrohstoffes mit der Härte der Schleifscheibe verwechselt wird. Die Härte des Schleifrohstoffes liegt fest. Die Härte der Schleifscheibe hingegen wird durch verschiedene Faktoren bestimmt, wie z. B. die Festigkeit des Bindemittels, die Schichtdicke des Bindemittels zwischen den Schleifkörnern, die Größe der Schleifkörner, die Größe des Porenraumes, den Preßdruck (soweit die Schleifscheiben im Preßverfahren hergestellt werden), die Brenntemperatur usw. Auch spielen die Abmessungen der Schleifscheiben eine Rolle. Bei einer geringen Festigkeit des Bindemittels, einer kleinen Schichtstärke zwischen den Schleifkörnern und großen Poren erhält man eine „weiche“ Schleifscheibe.
Eine genaue Begriffsbestimmung der Schleifscheibenhärte zu geben, ist nicht so leicht, denn die Schleifscheibe ist ein Gebilde, das aus zwei grundverschiedenen Stoffen besteht, dem Schleifkorn und dem Bindemittel. Es ist deshalb auch verständlich, daß man hier nicht einen Härtebegriff definieren kann, wie z. B. die Brinell-Härte bei Stahl. Unter Härte der Schleifscheiben versteht man im allgemeinen die Festigkeit der Bindung, die so beschaffen sein soll, daß sie die Schleifkörner beim Stumpfwerden infolge des erhöhten Widerstandes am Werkstoff freigibt, so daß die dahinter liegenden neuen scharfen Schleifkörner zur Wirksamkeit kommen können. Ein Scharfschleifen des einzelnen Schleifkornes, nachdem es durch die geleistete Arbeit stumpf geworden ist, ist nicht möglich. Man kann wohl ein Stahlwerkzeug schleifen, hingegen muß ein stumpf gewordenes Schleifkorn herausgebrochen werden; daß dann ein neues Korn sofort seine Schleifkante darbietet, dafür sorgt die Brüchigkeit der Schleifscheibenbindung.
Zum Herausbrechen der stumpfen Schleifkörner dienen zwei Mittel: das selbsttätige Scharfhalten der Schleifscheiben oder das Abrichten, also ein Eingreifen von außer her. Wenn das Schleifkorn stumpf geworden ist und nur noch unter scharfem Druck zum Schneiden gebracht werden kann, vermag die Schleifscheibenoberfläche dem Gegendruck des zu schleifenden Werkstückes nicht standzuhalten. Die Bindung zerbröckelt und das stumpfe Schleifkorn

bricht aus. Für die Härte einer Schleifscheibe ist also die Fähigkeit, sich selbst scharf zu halten, maßgebend. Das Schleifkorn muß sich gerade in dem Augenblick ablösen, wenn es stumpf geworden ist, damit das dahinter liegende Schleifkorn frei wird und zum Angriff kommen kann. Geschieht das rechtzeitige Ablösen des Schleifkorns nicht, so ist die Schleifscheibe, d. h. das Bindemittel, zu hart. Die Schleifscheibe wird dann recht bald stumpf und blank, so daß damit nicht weitergearbeitet werden kann. Wenn aber die Schleifscheibe zu weich ist, d. h. die Bindung, so bleibt zwar die Schleifscheibe scharf, sie nutzt sich aber viel zu rasch ab und wird leicht unrund, muß also oft abgerichtet werden; sie würde also unwirtschaftlich arbeiten. Es ist aber immerhin vorteilhafter, eine etwas zu weiche als zu harte Schleifscheibe zu verwenden, denn die weiche Schleifscheibe hat einen geringen Kraftverbrauch und bleibt viel länger schneidfähig als die harte Schleifscheibe. Man kann auch einen fortlaufenden Betrieb eher mit einer weichen Schleifscheibe durchführen als mit einer harten; denn es treten weniger Unterbrechungen des Schleifens ein, weil die Schleifscheibe nicht so oft abgedreht zu werden braucht. Ein harter Werkstoff macht die Schleifkörner früher stumpf als ein weicher; daraus ergibt sich die Schlußfolgerung, daß für weiches Material harte Schleifscheiben und für hartes Material weiche Schleifscheiben zu verwenden sind. Jedoch verlangen Metalle, die zum Schmieren neigen, wie z. B. Messing oder Kupfer, abweichend hiervon weiche Schleifscheiben; harte Schleifscheiben würden sich mit den abgeschliffenen Metallspänen zu schnell zusetzen und die Schleifscheiben könnten sich nicht mehr selbst scharf halten, müßten also immer wieder abgedreht werden, was nicht allein Zeitverlust, sondern auch erheblichen Schleifscheibenverlust bedeuten würde. Es würden also für diese Metalle nur sehr weiche Schleifscheiben in Betracht kommen.
Nur zu leicht können auch zu harte Schleifscheiben ein Erhitzen des Werkstoffes und Rattermarken herbeiführen. Hin und wieder wird von einzelnen Verbrauchern die Behauptung aufgestellt, daß eine bestimmte Schleifscheibe nach der Mitte zu weicher sei und daß infolgedessen die Schleifscheibe eine zu starke Abnutzung aufweise. Es ist dies eine irrtümliche Auffassung, die darauf zurückzuführen ist, daß bei kleiner werdender Schleifscheibe die Verminderung des Durchmessers und damit der Umfangsgeschwindigkeit nicht durch eine entsprechende Drehzahlsteigerung berücksichtigt worden ist.
Die Ermittlung der Härte einer Schleifscheibe wird durch den relativen Vergleich der Schleifscheiben untereinander vorgenommen, weil es ein absolutes Maß zur Bestimmung der Schleifscheibenhärte noch nicht gibt. Die Härte einer Schleifscheibe schwankt auch innerhalb gewisser Grenzen immer.
Es sei auf die Veröffentlichungen des Vereins Deutscher Schleifmittelwerke EV., Gruppe Schleifscheiben, Beuel-Bonn, hingewiesen, und zwar auf die Ausführungen über die „Vereinheitlichung der Bezeichnung des Härtegrades von Schleifscheiben" auf Seite 41 und auf „die Normung der Schleifkörper" auf Seite 55.

Veröffentlichungen des Vereins Deutscher Schleifmittelwerke EV

Gruppe Schleifscheiben, Bonn, Kaiserstr. 71

(Nachdruck ohne Genehmigung des Vereins verboten)

Vereinheitlichung der Bezeichnung des Härtegrades von Schleifscheiben

Um in die Härtebezeichnung der Schleifscheiben Ordnung zu bringen, wird folgende Bezeichnungsweise vorgeschlagen, welche für alle Bindungsarten gilt:

Sehr weich	E F G	Weich	H I J K
Mittel	L M N O	Hart	P Q R S
Sehr hart..	T U V W	Äußerst hart	X Y Z

Die vorgeschlagene einheitliche Bezeichnungsweise soll dazu führen, daß im großen und ganzen Scheiben annähernd gleicher Härte auch gleiche Bezeichnungen tragen. Da es aber für den Begriff der Härte bisher keinen einheitlichen Maßstab gibt, so ist mit einer Vereinheitlichung der Bezeichnungsweise noch keine Normung der Härte von Schleifscheiben gefunden und infolgedessen auch keine Normung für die Schleifleistung der Schleifscheiben festgelegt. Denn die Festlegung des Härtegrades gestattet noch keine endgültige Aussage über den Gütegrad einer Schleifscheibe, d. h. über ihre beste Eignung für eine bestimmte Schleifaufgabe. Eine Normung der Leistung würde voraussetzen, daß vor allem die Beschaffenheit der Schleifmittel, die Größe und Gestalt der Schleifkörner, die Mischung der Körnungen, die Siebe und das Siebverfahren, die Beschaffenheit der Bindungen, das Gefüge der Schleifscheibe, die Herstellungsweisen und Rezepte vereinheitlicht und genormt wären.
Es ist ganz ausgeschlossen, daß ein Verbraucher übereinstimmende Schleifleistungen verlangen kann, wenn er bei verschiedenen Herstellern gleichbezeichnete Schleifscheiben bestellt. Es kann dies möglich sein, aber es muß nicht sein. Nach wie vor ist die Auswahl der für einen angegebenen Schleifzweck bestgeeigneten Schleifscheibe dem Hersteller zu überlassen.

Einheitliche Bezeichnung der Körnung von Schleifscheiben

Sehr grob	8	10	12		
Grob	14	16	20	24	
Mittel	30	36	46	50	60
Fein	70	80	90	100	120
Sehr fein	150	180	200	220	240
Staubfein	280	320	400	500	600

Die Werte sind Richtwerte. Wenn die ausübende Technik ein Bedürfnis nach Zwischenkörnungen besitzt, so soll dem nicht entgegengetreten werden. Die Normung der Körnungen ist mit der Vereintheitlichung der Bezeichnungsweise noch nicht ausgesprochen. Vorbedingung hierfür wäre eine Normung der Siebung und hierbei die Aufstellung von Regelwerten und zulässigen Abweichungen für die Durchgangsmengen und die Rückstände auf dem eine Körnungsgröße bestimmenden Prüfsieb und den zugehörigen Vor- und Nachsieben. Ferner wäre Vorbedingung die Verwendung einheitlicher und unter einheitlicher Kontrolle stehender Siebe und Siebverfahren. Das Verlangen, Normzahlen für die Bezeichnung der Korngrößen zu verwenden, ist nicht erfüllbar. Die Körnungen werden zwischen sehr grob und staubfein, wie vorstehend aufgeführt, eingeteilt. Die Zahlen bedeuten die Anzahl der Maschen des Siebes auf 1 Zoll Länge. Die Korngrößennummer oder die Körnung wird durch die Nummer des Siebes bestimmt, durch das die Körner etwa hälftig noch durchgehen, um auf dem nachfolgenden liegenzubleiben. Die feinsten Korngrößen, d. h. die staubfeinen Nummern, können nicht mehr durch Siebe geschieden, sondern müssen durch Schlämmen, Windsichten usw., gewonnen werden.

Merkblatt über das Auswuchten von Schleifscheiben[1]

1. Die Schleifleistung, die Feinheit und Genauigkeit der Arbeitsflächen, die Lebensdauer der Schleifscheibe, die Schleifwelle und die Lagerung leiden, wenn die umlaufende Schleifscheibe nicht sorgfältig ausgewuchtet ist.
2. Das sorgfältig vorgenommene statische Auswuchten mit Hilfe der derzeit bekannten und angewandten Auswuchtmittel ist in der Regel völlig ausreichend. Der Wuchtfehler in der Schleifscheibe sollte nicht größer sein, als daß er noch durch die übliche Auswuchtvorrichtung an der Befestigungsflansche oder durch Bleiausguß an der Schleifscheibe ausgeglichen werden kann.
3. Zu diesem Zwecke ist die zwischen Flanschen eingespannte Schleifscheibe auf einen Dorn zu nehmen und auf eine Auswuchtvorrichtung, z. B. auf eine Schwerpunktwaage oder einen Abrollblock, zu bringen. Durch probeweises Drehen wird die Stelle der Überwucht in die tiefste Lage gebracht. Zum Ausgleich der Unwucht sind die beiden Wuchtgewichte, die in einer gleich den Flansch eingedrehten Ringnute angeordnet sind, einander gegenüberstehend zunächst in die durch die Achse durchgehende waagerechte Lage zu bringen. Dann werden sie so lange nach oben um gleiche Beträge verschoben, daß die Schleifscheibe in jeder Lage in Ruhe bleibt, also ausgewuchtet ist.
4. Eingemeißelte oder eingebohrte Ausnehmungen, die mit Blei ausgegossen werden, sollten an der Schleifscheibe auf Ausnahmefälle beschränkt werden.
5. Eine gut ausgewuchtete Schleifscheibe kann im Laufe ihrer Abnutzung wieder in Unwucht kommen. Sie muß dann von neuem ausgewuchtet werden.
6. In Sonderfällen, bei sehr breiten Schleifscheiben, oder wenn besonders hohe Ansprüche an die Genauigkeit und Feinheit des Schliffes gestellt werden, kann dynamische Auswuchtung geboten sein.
7. Die dynamische Auswuchtung ist nicht Sache des Schleifscheibenherstellers, sondern Sache des Verbrauchers. An den Schleifmaschinen müssen in solchen Fällen Vorrichtungen für dynamische Auswuchtung vorhanden sein.

[1] Siehe DIN 69106.

Nachstehend Richtlinien für die zulässigen Unwuchten bei der Lieferung von Schleifkörpern getrennt für Scheiben, über 20 mm Breite und solche unter 20 mm Breite:

Richtwerte für die Unwucht

1. Definition

Unwucht

Als Unwucht wird bezeichnet das am Außendurchmesser der Scheibe angebrachte Ausgleichsgewicht A gemessen in pro mille des Scheibengewichtes G, also die Größe A/G, wobei A in Gramm und G in Kilogramm gemessen wird.

Rohunwucht

Unter Rohunwucht ist die Unwucht zu verstehen, die der Schleifkörper aufweist, wenn er in der Dreherei fertig bearbeitet ist.

Lieferunwucht

Lieferunwucht ist die Unwucht, mit der der Schleifkörper zur Lieferung gelangt.

2. Richtwerte für die Unwucht gerader, wenig ausgesparter Schleifscheiben über 20 mm Scheibenbreite:

Die Richtwerte für diese Scheiben sind nach dem Scheibendurchmesser D gestaffelt.

Rohunwucht

Tabelle I enthält die Richtwerte für die Rohunwucht. Alle Scheiben, deren Rohunwucht die angegebenen Werte überschreitet, müssen verworfen werden.

Lieferunwucht

Scheiben, deren Rohunwucht zwar in den Grenzen der Tab. I liegt, aber die in der Tab. II angegebenen Richtwerte für die Lieferunwucht überschreitet, müssen auf eine in den Grenzen dieser Richtwerte liegende Lieferunwucht gebracht werden. Dies kann auf zwei Wegen geschehen:

a) Der Ausgleich erfolgt durch ein Verfahren, bei dem das Scheibengefüge nicht verletzt wird (z. B. durch Einschlämmen).
b) Die Verringerung der Unwucht auf die Richtwerte der Tab. II darf in einem Umfange von max. 2% durch Ausbleien erfolgen. Der dann noch notwendige Ausgleich kann nur durch ein Verfahren ohne Verletzen des Gefüges erfolgen.
   Nach Möglichkeit ist aber von jedem Ausgleich der Unwucht mittels Blei abzusehen, da bei der Verringerung des Scheibendurchmessers durch den Abschliff Unwuchten in verstärktem Maße auftreten und erhöhte Gefahrenmomente entstehen.

In den folgenden Tabellen sind die den Durchmesserangaben in mm am nächsten liegenden Zollwerte in Klammern angegeben.

Tabelle I — Rohunwucht

D bis	300 mm (12) einschl.	$8^{1}/_{22}$	d. Scheibengew.
D über 300 mm (12) — 500 mm (20)	,,	$6^{0}/_{00}$	,,
D über 500 mm (20) — 750 mm (30)	,,	$5^{0}/_{00}$	,,
D über 750 mm (30)		$4^{0}/_{00}$	,,

Tabelle II — Lieferunwucht

D bis	300 mm (12) einschl.	$4^{1}/_{22}$	d. Scheibengew.
D über 300 mm (12) — 750 mm (30)	,,	$3^{0}/_{00}$	,,
D über 750 mm (30)		$2^{0}/_{00}$	,,

3. Gerade Schleifkörper unter 20 mm Scheibenbreite

Bei diesen Schleifkörpern darf der Ausgleich der Unwucht nur durch Maßnahmen erfolgen, durch welche das Gefüge nicht verletzt wird. Die Richtwerte sind nach der Scheibenbreite B gestaffelt und für die Roh- und Lieferunwucht in der Tabelle III enthalten.

Tabelle III

		Rohunwucht	Lieferunwucht
B bis 8 mm	einschl.	$16^{0}/_{00}$	$12^{0}/_{00}$
B über 8,5 mm — 12,5 mm	,,	$12^{0}/_{00}$	$10^{0}/_{00}$
B über 12,5 mm — 20 mm	,,	$10^{0}/_{00}$	$6^{0}/_{00}$

Die Formen der verwendeten Schleifmittel

Zur Holzbearbeitung finden die verschiedensten Formen der Schleifmittel Verwendung: Die Schleifmittel werden entweder lose oder in Verbindung mit anderen Stoffen benutzt. Diese Verbindung kann verschiedener Art sein. Man spricht z. B. von Schleifpapier, Schleifleinen, Schleiftuch, Schleifpasten usw., bei denen bestimmte Stoffe als Träger des eigentlichen Schleifrohstoffes zu betrachten sind.

Die Abziehsteine, die auch Ölsteine genannt werden, kommen in den verschiedensten Abmessungen und Formen je nach dem Verwendungszweck von Industrie und Handwerk zur Benutzung. Die Stahlfeilen werden mehr und mehr durch Schleifmittel in Form von Schleiffeilen ersetzt; auch wird das Schleifkorn oder Schleifpulver für eine Reihe von Schleif- und Polierarbeiten verwendet. Das größte Anwendungsgebiet haben jedoch die Schleifscheiben, bei denen der eigentliche Schleifrohstoff mit einem Bindemittel in eine feste Form gebracht ist. Dabei wird nicht nur die einfache Gestalt der eigentlichen Schleif-

scheibe (auch Schleifrad genannt) benutzt, sondern auch manche Abwandlungen, wie Zylinder, Walzen, Töpfe, Tassen, Teller, Ringe, Segmente, Platten usw.
Im allgemeinen richten sich die großen Abmessungen der Schleifscheiben nach der Bauart der Schleifmaschinen. Die aus den hochwertigen Schleifrohstoffen

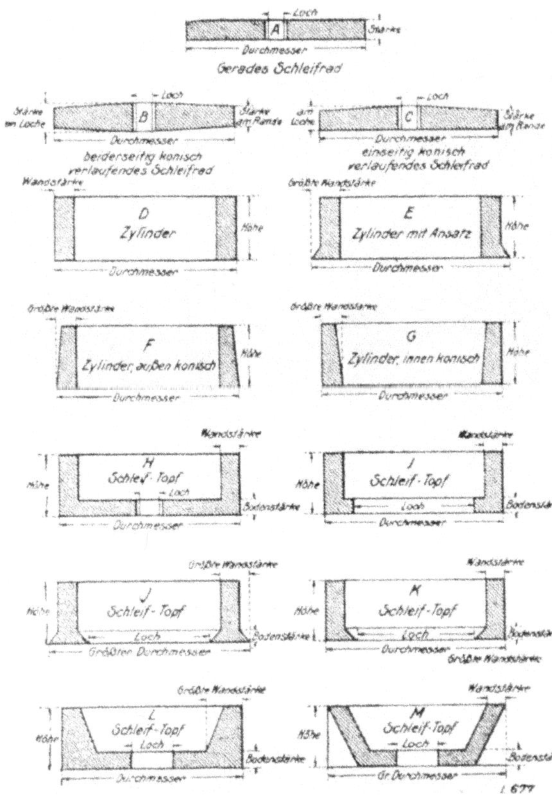

Abb. 31. Verschiedene Formen von Schleifscheiben

hergestellten Schleifscheiben werden in der Regel im Durchmesser von 10 bis 1000 mm und in der Stärke, wie sie sich für die verschiedensten Verwendungszwecke herausgebildet haben, erzeugt. Die Breite der Rundschleifscheibe richtet sich nach der Größe des Längsvorschubes für eine Umdrehung des Werkstückes und danach, ob das Werkstück gehärtet oder ungehärtet ist. Bei Rund- und Innenschleifen haben große Scheibenbreiten nur Zweck, wenn genügend große Längsvorschübe vorhanden sind, um sie ausnutzen zu können.
Bis zu einem gewissen Grade ist die zur Verwendung gelangende Form der Schleifscheiben und Schleifkörper beliebig; es ist nur Bedingung, daß die Form so gestaltet ist, daß sie der jeweiligen Beanspruchung genügen kann.

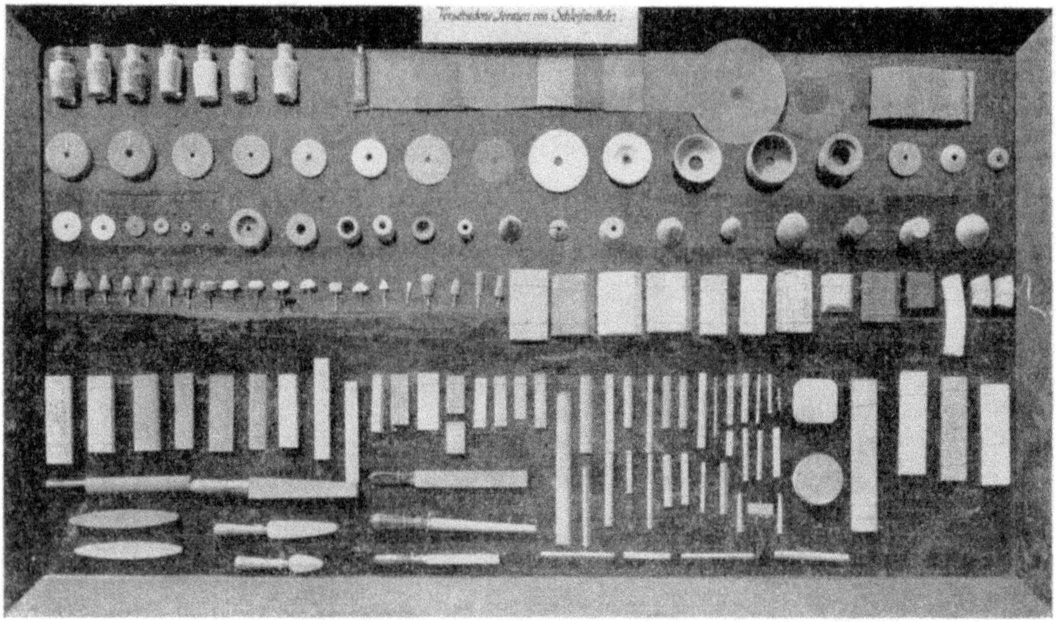

Abb. 32. Verschiedene Formen von Schleifkörpern

Die verschiedenen zur Anwendung gelangenden Formen der Schleifscheiben und Schleifkörper müssen wie folgt zusammengefaßt werden:

Gerade Schleifscheiben mit kleinen und großen Bohrungen, Aussparungen, Profilen, Ansätzen usw.,

Schleiftöpfe in gerader und schräger Form und Schleiftassen;

Schleifringe in den verschiedenen Wandstärken;

Schleifsegmente als Teile von Ringen oder in geraden Formen;

Schleifwalzen, Schleifkegel, Schleifkugeln und sonstige Formsteine;

Stahlkernschleifscheiben;

Trennscheiben (in den Stärken von etwa 1—3 mm);

Rutschersteine und Schleifblöcke der verschiedenen Arten;

Feilen der verschiedenen Arten;

Honingsteine;

Sensenwetzsteine;

Schleifpulver und Schleifpaste;

Schleifpapier und Schleifleinen, oder Schleiftuche;

Schleifbänder.

Abb. 33. Einseitig ausgesparte Schleifscheibe

Abb. 34. Zweiseitig ausgesparte Schleifscheibe

Abb. 35. Versenkte Schwalbenschwanzscheibe

Abb. 36. Erhabene Schwalbenschwanzscheibe

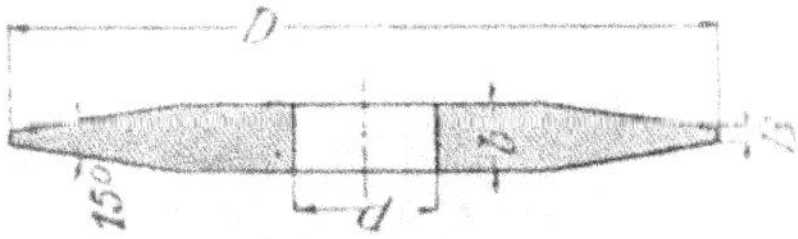

Abb. 37. Schleifscheibe mit schrägem Rand

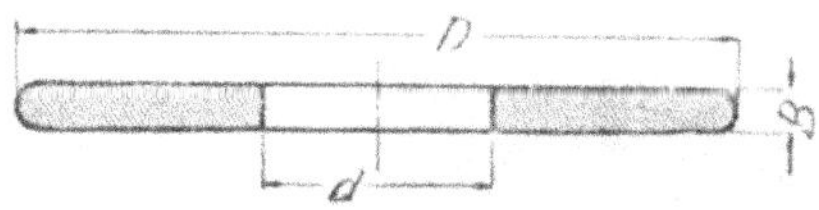

Abb. 38. Schleifscheibe mit abgerundetem Rand

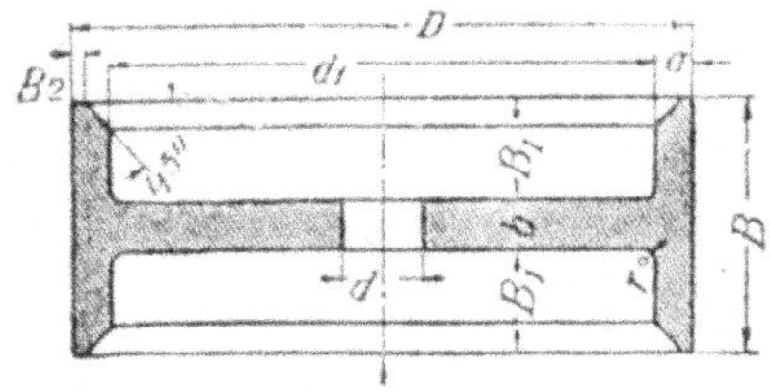

Abb. 39. Doppeltopfscheibe

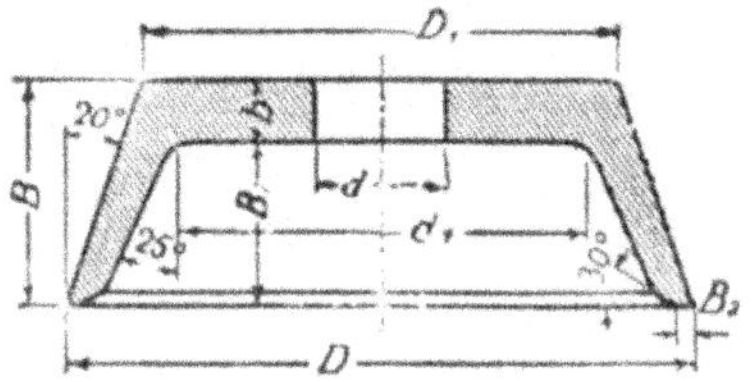

Abb. 40. Schräge Topfscheibe

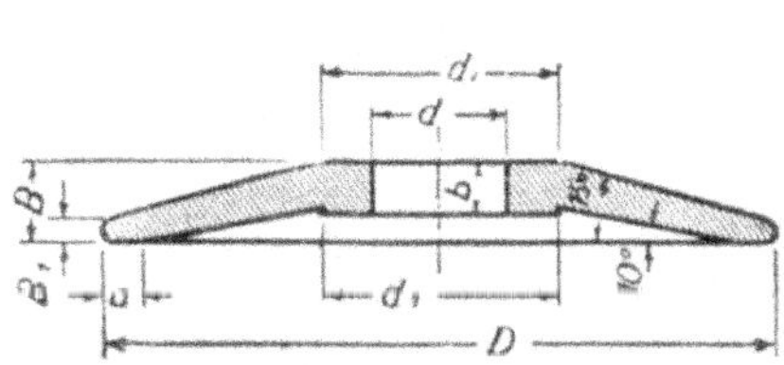

Abb. 41. Tellerscheibe

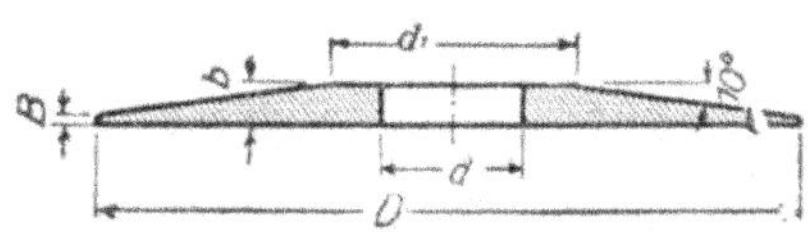

Abb. 42. Tellerscheibe

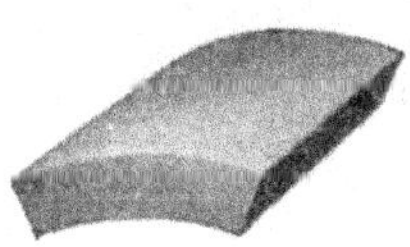

Abb. 43. Schleifsegment

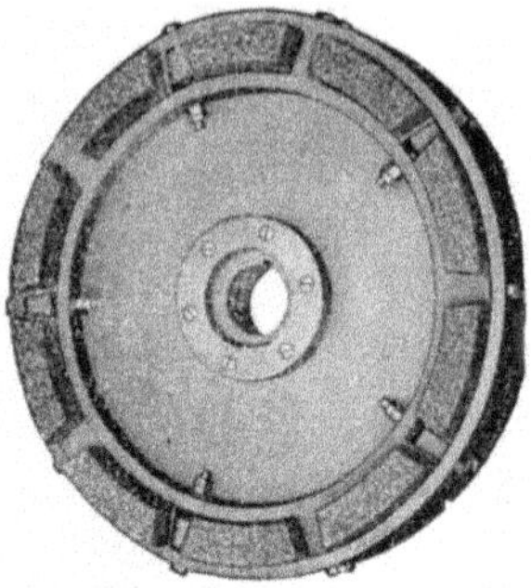

Abb. 44. Segmentschleifscheibe

Abb. 45. Biegsame Schleifleinenscheibe

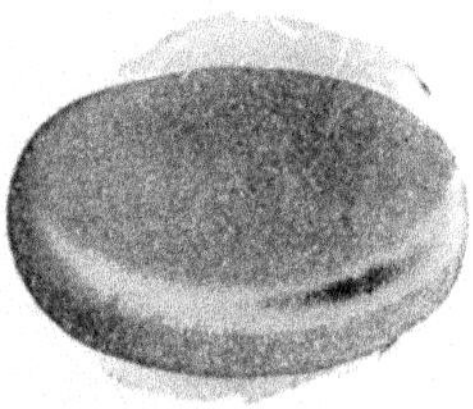

Abb. 46. Runder Kombinationsstein

Abb. 47. Schleifrutscher

Abb. 48. Abziehstein (Ölsteine)

Abb. 49. Schleiffeilen

Abb. 50. Maschinenmesserstein

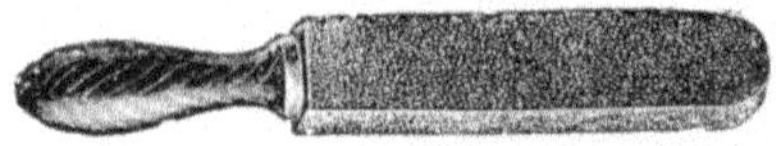

Abb. 51. Schleiffeile mit Holzgriff

DINORM-Schleifscheiben

Schleifscheiben für hinterdrehte und spitzgezahnte Fräser

Fachnormen des Vereins Deutscher Schleifmittelwerke. VDS. DINORM 181.

Form A

Beispiel für die Bezeichnung einer Schleifscheibe Form A mit 100 mm Außendurchmesser:

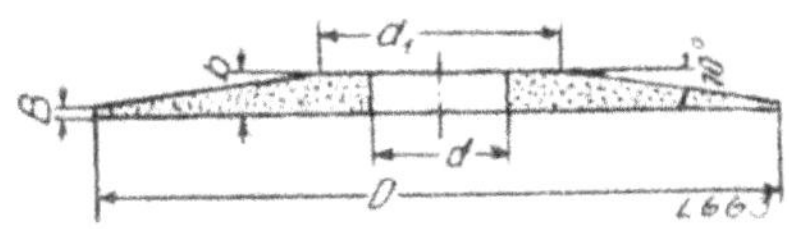

Schleifscheibe A 100 DIN 181 (Maße in mm)

Abgekürzte Bezeichnung des VDS	D	B	b	d	d_1
A 75	75	1	5	13	30
A 100	100	1,5	6	20	50
A 125	125	2	7	20	68
A 150	150	3	8	20	82
A 175	175	3	10	20	95
A 200	200	3	12	20	98
A 250	250	3	14	32	125

Form B

Beispiel für die Bezeichnung einer Schleifscheibe Form B mit 125 mm Außendurchmesser:

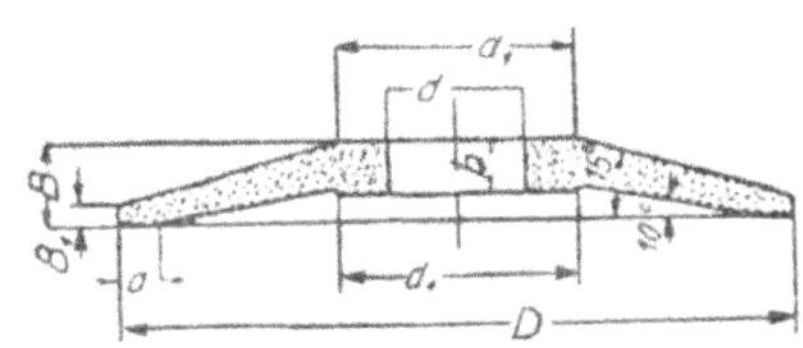

Schleifscheibe B 125 DIN 181 (Maße in mm)

Abgekürzte Bezeichnung des VDS	D	B	B_1	a	b	d	d_1
B 75	75	8	2	4	6	13	28
B 100	100	12	3	6	8	20	35
B 125	125	14	3	6	9	20	40
B 150	150	15	3	7	10	20	50
B 175	175	18	3	8	11	20	60
B 200	200	19	3	10	12	20	70
B 250	250	21	3	12	14	32	100

Schleifscheiben für Fräser und Reibahlen

Fachnormen des Vereins Deutscher Schleifmittelwerke. VDS DINORM 182.

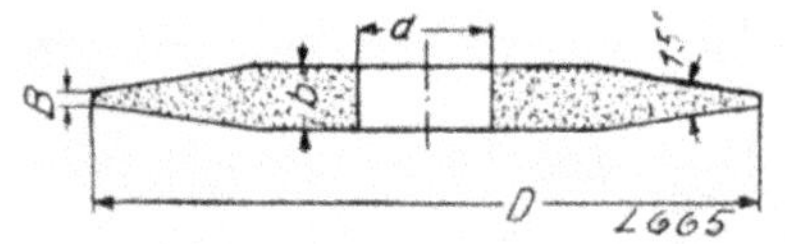

Form C für hinterdrehte spiralgenutete Fräser

Beispiel für die Bezeichnung einer Schleifscheibe Form C mit 125 mm Außendurchmesser:

Schleifscheibe C 125 DIN 182 (Maße in mm)

Abgekürzte Bezeichnung des VDS	D	B	b	d
C 75	75	2	8	13
C 100	100	2	9	20
C 125	125	2	10	20
C 150	150	2	12	20
C 175	175	3	14	20
C 200	200	3	16	20
C 250	250	4	19	32

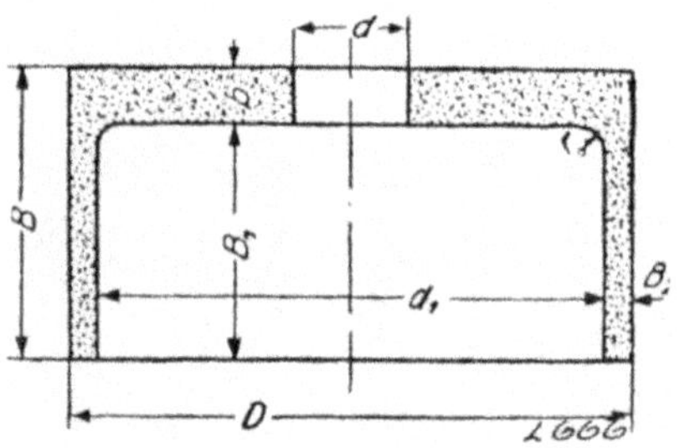

Form D für spitzgezahnte Fräser und fü
Reibahlen.

Beispiel für die Bezeichnung einer Schleifscheibe Form D mit 150 mm Außendurchmesser:

Schleifscheibe D 150 DIN 182 (Maße in mm)

Abgekürzte Bezeichnung des VDS	D	B	B_1	B_2	d_1	b	d	r
D 40	40	25	20	3	34	5	13	3
D 50	50	30	24	3	44	6	13	3
D 75	75	40	32	4	67	8	20	4
D 100	100	50	40	5	90	10	20	4
D 125	125	60	48	7,5	110	12	20	5
D 150	150	80	64	10	130	16	20	5

Form DD für spitzgezahnte Fräser und für Reibahlen.

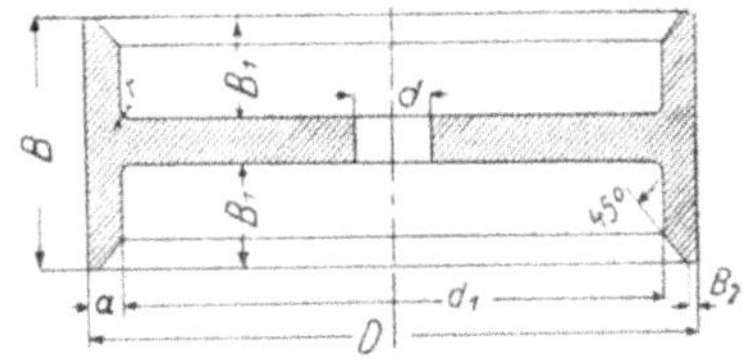

Beispiel für die Bezeichnung einer Schleifscheibe Form DD mit 100 mm Außendurchmesser:

Schleifscheibe DD 100 DIN 182 (Maße in mm)

Abgekürzte Bezeichnung des VDS	D	B	B_1	B_2	d_1	a	b	d	r
DD 100	100	40	16	1,5	88	6	8	13	4

Schleifscheiben für Vorrichtungen und Lehren

Fachnormen des Vereins Deutscher Schleifmittelwerke. VDS DINORM 183.

Form E

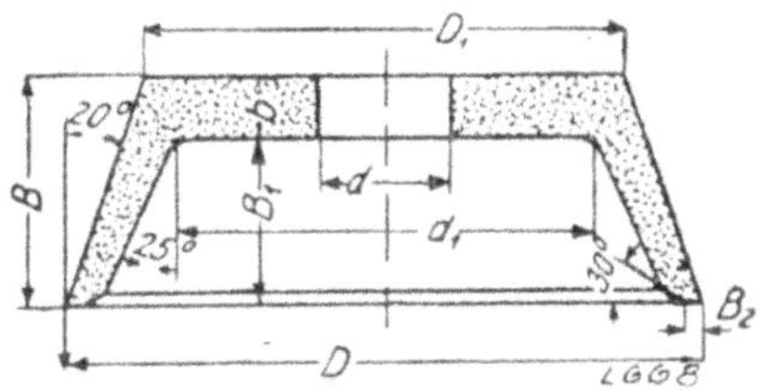

Beispiel für die Bezeichnung einer Schleifscheibe Form E mit 125 mm Außendurchmesser:

Schleifscheibe E 125 DIN 183 (Maße in mm)

Abgekürzte Bezeichnung des VDS	D	B	B_1	B_2	D_1	b	d	d_1
E 75	75	30	22	2	53	8	20	45
E 100	100	35	25	3	75	10	20	65
E 125	125	45	33	3	92	12	20	80
E 150	150	50	38	3	114	12	20	100

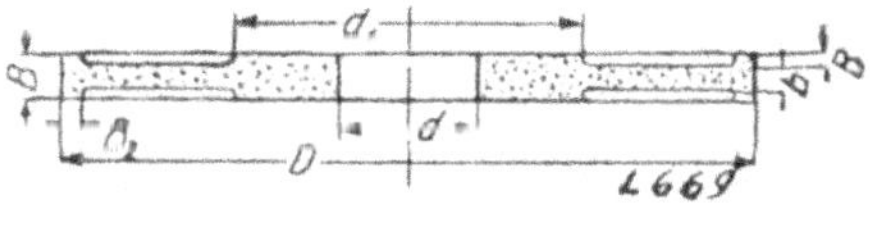

Form F (bei 6 mm Breite).

Form F (bei 10—25 mm Breite).

Beispiel für die Bezeichnung einer Schleifscheibe Form F mit 150 mm Außendurchmesser und 10 mm Breite:

Schleifscheibe F 150 × 10 DIN 183 (Maße in mm)

Abgekürzte Bezeichnung des VDS	D	B	B_1	B_2	b	d	d_1
F 100 × 6	100	6	1,5	3	3	20	50
F 100 × 10	100	10	3	3	4	20	50
F 150 × 6	150	6	1,5	3	3	20	70
F 150 × 10	150	10	3	3	4	20	70
F 150 × 15	150	15	4,5	3	6	20	50
F 175 × 20	175	20	6	4	8	20	50
F 175 × 25	175	25	7,5	6	10	20	50

Schleifscheiben für Spiralbohrer

Fachnormen des Vereins Deutscher Schleifmittelwerke. VDS DINORM 184.

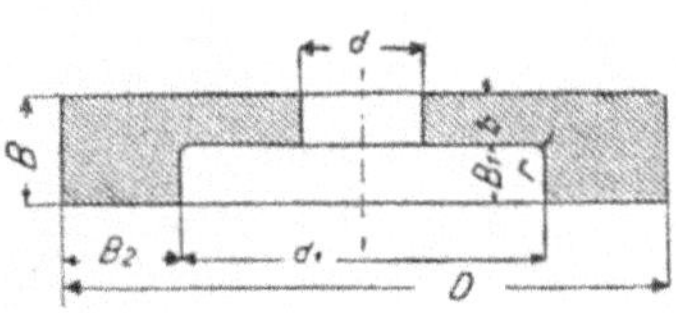

Form G Hinterschleifscheiben.

Beispiel für die Bezeichnung einer Schleifscheibe Form G mit 200 mm Außendurchmesser:

Schleifscheibe G 200 DIN 184 (Maße in mm)

Abgekürzte Bezeichnung des VDS	D	B	B_1	B_2	b	d	d_1	r
G 150	150	30	20	35	10	20	80	5
G 175	175	30	20	42,5	10	32	90	5
G 200	200	35	20	40	15	40	120	5
G 225	225	40	25	45	15	40	135	6
G 250	250	40	25	50	15	40	150	6
G 300	300	50	30	60	20	40	180	6

Form Ga Anspitzscheiben

Beispiel für die Bezeichnung einer Schleifscheibe Form G a mit 150 mm Außendurchmesser:

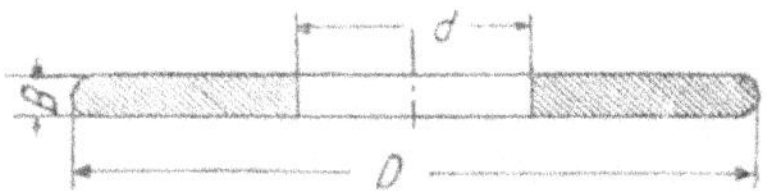

Schleifscheibe G a 150 DIN 184 (Maße in mm)

Abgekürzte Bezeichnung des VDS	D	B	d
G a 100	100	6	32
G a 150	150	8	40
G a 200	200	10	40

Schleifscheiben für Drehstähle und Holzbearbeitungsfräser

Fachnormen des Vereins Deutscher Schleifmittelwerke. VDS DINORM 185.

Formen H für Drehstähle.

Beispiel für die Bezeichnung einer Schleifscheibe Form H mit 180 mm Außendurchmesser:

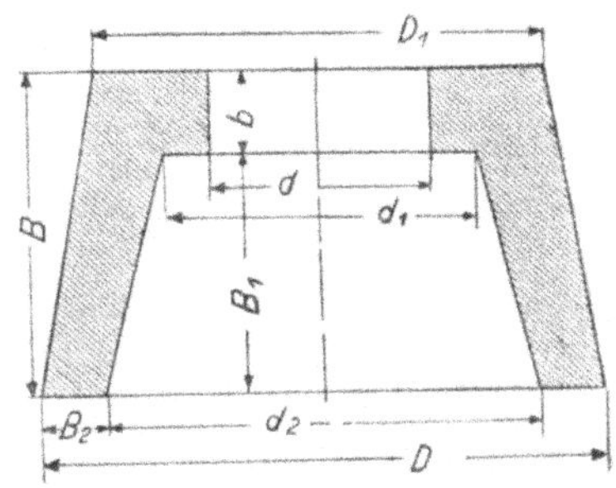

Schleifscheibe H 180 DIN 185 (Maße in mm)

Abgekürzte Bezeichnung des VDS	D	B	B_1	B_2	D_1	b	d	d_1	d_2
H 180	180	55	40	22,5	120	15	32	90	135
H 250	250	140	102	30	200	38	100	104	190
H 300	300	150	110	35	250	40	140	184	230
H 350	350	165	125	40	300	40	160	210	280
H 400	400	175	135	45	350	40	175	235	310

(Maße in mm)

Abgekürzte Bezeichnung des VDS	D	B	d
H 500	500	65	229
H 600	600	65	229

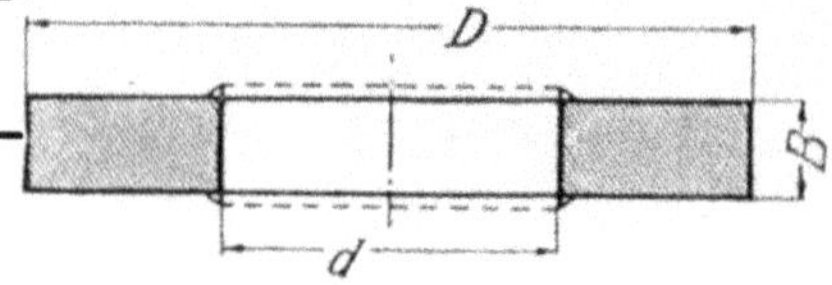

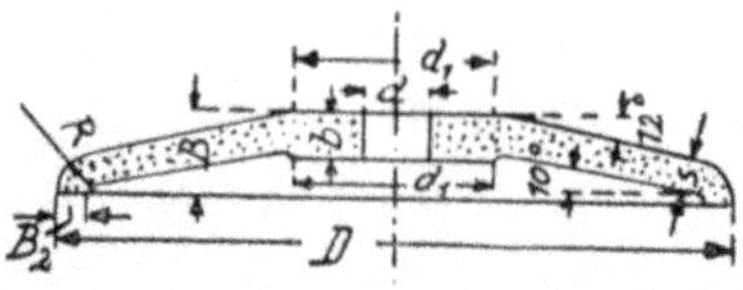

Für Holzbearbeitungsfräser

(Maße in mm)

Abgekürzte Bezeichnung des VDS	D	B	B_2	R	b	d	d_1	s
H 175	175	22	10	10	12	20	50	8
H 200	200	22	10	10	12	20	60	8

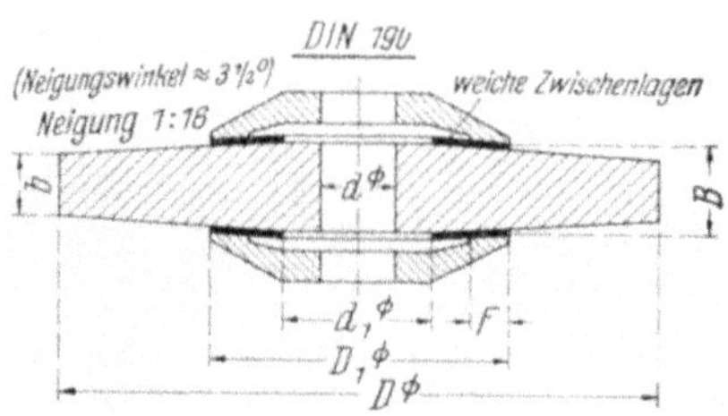

Normung der Schleifwerkzeuge

Wichtige DIN-Blätter für die Schleif- und Poliertechnik

Nachstehend ein Verzeichnis der wichtigsten neuen DIN-Blätter, aufgestellt vom Ausschuß Maschinenwerkzeuge im Deutschen Normenausschuß.

DIN 69100 Schleifwerkzeuge, Bezeichnung.
DIN 69102 Richtlinien für die Wahl von Schleifkörpern.
DIN 69103 Richtwerte und zulässige Höchstwerte für die Umfangsgeschwindigkeit beim Schleifen.
DIN 69106 Das Auswuchten von Schleifscheiben.
DIN 69120 Gerade Schleifkörper von 4 bis 900 mm Außendurchmesser.
DIN 69120 Auswahlbl. 1 und gerade ausgesparte Schleifkörper für Außenschliff.
DIN 69120 Schleifkörper für Stähleschleifmaschinen.

DIN 69123 Schleifkörper für Außenschleifen mit Elektro- und Druckluftwerkzeugen.
DIN 69125 Gerade ausgesparte Schleifkörper für Innenschliff.
DIN 69129 Schleifkörper für die Lederindustrie.
DIN 69138 Schleifzylinder mit Bodenflansch für Flachschleifen.
DIN 69139 Gerade Topfschleifscheiben für Flachschleifen. Außendurchmesser 40—200 mm.
DIN 69140 Schleifkörper für Flachschliff.
DIN 69141 Hochleistungsschleifblätter für Flachschleifen.
DIN 69150 Sägenschleifscheiben.
DIN 69151 Schleifkörper für Fräser und Schnecken.
DIN 69158 Schleifwalze für Mähmesser.
DIN 69160 Gewindeschleifscheiben.
DIN 69162 Schleifkörper für Zahnflankenschleifmaschinen.
DIN 69164 Schleifkörper für Brikett-Formzeug.
DIN 69165 Schleifscheiben für Außenrund- und Flachläppmaschinen.
DIN 69170 Schleifstifte.
DIN 69171 Ölsteine und Schleiffeilen.
DIN 69172 Rutschersteine.
DIN 69173 Bimssteine.
DIN 69186 Ziehschleifsteine.
DIN 69187 Dental-Schleifkörper.
DIN 69188 Rutscher für Straßenbahnschienen.

Die Normung der Schleifkörper

Wichtige DIN-Blätter

In den letzten Jahren sind erfreulicherweise in der Normung der Schleifwerkzeuge gute Fortschritte erzielt worden. Für die Verbraucher der vielartigen Schleif- und Poliermittel dürfte daher ein Verzeichnis der wichtigsten DIN-Blätter, wie sie vom Ausschuß Maschinenwerkzeuge im Deutschen Normenausschuß aufgestellt worden sind, von Interesse sein. Besonders trifft dies auf das im Februar 1949 erschienene Normblatt DIN 69100, Schleifwerkzeuge, Bezeichnung, zu. In diesem Blatt sind die kennzeichnenden Merkmale von Schleifwerkzeugen, besonders von Schleifkörpern, festgelegt worden. Allerdings muß betont werden, daß damit noch keine Normung der Güteeigenschaften eines Schleifkörpers, wie Schleifwirkung und Schleifleistung, gegeben ist. Auch ist noch nichts damit über die beste Eignung des Schleifkörpers für eine bestimmte Schleifaufgabe gesagt. Mit ein und demselben Schleifkörper werden bei verschiedenen Arbeitsbedingungen auch verschiedene Ergebnisse erzielt. Mit der einheitlichen Bezeichnung der Schleifkörper ist auch die Reihenfolge der Merkmale wie folgt festgelegt: Gestalt gemäß der Schleifgattung; Hauptabmessungen gemäß der Normung; Schleifmittel, Körnung, Härte, Gefüge und Bindung. Die Benennungen und Kurzzeichen sind wie folgt:

Hauptabmessungen:

Außendurchmesser × Breite × Bohrung bei Rundkörpern, Länge × Breite × Dicke bei Flachkörpern.
Folgende 7 Bezeichnungen kommen zur Anwendung:

0 Schleifgattung,
1 Abmessungen,
2 DIN-Bezeichnung,
3 Schleifmittel,
4 Körnung,
5 Härtegrad,
6 Gefüge,
7 Bindung.

Allgemeines 0,0, Außen- und Innenschleifen 0,1, Flachschleifen 0,2, Werkzeugschleifen 0,3, Trennschleifen 0,4, Sonderschleifen 0,5, Schleifen mit Schleifstiften 0,6, Schleifen mit handbewegten Schleifkörpern 0,7, Schleifen mit Schleifwerkzeugen aus Gewebe und Papier 0,8, Schleifen mit sonstigen Schleifwerkzeugen 0,9.
Was die Schleifmittel anbetrifft, so sind die Kurzzeichen wie folgt:
N K Normalkorund 3,0, H K Halbedelkorund 3,1, E K Edelkorund 3,2, K S Korund (schwarz) 3,3, K O Naturkorund 3,4, S C Siliziumkarbid 3,5, S L Schmirgel 3,6, D T Diamant 3,7.

Die Körnungen sind wie folgt festgelegt:

Sehr grob 4,0	8	10	12		
Grob 4,1	14	16	20	24	
Mittel 4,2	30	36	46	50	60
Fein 4,3	70	80	90	100	120
Sehr fein 4,4	150	180	200	220	240
Staubfein 4,5	280	320	400	500	600

Die Härtegrade sind wie folgt festgelegt:

Sehr weich	5,0	E F G
Weich	5,1	HI Jot K
Mittel	5,2	L M N O
Hart	5,3	P Qu R S
Sehr hart	5,4	T U V W
Äußerst hart	5,5	X Y Z

Die Bezeichnungen für das Gefüge sind wie folgt:

0 und 1 Sehr dicht	6,0
2 „ 3 Dicht	6,1
4 „ 5 Mittel	6,2
6 „ 7 Offen	6,3
8 „ 9 Sehr offen	6,4

Die Bezeichnungen für die Bindungen sind wie folgt:

Ke Keramisch 7,0
Ba Kunstharz 7,1
Gu Gummi 7,2
Si Silikat 7,3
Mg Magnesit 7,4
Ol Öl 7,5
Nh Naturharz 7,6
Sonstige 7,7

Die Bezeichnung eines genormten geraden Schleifkörpers ist wie folgt:

250 × 25 × 76 DIN 69120 NK 46 H 4 Ke.
Der Außendurchmesser D = 250 mm, Breite B = 25 mm, Bohrung d = 76 mm (nach DIN 69120), Schleifmittel Normalkorund (NK), Körnung 46, Härte M, Gefügemittel (4), Bindung keramisch (Ke).

Das Normalblatt DIN 69102 gibt Richtlinien für die Wahl von Schleifkörpern. Damit soll eine gute Vorwahl der Schleifkörper in bezug auf Schleifmittel, Körnung, Härtegrad und Bindung für die verschiedenen Schleifarbeiten ermöglicht werden. Maßgebend sind mittlere Arbeitsbedingungen. Der Vorschub ist für das Vorschleifen beim Abrichten des Schleifwerkzeuges größer, für das Fertigschleifen kleiner zu nehmen. Kommt man damit nicht aus, so nehme man für das Vorschleifen die Körnung um höchstens zwei Nummern gröber und die Härte einen Grad höher, für das Fertigschleifen die Körnung eine Nummer feiner und die Härte einen Grad weicher. Wenn nichts anderes angegeben, kommt keramische Bindung Ke und normales Gefüge in Frage. Für das maschinelle Außenschleifen wähle man nach DIN 96102 bei einem Schleifscheibendurchmesser und Werkstoff:

bis 350 mm	bis 450 mm	bis 600 mm	
EK 60 L	50 L	46 L	Einsatz- und Werkzeugstähle, einfach und mehrfach legierte Stähle, gehärtet, Härte bis 63 H Rc
EK 60 K	50 K	46 K	Einfach und mehrfach legierte Stähle, gehärtet und vergütet, Härte über 63 H Rc
EK 60 Jot	50 Jot	46 K	Schnellarbeitsstahl, gehärtet, Härte über 63 H Rc
EK 60 I	50 I	46 I	
SC 60 I			
SC 80 H	60 H	—	Hartmetall
NK 60 M	50 M	46 M	Stahl, ungehärtet bis 70 kg/mm² Zugfestigkeit
NK 60 L	50 L	46 L	Stahl, vergütet bis 120 kg/mm² Zugfestigkeit
SC 60 I	50 Jot	46 Jot	
EK 60 I			Grauguß
SC 60 I*	46 I*	46 I*	Zinklegierungen und Leichtmetalle*

* Kunstharzbindung

Für das maschinelle Innenschleifen wähle man bei einem Schleifscheiben-Durchmesser und Werkstoff

bis 16 mm	bis 36 mm	bis 80 mm	bis 125 mm	
EK 80 L	60 K	46 Jot	46 I	Einsatz- und Werkzeugstähle, einfach und mehrfach legierte Stähle gehärtet, Härte bis 63 H Rc
EK 80 K	60 Jot	46 I	46 H	Einfach und mehrfach legierte Stähle, gehärtet, Härte über 63 H Rc
NK 80 M	60 L	46 K	46 Jot	Stahl ungehärtet bis 70 kg/mm² Zugfestigkeit
EK 80 L	60 K	46 Jot	46 I	Stahl, vergütet, bis 120 kg/mm² Zugfestigkeit
SC 80 K	60 Jot	46 I	36 H	Grauguß

Für das maschinelle Flachschleifen wähle man bei einem Schleifscheibendurchmesser und Werkstoff

Gerade Schleifscheibe	Topfschleifscheibe		Segmente	
bis 200 mm Durchmesser	bis 20 mm Durchm.	bis 350 mm Durchm.		
EK 46 Jot	36 Jot	30 Jot	30 Jot	Einsatz- und Werkzeugstähle einfach und mehrfach legierte Stähle, gehärtet, Härte bis 63 H Rc
EK 46 I	36 I	30 I	30 I	Einfach und mehrfach legierte Stähle, gehärtet, Härte über 63 H Rc
EK 46 G	46 G	36 G	36 I	Schnellarbeitsstahl, gehärtet, Härte bis 63 H Rc
EK 46 G	46 G	36 G	30 H	Schnellarbeitsstahl, gehärtet, Härte bis 63 H Rc
SC 60 G	60 G	50 G	50 H	Hartmetall
EK 46 K NK 46 K	46 K	36 K	24 K	Stahl, ungehärtet, bis 70 kg/mm² Zugfestigkeit
EK 46 I	46 I	36 I	24 Jot	Stahl, vergütet bis 120 kg/mm² Zugfestigkeit
EK 46 I SC 46 I	46 I	36 I	30 Jot	Grauguß
SC 36 I*	30 I	24 I*	20 I*	Zinklegierungen und Leichtmetalle

Werkzeugschleifen (Bohrer, Fräser, Lehren, Reibahlen, Senker, Stähle: Maschinenschleifen)
Anstatt DIN 69149 siehe frühere DIN 181—185

DIN 69120	Gerade Schleifscheiben für Umfangsschleifen bis 500 mm Durchmesser	Werkzeugst. NK 30 P NK 46 M	Schnellarbeitsstahl EK 36 O EK 46 L	Hartmetall Vorschleifen SC 36 K Fertigschleifen SC 80 Jot Feinstschleifen SC 240 I
DIN 69120	Gerade Schleifscheiben für Umfangsschleifen z. Schleifen der Spanstufe bis 300 mm Durchmesser			SC 120 L
	Topfschleifscheiben oder Schleifzylinder für Seitenschleifen bis 350 mm Durchmesser	NK 24 L NK 30 L	EK 24 K EK 36 K	Vorschleifen SC 36 Jot Fertigschleifen SC 80 I Feinstschleifen SC 240 I

Abgraten (Putzen)

	Handschleifmaschinen		*Ständerschleifmaschinen*				*Pendelschleifmaschinen*	
	Scheibendurchmesser bis 200 mm		Scheibendurchmesser bis 400 mm		Scheibendurchmesser über 400 bis 700 mm		Scheibendurchmesser 300 bis 600 mm	
	V=30 m/s	V=45 m/s	V=30 m/s	V=45 m/s	V=30 m/s	V=45 m/s	V=30 m/s	V=45 m/s
I	NK 20 Qu NK 24 P	NK 16 R[1] NK 20 Qu[1]	NK 20 Qu NK 24 P	NK 16 R[1] NK 70 Qu[1]	NK 14 R NK 16 R	NK 12 Qu[1] NK 14 Qu[1]	NK 16 Qu NK 20 P	NK 12 R[1] NK 14 Qu[1]
II	SC 16 R SC 20 R	—	SC 20 R SC 24 Qu	—	SC 14 S SC 16 S	—	SC 12 R SC 14 R	—
III	EK 36 M[2] NK 36 O[1]	—	EK 36 N[2] NK 36 P[1]	—	EK 30 N[2] NK 30 O[1]	—	—	—

[1] Kunstharzbindung. I Stahl u. Stahlguß, Schweißnähte II Grauguß, Messing, Bronze. III Leichtmetall.
[2] Scheibe mit Füllung

Formen für Schleifscheibenränder

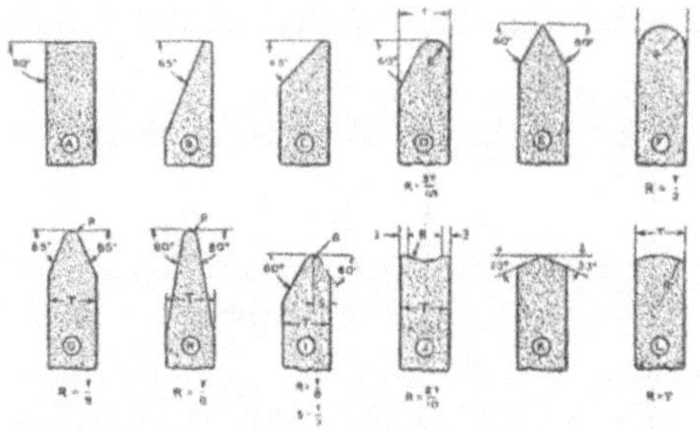

Abb. 52. Normale Randformen an Schleifscheiben, die durch Abrichten des geraden Randes (A) vermittels eines Abdrehapparates oder des Abdrehdiamanten erzielt werden. Bei Bestellung ist die gewünschte Randform anzugeben, da sonst die Schleifscheibe mit Rand A geliefert wird

Prüfung auf Zerreißfestigkeit, das Zentrieren und das Auswuchten der Schleifscheiben

Die Prüfung der Schleifscheiben auf Zerreißfestigkeit ist unerläßlich, da manche Schleifscheiben Sprünge haben, die man mit dem bloßen Auge gar nicht sehen kann und die erst bei einer genauen Prüfung festgestellt werden können. Betriebsunfälle müssen unbedingt vermieden werden, denn unter Umständen kann die Schleifscheibe ein gefährliches Werkzeug sein und Leben und Gesundheit der Arbeiter gefährden. Es ist daher erforderlich, in jeder Schleifscheibenfabrik eine genaue Prüfung der Schleifscheiben auf Zerreißfestigkeit vorzunehmen.

Abb. 53. Zentrierapparat zum Ausgießen der Schleifscheiben

Die Bohrung der Schleifscheibe wird mit Weichblei oder Weißmetall ausgegossen. Neuerdings verwendet man infolge der Knappheit an Weichblei auch die Vergußmasse Cefa. Man verwendet diese Masse für das Ausgießen der Bohrungen in der gleichen Weise wie das Weichblei, da sie genau so eingeschmolzen und vergossen wird. Diese Vergußmasse soll den Vorteil aufweisen, daß sie sofort bindet, auch soll sie nicht treiben und schwinden und ist unempfindlich gegen Öle, Säuren und Alkalien. Bemerkenswert ist, daß der Verbrauch mit dieser Vergußmasse sich nur auf etwa den fünften Teil desjenigen an Blei beschränkt, da das spezifische Gewicht nur 2,2 beträgt, während Blei ein solches von 11,3 besitzt.

Was nun das Ausgießen selbst anbetrifft, so verfährt man folgendermaßen: Man legt die Schleifscheibe auf eine Platte, steckt den Ausgießdorn genau in die Mitte der Bohrung und gießt das Weichblei dann hinein. Es gibt auch Zentrierapparate zum Ausgießen der Schleifscheiben, wie dies in Abb. 54 gezeigt

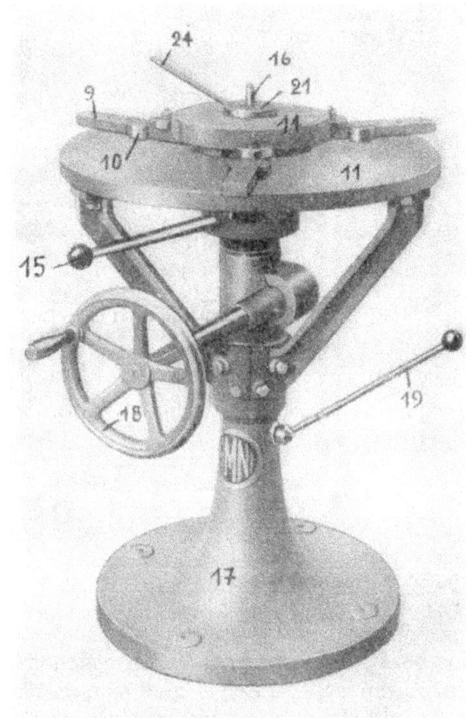

Abb. 54. Zentrier- und Ausgießapparat Bauart „Amni Moment“

wird. Mit einem solchen Apparat wird eine große Genauigkeit erreicht. Einen einfachen Zentrierapparat zeigt Abb. 53

Mit einer Schleifscheibe läßt sich ein sauberer Schliff nur erreichen, wenn dieselbe gut ausgewuchtet ist. Daß bei einem Genauigkeitsschliff eine größere Genauigkeit der Auswuchtung erforderlich ist als bei Freihandschliff, braucht nicht besonders betont zu werden. Die statische Auswuchtung der Schleifscheiben findet Anwendung, wenn die Auswuchtung der Schleifscheiben auf Auswuchtblöcken oder Auswuchtwaagen erfolgt. Bei größeren Scheibenbreiten oder wenn große Anforderungen gestellt werden, muß die dynamische Auswuchtung auf Sondermaschinen vorgenommen werden. In den Prospekten über Schleifmaschinen findet man fast überall einen Hinweis auf die Wichtigkeit der Auswuchtung der Schleifscheiben. Dies ist durchaus berechtigt, denn man hat erkannt, daß die Unbalanz eine der größten Störungsursachen ist, wenn eine Schleifmaschine unsaubere Oberflächen erzeugt. Man benutzte früher für die Auswuchtung Geräte, die aus Lineal- und Rollenböcken bestanden. Da sie zu unempfindlich und zu unpraktisch waren, um eine Auswuchtung der Schleifscheiben bequem und schnell durchzuführen, wurden neue Auswuchtapparate auf den Markt gebracht. In Abb. 55 ist ein zeitgemäßes, genau arbeitendes und ziemlich einfach zu bedienendes Auswuchtgerät dargestellt. Es besitzt einen Waagebalken, welcher in Schneide- und Achatpfannen gelagert ist und

Abb. 55. Auswuchtwaage für Schleifscheiben

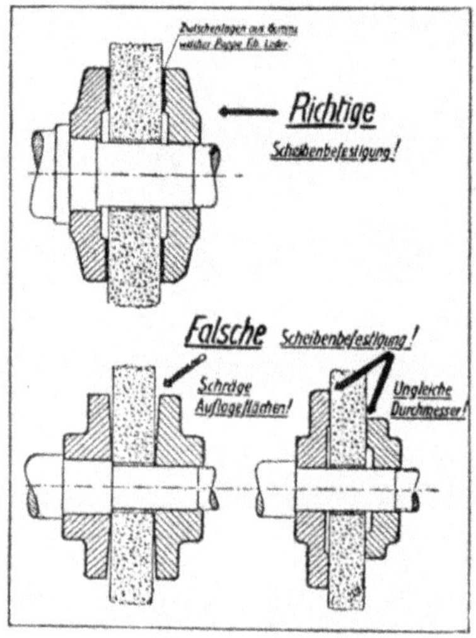

Abb. 56.

der zwei Kerblager enthält, in welchen die Schleifscheibe mit dem Prüfdorn einzulegen ist. Ein Zeiger geht von diesem Wiegerahmen aus nach einer Skala, so daß die Ausschläge wie bei einer gewöhnlichen Zeigerwaage ersichtlich sind. Am Waagebalken ist außerdem noch eine Schiene mit Skala angeordnet, auf welcher man eine Wiegeschale beliebig einstellen kann. Bei diesem Gerät ist jede rollende Reibung vermieden und jede Schwerpunktveränderung verursacht einen Ausschlag des Zeigers; hierdurch kann die Unbalanzelage sowie die Größe der Unbalanz ziemlich genau ermittelt werden.
Es sei auf die Veröffentlichungen des Vereins Deutscher Schleifmittelwerke EV.; Gruppe Schleifscheiben, Bonn, hingewiesen, und zwar auf das „Merkblatt über das Auswuchten von Schleifscheiben" und die „Richtwerte für die Unwucht" auf den Seiten 42 und 43.

Die Befestigungen der Schleifscheiben auf der Schleifspindel

Die Befestigung der Schleifscheiben erfolgt mittels Seitenbacken, die nur mit einem äußeren Rand von etwa $^1/_8$ des Backendurchmessers anliegen und nicht etwa mit der ganzen seitlichen Fläche. In der vorstehenden Abb. 56 ist neben der falschen die richtige Schleifscheibenbefestigung gezeigt.

Man darf vor allem keine Seitenbacken verschiedenen Durchmessers verwenden, und zwischen Seitenbacken und Schleifscheibe ist Gummi, Filz, Leder, weiche Pappe usw. einzulegen. Gummizwischenlagen eignen sich gut und sind zu empfehlen. Die vom Deutschen Schleifscheiben-Ausschuß gegebene Gebrauchsanweisung, die nachstehend wiedergegeben wird, ist aber zu beachten.

Gebrauchsanweisung für die Verwendung von Schleifscheiben mit Gummizwischenlagen

1. Gummizwischenlagen
   Gummizwischenlagen bestehen aus zähem Weichgummi von 1 mm Stärke und gut haftender Oberfläche (kein Talkum). Sie sind kühl und dunkel aufzubewahren und sollen erst unmittelbar vor ihrer Verwendung aus der Verpackung genommen werden. Gummizwischenlagen, welche älter als drei Jahre — das Herstellungsdatum ist der Verpackung aufgedruckt —, dürfen nicht mehr verwendet werden.
2. Schleifscheibe
   Die Seitenflächen der verwendeten geraden Schleifscheiben sollen parallel sein. Aufgeklebtes Papier ist zu entfernen. Die Seitenflächen sind nötigenfalls mit Stahlbürste und heißem Wasser gut zu säubern.

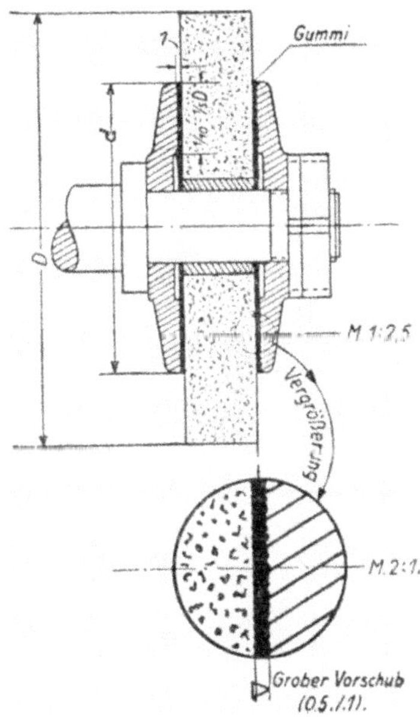

Abb. 57

3. Seitenbacken
   Die Seitenbacken müssen so stabil sein, daß sie sich nicht durchbiegen (siehe Abb. 57). Ihre Auflageflächen sind zur Erzielung besserer Haftfähigkeit mit Schruppstahl und grobem Vorschub (s = 0,5/1 mm/Umdr.) zu überdrehen.
4. Montage
   Es sollen möglichst nur neue Gummizwischenlagen verwendet werden. Schleifscheibe, Gummizwischenlagen und Seitenbacken sind kräftig zusammenzuspannen. Die Spannkraft muß um so größer sein, je größer Durchmesser und Breite der Schleifscheibe sind.
5. Auszug aus den Unfallverhütungsvorschriften für Metallbearbeitung.
   § 10. (2) Macht die Art der auszuführenden Arbeit das Anbringen von Schutzhauben oder Schutzbügeln unmöglich, sind entweder konische Schleifscheiben mit auswechselbaren Seitenbacken oder gerade Scheiben mit geeigneten Gummizwischenlagen zu verwenden. Letzteres ist jedoch nur zulässig bei einer Breite der Scheiben bis zu 40 mm. Bei der Verwendung von Gummizwischenlagen ist die vom Deutschen Schleifscheibenausschuß (§ 14) herausgegebene Gebrauchsanweisung zu befolgen.

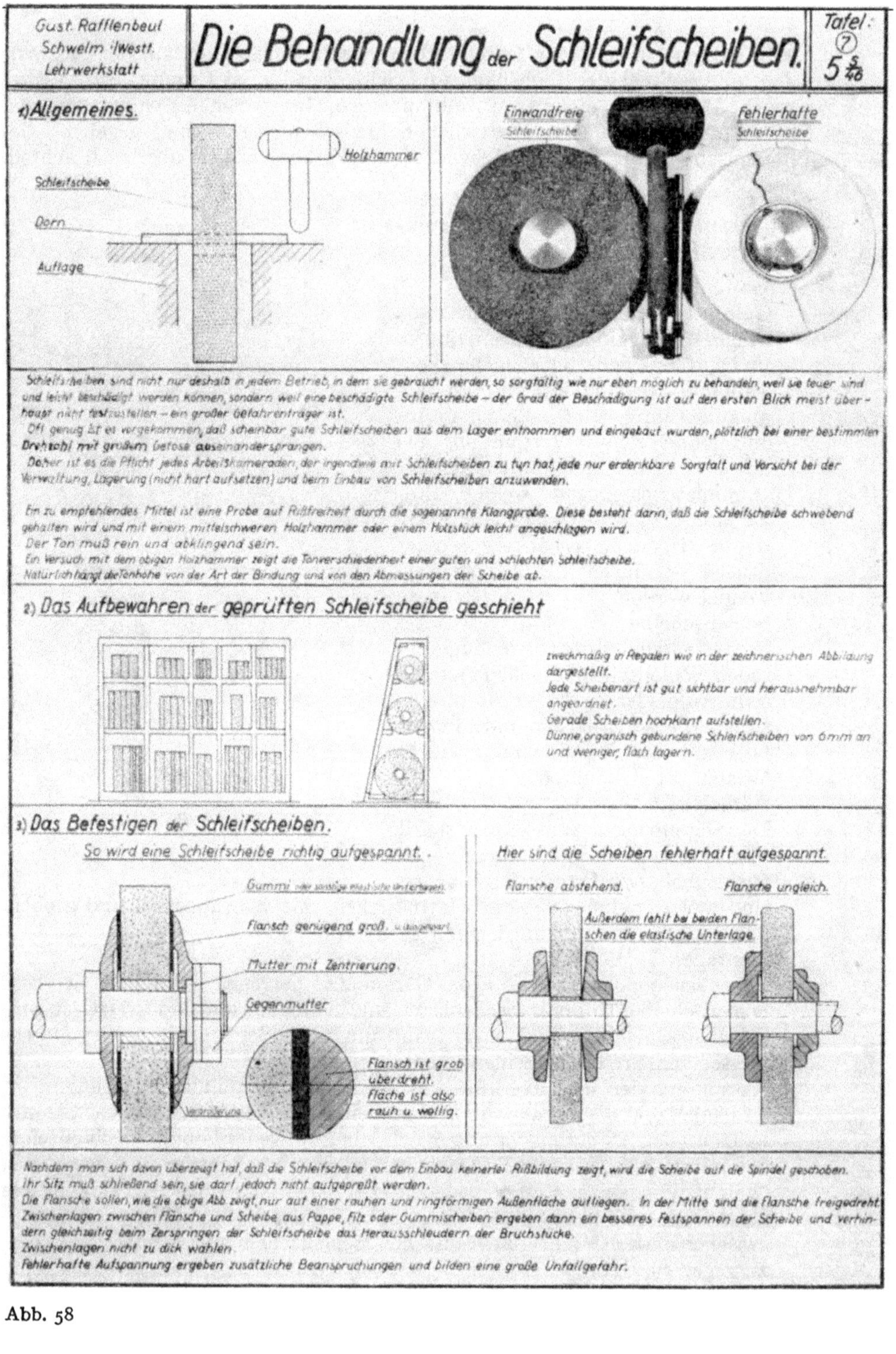

Gust. Rafflenbeul
Schwelm i/Westf.
Lehrwerkstatt

Die Behandlung der Schleifscheiben.

Tafel: ⑦
5 s/46

1) Allgemeines.

Schleifscheiben sind nicht nur deshalb in jedem Betrieb, in dem sie gebraucht werden, so sorgfältig wie nur eben möglich zu behandeln, weil sie teuer sind und leicht beschädigt werden können, sondern weil eine beschädigte Schleifscheibe – der Grad der Beschädigung ist auf den ersten Blick meist überhaupt nicht festzustellen – ein großer Gefahrenträger ist.
Oft genug ist es vorgekommen, daß scheinbar gute Schleifscheiben aus dem Lager entnommen und eingebaut wurden, plötzlich bei einer bestimmten Drehzahl mit großem Getöse auseinandersprangen.
Daher ist es die Pflicht jedes Arbeitskameraden, der irgendwie mit Schleifscheiben zu tun hat, jede nur erdenkbare Sorgfalt und Vorsicht bei der Verwaltung, Lagerung (nicht hart aufsetzen) und beim Einbau von Schleifscheiben anzuwenden.

Ein zu empfehlendes Mittel ist eine Probe auf Rißfreiheit durch die sogenannte Klangprobe. Diese besteht darin, daß die Schleifscheibe schwebend gehalten wird und mit einem mittelschweren Holzhammer oder einem Holzstück leicht angeschlagen wird.
Der Ton muß rein und abklingend sein.
Ein Versuch mit dem obigen Holzhammer zeigt die Tonverschiedenheit einer guten und schlechten Schleifscheibe.
Natürlich hängt die Tonhöhe von der Art der Bindung und von den Abmessungen der Scheibe ab.

2) Das Aufbewahren der geprüften Schleifscheibe geschieht

zweckmäßig in Regalen wie in der zeichnerischen Abbildung dargestellt.
Jede Scheibenart ist gut sichtbar und herausnehmbar angeordnet.
Gerade Scheiben hochkant aufstellen.
Dünne, organisch gebundene Schleifscheiben von 6 mm an und weniger, flach lagern.

3) Das Befestigen der Schleifscheiben.

So wird eine Schleifscheibe richtig aufgespannt.

Hier sind die Scheiben fehlerhaft aufgespannt.

Nachdem man sich davon überzeugt hat, daß die Schleifscheibe vor dem Einbau keinerlei Rißbildung zeigt, wird die Scheibe auf die Spindel geschoben.
Ihr Sitz muß schließend sein, sie darf jedoch nicht aufgepreßt werden.
Die Flansche sollen, wie die obige Abb. zeigt, nur auf einer rauhen und ringförmigen Außenfläche aufliegen. In der Mitte sind die Flansche freigedreht.
Zwischenlagen zwischen Flansche und Scheibe aus Pappe, Filz oder Gummischeiben ergeben dann ein besseres Festspannen der Scheibe und verhindern gleichzeitig beim Zerspringen der Schleifscheibe das Herausschleudern der Bruchstücke.
Zwischenlagen nicht zu dick wählen.
Fehlerhafte Aufspannung ergeben zusätzliche Beanspruchungen und bilden eine große Unfallgefahr.

Abb. 58

§ 11. (4) Bei Schleifscheiben von über 200 mm Durchmesser muß der Durchmesser jeder der beiden Seitenbacken mindestens gleich einem Drittel des Durchmessers der Scheibe sein. Wo nach § 10 Abs. 2 Schutzhauben fehlen, muß der Durchmesser jeder der beiden Seitenbacken ...... bei Verwendung gerader Scheiben mit Gummizwischenlagen mindestens gleich zwei Dritteln des Durchmessers der Scheibe sein.

Ferner muß man darauf achten, daß die Schleifscheiben nur mit Flanschen und Muttern, die auf dieser sitzen, befestigt werden. Man darf die Muttern nur soweit anziehen, wie dies zum sicheren Festhalten der Schleifscheiben notwendig ist, weil sonst Schleifscheibenbruch eintreten kann. Vor allem darf man eine Schleifscheibe nicht auf eine zu flache Spindel setzen. In der nachstehenden Tafel sind die Mindestdurchmesser der Schleifspindeln zwischen den Flanschen mit Bezug auf Durchmesser und Dicke der Schleifscheiben angegeben, und zwar bis zu einer Umfangsgeschwindigkeit von 25 m/Sek.

Schleif-scheiben-durchm. mm	Schleifscheibendicke in mm																
	6	10	13	16	20	25	32	40	45	50	57	63	70	76	82	89	101
	Mindestdurchmesser der Schleifspindeln zwischen den Flanschen in mm																
150	12½	12½	12½	19	19	19	19	19	19	19	19	19	19	19	19	19	25
175	19	19	19	19	19	19	19	19	19	19	19	19	19	25	25	25	25
200	19	19	19	19	19	19	19	19	19	25	25	25	25	25	25	25	32
225	19	19	19	19	19	19	25	25	25	25	25	25	25	32	32	32	32
250	19	19	19	19	19	19	25	25	25	25	25	32	32	32	32	32	32
300	19	19	19	19	19	25	25	25	25	25	32	32	32	32	32	32	40
350	22	22	22	22	25	25	32	32	32	32	32	32	32	38	38	38	40
400					32	32	32	38	38	38	38	38	38	38	38	44	44
450					32	32	38	38	38	38	38	38	38	44	44	44	44
500						38	38	38	38	38	38	38	40	44	44	48	48
600						38	38	38	44	44	44	44	44	50	50	50	52
650							38	38	44	44	44	44	50	50	50	50	60
750								44	44	50	50	50	50	57	57	57	65
900									50	57	57	57	63	63	63	70	70

Die Umfangsgeschwindigkeit der Schleifscheiben und des Werkstücks

Die Drehzahl der Schleifwelle ist für die Arbeitsleistung einer Schleifscheibe von großer Bedeutung. Ist sie zu hoch, dann setzt sich die Schleifscheibe schnell zu; der Fachmann sagt dann: „Die Scheibe schmiert". Sie erhitzt das Werkstück und leistet selbst wenig. Ist hingegen die Geschwindigkeit zu niedrig, so tritt bei durchaus ungenügendem Abschliff ein übermäßiger und ein zu großer Verbrauch der Schleifscheibe ein. Zu langsam laufende Schleifscheiben wirken weicher, zu rasch laufende Schleifscheiben wirken härter. In Einzelfällen kann man bei zu großer oder zu geringer Härte durch Herabsetzung oder Steigerung der Drehzahl bis zu einem gewissen Grade einen Ausgleich schaffen. Es kommt öfters vor, daß die Schleifscheibe für zu hart gehalten wird, während sie in Wirklichkeit zu schnell läuft. Hieraus folgt, daß die Schleifscheibe, die bei einer bestimmten Geschwindigkeit am wirtschaftlichsten arbeitet, d. h. mit dem geringsten Aufwand an Zeit, Kraft und Stoffverbrauch, den größtmöglichen Abschliff erreicht, theoretisch mit gleichbleibender Umfangsgeschwindigkeit schneiden soll. Entsprechend der jeweiligen Abnutzung der Schleif-

scheibe muß daher praktisch versucht werden, die gleichbleibende Geschwindigkeit durch Erhöhung der Drehzahl zu erhalten oder doch annähernd zu erreichen. Um eine zu starke Abnutzung zu vermeiden, muß man weiche Schleifscheiben — bei geringerer Spantiefe — rascher laufen lassen, harte Schleifscheiben müssen langsamer laufen als weiche, da sonst die abgenutzten Körner nicht ausbrechen und sich die Schleifscheibe zusetzt, was wiederum eine übermäßige Erwärmung des Werkstückes zur Folge hat.
Bei der Lieferung der Schleifscheiben wird von den Herstellern ein Zettel beigegeben, auf dem die in Frage kommende Drehzahl verzeichnet ist. Dies geschieht, um dem Verbraucher die Möglichkeit zu geben, die Schleifscheiben stets mit der richtigen Umfangsgeschwindigkeit laufen zu lassen. Unbedingt ist darauf zu achten, daß die von dem Hersteller angegebenen Umlaufszahlen der Schleifscheiben auf keinen Fall überschritten werden dürfen.
Hohe Umfangsgeschwindigkeit erfordert schwere Schleifmaschinen, in erster Linie kräftige Lager der Schleifscheiben und des Werkstückes, da sonst Schwingungen auftreten.
Beim freihändigen Schleifen sind im allgemeinen Umfangsgeschwindigkeiten von 20—25 m/sek. am zweckmäßigsten. Schleifscheiben mit mineralischer Bindung dürfen jedoch nur mit einer Geschwindigkeit von 15 m/sek. laufen. Bei mechanischer Zuführung des Werkstückes gegen die Schleifscheibe (Schleiten im Support) sind normalerweise erhöhte Geschwindigkeiten zulässig, wie aus der nachstehenden Tabelle ersichtlich ist.

Bindung der Schleifkörper	Umfangsgeschwindigkeiten in m/sek bei Zustellung des Werkstückes	
	von Hand	im Support
1. Mineralische	15	25
2. Keramische, Silikatbindung, organische (Gummi, Schellack, Kunstharz)	25	35
3. Gummi- und Kunstharzbindung (auf Grund besonderer Zulassung des Deutschen Schleifscheibenausschusses)		
a) für Höchstgeschwindigkeits-Schleifscheiben	45	
b) für Trennscheiben		80

Für die Schleifleistung ebenso mitbestimmend ist die richtige Umfangsgeschwindigkeit des Werkstückes beim Rundschliff (Außen- und Innenschliff). Es trifft nicht zu, daß eine Drehzahlsteigerung des Werkstückes die Schleifleistung immer erhöht. Durch zu hohe Geschwindigkeit des Arbeitsstückes nutzt sich die Schleifscheibe stärker ab, was natürlich nicht zu einem wirtschaftlichen Arbeiten führt. Dieser Umstand ist vielfach auch die Ursache, daß Schleifscheiben richtiger Härte als zu weich von dem Schleifer beanstandet werden. Wenn niedrige Umlaufsgeschwindigkeiten des Werkstückes und eine größere Schnittiefe entsprechend der Korngröße gewählt werden, schleift man hingegen wirtschaftlich. Je feiner der Schliff, desto niedriger sollte die Umfangsgeschwindigkeit des Werkstückes sein. Große Vorschube verlangen größere Umfangsgeschwindigkeit des Werkstückes, und bei hoher Umfangsgeschwindigkeit des Werkstückes muß der Vorschub entsprechend verringert werden. Zweckmäßigerweise wird die Umfangsgeschwindigkeit des Werkstückes geringer und der Vorschub größer gewählt. Breite Schleifscheiben gestatten einen größeren minutlichen Vorschub, für Fertigschliff ist jedoch zu beachten, daß durch die vergrößerte Berührungsfläche und die erhöhte Anpressung das Werkstück ziemlich erwärmt wird und dadurch zum Verziehen neigt. Der Längsvorschub (Tischvorschub) muß etwa zwei Drittel, beim Feinschliff nur die Hälfte so groß sein wie die volle Scheibenbreite, auf eine Umdrehung des Werkstückes bezogen.

Man muß darauf achten, daß, wenn die Scheibe „blank" wird, die Drehzahl der Schleifscheibe nicht herabgesetzt wird, sondern die Werkstückdrehzahl erhöht wird. Wenn die Drehzahl des Werkstückes und der Längsvorschub in bestimmten Grenzen so hoch wie möglich genommen sind, und die Schleifscheibe trotzdem blank wird, so ist ihre Drehzahl zu verringern.

Nutzt sich die Schleifscheibe zu schnell ab, d. h. wenn sie ihre Form nicht hält, so soll die Werkstückdrehzahl nicht herabgesetzt, sondern die Schleifscheibengeschwindigkeit erhöht werden.

In der Praxis haben sich beim Rundschliff folgende Umfangsgeschwindigkeiten für das Werkstück als zweckmäßig erwiesen:

	Gußeisen	Stahl
Schruppen	15—18 m/min	9—12 m/min
Schlichten	15—18 m/min	9—15 m/min.

Die Drehzahl in der Minute (Umdrehungen des Werkstückes je Minute) und die Umfangsgeschwindigkeit (Geschwindigkeit in Meter je Minute am Umfang des Werkstückes) für das Werkstück werden wie folgt ermittelt:

$$\text{Umfangsgeschwindigkeit in m/min} = \frac{\text{Durchmesser} \times 3{,}14 \times \text{Drehzahl}}{1000}$$

$$\text{Drehzahl} = \frac{\text{Umfangsgeschwindigkeit} \times 1000}{\text{Durchmesser} \times 3{,}14}$$

Umfangsgeschwindigkeiten und Drehzahlen für Werkstücke

Tafel der Drehzahlen in der Minute

Werkstück Durchmesser	6 m/min	8 m/min	10 m/min	12 m/min	15 m/min	18 m/min	Werkstck. Durchm.
5	380	510	635	764	955	1148	5
10	190	255	318	380	478	574	10
15	127	170	210	254	318	380	15
20	95	128	160	190	240	287	20
30	62	84	105	127	158	190	30
40	47	62	80	95	120	143	40
50	38	50	62	76	95	115	50
60	30	42	53	62	80	95	60
80	23	30	40	47	60	70	80
100	20	25	30	38	47	57	100
125	15	20	25	30	38	45	125
150	12	16	20	25	30	38	150
200	9	12	15	19	22	28	200
250	7	10	12	15	19	23	250
300	6	8	10	12	15	20	300
400	4	6	8	9	11	14	400
500	3	5	6	7	9	11	500

Tafel III

Geschwindigkeits-Tafel

Durchmesser der Schleifscheibe		Ungefähre Umdrehungszahlen in der Minute bei einer Sekunden-Umfangsgeschwindigkeit von:						
Zoll	mm	15 m	20 m	25 m	30 m	35 m	40 m	50 m
1	25	11459	15279	19098	22918	26738	30558	38197
1½	40	7639	10186	12732	15279	17825		
2	50	5729	7639	9549	11459	13369	15279	19098
2½	65	4584	6111	7639	9167	10695		
3	75	3820	5093	6366	7639	8913	10186	12732
3½	90	3274	4365	5457	6548	7639		
4	100	2865	3820	4775	5729	6684	7639	9549
4½	110	2546	3395	4244	5093	5942		
5	125	2292	3056	3820	4584	5347	6111	7639
5½	140	2083	2778	3472	4861	4861		
6	150	1910	2546	3183	3820	4456	5093	6366
6½	165	1763	2350	2938	3526	4113		
7	175	1637	2183	2728	3274	3820	4365	5457
7½	190	1528	2037	2546	3056	3565		
8	200	1432	1910	2387	2865	3342	3820	4775
8½	215	1348	1797	2247	2696	3146		
9	225	1273	1698	2122	2546	2971	3395	4244
9½	240	1206	1608	2010	2412	2814		
10	250	1146	1528	1910	2292	2674	3056	3820
11	275	1042	1389	1736	2083	2431		
12	300	955	1273	1591	1910	2228	2546	3183
13	325	881	1175	1469	1763	2057		
14	350	818	1091	1364	1637	1910	2183	2728
15	375	764	1018	1273	1528	1782		
16	400	716	955	1193	1432	1671	1910	2387
17	425	674	899	1123	1348	1573		
18	450	637	849	1061	1273	1485	1698	2122
19	475	603	804	1005	1206	1407		
20	500	573	764	955	1146	1337	1528	1910
21	525	546	727	909	1091	1273		
22	550	521	694	868	1042	1215	1389	1736
23	575	498	664	830	996	1162		
24	600	477	637	796	955	1114	1273	1591
25	625	458	611	764	917	1069		
26	650	441	588	734	881	1028	1175	1469
28	700	409	546	682	818	955	1091	1364
30	750	382	509	637	764	891	1018	1273
32	800	358	477	597	716	835	955	1194
34	850	337	449	562	674	786	899	1123
36	900	318	424	530	637	743	849	1061
38	950	301	402	502	603	704	804	1005
40	1000	286	382	477	573	668	764	955

Auswahl, Bestellung und zweckmäßige Verwendung der Schleifmittel

Wohl in keinem Industriezweig ist ein verständnisvolles Zusammenarbeiten zwischen Verbrauchern und Fabrikanten so angebracht und wirklich notwendig wie in der Schleifmittelindustrie. Erst wenn der Verbraucher von Schleifscheiben die Herstellerfirma mit allen für die Bestimmung der richtigen Art und Zusammensetzung der zu liefernden Schleifscheiben zweckdienlichen Angaben versieht, kann der Fabrikant für die Lieferung geeigneter Schleifscheiben in etwa garantieren.

Die gute Schleifwirkung einer Schleifscheibe hängt von einer Reihe von Faktoren ab, die bei der Bestellung von Schleifscheiben berücksichtigt werden müssen und etwa wie folgt aufgezählt werden können: die Art des Schleifrohmaterials, d. i. die Größe, Form, Struktur und Festigkeit des eigentlichen Schleifkornes; die Härte der Schleifscheibe, die ihr als einem aus vielen Einzelteilchen zusammengefügten Ganzen durch das Bindematerial gegeben wird; die Art der Bindung; die Größe und Form der Schleifscheibe selbst. Stehen diese Daten im richtigen Verhältnis zu den Eigenschaften des zu bearbeitenden Werkstückes, der zur Anwendung kommenden Schleifart, der Umdrehungszahl der Schleifwelle und gegebenenfalls des Werkstückes usw., was entweder auf Grund bereits gemachter Erfahrungen im voraus bestimmt oder aber durch praktische Versuche festgestellt werden kann, so ist die Gewähr für ein wirtschaftliches Arbeiten der Schleifscheibe gegeben.

Dazu sei das Folgende bemerkt:

Als Schleifmittel finden heute bei der Herstellung von Qualitätsschleifscheiben in der Hauptsache das Silizium-Karbid (SiC) und der Elektro-Korund (Al_2O_3), weniger der Schmirgel, Verwendung. Die richtige Auswahl dieser Schleifrohstoffe spielt insofern eine wichtige Rolle, als der einzelne Rohstoff jeweils für ganz bestimmte Verwendungszwecke geeignet ist. So werden insbesondere verwendet:

Silizium-Karbid, als ein sehr hartes, aber wenig zähes Schleifmittel, mit vielen scharfen Spitzen bei der Bearbeitung von Stoffen mit geringer Zerreißfestigkeit, wie:

Aluminium, Rotguß, Kupfer, Gußeisen, Hartguß, gesinterte Hartmetalle, Hartgummi, Gesteinen, Vulkanfiber, Leder, Kohle, Glas, Porzellan usw.

Diesen wenigen zähen Werkstoffen vermag das Silizium-Karbid infolge der außerordentlichen Schärfe seiner Kristalle trotz seiner Sprödigkeit standzuhalten, während es bei der Berührung mit zähen Materialien leicht bricht und schnell an Schleif- bzw. Schneidkraft verliert.

Der Elektrokorund (Al_2O_3) ist geeignet für Stoffe mit hoher Festigkeit, wie Schmiedeeisen, Temperguß, Hartstahl, Maschinenstahl, Glas aller Art.

Die Härte der Schleifscheibe ist die Festigkeit, die ihr durch die Bindung verliehen wird und zum Teil auch durch den Grad der Pressung bestimmt wird. Je mehr Bindematerial der Kornmischung beigegeben wird, um so härter wird die Scheibe, um so fester sitzen die einzelnen Schleifkörner in der sie umfassenden Bindung. Infolgedessen muß bei der Auswahl von Schleifscheiben auf die geeignete Härte besonderer Wert gelegt und beachtet werden, daß die Scheibe die gewünschte Schleifwirkung insofern gewährleistet, als sie die stumpf gewordenen Schleifkörner rechtzeitig losläßt und damit den darunter liegenden scharfen Kristallen Raum für den Angriff verschafft. Geschieht dieses, so ist die Scheibe stets griffig, scharf und offen.

Man erkläre sich diesen Vorgang wie folgt:

Das zu bearbeitende Werkstück stellt naturgemäß mit zunehmender Abstumpfung des Schleifkornes wachsende Ansprüche an dessen Widerstandsfähigkeit und damit an die Festigkeit und Haltbarkeit der Bindung. Der richtige Zeitpunkt zum Ausbrechen des Schleifkornes tritt dann ein, wenn es völlig stumpf geworden, als Schneidwerkzeug nicht mehr in Betracht kommt. Bricht es zu dieser Zeit aus, so ist die Bindung die richtige. Sind in diesem Falle die übrigen zu beachtenden Faktoren ebenfalls in Ordnung, so wird die Scheibe normal arbeiten und Späne abheben, die den auf der Drehbank erzeugten ähnlich und wie sie für eine richtig arbeitende Schleifscheibe typisch sind. Hält das

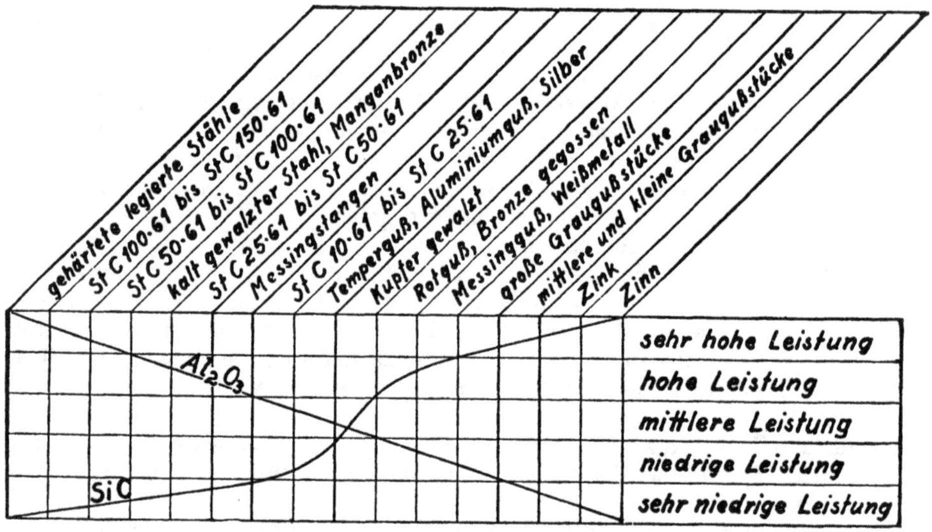

Abb. 59. Verwendungsbereiche der Schleifstoffe bei verschiedenen Werkstoffen

völlig stumpfe Schleifkorn dagegen dem erhöhten Widerstand am Werkstoff weiterhin stand, so ist die Bindung zu hart, das stumpfe Korn bleibt haften und schneidet nicht; die Scheibe wird bei Erzeugung großer Hitze glatt. Die bei einer derartigen Arbeitsweise entfallenden Werkstoffteilchen formen sich infolge der anomalen Hitze zu Kugeln. Läßt dagegen die Bindung das Korn bereits los, wenn seine Schneiden noch nicht abgenutzt sind, dem zunehmenden Druck aber nicht mehr standhalten können, so ist die Bindung zu weich, die Scheibe nützt sich zu schnell ab und arbeitet unwirtschaftlich. Hier das Richtige zu treffen, ist eine Aufgabe, die oft schwer zu lösen ist. Manchmal führt erst eine Reihe von Versuchen zum Ziel. — Die Festigkeit der Scheibe wird vielfach auch durch Beimischung feinerer Körnungen zu groben wesentlich erhöht.

Die vorstehenden Ausführungen erklären in etwa, wie ungemein wichtig es ist, die genannten Faktoren bei der Auswahl von Schleifscheiben gebührend zu berücksichtigen. Dazu kommen diejenigen Momente, die weiterhin zu beachten sind, wenn ein wirtschaftliches Arbeiten der Scheibe erzielt werden soll. Es sind dies: Form und Art des Werkstückes und seine Festigkeit, Umdrehungszahlen, Schleifart und Arbeitsvorgang usw. Das alles sind Daten, die vorläufig nur der Fachmann des Schleifmittelwerkes bestimmen kann, der seine Schleifscheiben, ihre Stärken und Schwächen kennt und auf Grund der in jahrelanger Praxis gesammelten Erfahrungen in der Lage ist, selbst für Sonderzwecke bereits im voraus die richtige Zusammensetzung mit einiger Sicherheit zu bestimmen. Man beachte deshalb bei der Auswahl der Schleifscheiben in jedem Falle den Rat dieser Fachleute und unterstütze sie nach Möglichkeit durch richtige Angabe der gegebenen Umstände.

Bei Aufgabe einer Bestellung bedient man sich zweckmäßig eines Fragebogens, wie solche seitens der Lieferfirmen stets bereitwilligst zur Verfügung gestellt werden. Ein derartiger Fragebogen enthält alle die Fragen, deren Beantwortung dem Schleifmittelhersteller die Möglichkeit gibt, sich von dem in Betracht kommenden Arbeitsverhältnis das richtige Bild zu machen und danach die Zusammensetzung der Schleifscheibe zu wählen.

Bei Nachbestellungen einer Schleifscheibe, die in ihrer Zusammensetzung und Ausführung entsprochen hat, bediene man sich des ihr beigegebenen Etiketts, das man der Bestellung beilegt. Der Fabrikant weiß dann sofort, um was es sich handelt und liefert bestimmt eine Scheibe, die der zuerst gelieferten in jeder Beziehung genau entspricht. Sind irgendwelche Übelstände bei der Verwendung der Schleifscheibe aufgetreten, die bei Nachbestellungen natürlich berücksichtigt werden sollen, so kläre man den Schleifscheibenhersteller darüber auf, wie sie in Erscheinung getreten und inwieweit sie von schädigendem Einfluß auf das zu erzielende Schleifergebnis gewesen sind. Der Hersteller wird in solchen Fällen für Abhilfe sorgen, so daß bei der nächsten Lieferung das geeignete Schleifwerkzeug zur Verfügung gestellt wird.

Es dürfte zweckmäßig sein, die allgemeinen Grundsätze, welche für die Härtebestimmung, Schliffähigkeit, Lebensdauer und vor allem Wirtschaftlichkeit der Schleifscheibe maßgebend sind, näher zu betrachten:

Für weiches Material kommt eine harte Scheibe, für hartes Material kommt eine weiche Scheibe, für Kanten- und Gratschliff kommt eine harte Scheibe und für Flächenschliff eine weiche Scheibe in Frage.

Je größer die Angriffsfläche einer Schleifscheibe ist, desto weicher muß die Scheibe sein. Wenn beim Schleifen eine Rundschleifmaschine zur Verwendung gelangt, so sind Umfangsgeschwindigkeit der Schleifscheibe und des Werkstückes, Spantiefe und Vorschub zu berücksichtigen. Je größer die Umdrehungsgeschwindigkeit einer Schleifscheibe ist, um so härter wirkt sie und umgekehrt. Durch jahrelange Versuche ist festgestellt worden, daß bestimmte Schleifleistungen nur bei bestimmten Umdrehungszahlen zu erreichen sind.

Es ist, wie aus den vorstehenden Ausführungen ersichtlich, ziemlich schwierig, die für ein bestimmtes Material am besten geeignete Zusammensetzung der Schleifscheibe zu bestimmen, und zwar hinsichtlich der zu wählenden Körnung und Härte. Beide müssen von Fall zu Fall festgelegt werden. Wir beschränken uns deshalb darauf, in der nachstehenden Tabelle nur eine Anzahl wichtiger Verwendungszwecke aufzuführen:

Ein großer Teil der Herstellerfirmen von Schleifscheiben gibt nach Schleifarten geordnete Tabellen heraus, welche die Verwendungszwecke der Schleifscheiben zeigen. Es können natürlich nicht alle Tabellen hier gebracht werden; es kann

nur eine Tabelle wahllos herausgegriffen werden. Deshalb soll nachstehend eine Übersicht über die für einen bestimmten Schleifzweck erprobten MSO-Schleifscheiben veröffentlicht werden. Es sei aber ausdrücklich betont, daß es sich lediglich um Anhaltspunkte handelt, da eine genaue Qualitätsbestimmung erst nach Kenntnis der örtlichen Arbeitsbedingungen möglich ist.
Da die verschiedenen Schleifscheiben-Hersteller ihre Scheiben mit Handelsnamen bezeichnen, so ist dies auch in den nachstehenden Tabellen der Fall und es ist deshalb erforderlich, außer den Marken selbst auch die Schleifrohstoffe anzugeben, aus denen die Schleifscheiben hergestellt wurden und auch etwas über die Kennzeichnung der Schleifkörper zu sagen. Bekanntlich werden sämtliche Schleifkörper gemäß den Unfallverhütungsvorschriften durch Aufklebezettel und Beschriftung gekennzeichnet. Vom Deutschen Schleifscheibenausschuß (DSA) sind Form, Inhalt und Farbe der Aufklebezettel einheitlich festgelegt. Sie dienen zur Kennzeichnung der Schleifkörper und als Belege zur Verwendung bei Nachbestellungen. Der Aufklebezettel soll erst bei Ingebrauchnahme des Schleifkörpers abgetrennt und mindestens bis zum Aufbrauchen des Schleifkörpers aufbewahrt werden.
Die Aufklebezettel enthalten Angaben über
Qualität des Schleifmittels,
Auftragsnummer,
Abmessungen,
Korngröße des Schleifmittels,
Härte und Struktur des Schleifkörpers,
Bindungsart,
Drehzahlen,
Zulässige Höchstumfangsgeschwindigkeiten und Probelauf,
Hersteller der Schleifscheibe.
Jede Schleifmittelqualität hat eine bestimmte Farbe des Aufklebezettels.

Marke	Schleifmittel	Farbe des Aufklebezettels
Elektrorubin Poralun	Normalkorund	braun
Elektrorubin-13	Halbedelkorund	gelb
Maxalun Maxarubin Poroxam	Edelkorund	rot
Carbosilite Crystomax Porocarb	Silizium-Carbid	grün

Werkzeugschleifen von Hand

Auf Schleifbock bzw. Stähleschleifmaschine

Äxte und Beile	Schärfen	Elektrorubin 36 Qu 8 V 85	
Drehstähle	Schärfen	Elektrorubin 46 M 9 V 85	über 200 Scheiben-Durchmesser
WS + SS-Stahl	Schärfen	Elektrorubin 60 M 9 V 85	bis 200 Scheiben-Durchmesser
Holzbearbeitungsfräser	Schärfen	Maxalun 50 L 8 V 60	
Meißel	Schärfen	Elektrorubin 46 N 9 V 85	
Scheren	Schärfen	Elektrorubin 60 M 8 V 60	
Spiralbohrer	Schärfen	Elektrorubin 46 M 9 V 85	auch Maxalun
Stanzmesser	Schärfen	Elektrorubin 36 M 8 V 60	
Stechbeitel	Schärfen	Elektrorubin 46 M 9 V 85	

Werkzeugschleifen

$v_s = 25 - 30$ m/sek

Form der Schleifscheibe	Werkzeugstahl	Schnellarbeitsstahl	Hartmetall
Tellerscheiben nach DIN 69149 Form A, B und C (früher DIN 181 A, B, DIN 182 C)	Maxalun 46 bis 60 K-L 8 V 62	Maxalun 46-1 bis 60-1 K 8 V 62	Crystomax 80 H bis I 8 V 70
Topfscheiben nach DIN 69149 Form D und E (früher DIN 182 D und DIN 183 E)	Maxalun 46 bis 60 K 5 V 60 46-60 K 8 V 62	Maxalun 46-1 bis 60-1 Jot 6 V 606 46-60 Jot K 8 V 62	Crystomax 80 H 8 V 70
Schleifscheiben für Rachenlehren nach DIN 69149 Form F (früher DIN 183 F)	Maxalun 60 L 5 V 60 und 80 K 6 V 60	Maxalun 60 K 8 V 60 und 80-1 Jot 6 V 60	Crystomax 80 H bis I 8 V 70
Schleifscheiben für Spiralbohrer nach DIN 69149 Form G (früher DIN 184 G)	Elektrorubin 46 bis 60 M bis N 8 V 60	Maxalun 46 bis 60 M 8 V 60	Crystomax 80 I 8 V 70

In vielen Fällen werden mit hochporösen Schleifscheiben sehr gute Ergebnisse erzielt

Sägenschärfen	Schleifscheibendurchmesser 100 bis 150 mm	über 150 mm
Metallkreissägen mit eingesetzten HSS-Stahl-Zähnen	Elektrorubin-13 46/60 5 G	Maxalun 46/50 K bis L 5 bis 8 V 60
Holzkreissägen		
WS-Stahl	Elektrorubin 46 7 G	Elektrorubin 46 bis 60 L bis N 9 V 85
SS-Stahl	Elektrorubin-13 46 5 G	Maxalun 60 L bis N 5 V 60

(Maschinell)

Arbeitsbeispiele

Fräser

Schärfen	Maxalun 60-1 K 5 V 60
Schleifen der Spanfläche	Maxalun 46-1 K 8 V 60
Nachschleifen ausgebrochener Zähne	Maxalun 36 K 8 V 61
Holzbearbeitungsfräser, SS-Stahl	Maxalun 46 Jot 10 V 60
Einschneidenfräser WS- und SS-Stahl a/DeckelMaschine	Maxalun 80 M 8 V 60
Holzfalzfräser, 12% Chromstahl	Maxalun 36 G 10 V 60
Holzfräser	Maxalun 46-1 K 8 V 60
Nutenfräser a/Deckel-Maschine	Maxalun 60 L 5 V 60
Abwälzfräser a/Klingelnberg-Fräser-Schärfmaschine:	
Brustschliff	Maxalun 46-1 bis 60-1 H/I 8 V 61 auch 46 H 10 V 60
SS-Stahl hochlegiert	Maxalun 46 G 9 V 61
Abstechen bei ausgebrochenen Zähnen	Maxalun 60-1 K 8 V 60
Nachschleifen stark beschädigter Fräser	Poroxam 60 H 1 mmg
Feinstschliff	Maxalun 120 K 8 V 61
Messerköpfe	
SS-Stahl	Maxalun 36/1 Jot 8 V 606
Hartmetall	Crystomax 60 EF 7 V 706
Reibahlen	
hartmetallbestückt a/Loewe-Wetzmaschine zur Einsparung von Diamantscheiben	Crystomax 320 H 8 V 70 Crystomax 400 G 8 V 70

Arbeitsbeispiele	
Spiralbohrer	
auf Cawi-Msachine	Maxalun 60 L 5 V 60
auf Meteor-Maschine	Elektrorubin 96 36-1 Jot 8 V 60
	Maxalun 60 L 5 V 60 (DIN 69149 Form B)
auf MSO-Maschine	Maxalun 36-1 bis 46-1 Jot 8 V 61
auf Rohde & Dörrenberg und Stock-Maschine	
HSS-Stahl	Maxalun 46 Jot/K 6 V 60
WS-Stahl	Maxalun 46 L 8 V 60
Schneidwerkzeuge, WS- u. SS-Stahl	Maxalun 60 K 12 V 60
a/Hispano-Werkzeugschleifmaschine	
Wickelstifte aus Hartmetall für Drahtflechtmaschine a/Schütte-Maschine	Crystomax 180 H 8 V 70

Außen-Rundschleifen zwischen Spitzen (V_s = 28 bis 35 m/s)

Werkzeuge	
Spiralbohrer (Rundschleifen zwischen Spitzen)	Maxalun 60 M 5 V 60
Fräser, Reibahlen aus SS-Stahl	Maxalun 60 L 8 V 62
Werkzeuge, hartmetallbestückt	Crystomax 80 H 8 V 70
Verschiedene Werkstoffe, Stahl, vorwiegend ungehärtet, gehärtet bis 62 HRc, Gußeisen, Hartchrom, Bronze	Elektrorubin 46/60 M 9 V 85

Messerschleifen

Werkstück	Schleifscheibenqualität	Bemerkungen
Blechscherenmesser	Maxalun 30-1 Jot 8 V 60	Segmente
Drahtstiftmesser	Maxalun 80 M 5 V 60	gerade Scheiben mit Randform
Fourniermesser	Maxalun 36 Jot 10 V 60	Topfscheiben
Hobelmesser	Elektrorubin-13 46 Jot 12 V 60	Topfscheiben
Hobelmesser	Elektrorubin 46-1 Jot 8 V 60	gerade Scheiben
Hobelmesser	Maxalun 20/24-1 H 8 V 60	Segmente
Holzwollmesser	Elektrorubin 50 K 8 V 60	gerade Scheiben

Ursachen des Zerspringens von Schleifscheiben

Anlaß zum Zerspringen oder Platzen einer Schleifscheibe können u. a. folgende Umstände geben:
Beschädigung auf dem Transport oder im Lagerraum.
Vor dem Anspannen müssen alle Schleifscheiben durch leichte Hammerschläge auf reinen Klang geprüft werden.

Aufsetzen der Schleifscheibe auf die Welle.
Die Scheibe kann sofort nach Inbetriebsetzung der Schleifmaschine, wenn sie mit Gewalt auf die Spindel gepreßt wurde, zerspringen.
Schleifen auf der Seite bei dünnen Scheiben.
Bei starkem seitlichem Druck springen dünne Scheiben leicht in zwei Teile, auch bei zu groß gewähltem Vorschub und Beistellung dünner Scheiben Der Durchmesser ist deshalb so klein wie möglich zu halten.
Einklemmen des Werkstückes zwischen Scheibe und Handauflage.
Wenn das Zerspringen der Scheibe nicht vom Loch ausgeht, so beweist dies, daß das Arbeitsstück klemmte oder die Scheibe einen Stoß erhielt.
Zu hohe Umlaufsgeschwindigkeiten.
Wenn die vorgeschriebene Umlaufsgeschwindigkeit überschritten wird, kann das Zerspringen der Schleifscheibe eintreten.
Zu starke Erhitzung der Schleifscheibe.
Das Verfahren des Heranführens des Arbeitsstückes an die Scheibe ist sorgfältig zu prüfen.
Weiterarbeiten mit unrund gewordener Schleifscheibe.
Die Scheibe ist rechtzeitig mit dem Abdrehapparat oder Rutscher abzurichten.

Kühlmittel beim Schleifen

An die Leistungsfähigkeit der Schleifmaschinen werden große Ansprüche gestellt. Dies bringt es mit sich, daß sowohl die Schleifscheiben wie auch das zu schleifende Arbeitsstück eine erhöhte Arbeitsgeschwindigkeit erreichen müssen. Infolge der damit verbundenen starken Erhöhung der Reibungswärme ist es erforderlich, auf eine zweckentsprechende Kühlung bedacht zu sein. Die zu erstrebende Kühlwirkung muß man genau kennen, ehe man die richtige Auswahl des Kühlmittels treffen kann. Die beim Schleifen entstehende Reibungswärme muß von der Kühlflüssigkeit vollkommen aufgezehrt werden, um ein Anlaufen oder Anbrennen des Werkstückes und damit natürlich eine Veränderung seiner Form oder Oberfläche zu verhindern. Kurz gesagt: Die Kühlmittel müssen eine gute Kühlwirkung und Benetzungsfähigkeit aufweisen. Auch darf davon der Arbeiter nicht belästigt werden. Dem Kühlwasser wird auch ein gewisser Prozentsatz Öl oder Fett hinzugesetzt, um einen glatten Schliff zu erzielen, denn weil sich diese Fettflüssigkeit in die Poren der Schleifscheibe setzt, bewirkt sie einen feineren und glatteren Schliff.
Man muß um so mehr kühlen, je größer die Berührungsfläche zwischen Werkstück und Schleifscheibe und je größer die Spanmenge. ist Es hat nur eine reichliche Kühlmittelzufuhr Zweck (Abb. 60). Besonders ist dies beim Schleifen der gesinterten Hartmetalle zu beachten.
Was nun die Kühlungsflüssigkeit selbst anbetrifft, so hat es sich gezeigt, daß Wasser beim Schleifen von Metallen mit Ausnahme der Leichtmetalle sich überall bewährt hat. Man verwendet Wasser mit 5% Soda oder klare Bohrölemulsion für Stahl, Eisen, Flußeisen, Werkzeugstahl, legierte Stähle, Stahlguß, Temperguß, Gußeisen, Messing, Bronze und Kupfer. Für Elektron findet eine vierprozentige wässerige Natriumfluoridlösung und für Aluminium Spindelöl mit Petroleum im Verhältnis von 1 : 1 Verwendung.

Man geht allerdings in neuerer Zeit vielfach dazu über, wasserlösliche Kühlöle zu verwenden, weil Sodawasser die Farbe der Schleifmaschine herunterfrißt und zerstört, und alsdann ein Weitergehen des Rostes kaum zu verhindern ist. Sehr geeignet sind die neuerdings auf den Markt gekommenen zwei wasserlöslichen Kühlöle Hocut Nr. 50 und Dehofa Nr. 51, und zwar bildet des erstgenannte Kühlöl mit dem Wasser eine innige Lösung, welche selbst bei län-

Abb. 60. Richtige Zuführung des Kühlmittels: breite Tülle der Kühlleitung und starker Kühlstrom

gerem Gebrauch in der Schleifmaschine keine Ausscheidungen zeigt, ausgiebig ist und eine gute rostschützende Wirkung selbst bei großer Verdünnung aufweist.

Man erzielt durch die äußerst feine Verteilung der Ölteilchen im Wasser Kolloide, durchschimmernde Lösungen, während gewöhnliche Bohröle nur milchige Emulsion geben. Die Anwendung von Verdünnungen von etwa 1 : 70 bis 1 : 100 beim Schleifen ist möglich, wobei die Schleifscheiben nicht verschmieren, sondern offen gehalten werden, länger schnittig bleiben und weniger oft abgedreht zu werden brauchen. Zwar gibt das Kühlöl Dehofa Nr. 51 keine durchschimmernden Lösungen, geht aber ebenfalls eine sehr feine Verbindung mit dem Wasser ein. Für Schleifscheiben jeglicher Art ist es infolge seiner leicht fettsaugenden Einstellung geeignet, um so mehr, da es wenig spanfreundlich ist und nicht zum Schäumen neigt. Luftblasen brechen sofort weg, so daß keine Schleifspäne mit demselben in die Rohrleitung gelangen können. Eine Verstopfung der Leitungen ist nicht zu befürchten, da die Lösungen eine

reinigende Wirkung haben. Weder Stahl noch Aluminium, Kupfer, Bronze, Messing und andere Metalle werden von diesen Kühlölen angegriffen.
Man kann zusammenfassend sagen, daß Hocut Nr. 50 da bevorzugt wird, wo man auf durchsichtige opalisierende Lösungen Wert legt, für allgemeine Zwecke kann man aber ebenso gut Dehofa Nr. 51 verwenden, denn dieses hat noch den Vorteil der größeren Stabilität bei niedrigen Temperaturen.

Abb. 61. Stumpfe, verschmierte, scharfe Schleifscheibe

Das Abdrehen der Schleifscheiben

Im Laufe ihrer Verwendung nutzt sich die Schleifscheibe ab, wird stumpf und unrund und ihre Poren setzen sich mehr oder weniger zu; sie muß daher mit Hilfe besonderer Werkzeuge abgedreht oder abgerichtet werden, wenn ein genaues, wirtschaftliches Arbeiten erzielt werden soll. In erster Linie hängt die Güte des zu erzielenden Schliffes von dem Zustande der Schleifscheibe ab, auch mit dem feinsten Schleifkorn erzielt man ein anderes Ergebnis, je nachdem ob die Schleifscheibe frisch abgedreht ist oder mit stumpfem Korn arbeitet.
Die Schleifscheibe weist zwar ein Merkmal auf, das man bei keinem anderen Schneidwerkzeug findet, sie ist bis zu einem gewissen Umfange im Stande, sich selbst scharf zu halten. Wenn sie sich aber nicht mehr scharf hält, so muß ein Eingriff von außen erfolgen, um die stumpf gewordenen Schleifkörner herauszubrechen. Diesen Vorgang bezeichnet man als Aufrauhen.
Beim Schruppschliff, bei dem bekanntlich eine grobkörnige Schleifscheibe Verwendung findet, wird ein bedeutender Schleifdruck ausgeübt (beim Schlichtschliff ist nur ein leichter Schleifdruck notwendig). Die kleinen Schleifkörner sind ihrer Spitze beraubt und der Druck genügt nicht, die Fläche in das Material eindringen zu lassen. Die Schleifscheibe erhält „Glasur", sie wird „blank" und fängt an zu „brummen", d. h. das stumpfe Schleifkorn gibt beim Schleifen einen dumpfen Ton, während man bei einer freischneidenden Schleifscheibe ein

scharfes zischendes Geräusch hört. In Abb. 61 werden Teile einer stumpfen, einer verschmierten und einer scharfen Schleifscheibe gezeigt. Bei der stumpfen oder blanken Schleifscheibe stehen die Schleifkörner, da sie abgenutzt sind, nicht mehr aus der Bindung hervor. Wenn mit einer solchen Schleifscheibe geschliffen wird, so steigt der Energiebedarf der Schleifmaschine, auch wird die Maschine leichter überanstrengt.

Abb. 62. Das Abrichten einer Schleifscheibe auf der Stirnseite

Aber nicht allein um ein wirtschaftliches Arbeiten mit der Schleifscheibe zu erreichen, ist eine Bearbeitung derselben mit den Abdrehwerkzeugen erforderlich, auch die Unfallverhütungs-Vorschriften schreiben das Abdrehen oder Abrichten vor. In den Unfallverhütungsvorschriften der Nordwestlichen Eisen- und Stahlberufsgenossenschaft für Schleifkörper (Schmirgelkörper und Schleifmaschinen) heißt es z. B. im § 12 (1):

„Die Schleifkörper sind rundlaufend zu erhalten. Das Behauen der Schleifkörper ist verboten. Zum Abrichten unrund gewordener Schleifkörper sind geeignete Werkzeuge bereit zu halten."

Durch die spangebende Wirkung hunderttausender von kleinen harten Schleifkörnern tritt beim Schleifen eine starke Wärmeentwicklung auf. Ein Beweis hierfür ist die starke Funkenbildung, die anzeigt, daß die erzeugte Temperatur beim Schleifen höher ist als bei jedem anderen Schneidvorgang. Wenn sich die kleinen Schleifkörner abgenutzt haben, d. h. wenn das einzelne Schleifkorn stumpf geworden ist, dann wird das Spanabnehmen sehr erschwert und es tritt eine mehr oder weniger schabende Wirkung ein, die der des Polierens ähnelt. Bei der Überhitzung schmelzen die kleinen Teile der abgedrehten Späne und setzen die Poren der Schleifscheibe zu. Diesen Vorgang nennt man das Verschmieren der Schleifscheibe. Im allgemeinen sagt man: „Die Scheibe setzt sich voll". In dem Raum zwischen den einzelnen Körnern haben sich Schleifspäne eingepreßt. Mikroskopische Untersuchungen dieses Zustandes der Scheibenoberfläche, die von Bornemann[1] unternommen wurden, haben jedoch gezeigt, daß es sich hierbei hauptsächlich um eine Art Überziehen der stumpfen Schleifkörner mit abgeplätteten Spänen handelt und nicht um die Füllung der Zwischenräume mit Schleifspänen.

Überall da, wo es auf höchste Genauigkeit der abzudrehenden Schleifscheiben ankommt oder wo es sich um ganz kleine Schleifscheiben handelt, wird man zweckmäßigerweise den Diamanten zum Abdrehen benutzen, besonders dann,

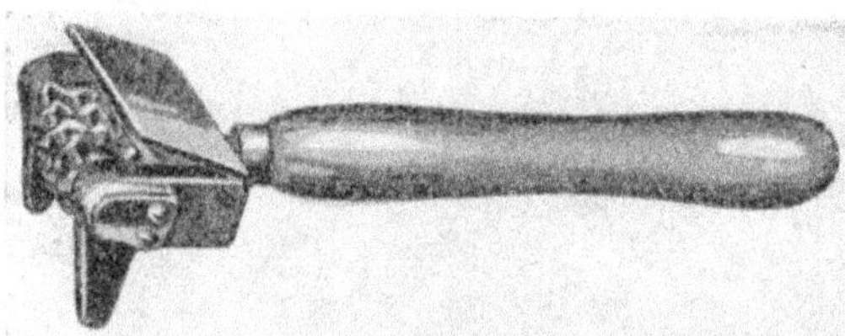

Abb. 63. Abdrehwerkzeug mit Nockenwalze

wenn es sich um Schleifscheiben für Präzisions-Rundschleifmaschinen handelt. Wenn es aber darum geht, Schleifscheiben abzudrehen, bei denen nicht die Genauigkeit, sondern der Kostenpunkt des Abdrehens die ausschlaggebende Rolle spielt, so wird man sehr wohl zu den Abdrehrädchen und anderen Werkzeugen greifen, die ein sauberes und vor allem wirtschaftliches Arbeiten gewährleisten. Ein solches Abdrehrädchen besteht aus einer Reihe von gewellten oder gezackten Scheibchen aus äußerst hartem Stahl. Die Größe der Scheibchen richtet sich nach der Größe der Schleifscheibe, die Anzahl der Zacken oder Wellen nach der Körnung derselben. Der Durchmesser der Abziehrädchen ist um so größer, je größer die abzudrehende Schleifscheibe ist, je feiner die Körnung, desto mehr Zacken müssen die Rädchen haben. Zum Abrichten von Schleifscheiben bis zu 500 mm Durchmesser und feiner Körnung werden z. B. Abdrehrädchen von 30 mm Durchmesser und 28 Zähnen benutzt. Maßgebend für den Erfolg der Abdreharbeit ist also die Beachtung der Größenverhältnisse der Abdrehrädchen.

Die nachstehenden Ausführungen behandeln Abdreh- oder Abricht-Werkzeuge mit Ausnahme des Diamanten.

Zum Abrichten der Schleifscheiben wird das in Abb. 63 dargestellte Werkzeug mit Nockenwalze verwendet. Alle Unebenheiten werden durch die Nocken der Walze beseitigt; je nach der Breite der Schleifscheibe verwendet man Nockenwalzen von 60—80 mm Breite. Eine andere Abdrehvorrichtung besitzt

[1] Prüfung und Beurteilung der Schleifscheiben auf Grund ihres Verhaltens bei verschiedenen Geschwindigkeiten. D. D. Dresden 1931.

eine schneckenförmige Walze; sie eignet sich hauptsächlich für große hartgebrannte, mittelfeine und grobkörnige Schleifscheiben. Die Walze ist vierteilig und bleibt bis zur vollständigen Abnutzung scharf. Der in Abb. 64 gezeigte Abrichter mit Staubschutzkappe wird zum Abdrehen und Schärfen kleiner trocken- und naßlaufender Schleifscheiben verwendet. Dieser Apparat besitzt Stahlräder, ein Reservesatz besteht aus 4 Rädchen und 2 Scheiben, wie aus

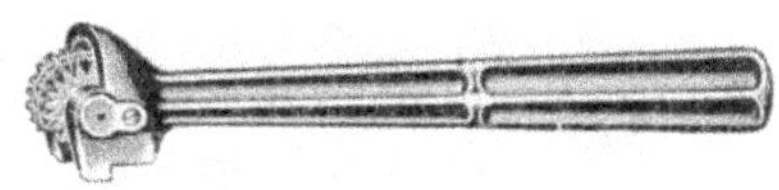

Abb. 64. Abdrehwerkzeug mit Schutzkappe

Abb. 65. Verschiedene Formen von Abdrehrädchen

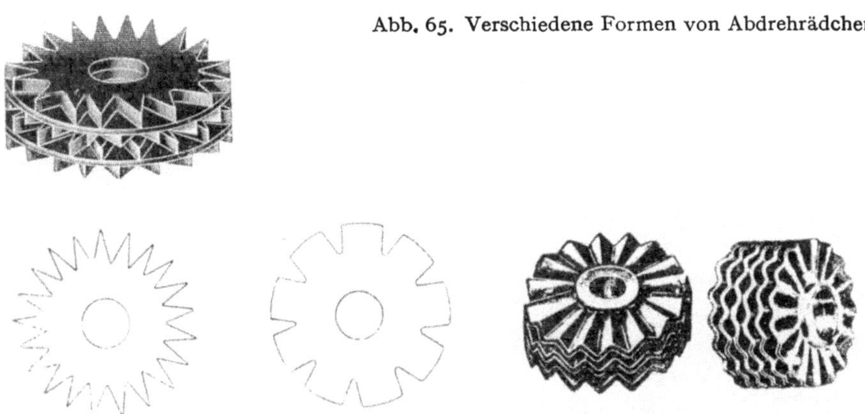

Abb. 65 ersichtlich. Den in dieser Abbildung dargestellten Abdrehapparat mit gefrästen Rädchen benutzt man vorteilhaft bei naßlaufenden Schleifscheiben. Die gefrästen Rädchen sind widerstandsfähiger als die aus gestanztem Material und ihre Zähne greifen in die Poren der Schleifscheiben ein und machen sie scharf und rund. Für mittlere und kleinere trockenlaufende hartgebrannte Schleifscheiben werden Werkzeuge mit gewellten Rädchen (Abb. 65) aus Sonderstahlguß benutzt. Diese Rädchen sind bis an die Nabe wellenförmig und bleiben daher bis zur äußersten Abnutzung scharf und verwendungsfähig.
Die Apparate werden mit Hilfe des Zapfens hinter der Schleifvorlage angelegt und so vor der Schleifscheibe hergeführt. Abb. 65a zeigt einen Abdrehapparat, der für trocken- und naßlaufende Schleifscheiben mittlerer Größe, und zwar auch für breite Steine zu verwenden ist. Dieser Apparat ist mit einer Staubschutzkappe versehen.
In Abb. 66 ist ein Abdrehkegelhalter mit Abdrehkegel abgebildet, der nur für den Gebrauch auf dem Support bestimmt ist.
Schließlich sei hier noch genannt das in Abb. 68 dargestellte Abdrehwerkzeug mit Siliziumkarbid-Stab zum Abdrehen von Schleifscheiben mittlerer Härte

und das einfachste Abdrehgerät, der Rutscher aus Siliziumkarbid, der in den Abmessungen von 200×50×25 mm zum Abrichten von Schleifscheiben Verwendung findet.

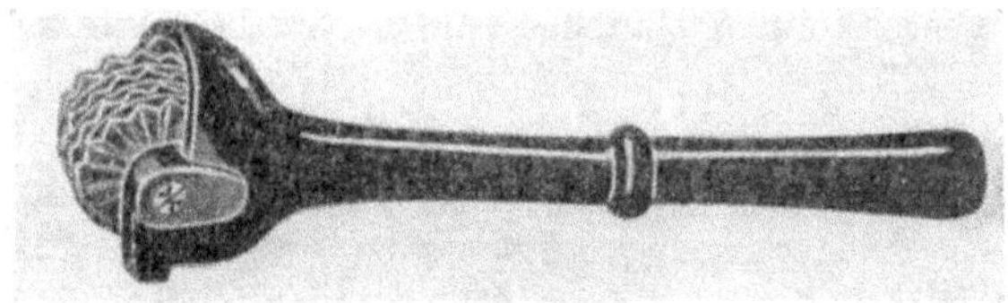

Abb. 65a. Apparat für trocken- und naßlaufende Schleifscheiben

Abb. 66. Abdrehkegelhalter mit Abdrehkegel

Abb. 67. Rutscher zum Abdrehen

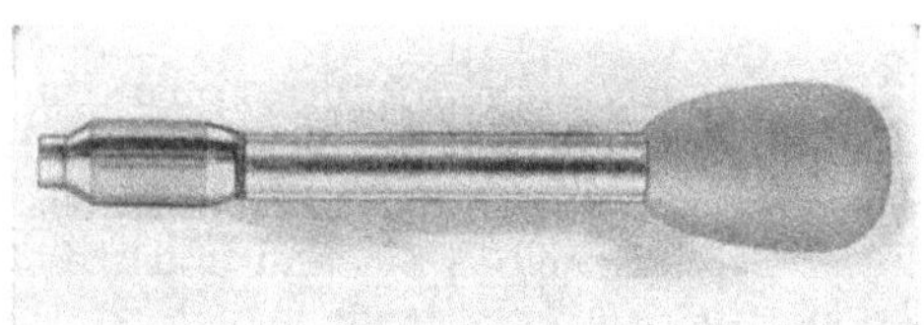

Abb. 68. Abdrehwerkzeug mit Siliziumkarbidstab

Gerät zum Abdrehen und Aufbereiten von Polierscheiben

Bis vor kurzem war das Abdrehen und Aufrauhen von Polierscheiben eine verhältnismäßige schwierige Arbeit. Man mußte sehr vorsichtig arbeiten, damit die Polierscheibe nicht beschädigt wurde und, was das Wichtigste war, man mußte sehr aufpassen, daß man sich beim Abdrehen nicht selbst verletzte. Das ist nun in neuerer Zeit anders geworden. Erfreulicherweise ist in letzter Zeit ein neues zweckmäßiges Abdrehgerät für Schwabbel- und Stoffpolierscheiben und ein Aufbereitungsgerät für Polier- und Stoffpolierscheiben auf den Markt gekommen, die als ein Fortschritt auf dem Gebiet des Abdrehens und Aufbereitens von Schwabbel-, Filz- und Stoffscheiben bezeichnet werden

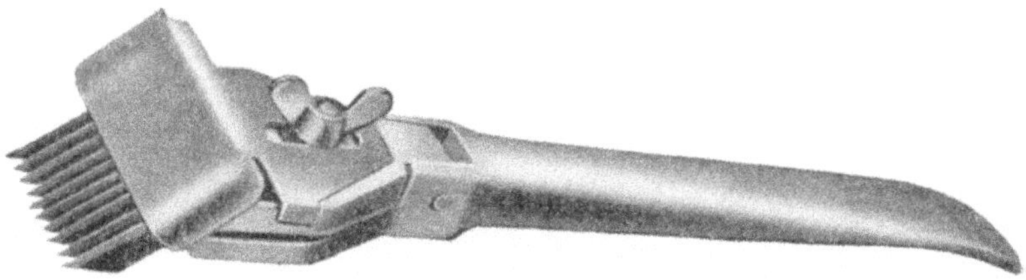

Abb. 69. Abdrehgerät für Polierscheiben

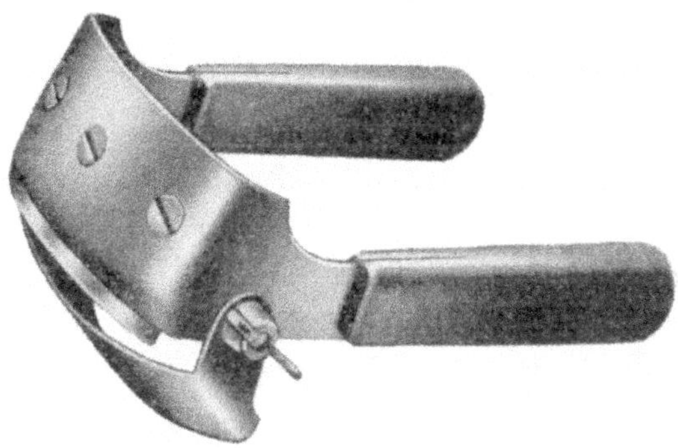

Abb. 70. Aufbereitungsgerät für Polier- und Stoffschleifscheiben

müssen. In den Abb. 69 und 70 sind die beiden patentierten Geräte dargestellt.

Die besonderen Vorteile dieser beiden Geräte liegen darin, daß sie sehr einfach zu handhaben sind, größte Schonung der Scheiben ermöglichen und vor allem Schutz gegen Unfälle und Verletzungen an Fingern und Händen bieten. Man kann sie auch gut zur Auflockerung und Reinigung harter und zugeschmierter Stellen der Polierscheiben gebrauchen. Auch ist es von größter Wichtigkeit, daß ihre Verwendung beim Abdrehen und Aufbereiten eine große Scheibenersparnis mit sich bringt, daß man also mit ihnen in jeder Beziehung wirtschaftlich arbeiten kann.

Von der großen Zahl der Verbraucher wird es sehr begrüßt werden, daß nunmehr ein Gerät zum Abdrehen auf den Markt gekommen ist, das die geschilderten Vorteile aufweist und leicht zu bedienen ist.

Verzeichnis der Zulassungen für Schleifkörper

Stand vom 1. 10. 1957*
Alphabetisches Verzeichnis der Firmen, für die Zulassungen ausgestellt wurden. (Die hinter den Firmennamen aufgeführten Zahlen geben die Zulassungsnummer an).

F. W. Beckmann, GmbH, Schmirgelwerk und Maschinenfabrik, Solingen, 123, 162.
Berg. Schleifmittelwerk Fritz Gauterin, Solingen-Wald, 86.
Ludwig Brandel, Hagen-Haspe i. W., 133.
BURKA-KOSMOS GmbH, Schleifscheiben und Präzisions-Schleifstifte, Frankfurt a. M.-West, 13, 26, 44, 76, 100, 114, 118, 152.
Butzbacher Schleifmittelwerke, Butzbach/Hessen, 212, 284, 329.
Heinr. Clasen u. Co, Schleifmittelfabrik, Hambg.-Altona, 245.
Deutsche Carborundum-Werke, GmbH, Düsseldorf-Reisholz, 75, 104, 106, 115, 142, 148, 181, 188, 251, 267, 268, 289, 346.
Deutsche Norton-Gesellschaft mbH, Wesseling, Bez. Köln, 2, 96, 178, 228, 242, 243, 272, 283, 293, 308.
Präzisions-Schleifscheibenfabrik G. Diehl KG, Enzberg/Württbg., 244, 326.
Dilumit-Werk GmbH, Düsseldorf-Mörsenbroich, 145, 291.
Diskus-Werke Frankfurt a. M. Aktiengesellschaft, Frankfurt a. M.-Fechenheim, 160, 170, 171, 179.
Eichler & Co, K-G, Neu-Isenburg b. Frankfurt a. M., 32.
Feldmühle Papier- und Zellstoffwerke Aktiengesellschaft, Werk Koholyt-Wesseling, Bez. Köln, 42, 169, 192, 197, 240, 254, 292, 297.
Ferrozell-Gesellschaft, Sachs & Co, Augsburg, 277, 342.
Fickert & Winterling, K.-G, Marktredwitz, 173, 175.
Fontaine & Co, GmbH, Frankfurt a. M.-West, 46, 48, 63, 156, 167, 273.
Efesis, Fränkische Schleifscheiben-Industrie, GmbH, Schweinfurt, 190, 222, 261, 275, 332.
Peter Fuchs, Erste Naxosschmirgelfabrik Deutschlands, Ransbach i. Westerwald, 176, 206.
Gewerkschaft Elsaß, Bochum, 93, 220.
Guilleaume-Werk, W. und Dr.-Ing. A. Guilleaume, Beuel a. Rhein, 19, 24, 99, 205, 248, 298, 299, 301, 302, 303, 339.
Dr.-Ing. Chr. Haeberle & Co, K-G, Nürnberg, 217, 218.
Hans Isler, Stuttgart-Vaihingen 344.
W. Hegenscheidt, K.-G., Erkelenz (Rhld.) 334.
Jota-Werk, Düsseldorf, 185, 307, 312.
Keramische Schleifscheibenfabrik, Carl Krebs u. Riedel, Karlshafen (Weser), 191, 193, 237, 247, 311.
Ernst Kircher, Schleifmittelwerk, Pforzheim, 203, 204, 210, 211, 315, 322.

* Die in der vorliegenden Zusammenstellung fehlenden Zulassungsnummern sind durch die allgemeine Erhöhung der zulässigen Umfangsgeschwindigkeiten — Beschluß des Deutschen Schleifscheibenausschusses, in Kraft getreten am 1. 1. 1939 — in Fortfall gekommen, oder sie sind durch andere ersetzt bzw. aufgehoben worden, oder die betreffenden Schleifkörperarten sind durch zeitbedingte Umstände nicht mehr lieferbar.

Die Schleifscheibenhärte und die Härteprüfung

Härte ist ein Begriff, der bis heute noch nicht wissenschaftlich geklärt ist. In der Tat versteht man unter dem Namen Härte heute noch die verschiedensten Eigenschaften eines Stoffes, z. B. den Widerstand gegen Ritzen oder Eindringen eines Fremdkörpers oder Abnutzung. Ein willkürlicher Grundwert dient den sogenannten Härtezahlen vielfach als Grundlage; diese Zahlen sind daher nur als technologische Vergleichsgrößen anzusehen.
Das älteste Verfahren, die Härte von zwei verschiedenen Werkstoffen zu beurteilen, besteht darin, sie gegenseitig zu ritzen, wobei man denjenigen Körper, der den anderen ritzt, als den härteren bezeichnet. Mohs (etwa 1820) prüfte auf diese Weise alle ihm bekannten Mineralien und stellte danach eine Härtetafel von Mineralien auf, von denen jedes das andere ritzt. In ihrer Reihenfolge ist diese Tafel noch richtig, sie sagt aber in quantitativer Weise nichts über die Härte (Ritzhärte) aus. Vielmehr wird durch sie nur die Reihenfolge zehn verschiedener Mineralien hinsichtlich ihres Ritzwiderstandes durch sie festgelegt. Die Mohssche Härtetafel genügt für die Schleifmittel-Industrie keineswegs, auf der obersten Stufe ist sie viel zu eng. Die Stufe 9—10 ist um ein Vielfaches größer als die von 1—9. Absolut genaue Werte haben sich weder beim Siliziumkarbid noch beim Elektrokorund festlegen lassen; besonders schwankt die Härte der verschiedenen Kunstkorunde sehr. Werte wie etwa 9,75 beim Siliziumkarbid und 9,25 beim Kunstkorund sind völlig unverbindlich, da nur geschätzt. An sich sind diese Bezeichnungen unzulässig; denn bei der Skala von Mohs kommt es doch auf das Ritzen an.

Zahlentafel 1.

Härteskala von Mohs

Talkum	Nr. 1	Quarz	Nr. 7
Gips	Nr. 2	Schmirgel	Nr. 6—8
Kalkspat	Nr. 3	Topas	Nr. 8
Flußspat	Nr. 4	Rubin	Nr. 9
Apatit	Nr. 5	Diamant	Nr. 10
Feldspat	Nr. 6		

Das sogenannte „sklerometrische Verfahren" wird heute angewendet, um die Härte quantitativ richtiger zu bestimmen, und zwar bestimmt man die Härte in der Weise, daß man die Zahl der Umdrehungen feststellt, die notwendig sind, bis eine mit gleichbleibender Geschwindigkeit um ihre Achse kreisende Diamantspitze bei ganz bestimmter Belastung 0,01 mm tief in den zu prüfenden Stoff eingedrungen ist. Jaggar hat dieses Verfahren angegeben.
Nach dem Verfahren von Rosiwal wird die Zeit gemessen, in der eine stets gleiche Menge eines bestimmten pulverförmigen Schleifmittels auf dem zu untersuchenden Körper bis zur Unwirksamkeit verrieben wird.
In der Schleifmittel-Industrie wird in den meisten Fällen bei der Härteprüfung der Schleifscheiben wie folgt vorgegangen: Der Prüfende — meist ein erfahrener Arbeiter oder Meister — bohrt mit einem Stichel, Meißel oder einem ähnlichen Schabwerkzeug die Schleifscheibe an. Es wird dabei etwas Stoff aus der Bindung ausgebrochen. Der Widerstand, den die Schleifkörner dem Aus-

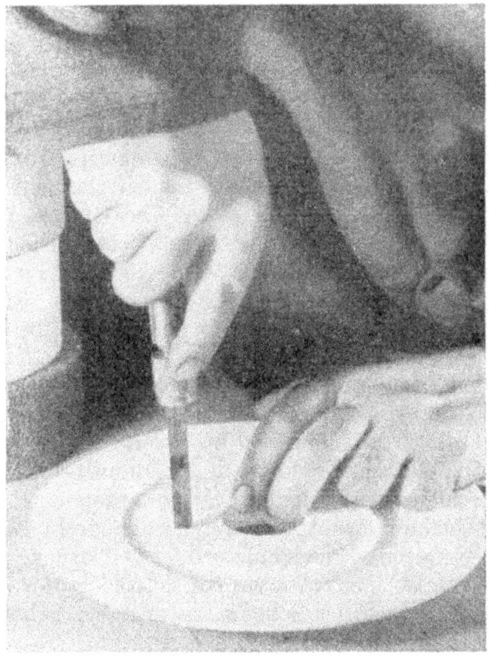

Abb. 71. Härteprüfung der Schleifscheibe

Zahlentafel 2.

Relativzahlen der Härte (Korund = 1000 gesetzt) nach Landolt-Börnstein.

	Mohs (etwa 1820	Franz (1850)	Pfaff (1884)	Auerbach (1891—1896)	Rosiwal (1892)	Jaggar (1897)
Gips	2	—	14	12	0,3	0,04
Steinsalz	2	—	20	20	2,0	—
Kalkspat	3	13,5	23	80	5,6	0,26
Flußspat	4	54	56	96	6,4	0,75
Apatit	5	235	141	197	8,0	1,23
Adular	6	392	310	210	59	25
Quarz	7	667	390	268	175	40
Topas	8	843	705	456	194	152
Korund	9	1000	1000	1000	1000	1000
Diamant	10	—	—	2170	140000	größer als 1000

brechen aus der Bindung entgegensetzen, gibt dann den Hauptausschlag und läßt den mehr oder weniger hohen Härtegrad der Schleifscheibe bestimmen. Im Interesse der Hersteller und Verbraucher wäre es zu wünschen, daß wirklich zuverlässig arbeitende Härteprüfapparate selbsttätiger Art erfunden oder die bereits bestehenden Prüfeinrichtungen so vervollkommnet und vereinfacht würden, daß eine allgemeine Einführung möglich wäre.

Der Zwang, Leistungsangaben für ihre Erzeugnisse zu machen, hat bei einer Firma zur Erfindung eines neuen Prüfverfahrens der Schleifscheiben-Härte geführt. Im Formschleifen werden bekanntlich die höchsten Anforderungen an die Scheibe gestellt, insbesondere beim Gewindeschleifen. Die in Frage kommende Firma hatte eine Gewinde-Einstechschleifmaschine auf den Markt gebracht und mußte ihren Abnehmern garantierte Leistungsangaben machen. Sie fand heraus, daß die eine Schleifscheibe eine Stundenleistung von 40 und eine andere eine solche von 15 Werkstücken zu nennen gestattete. Infolgedessen war es ihr nicht möglich, die Wirtschaftlichkeit des Gewindeschleifens in dieser Form zu beweisen. Es gelang aber der Firma durch die Erfindung eines neuen Härteprüfverfahrens, des sogenannten Einrollverfahrens, die Leistung einer Gewindeschleifscheibe im voraus zu bestimmen. Diese Härteprüfmaschine (DRP. Nr. 593089) arbeitet nach dem Einrollverfahren mittels eines umlaufenden Werkzeuges. Entgegen anderen Prüfverfahren erstreckt sie sich auf den Umfang und gestattet auch eine schaubildmäßige Wiedergabe dieser Messung. Die Prüfung kann bei breiteren Schleifscheiben an mehreren Stellen erfolgen. Die Prüfung erfolgt durch unmittelbare mechanische Beanspruchung der Schleifkörner mittels eines umlaufenden Prüfwerkzeuges. Nachdem die Schleifscheibe konzentrisch laufend abgedreht ist, wird der Prüfkörper mit einem bestimmten — gleichbleibenden — Druck gegen die umlaufende Schleifscheibe gepreßt. Ohne Abnutzung rollt er an der zu prüfenden Schleifscheibe ab. Das Eindringen des Schleifkörpers in die Schleifscheibe wird an einer Meßuhr der Härteprüfmaschine abgelesen.
Für die Bestimmung der Härte von Schleifscheiben hat sich auch die Prüfung von Werkstoffeigenschaften durch Oberflächenbehandlung mittels Sandstrahlgebläse von besonderem Nutzen erwiesen. Der Zeiss-Härteprüfer nach Mackensen wird in seiner Wirkung grundsätzlich dadurch gekennzeichnet, daß Blas- und Meßvorgang selbsttätig ablaufen. Eine ausführliche Beschreibung der Maschine kann hier wegen Raummangel nicht stattfinden. Es sei nur gesagt, daß durch Ziehen eines Hebels die Vorgänge ausgelöst werden und daß am Ende, nachdem der Hebel bis zu einem festen Anschlag zurückgedrängt worden ist, die Tiefe des eingeblasenen Loches auf den Prüfling an einer Meßuhr auf 0,01 mm genau abgelesen werden kann. (DRP. Nr. 446739).
Ein weiteres Prüfgerät ist der Ritzhärteprüfer, ein Gerät, das schon ziemlich mechanisiert ist. Ein Stahlstift von 1,8 mm Breite wird mittels eines von einer Handkurbel gezogenen Schlittens über die im Apparat festgespannte Schneide gezogen, und zwar ist der Schlitten so eingestellt, daß der Stahlstift in etwa 2 mm Tiefe durch die Schleifscheibe gezogen wird. Die Spannung einer zwischen Antrieb und Schlitten eingeschalteten Feder wird gemessen und dadurch ein Maß für die Schleifscheibenhärte erzielt. Um zu vermeiden, daß der Stahlstift nach der Lösung eines Schleifkornes durch die weichere Bindung bis zum nächsten Schleifkorn vorschnellt, ist noch eine Bremsvorrichtung eingeschaltet.
Ein Bohrapparat zur Härteprüfung ist unter DRP. Nr. 413471 geschützt. Bei diesem Apparat besteht der Bohrkopf aus drei gehärteten Stahlkugeln. Er wird unter Druck auf die Schleifscheibe aufgesetzt und in Umdrehungen versetzt, so daß die Kugeln eine Vertiefung in die Schleifscheibe mahlen. Sobald eine bestimmte Lochtiefe erreicht wird, stellt der Apparat selbsttätig ab. Die Zahl der Umdrehungen, die zur Erreichung dieser Tiefe notwendig ist, gibt einen

Anhalt, die Härte der Scheibe zu schätzen. Anpressungsdruck und Umdrehungszahl können reguliert werden. Die Stahlkugeln schleifen sich bei seiner Anwendung allerdings so stark ab, daß dadurch die Prüfergebnisse sich von einem zum anderen Versuch verändern.

Einen Prüfapparat, dessen Handhabung verhältnismäßg einfach ist, besitzen wir in dem „Sklerofix". Es handelt sich hier ebenfalls um ein Vergleichsverfahren zur Härtebestimmung von Schleifscheiben. Der Apparat besteht aus Schlagwerkzeug, Prüfnadeln und Prüfblechen und der Meßuhr. Die Wirkungsweise dieses Apparates beruht darauf, daß eine Prüfnadel mittels eines Schlagwerkzeuges senkrecht in die zu prüfende Schleifscheibe eingetrieben und das aufgelegte Prüfblech durchlocht wird, das dann als Lehre dient.

Abb. 72. Fuchs-Posch-Härteprüfer

Leider ist die wichtige Frage der Härteprüfung der Schleifscheiben noch nicht zur Zufriedenheit gelöst worden. Man wird daher jede Verbesserung auf diesem Gebiet durchaus begrüßen können. Es ist nun ein neues Prüfgerät auf den Markt gekommen, daß einen Fortschritt darstellt, und zwar der Fuchs-Posch-Komparator zur Duchführung von Härte und Verschleißprüfungen verschiedener Werkstoffe, insbesondere aber von Schleifscheiben.

Bei dem neuen Verfahren handelt es sich um eine zerstörungsfreie Untersuchung, weil dieses Prüfverfahren darin besteht, daß die zu untersuchende Schleifscheibe von einem rotierenden und rasch auf- und abgehenden Stichel bearbeitet wird, wodurch kleine Teilchen aus der Scheibe ausbrechen. Die Anzahl der Hübe, welche notwendig sind um eine bestimmte Eindringtiefe zu erreichen, wird ausgewertet. Die Eindringtiefe ist einstellbar; sie wird je nach Verschleißfestigkeit im Bereich von 1 bis 3 mm gewählt. Abb. 72 zeigt den neuen Prüfapparat. Seine Anwendung geht so vor sich, daß man das Gerät, nachdem mit Hilfe der Skalen-Scheibe „a" die Eindringtiefe einstellt und durch Druck auf den Hebel „b" das im Fenster „c" sichtbare Hubzählerwerk auf Null gestellt wurde, senkrecht auf die zu prüfende Scheibe aufsetzt und so fest andrückt. Sobald die eingestellte Eindringtiefe erreicht wird, schaltet sich das Gerät selbst aus. Sodann liest man die Hubzahl ab. Mit Hilfe des abgelesenen Hubzahlwertes wird hier auf der Eichtabelle sofort die Härte nach Norton- oder einem anderen System entnommen. Das dieses Gerät als Handgerät ausgebildet worden ist, ist ein Vorzug, denn dadurch werden Untersuchungen an jeder Stelle und in jeder Richtung ermöglicht. Z. B. können Schleifscheiben auch in montiertem Zustand, d. h. in der Schleifmaschine eingespannt und untersucht werden. Das Zusammenwirken von Schlag und Drehung im Augenblick des Aufsetzens des Stichels auf den zu untersuchenden Werkstoff hat zur Folge, daß nicht nur Schleifscheiben in keramischer Bindung und gebrannte Baustoffe, also spröde Stoffe, sondern auch Stoffe mit zäher

Bindung, wie Bakelite, gebundene extraharte Schleifscheiben, Schleifscheiben mit sehr feinem Korn untersucht werden können.
Der Meßbereich dieses neuen Gerätes geht für Schleifscheiben über den gesamten Bereich der Norton-Härteskala, bei Körnung Nr. 12 beginnend bis „kornlos". Die Prüfung geht durch die hohe Frequenz des Stichels sehr rasch vonstatten und erfordert nur Sekunden. Man braucht z. B. für die Untersuchung einer Schleifscheibe in Härte „K" (nach Norton) an einer Meßstelle etwa 15 Sekunden.
Das Gerät hat eine Länge von 600 mm und der Durchmesser ist 170 mm, sein Gewicht beläuft sich auf 15,8 kg. Man kann den Apparat als Handgerät oder in Verbindung mit einem Sonderstativ benutzen.

Die Verwendung der Stahlwolle

Die Stahlwolle als Schleifmittel in der Beiz- und Polierwerkstatt ist noch nicht so bekannt, wie es eigentlich wünschenswert wäre, oder es werden bei ihrer Anwendung nicht alle gebotenen Möglichkeiten ausgenutzt. Man beachte, daß die Stahlwolle niemals auf rohem Holz verwendet werden darf, da beim Schleifen roher Hölzer es auch bei bester Stahlwolle sehr leicht möglich sein kann, daß sich kleine Stahlteilchen in den Poren und Rißchen des Holzes festsetzen. Man kann sie sehr schwer wieder herausbringen, und es gibt daher dauernde Störung in der Bearbeitung.
Mit der Stahlwolle kann man infolge der ziehklingenartigen Wirkung der Faser im Gegensatz zu den sehr feinen Schleifpapieren und Schleifleinen, die infolge ihres körnigen Belages stets nur einen mattglänzenden Schliff erzeugen, politurähnlich geglättete Oberflächen hervorbringen. Die Stahlwolle verstopft sich dank ihrer lockeren Beschaffenheit nicht mit Späneteilchen, weil diese durch den Wollebausch hindurchrieseln und sich durch leichtes Ausklopfen gut entfernen lassen.
Für die Verwendung der Stahlwolle ist folgendes zu beachten: Das Paket wird in der Längsrichtung aufgeschnitten und dann der Anfang des Wollestranges gesucht und sorgfältig freigelegt. Nun schneidet man mit einer Schere einen beliebig langen Strang von dem Ballen ab und formt davon, ohne die Wolle zu verdrehen oder zu kräuseln, durch Wickeln um die Hand oder um einen Schleifklotz, einen Bausch. Mit diesem Bausch wird dann so gearbeitet, daß die Fasern stets quer zur Bewegungsrichtung liegen. — Beim Herausnehmen der Stahlwolle aus dem Paket vermeide man jedes Zerren und Reißen, weil dadurch die parallele Lage der einzelnen Wollefasern gestört und infolgedessen das zu glättende bzw. zu polierende Werkstück nicht glatte saubere Bearbeitungsflächen, sondern leicht Riefen und Kratzer erhält. (Siehe Abb. 10). Ein richtig gelegter und richtig geführter Stahlwollebausch kann sehr weit ausgenützt werden, und wenn er während der Arbeit auf einer Seite stumpf geworden ist, so kann man ihn ausklopfen und so lange umwickeln, bis er ganz unbrauchbar geworden ist. Den verbleibenden Stahlwollerest kann man immer wieder als Verstärkungseinlage für einen neuen Bausch benutzen und hierdurch an Stahlwolle sparen. Am zweckmäßigsten benutzt man beim Bearbeiten von ebenen Flächen einen etwas keglig gehaltenen Schleifklotz, um den

die Stahlwolle genau wie um die Hand gewickelt und an dessen Kante sich die Wolle mit den Fingern gut halten läßt. Es ist jedoch zu beachten, daß die Schleiffläche mindestens etwa 1—1,5 cm dick mit Stahlwolle bedeckt ist.
In der Holzbearbeitung wird die Stahlwolle als das beste Schleifmittel für alle mit Nadelholzbeizen gebeizten Hölzer bezeichnet. Man benutzt sie zum Schleifen und Polieren in Industrie und Handwerk, in Möbel-, Tisch- und Stuhlfabriken, Stock- und Schirmfabriken, Automobil-, Automobil-Räder-, Karosserie-, Fahrräder- und Waggonfabriken, Klavier-, Holzwaren- und Spielwarenfabriken, Schiffs- und Bootswerften sowie in den Schreiner- und Malerwerkstätten.
Das Entfernen von alten Lack-, Öl-, Politur oder Mattierungsüberzügen kann man vorteilhaft mit den groben Nummern der Stahlwolle vornehmen. Man arbeitet dabei zweckmäßig mit den entsprechenden Lösungsmitteln, was den Vorzug hat, keine Verfärbungen wie bei den sonst üblichen Abbeizmitteln zu hinterlassen; auch kann man gleich nach dem Verdunsten der Lösungsmittel mit der neuen Oberflächenarbeit beginnen. Ferner eignet sich die Stahlwolle je nach den Feinheitsgraden zum Schleifen von Vorstrichen bei deckend zu streichenden Überzügen, als Trockenschliff bei Lacküberzügen bis zum feinsten Schleifen der Lackflächen zur Ausführung von Seidenmattpolituren.

Die Abziehsteine (Ölsteine) als Schärfwerkzeuge

In der Holzbearbeitung ist die Frage der Instandhaltung der Werkzeuge eine besonders wichtige. Wie kein anderer Arbeiter muß der Holzarbeiter darauf sehen, daß er die beste Art von Werkzeugen erhält und daß er sich zum Schärfen seiner Werkzeuge der besten Schleifmittel bedient, die es gibt.
Früher war es so, daß der Holzarbeiter sein Werkzeug auf dem langsam schärfenden Naturstein schliff. Dieser Stein hatte damals nur eine Körnung, und so kam es vor, daß entweder der Stein zu fein war, um eine schnellschneidende Schneide zu geben, oder aber zu grob, um den benötigten Feinschliff zu erzielen.
Die Natursteine sind mehr oder weniger durch die künstlich hergestellten Abziehsteine ersetzt. Es gibt heute z. B. Abziehsteine, die für die in Frage kommende Arbeit in jeder Beziehung hervorragend geeignet sind.
So ist z. B. der sogenannte Kombinationsstein für das Schärfen von Werkzeugen allgemein in Benutzung, weil er dem Holzarbeiter die Vorteile zweier einzelner Steine in verschiedenen Körnungen bietet.
Das Schärfen der in der Holzbearbeitung verwendeten Werkzeuge ist heute keine schwierige Arbeit mehr, wenn darauf gesehen wird, daß der Arbeiter das richtige Schleifverfahren anwendet und den geeigneten Abziehstein verwendet.
Die nachstehenden Ausführungen sollen sich nun mit den zweckmäßigsten Verfahren zum Schärfen der verschiedenen in der Holzbearbeitung verwendeten Werkzeuge befassen.
Um die besten Ergebnisse im Schleifen und Schärfen von Werkzeugen zu erzielen, ist es nötig, sich einige Kenntnisse über gewisse Eigenschaften des Abziehsteins und seiner Wirksamkeit auf Stahl anzueignen. Man muß beachten,

daß, wenn man einen Abziehstein, der schnell und gut schneiden soll, aussucht, die Feinheit oder die Grobheit des Schleifkorns nicht allein der ausschlaggebende Faktor sind. Alle groben Steine sind nicht unbedingt schnellschneidend, denn schließlich ist die Schärfe des Korns maßgebend.

Man muß stets Öl gebrauchen, um zu verhindern, daß Stahl- und Schmutzteilchen die Poren des Steines füllen, denn ein verstopfter Stein kann nicht

Abb. 73. Natürliche Abziehsteine und andere Schleifkörper in verschiedenen Formen

schneiden. Einen Stein, der sich mit fremden Substanzen zugesetzt hat, kann man wieder arbeitsfähig machen, indem man ihn in einem Ofen oder über einem Feuer erhitzt. Dabei ist es erforderlich, den Stein in ein Gefäß zu legen, denn eine erstaunlich große Menge Öl und Schmutz wird herauskommen, selbst wenn er vorher fast trocken erschien. Hierauf wird der Stein, während er noch heiß ist, trocken gerieben. Der Abziehstein schneidet nun wieder wie ein neuer, und wenn man eine genügende Menge Öl benutzt, so kann man ihn auch lange arbeitsfähig erhalten.

In nachstehendem sollen nun eine Anzahl Abziehsteine näher beschrieben werden.

Durch erhöhte Arbeitsleistung trägt ein guter Abziehstein, der auch Ölstein genannt wird, zur Erhöhung der Wirtschaftlichkeit eines jeden Holzbearbeitungsbetriebes bei.

Außer den Natursteinen werden die künstlich hergestellten Abziehsteine heute in großem Umfange verwendet. Die hergestellten Schleifrohstoffe Siliziumkarbid (SiC) und Elektrokorund (Al_2O_3) dienen zu ihrer Herstellung. Diese

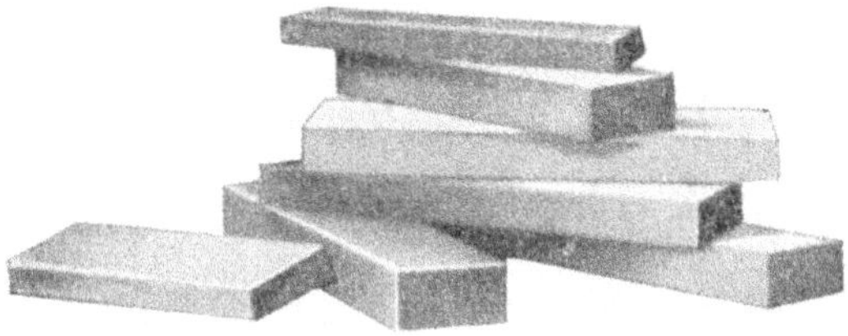

Abb. 74. Abziehsteine (Ölsteine)

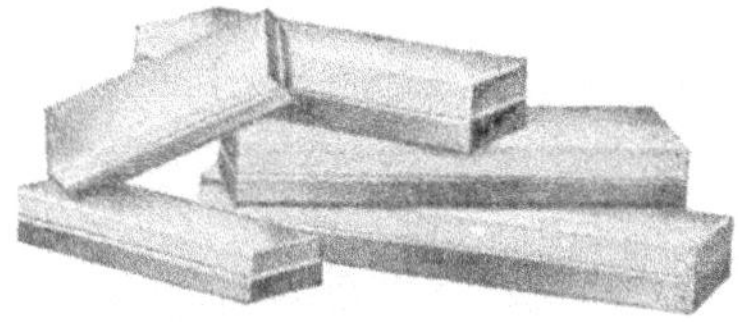

Abb. 75. Kombinationssteine

Abb. 76. Abziehstein, besonders hart und feinkörnig für Werkzeuge

Abb. 77. Abziehsteine in Messerklingenform und mit abgerundeten Kanten

Abb. 78. Hohlmeißelsteine mit abgerundeter Kante

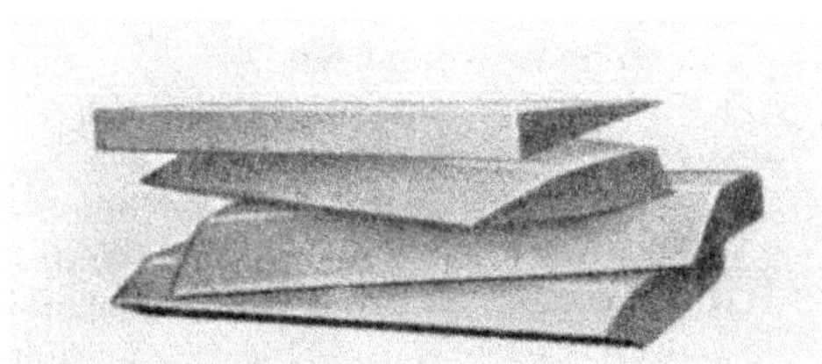

Abb. 79. Fassonabziehsteine für Holzbildhauer

Abb. 80. Axtsteine

Abb. 81. Vielformstein

Schleifstoffe werden in Körner- oder Pulverform mit dem Bindemittel (Ton, Kaolin, Feldspat) gemischt und in Formen gepreßt. Diese so entstandenen Abziehsteine werden dann im Brennofen bei Weißgluthitze gebrannt. Die Brenndauer beträgt etwa 5—6 Tage. Nach dem Entladen des Ofens werden die Steine auf das verlangte Maß geschliffen und sodann dem Verbraucher zugeführt.
Der zur Anfertigung der Abziehsteine verwendete Rohstoff ist außerordentlich hart; die Steine sind daher von großer Abzugsfähigkeit, und das Herstellungsverfahren, das man als keramisches Verfahren bezeichnet, gestattet, daß die Steine in jeder gewünschten Härte und Körnung erzeugt werden können. Die im Bilde gezeigten Abziehsteine werden meistens in drei Körnungen hergestellt: grob, mittel, fein. Man kann sehr leicht und schnell auf dem groben Stein eine angebrochene Schneide beischleifen, auf dem mittleren Stein verfeinern und auf dem feinen Stein polieren. Die dem Arkansasstein (Naturstein) eigentümliche große Feinheit und Geschmeidigkeit im Schliff kann man bei den künstlich hergestellten Abziehsteinen durch Verwendung von Wachs oder Vaseline erreichen.
Ein Abziehstein kann nur als gut bezeichnet werden, wenn er die folgenden Anforderungen erfüllt.

1. Zur Erzielung eines schnellen und sauberen Schliffs muß der Abziehstein eine starke Schleifkraft besitzen.
2. Die Körnung muß so ausgewählt werden, daß der erforderliche Schliff erzielt werden kann.
3. Der Stein muß hart sein, um eine höchstmögliche Lebensdauer zu verbürgen, besonders soll er bei Profilsteinen mit scharfer Schneide die Kanten und Schneide halten.
4. Er muß ein gleichmäßiges Gefüge besitzen, um mit ihm einen genauen Schliff zu ermöglichen.
5. Er muß porös sein und die Feuchtigkeit aufsaugen.
6. Er muß eine zweckentsprechende Form haben.

Hinsichtlich der Form des Abziehsteines sei gesagt, daß am meisten die rechteckigen Banksteine benutzt werden, wie z. B. für alle Schneidwerkzeuge, Hobeleisen, Stechbeitel, Stichel, Maschinenmesser usw.
Wie schon der Name sagt, findet der Abziehstein Verwendung zum Abziehen, d. h. Nachschleifen und Verfeinern schon vorgeschliffener oder stumpf gewordener Schneiden. Das Abziehen besteht darin, daß man die abzuziehende Klinge unter einen Neigungswinkel von etwa 40 Grad in einer kreisenden Bewegung unter Anwendung eines gewissen Druckes und unter Verwendung von Öl oder Petroleum auf dem feststehenden Stein herumführt, wobei die Schneide nach vorn zu liegen kommt. Für diese Abzieharbeit wird der sogenannte Bankstein verwendet.

Schleifpapier und Schleifleinen und die verschiedenen Formen ihrer Verwendung

Es ist noch verhältnismäßig wenig bekannt, daß Schleifpapier und Schleifleinen in ihren verschiedenartigen Formen heute in der Herstellung einer großen Anzahl Industrie- und Handwerks-Erzeugnisse eine bedeutende Rolle spielen. Die meisten Erzeugnisse werden heute in der einen oder anderen Weise mit Schleifpapier oder Schleifleinen bearbeitet, der Kraftwagen ebensogut wie die Möbel, der Filzhut oder die Schuhe. Die Güte des Fertigerzeugnisses wird mehr oder weniger von den zur Verwendung gelangenden Schleifmitteln beeinflußt. Es braucht daher nicht besonders betont zu werden, daß die Frage der Auswahl der für einen bestimmten Zweck bestgeeigneten Schleifmittel in vielen Industriezweigen und Handwerksberufen außerordentlich wichtig ist und daß die dieser Frage gewidmete Zeit und Aufmerksamkeit sich zweifelsohne durch eine bessere und wirtschaftlichere Arbeit unbedingt bezahlt machen. Um die Leistung des Arbeiters und der Maschinen in der Holzbearbeitung zu erhöhen, um eine ununterbrochene Arbeit zu gewährleisten, einen besseren Schliff zu erzielen und die Kosten des Erzeugungsganges durch bessere Ausnutzung der verwendeten Schleifmittel herabzudrücken, muß sich der einzelne Verbraucher vor Augen führen, wie wichtig es ist, die großen Güteunterschiede, die in Schleifpapier und Schleifleinen bestehen, zu beachten und für den einzelnen Verbrauchszweck das am besten geeignete Schleifmittel auszuwählen. Das setzt aber voraus, daß der Verbraucher sich über die Herstellung des Schleifpapiers und Schleifleinens und der dabei benutzten Schleifrohstoffe in etwa unterrichtet. Es dürfte deshalb zweckmäßig sein, auf das Herstellungsverfahren und die Rohstoffe näher einzugehen. Es sind drei Gruppen: Schleifrohstoffe, Unterlagen und Klebestoff.

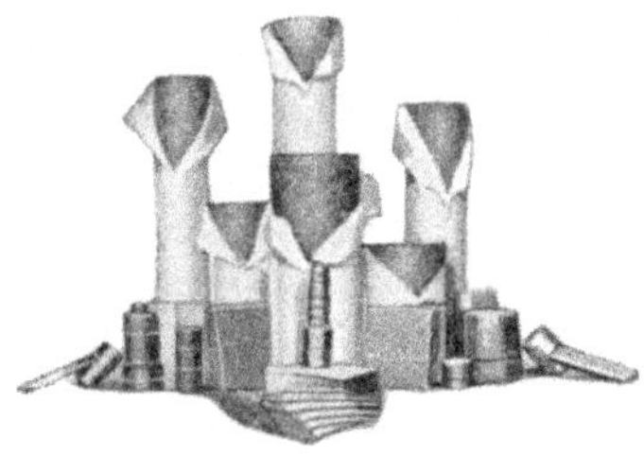

Abb. 82. Schleifpapier und Schleifleinen

Die Schleifrohstoffe sind wie bereits in den früheren Abschnitten dieses Buches ausführlich dargelegt, entweder natürlichen Ursprungs oder künstlich hergestellt, und zwar im elektrischen Ofen bei sehr hoher Temperatur. Infolge ihrer größeren Reinheit, regelmäßiger Beschaffenheit, Härte und Zähigkeit haben die hergestellten Schleifrohstoffe die natürlichen mehr oder weniger verdrängt. Flint, Granat und Schmirgel sind die hauptsächlichsten Naturstoffe, die zur Herstellung von Schleifpapier und Schleifleinen Verwendung finden. Hergestellte Schleifrohstoffe gibt es vorläufig nur zwei: das Siliziumkarbid und der Elektrokorund. Das Borkarbid kommt seines sehr hohen Preises wegen als allgemeiner Schleifrohstoff vorerst nicht in Frage.

Bestimmend für die Feinheit einer geschliffenen Oberfläche ist in erster Linie die Größe, Form und Beschaffenheit des Schleifkorns, hinzukommt die Geschwindigkeit des Schleifmittels und des Werkstückes. Auch die Art des Schleifkornträgers spielt eine Rolle. Soll durch eine große Spanabnahme die Rauheit der Oberfläche beseitigt werden, so spricht man von Schleifen. Um Schönschliff, auch Putzen genannt, handelt es sich, wenn es gilt, die schon glatte Oberfläche bei nur geringer Stoffabnahme weiter zu verfeinern und damit zu veredeln. Das Schleifen teilt man in Schrubben und Schlichten ein; das Putzen zerfällt in Vorputzen und Nachputzen. Beim Schleifen finden Teller- und Trommel-Schleifmaschinen und gegebenenfalls auch Bandschleifmaschinen

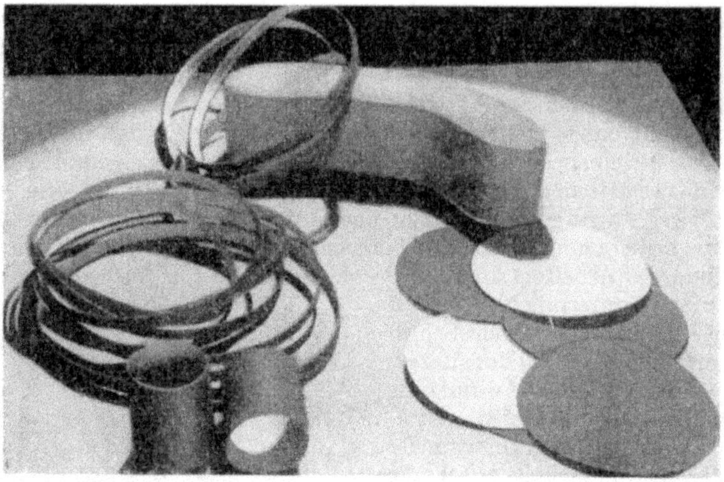

Abb. 83. Verschiedene Formen der Schleifmittel aus Schleifpapier und Schleifleinen zur Holzbearbeitung

Abb. 84. Schleif-„Ärmel" aus Elektrokorund-Schleifpapier für die Holzbearbeitung

Verwendung, während das Vorputzen auf der schnellaufenden Bandschleifmaschine vorgenommen wird und das Nachputzen mit der Weichscheibe stattfindet.

Bei dem Schleifmittel spielt die Form des Schleifkorns eine wichtige Rolle. Es hat sich herausgestellt, daß beim maschinellen Schleifen ein kräftiges Korn mit rauher Oberfläche und scharfen Kanten am besten geeignet ist. In der zeitgemäßen Holzbearbeitung kommt daher in erster Linie zum Schleifen von Hartholz Granat und Elektrokorund in Betracht. In der Praxis findet man auch noch das sogenannte Rotschleifpapier, das mit einem Belag aus Flint versehen ist. Näheres über diese drei Schleifrohstoffe findet sich auf den Seiten 3, 6, 11.

In der nachfolgenden Zusammenstellung, die auf Grund der Härteskala von Mohs (s. Seite 87), in der bekanntlich der Diamant als der härteste Stoff die Nr. 10 erhält, ist die relative Härte der in erster Linie in der Holzbearbeitung zur Verwendung gelangenden Schleifrohstoffe angegeben:

Flint	6,8 —7,0
Granat	7,5 —8,0
Schmirgel	7,0 —9,0
Elektrokorund etwa	9,25
Siliziumkarbid etwa	9,75.

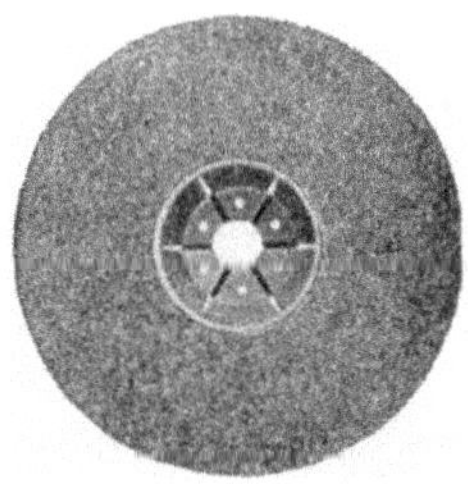

Abb. 85. Schmiegsame Schleifleinenscheibe

Man ersieht schon hieraus, daß die natürlichen Schleifmittel Flint, Granat und Schmirgel eine veränderliche Härte aufweisen, die hergestellten Schleifmittel dagegen, was die Härtegrade anbetrifft, gleichbleibend sind, da alle Bedingungen während der Erzeugung genauest geprüft und eingehalten werden können. Das bei der Anfertigung des Schleifpapiers und Schleifleinens benötigte Material muß neben der Härte, welche ein Eindringen in den zu bearbeitenden Gegenstand ermöglicht, noch eine gewisse Zähigkeit besitzen, damit es der Abnutzung widersteht. Daß nach der Zerkleinerung die Form derart sein muß, daß die bestmöglichsten Schleifergebnisse erreicht werden, ist bereits gesagt worden. Um dieses Ziel zu erreichen, ist es deshalb erforderlich und besonders bei hochwertigen Schleifmitteln notwendig, daß die Schleifrohstoffe in bezug auf Zähigkeit und Form vorbehandelt werden.

Für Feinstbearbeitung kommen hauptsächlich die mittleren bis feinen Körnungsnummern in Betracht. Man hat allerdings durch Versuche festgestellt, daß auch mit gröberem Korn eine glatte Oberfläche erzielt wird, wenn nur die Schleifgeschwindigkeit entsprechend groß gehalten wird. Von Wichtigkeit ist ferner auch die Bestreuungsdichte, über die noch eine ausführliche Behandlung folgen wird.

Die Schleifmittelträger

Als Schleifmittelträger kommen in der Holzindustrie hauptsächlich Papier, Nessel, Baumwollköper in Frage. Wenn wir mit den Papierunterlagen beginnen, so muß gesagt werden, daß das stärkste und zäheste Papier, das in der

Herstellung aller für Maschinenarbeit bestimmter Schleiferzeugnisse verwendet wird, Manila-Hanftau ist. Der zur Verarbeitung kommende Stoff wird zerrieben, gereinigt, gekocht, sodann auf die gewünschte Feinheit in Holländern bearbeitet, in denen die lange Faser gewaschen, geschnitten, zermalmt und durch massive eiserne Walzen in Bewegung gehalten wird. Die winzigen, stark mit Wasser verdünnten Faserteilchen fließen auf der Papiermaschine gegen ein feines Sieb, auf dessen Oberfläche sie in der Form einer sehr nassen Papiermasse festgehalten werden, während das Wasser durchfließt. Mit Hilfe eines Filztransportbandes wird die Masse dann vom Sieb entfernt, zwischen schwere Walzen gepreßt (um einen Teil des Wassers zu entfernen) und hierauf auf Walzen getrocknet, die durch Dampf erhitzt werden. Sodann läuft das Papier durch Glättungswalzen und wird zu großen Papierrollen aufgerollt.
Das Schleifpapier wird mit verschiedenen Papierunterlagen hergestellt, und zwar je nachdem ob es für schwere Beanspruchung auf schnellaufenden Zylinder- und Bandschleifmaschinen oder für Handarbeit bestimmt ist, welche Schmiegsamkeit und einen dünneren Stoff erfordert. In der Regel finden vier verschiedene Papierstärken Verwendung, die mit A—E bezeichnet werden sollen:

Stärke A etwa 20 kg je Ries	Stärke C etwa 35 kg je Ries
Stärke D etwa 50 kg je Ries	Stärke E etwa 65 kg je Ries

Maßgebend sind diese Gewichte für die Bogengröße von etwa 60 × 90 cm ohne Schleifbelag. Man benutzt die Stärke A bei Fertigschliffpapieren als die dünnste Unterlage für wasserfeste Schleifpapiere; die Stärke C und D bei Kabinett- und wasserfesten Papieren, die Stärke E als Rollenpapier in sämtlichen Körnungen für Zylinder-, Band-, Scheiben- und Spindel-Schleifmaschinen.
Es braucht nicht besonders betont zu werden, daß die maschinelle Verwendung große Ansprüche an das Papier hinsichtlich seiner Stärke und Adhäsionsvermögen der Faser stellt. Auch muß das Papier glatte Kanten haben, damit es in der Form von endlosen Bändern und Walzenbelägen Verwendung finden kann. Die groben Körnungen müssen außerdem schmiegsam genug sein, damit sie auf den Walzen festliegen, ohne daß ein Kornverlust oder ein Schälen entsteht. Der Schleifbelag muß derart ausgewuchtet sein, daß er scharf und frei schneidet und selbst bei schwerer Arbeit kein Schleifkorn verlorengeht.
Außer der Papierunterlage gibt es noch eine sogenannte Kombinationsunterlage, und zwar bedeutet dies eine Unterlage, die aus einem dünnen aber starken leinenschichtverstärkten Papier besteht. Kombination ist fester und stärker als Papier und Leinen. Hauptsächlich wird es in Ausglasrollen und zum Absatzschleifen in der Schuhindustrie verwendet.
Was nun die Unterlagen für Schleifleinen anbetrifft, so ist es verständlich, daß für die verschiedenen Arbeitsverhältnisse, unter denen Schleifleinen benutzt wird, auch verschiedene Leinenstärken zur Verfügung stehen müssen und auch in Hinsicht auf die Biegsamkeit verschiedene Sorten erforderlich sind.
Um eine vollkommene Oberfläche zum Auftragen des Schleifbelages herzustellen, müssen die Leinenunterlagen einer besonderen Bearbeitung unterzogen werden. Das Rohleinen muß während dieses Arbeitsvorganges eingehen, und es wird appretiert, damit die Fadenzwischenräume gefüllt und die Festigkeitseigenschaften verbessert werden. Auch wird es unter Spannung getrocknet, damit es nach der Verarbeitung keinen Formveränderungen mehr unterworfen

ist. Bei dieser Vorbehandlung des Leinens muß auch für Biegsamkeit und Stärke gesorgt werden, damit das Fertigerzeugnis auf der Bandschleifmaschine auch der größten Beanspruchung ohne erhebliche Veränderungen standhält. Die weitere Stärke J ist leicht, stark und biegsam und kommt zur Verwendung auf gewölbten Flächen und für Handarbeit. Dieses Material wird in offener Streuung außerordentlich biegsam gemacht, damit es für stark gewölbte Flächen und Ecken verwendet werden kann. Das normalerweise für flache Gegenstände benutzte Leinen besitzt die Stärke X. Die Stärke H verfügt über die nötige Stärke für die größte Beanspruchung, wie sie z. B. zum Schleifen von Stuhlbeinen und Handgriffen erforderlich ist.

Für die betriebsmäßige Prüfung der verschiedenen Schleifpapiere gibt es verschiedene einfache Vorrichtungen:

Ein Holzklotz wird mit einem den Verhältnissen der Praxis entsprechenden Druck gegen eine Schleifwalze oder ein umlaufendes Schleifband gepreßt. Der Gewichtsverlust der Hölzer wird in regelmäßigen Zeitabständen festgestellt und gibt unter Berücksichtigung des Raumgewichtes und des augenblicklichen Feuchtigkeitsgehaltes Aufschluß über die Zerspanungsleistung und (wenn die Versuchszeit genügend lang ist) über die Dauerhaftigkeit der zur Verwendung gelangenden Schleifmittel. Durch Versuche ist festgestellt worden, daß Elektrokorund-Schleifpapier länger scharf bleibt als Granat-Schleifpapier.

Was nun die Klebstoffe anbetrifft, so muß gesagt werden, daß der bei Trockenschleifstoffen verwendete Hautleim ein äußerst komplizierter, organischer Stoff ist. Leider gehört der Leim zu denjenigen Stoffen, die leicht verderben können. Für seine Verarbeitung sind nur die zeitgemäßen peinlichst reingehaltenen Maschinen als geeignet anzusehen. Der Leim kann nämlich vor, während oder nach seiner Verarbeitung durch eine durch Bakterien hervorgerufene Zersetzung unbrauchbar werden. Nun könnte allerdings die Frage gestellt werden, warum denn in der Herstellung hochwertiger Schleifpapiere und Schleifleinen ein so empfindlicher Stoff, wie es der Hautleim darstellt, verwendet wird. Hierauf muß gesagt werden, daß dieser Leim das zäheste und stärkste Bindemittel darstellt. Wird er auf eine Glasplatte ausgebreitet, so ist seine Zusammenziehbarkeitskraft genügend groß, um beim Trocknen das Glas zu sprengen.

Hinsichtlich der wasserfesten Bindemittel muß gesagt werden, daß das beim wasserfesten Schleifpapier verwendete Bindemittel nach einem patentierten Verfahren hergestellt und verarbeitet wird. Es stellt eine ausgezeichnete Verbindung zwischen Schleifkorn und Unterlage her und ist durchaus wasserfest.

Wenn nun seitens der Hersteller die Güte der Schleifrohstoffe gesichert ist (die deutsche Schleifrohstoff-Industrie ist heute erfreulicherweise in der Lage, die benötigten hochwertigen Schleifrohstoffe zu erzeugen), so sind sie doch weiterhin gezwungen, nun Normaltypen für das Enderzeugnis aufzustellen, die einer ständigen Gütekontrolle unterliegen. Es ist verständlich, daß die einmal aufgestellten Normaltypen nicht unverändert bleiben, denn unter Berücksichtigung der in den Versuchslaboratorien und in der Praxis durch Versuche erzielten Ergebnisse wird die Güte des Schleifpapiers und Schleifleinens ständig weiter verbessert. Nur bei einer außerordentlich scharfen Überwachung nicht allein der Schleifrohstoffe und der sonstigen für die Herstellung benutzten Stoffe, sondern auch des Herstellungsganges selbst ist es möglich, ein Erzeugnis herzustellen, das größten Anforderungen voll entspricht.

Was nun das Herstellungsverfahren von Schleifpapier und Schleifleinen anbetrifft, so muß gesagt werden, daß man Schleifpapier während vieler Jahre in der Weise hergestellt hat, daß das Schleifkorn auf die bereits mit einer Leimschicht versehene Unterlage aufgetragen und hierbei unter Anwendung von Druck in den Leim hineingewalzt wurde. Im Laufe der Zeit ging man aber meistens dazu über, das Schleifkorn fein verteilt auf die Unterlage fallen zu lassen, ohne es in das Bindemittel hineinzuwalzen, und zwar geschieht dieses verbesserte Herstellungsverfahren des Auftragens des Schleifkorns mittels selbsttätiger Sondermaschinen. Man rollt das Schleifpapier oder auch Schleifleinen von einer großen Rolle ab, versieht es mit einer Schicht hochwertigen Leims, um dann aus einer besonderen Vorrichtung das fein verteilte Schleifkorn oder Schleifpulver aufzugeben. Eine zweite Leimschicht verbindet die Schleifkörner untereinander, wonach das noch feuchte Material durch die sich selbsttätig fortbewegte Trocknungsanlage befördert und nach dem Trocknen in große Rollen aufgewickelt wird. Bevor diese Rollen auf die gewünschte Rollenlänge und -Breite bzw. Bogen usw. geschnitten werden, läßt man sie eine Zeitlang liegen, damit sie langsam und gleichmäßig austrocknen. Durch dieses Verfahren läßt sich ein schärferes Material herstellen, als es mit dem Walzverfahren möglich ist. Auch ist es gelungen, hiermit auch eine sehr große Genauigkeit zu erzielen.
Einen bedeutenden Fortschritt der Herstellung von Schleifpapier und Schleifleinen bedeutet jedoch die Einführung des sogenannten elektrostatischen Verfahrens, das in jahrelanger, mühsamer Forschungsarbeit vervollkommnet wurde. Es ist erstaunlich, welchen großen Fortschritt dieses Verfahren darstellt, Schleifpapier und Schleifleinen, bei denen das Schleifkorn in einem elektrostatischen Felde aufgetragen wird, und sich unter dem Einfluß des magnetischen Feldes in der günstigsten Lage aufstellt, ist von bester Güte und Leistungsfähigkeit. Um die Bedeutung dieser Tatsache voll zu erkennen, muß man bedenken, daß das für Schleifpapier und Schleifleinen bestgeeignete Schleifkorn ungefähr 2- bis 3mal so lang ist, wie es breit oder dick ist, daher rührt auch der große Unterschied her, ob die Schleifkörner seitlich zu liegen kommen, oder in der Weise aufgestellt werden, daß sie ihre schärfsten Ecken und Spitzen nach oben richten. Dies letztere wird mit dem elektrischen Streuverfahren erzielt. Durch dieses patentierte Verfahren werden die Körner hochgestellt, und zwar sind sie gezwungen im elektrostatischen Felde von 100000 Volt der Richtung der elektrischen Kraft zu folgen. Die treibende Kraft der Hochspannung gibt noch ein weiteres, sehr wichtiges Ergebnis: sie verteilt die Schleifkörner so gleichmäßig, wie es mit keinem mechanischen Verfahren möglich wäre, denn da die Schleifkörner mit gleichem Strom geladen sind, stoßen sie sich gegenseitig ab und werden selbsttätig verteilt. Man kann leicht verstehen, daß eine solche Gleichmäßigkeit der Streuung mit einem anderen Verfahren nicht denkbar ist, wenn man weiß, daß z. B. die Körnung 100 je Quadratzoll nicht weniger als 27500 Schleifmittelteilchen enthält und die Körnung 320 sogar 609000. Diese Gleichmäßigkeit läßt sich mit keinem anderen Verfahren, wenn es auch noch so genau arbeitet, erzielen. Die Hersteller, welche dieses Verfahren anwenden, behaupten, daß gegenüber den mit den früheren Verfahren hergestellten Erzeugnissen Leistungen festzustellen seien, die 20 bis 50% höher liegen.

Streuungsarten

Es gibt zwei Streuungsarten: dichte Streuung und offene Streuung. Die Schleifkörner reihen sich in der dicht gestreuten Ausführung dicht aneinander und geben dem Belag ein geschlossenes Aussehen. Hingegen sind die Schleifkörner auf offen gestreuter Ware dünner verteilt. Offene Streuung erhöht die Biegsamkeit des Materials und verhindert ein schnelles Zustopfen des Schleifbelages. Die scharfen Kanten der einzelnen Schleifkörner werden auch bei dieser Streuungsart besser ausgenutzt. Besonders bei weichen, harzhaltigen Hölzern, Ledersohlen, plastischen Stoffen usw. kommt das offen gestreute Material in Betracht.

Fehlleistungen und ihre Vermeidung bei Verwendung von Schleifpapier und Schleifleinen

Für jeden Verbraucher von Schleifpapier und Schleifleinen ist es von großer Wichtigkeit zu wissen, welche Schritte unternommen werden müssen, um Fehlleistungen zu vermeiden und auftretende Übelstände abzustellen. Es ist deshalb zu begrüßen, wenn Schleifpapier und Schleifleinen herstellende Werke ihre in langer Praxis gemachten Erfahrungen zum Nutzen der Verbraucher bekanntgeben, wie dies in dem „Hermesit-Ratgeber", dem die nachstehenden Ausführungen entnommen werden, in dankenswerter Weise geschehen ist.

Die Ebenheit der erzielten Schleiffläche befriedigt nicht

Wenn bei größeren Flächen nicht alle Unebenheiten durch den Schliff verschwinden, so ist das verwendete Schleifband häufig zu schmal. Dadurch wird der Druck des Schleifschuhs auf eine zu kleine Fläche gelenkt. Es liegt durchaus im Interesse einer absolut ebenen und gleichmäßigen Schleiffläche, ein möglichst breites Schleifband zu wählen. Natürlich muß auch der Schleifschuh entsprechend groß gehalten sein. 15 bis 18 cm breite Bänder ergeben gut ebene Schleifflächen.
Der Schleifschuh selbst muß absolut eben sein. Ein verbrauchter, abgenutzter Filz hat oft großen Anteil an schlechten Ergebnissen. Daher erneuere man diesen Filz lieber einmal zu viel als zu wenig. Statt Filz kann man den Schleifschuh auch mit Leder oder Linoleum belegen; man arbeitet hiermit genauer, aber natürlich auch härter, so daß die Gefahr des Verschleifens größer ist als bei Filz. Bei Verwendung halboffener oder offener Streuarten ist ein besonders weicher Filz angebracht, bei dichten Streuarten darf er dagegen gern etwas härter sein.

Risse, Kratzer und Schleifriefen auf der Fläche

Befindet sich auf dem Schleifpapier auch nur an einer einzigen Stelle eine Erhöhung, indem dort mehrere Schleifkörner übereinander liegen, so werden alle damit ausgeführten Arbeiten Risse und Kratzer zeigen. Stellt man dies bei

Abb. 86. Abstand zwischen Bandkante und Schleifschuh 3 bis höchstens 5 mm ist richtig

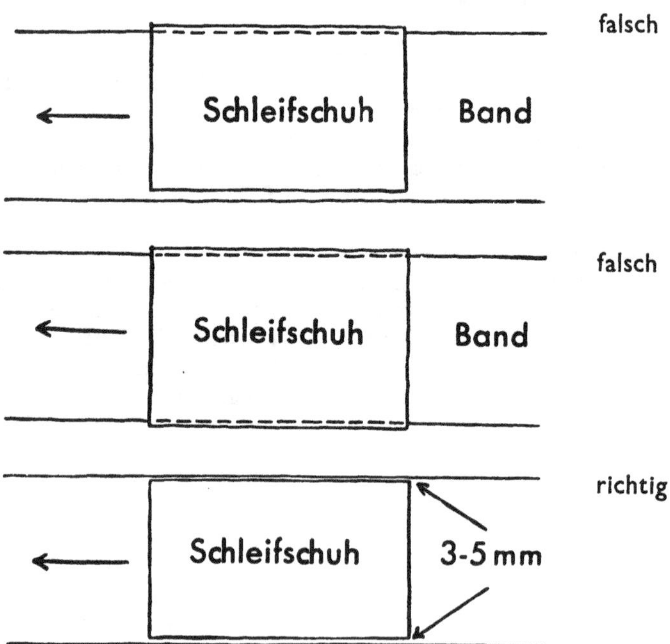

einem neuen Schleifband fest, so stoppt man die Maschine und läßt das Schleifband langsam mit der Streuungsseite an der Innenfläche der Hand vorbeigleiten. Auf diese Weise stellt man die fehlerhafte Stelle sofort fest und kann dann mit einem Stückchen Sandpapier die Erhöhung wegschleifen. Damit ist der Fehler behoben, und die Arbeit wird jetzt einwandfrei ausfallen.
Bei den Hermesit- und Granat-Schleifbändern sind durch eine sinngemäße Kontrolle Erhöhungen in der Streuungsoberfläche so gut wie unmöglich. Schleifriefen dagegen entstehen, wenn der Schleifschuh in den Gelenken nicht nachgibt und einseitig stärkeren Druck auf das Band ausübt. Jeder gefühlsmäßig arbeitende Schleifer bemerkt dies sofort. An vielen Maschinen findet man aber Leute, die wirklich von keiner Sachkenntnis belastet sind und rücksichtslos weiterarbeiten, selbst wenn dadurch Hunderte von Werkstücken schlechter abgeliefert werden, als dies nötig wäre. Man sehe daher von Zeit zu Zeit nach, ob die Gelenke des Schleifsschuhs einwandfrei arbeiten.
Einer der häufigsten Fehler ist der, daß die Schleifbandkante Druck durch den Schleifschuh erhält. Es ist selbstverständlich, daß diese Kante sich immer in die Fläche hineinarbeitet, so daß trotz starker Hin- und Herbewegung des Schleiftisches die Riefen überhaupt nicht zu beseitigen sind. Das laufende Schleifband muß rechts und links vom Schleifschuh ein wenig überstehen, vorher darf nicht mit dem Band gearbeitet werden. Die genaue Regulierung erfolgt durch Achsverstellung der ballig gedrehten Gegenscheibe an der Bandschleifmaschine. (Abb. 86).

Unerwünschtes Wölben der Schleifbänder

Daß sich die Schleifbänder wölben, wird immer wieder vorkommen und ist auch leicht erklärlich. Leim- und Unterlageschicht haben einen verschiedenen Ausdehnungskoeffizienten und sind sowohl gegen Feuchtigkeit wie auch gegen große Temperatur-Schwankungen nicht gleich empfindlich. Wölbt sich nun das Schleifband konvex, so wird das Band nicht ausgenützt, es schleift nur in der Mitte; außerdem wird der Filz an den Kanten stark in Mitleidenschaft gezogen. Wölbt sich dagegen das Schleifband konkav, so ist es überhaupt nicht zu verwenden, weil man nur Riefen in die Fläche schleift. Tritt dieser Fehler bei einem einzelnen Band auf, so hilft man sich, indem die Papierseite etwas angefeuchtet wird, das Band bleibt in diesem Zustand unter Spannung auf der Maschine. Nach einer gewissen Zeit, am besten über Nacht, hat sich das Band glatt gezogen und wird dann einwandfrei schleifen. Tritt dagegen der Fehler bei einer ganzen Sendung von Bändern auf, so muß man dieselben in einem anderen Raum unterbringen.

Die Streuung löst sich von der Unterlage

Es kann in diesem Falle immer darauf geschlossen werden, daß das Schleifband feucht geworden ist. Besonders bei feinen Körnungen ist dies der Qualität sehr abträglich und man achte daher sehr auf gute Lagerung des Papieres. Betriebe, die ihre Bänder selbst verleimen und daher Rollenware kaufen,

werden diesen Fehler fast nie haben, weil Rollenware unempfindlicher ist. Weiter ist das Lösen der Streuung vom Papier häufig darauf zurückzuführen, daß die Eigenart des Schleifmittels nicht genügend beachtet wird. Hat zum Beispiel ein Schleifer lange Zeit mit Rotschleif- bzw. Flintbändern gearbeitet so ist der Mann an der Maschine gewohnt, mit einem ganz bestimmten Druck zu arbeiten. Stellt sich jetzt der Betrieb auf hochwertige Schleifbänder um, so geschieht folgendes:
Der Schleifende arbeitet wie bisher und wendet auch den gleichen Druck an. Da nun bei Hochleistungs-Schleifbändern eine viel größere Schleifleistung entsteht, so entwickelt sich zwischen Korn und Schleiffläche eine bedeutend höhere Temperatur. Wenn dies auch vielleicht nicht gleich zu einem Brennen führt, so kann doch, wenn die Leimschicht einen gewissen, sonst unschädlichen Prozentsatz Feuchtigkeit aus der Luft aufgenommen hat, der Leim weich werden, und die einzelnen Körner verlieren dann den Verband mit der Unterlage. Besonders bei Tellerschleifmaschinen ist diese Gefahr sehr groß, weil hier jedes einzelne Korn dauernd Schleifarbeit leistet, während bei Bandschleifmaschinen immer Gelegenheit zur Abkühlung gegeben ist. Man beachte daher: je besser ein Schleifband, um so geringer der aufzuwendende Druck. Im übrigen ist die Form der Abhilfe durch die Schilderung der Ursachen gegeben.

Die Unterlage reißt ...

Diese Vorfälle sind in manchen Betrieben häufig, in anderen dagegen so gut wie unbekannt. Ganz abgesehen von den Fällen, in denen Papierbänder reißen, weil sie überhaupt nicht geeignet sind und in denen Köperbänder vorgeschrieben sind, hört man auch immer wieder von anderen Fällen, in denen das Papierband nicht standhält. Neben dem Zeit- und Bandverlust ist dies immer gefährlich, denn die scharfen Papierkanten können durchaus größere Verwundungen mit sich bringen. Man prüfe in solchen Fällen zunächst, wie groß die Reibung zwischen Schleifschuh und Papier ist.
Bei starker Reibung wird das laufende Band immer das Bestreben haben, den Schleifschuh nach der Antriebsscheibe wegzuziehen. Dies ermüdet den Schleifer sehr stark, kostet unnötig Strom und zerstört die Papierrückseite, bis ein Reißen eintritt. Wenn bei der hohen Geschwindigkeit einer modernen Maschine Papier und Schleifschuhfläche rauh sind, so wird außerdem der Filz sehr bald zerstört. Hier gibt es nur eine Abhilfe: Der Reibungswiderstand muß durch Gleitmittel herabgesetzt werden. Für diesen Zweck eignet sich Talkum, Speckstein, bituminöses Wachs . . . ja, gewöhnliches Bohnerwachs wird hierfür mit Erfolg angewendet. Bei einem diesbezüglichen Versuch wurde der Strombedarf der Maschine um etwa 40% gemindert, ohne daß sich sonst die Schleifleistungen irgendwie geändert hätten!
Man wird beobachten, daß Hermesit-Schleifpapiere mit einer stärkeren Papierunterlage versehen sind als billige Schleifbänder. Dies hängt so zusammen, daß, wenn die Streuung mehr leistet und länger aushält, auch die Haltbarkeit der Unterlage diesen höheren Anforderungen angepaßt sein muß. Leinenbänder reißen kaum, werden aber durch den gleichen Fehler sehr schnell zerschlissen und dadurch nicht voll ausgenutzt.

Brennen des Holzes beim Schleifvorgang

Als Brennen bezeichnet man das Schwarzwerden der Fläche durch übergroße Hitzeentwicklung, deren Ursache eine verschiedene sein kann. Zunächst einmal neigen stumpfe und überleimte Schleifbänder sehr zum Brennen, und da hilft nur das Auswechseln gegen ein neues scharfes Schleifband. Aber auch beim Schleifen von Kanten, Stuhlbeinen, über Hirn usw. wird man mit dieser Gefahr bei der Anwendung leistungsfähiger Bänder stets zu rechnen haben. Als drittes wäre zu erwähnen, daß übermäßig feuchte, frische Holzarten eine besonders starke Brenneigung haben. Der Weg, Bänder mit geringer Schleifleistung zu wählen, weil hier nur wenig Maschinenkraft in Schleifarbeit umgewandelt wird, wodurch auch geringere Wärme entwickelt wird, kann nun nicht im Sinne einer Verbesserung der Schleifmethoden liegen. Im Gegenteil, man versuche, möglichst scharfe und regnerationsfähige Bänder (also beispielsweise unser Hermesit oder unser Granat-Schleifband!) zu verwenden. Hierbei hat man die Möglichkeit, mit geringem Druck eine gute, schnelle Schleifarbeit zu verrichten. Bei geringem Druck besteht die Brenngefahr kaum.

Ferner wähle man das Band so grob wie möglich und dazu etwas offengestreut. Es ist natürlich verfehlt, das Band so grob zu wählen, daß nachher die Güte der Fläche nicht befriedigt; die richtige Körnung ist aber durch einen Versuch mit drei, vier verschieden gekörnten Bändern schnell gefunden, sofern die Möglichkeit besteht, achte man darauf, daß Bandlänge und Bandführung eine möglichst große Abkühlung der Streuung garantieren. Bei Maschinen mit einer Bandlänge von 2 bis 3 m empfiehlt sich die Anbringung einer zusätzlichen Führungsrolle, die zu einer Verlängerung des Bandes verhilft. Dies ist meist einfach durchzuführen und hilft mit großer Sicherheit gegen das Brennen.

Man beachte, daß Schleifmaschinen mit kurzen Bändern und hoher Schnittgeschwindigkeit, die in der Stuhl- und Polstergestell-Herstellung sehr häufig sind, dieses Problem immer wieder aufwerfen. Man trifft noch viele Betriebe, die diese Maschinen mit minderwertigeren Papieren bestücken, um das Brennen zu vermeiden. Hier sind unsere Granat-Schleifbänder vorzüglich am Platz. Bei Auswahl der richtigen Körnungen schleifen sie sehr schnell, absolut brandfrei und mit wundervollem Ergebnis. Ein voranstrebender Fachmann sollte es sich aber nicht verdrießen lassen, Versuche in obigem Sinne anzusetzen. Man schreibe, falls man die Frage ernsthaft in Angriff nehmen will, an uns und schildere kurz und sachlich Arbeitsvorgang, Maschinenart und sonstige Einzelheiten. Auf diese Weise wird man ohne viele Versuche wirklich brauchbare Vorschläge erhalten, die zu dem gewünschten Ergebnis führen

Gefühlsmäßiges Schleifen

Es kommt beim maschinellen Schliff vor allen Dingen darauf an, mit zügigem, gleichmäßigem Druck zu arbeiten und zu vermeiden, daß hier und da Wellen oder Vertiefungen entstehen, die nur mit viel Zeitaufwand, viel Mühe, vielleicht sogar überhaupt nicht wieder zu beseitigen sind. Ein guter Schleifer muß ein gutes Gefühl für diese Arbeit haben und sich der Maschine, dem Schleifmittel und der Holzart gut anpassen können. Auch müssen Grundkenntnisse theoretischer Art vorhanden sein. Manchem Schleifer fehlt einfach die Veranlagung für solche Arbeiten, und jeder Betrieb tut gut daran, sorgfältig zu prüfen, wem diese Arbeit übertragen wird. Es ist durchaus nicht gesagt, daß ein guter Handschleifer auch mit der Maschine Brauchbares fertigbringt.

Abb. 87. Das Schleifpapier wird spiralförmig aufgespannt. Zylinder 1 macht 1200 U/Min., Zylinder 2 1600 und der Feinschliff-Zylinder 1800 Umdrehungen. Die Staubabsaugung erfolgt nach oben. Ansicht der Maschine beim Durchgang einer Tür

Hinweise für den Walzenschliff

Nur bei einer sauberen Aufspannung der Rauten kann mit einer guten Schleifleistung und langen Lebensdauer des Papieres gerechnet werden. Diese Arbeit ist zeitraubend und daher nicht billig. Man kann feststellen, daß dabei einer Dreizylinder-Maschine zwei bis drei Mann mit dem Aufspannen beschäftigt sind und dazu bis zu einer Dreiviertelstunde benötigen. Beim Wechseln muß vor allen Dingen der Schleifstaub sorgfältig beseitigt werden. Der unter dem Papier liegende Filz ist abzubürsten und auf Fehler zu untersuchen. Ein Luftabsaugeschlauch tut bei dieser Maschinenreinigung gute Dienste.
Das Zuschneiden und Aufspannen der Rauten muß mit Sorgfalt geschehen, wobei es vor allen Dingen darauf ankommt, daß das Überlappen der Bespan-

nung über die hierfür im Schleifzylinder vorgesehene Nute erfolgt. Für die Zylinderschleifmaschine ist das beste Schleifpapier gerade gut genug. Während bei minderen Papieren zu einem gewissen Zeitpunkt nichts mehr von der Maschine geleistet wird, ist bei unserem Hermesit- und Granat-Schleifpapier durch eine Erhöhung des Walzendrucks noch ein weiteres Arbeiten möglich. So kann die Notwendigkeit einer Neubespannung noch um Stunden hinausgeschoben werden.

Versagende Schleifteller und Scheiben

Bei der Auswahl der Körnung richte man sich nach den gemachten Angaben, bedenke aber, daß man bei Tellerschleifmaschinen die Körnung besser um eine oder zwei Nummern gröber wählen muß, um rationell zu arbeiten. Scheiben und Teller setzen sich leichter zu als endlose Bänder, daher trifft man viele Betriebe, die mit einfachen Flint- oder Rotschleifscheiben arbeiten aus dem Grunde, weil man meint, eine gute Scheibe doch nicht ausnutzen zu können. Dem ist aber entgegenzuhalten, daß Harthölzer mit solchen Scheiben kaum zu bearbeiten sind, daß aber überhaupt mit einer guten Scheibe viel schneller geschliffen werden kann. Außerdem aber kann die verschmierte Scheibe mit Drahtbürste oder Gummi gereinigt werden. Wichtig ist nur, daß die Scheiben trocken aufbewahrt werden.
Für Teller- und Scheiben-Schleifmaschinen ist das Hermesit-Papier in einseitiger und zweiseitiger Ausführung lieferbar. Ob man diese in offener oder dichter Streuung wählt, richtet sich ganz nach den zu bearbeitenden Holzarten. Besonders bei kleinen Tellerschleifern läßt sich nicht vermeiden, daß einmal etwas zu stark gedrückt wird. Zwar sind die Maschinen so konstruiert, daß ein Bürstenring oder dergleichen den Abstand zwischen Scheibe und Werkstück reguliert, aber auch bei dieser Regulierung kann man sich nur zu leicht irren und der Scheibe etwas zuviel zumuten. Der Motor zieht durch seine starke Überlastbarkeit die Mehrbeanspruchung leicht durch, aber die größere Hitzeentwicklung führt bei feuchten Scheiben unbedingt zu einem sofortigen Ablösen des Schleifkornes. In solchen Fällen trägt also nicht die Scheibe, nicht die Maschine, sondern die ungeeignete Lagerung der Schleifpapiere die Schuld. Trocken Lagerung vermeidet diesen Fehler immer.

Schleifbänder

Die Notwendigkeit, sich auch in der Holzbearbeitung auf Mengenfertigung umzustellen, hat die Einführung der Bandschleifmaschine gebracht, da bei ihr die größtmögliche Menge Schleifkorn in einer Zeiteinheit am Holz vorbeigeführt werden kann; auch bei besonders hohen Ansprüchen an die Oberflächengüte ist die Bandschleifmaschine nicht zu entbehren. Erst in den letzten Jahren hat sich die Erkenntnis überall Bahn gebrochen, daß die Vorteile des Maschinenschliffs viel größer sind als man vorher angenommen hatte. Auf der Bandschleifmaschine dient das Schleifband als Schleifmittel. Als es gelungen war, sehr leistungsfähige Schleifbänder zu entwickeln, wurde im maschinellen Holzschliff ein sehr großer Schritt vorwärts getan. Um sich über die Bedeutung dieses Fortschrittes klar zu werden, ist es erforderlich, sich einmal vor Augen zu halten, wie der Fachmann vor der Einführung des Maschinenschliffs eine

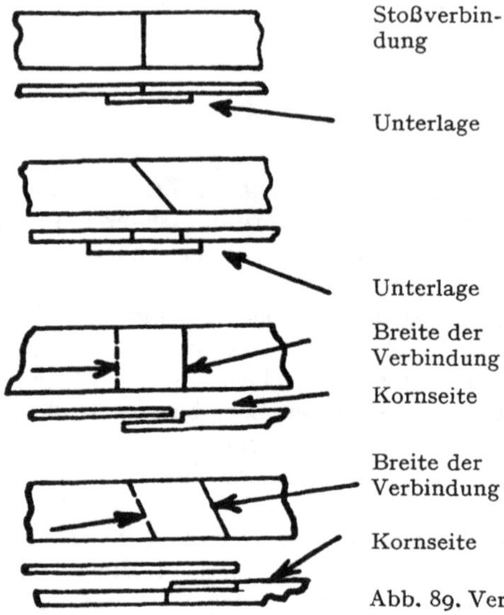

Abb. 89. Verbindungen

Abb. 88. Schleifbänder

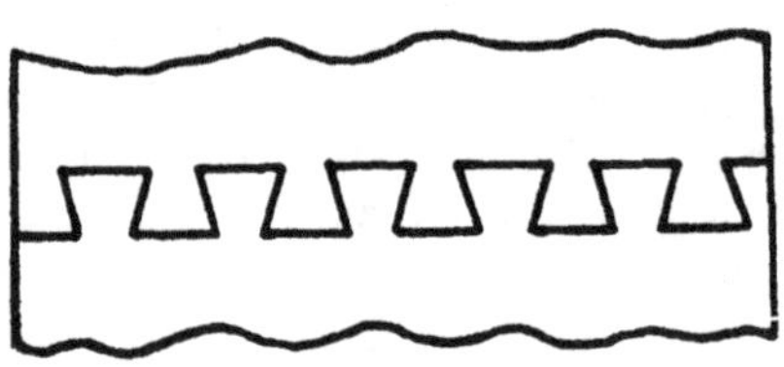

Abb. 90. Schwalbenschwanz-Verbindung

Abb. 91. Fingerform-Verbindung

durchaus gute Schleiffläche zu erzielen versuchte. Man stellte mit einem Putzhobel mit scharfem Schnitt eine einwandfreie ebene Fläche her, welche dann mit heißem Wasser angefeuchtet wurde. Dadurch erreichte man, daß Poren und weiche Holzteile aufquollen, so daß man sie nach dem Trocknen mit Feinschleifpapier wegschleifen konnte. Das Schleifband ersetzt beim Maschinenschleifen den Putzhobel. Voraussetzung für die Erreichung einer großen Leistung ist die Verwendung von Schleifbändern, die einen vollwertigen Schleif-

belag tragen. Bei dem geringwertigen Schleifbelag, wie z. B. Rotschleifkorn, kann von einem scharfen Schnitt nicht die Rede sein, weil ein solches Schleifband lediglich die harten Holzstellen abschabt, während die weichen Holzadern und Poren zusammengedrückt werden. Diese quellen aber bei späterer Behandlung rauh wieder auf, und die Arbeitsweise wird dann sehr zeitraubend und kostspielig.
Bei dem Schleifband wird die Bandlänge möglichst groß gewählt, und zwar mit Rücksicht auf eine lange Lebensdauer. Die Führung des Schleifbandes erfolgt über eine unter Federdruck stehende Spannrolle.
Das Schleifband spielt heute in der Holzbearbeitung eine außerordentlich große Rolle. Wichtig sind die verschiedenen Verschlußarten der Schleifbänder. Der Schwalbenschwanz- oder Fingerverschluß (Abb. 90 u. 91) wird beim Verleimen der Schleifbänder am meisten benutzt, da diese Verschlußart sehr widerstandsfähig und einfach herzustellen ist. Die zickzackförmig geschnittenen Enden werden in einem Winkel von 45° zusammengesetzt und mit einem Stück Leinen unterklebt. Zum Schneiden des Fingerverschlusses ist ein besonderes Stanzmesser erforderlich.
Was nun den einfachen Schrägverschluß anbetrifft, so wird derselbe in der Weise angefertigt, daß man die beiden gerade geschnittenen Enden in verschiedenen Winkeln, am meisten 45°, zusammensetzt und den Verschluß mit Leinen unterklebt.
Beim überlappten Verschluß wird der Schleifbelag von einem Ende des Leinens in einer Breite von etwa 12—25 mm entfernt und das andere Ende wird über die Stelle geklebt, von welcher das Schleifkorn entfernt wurde. Besonders gern wird diese Verschlußart bei Schleifleinenbändern für Metallbearbeitung verwendet.
Wenn eine hohe Beanspruchung in Frage kommt, wie z. B. bei hochtourigen Bandschleifmaschinen, so sind Schleifbänder erforderlich, die ganz mit Leinen unterlegt sind. Derartige Schleifbänder sind nicht nur widerstandsfähiger, sondern durch das Unterlegen auch gleichmäßiger in der Dicke, so daß der Verschluß nicht schlägt und die Schleifbänder ruhig laufen.
Es braucht nicht besonders betont zu werden, daß ein schlechter Verschluß die Leistungen des Schleifbandes vermindert. Es liegt daher im Interesse der Verbraucher, wenn sie selbst in der Anfertigung der Schleifbänder nicht genügend Erfahrung haben, die fertigen Bänder von dem Hersteller zu beziehen. Wer aber aus irgendeinem Grunde die Schleifbänder selbst herstellen will, für den sind die folgenden Angaben bestimmt.:
Es ist ganz gleich, ob das Schleifband rechtwinklig oder in einem Winkel von 45° (schräg) geschnitten wird, beide Kanten müssen doch genau dieselbe Länge haben. Man bedient sich am besten eines Tisches mit einer langen geraden Kante, auf dem das Stanzmesser in der gewünschten Lage befestigt werden kann. Man erreicht in dieser Weise, daß die einzelnen Bänder laufend aus der Rolle hergestellt werden können, da das Ende des einen als der Anfang des andern benutzt werden kann, und man beseitigt den Abfall, der in manchen Fabriken dadurch entsteht, daß das Band zuerst in der gewünschten Länge geschnitten wird und dann die beiden Enden für den Verschluß oder nachgeschnitten werden. Zweckmäßig ist, nicht zu viel Leim zu verwenden, sondern nur so viel zu nehmen, um die Fasern des Materials miteinander zu ver-

binden. Wenn man nämlich zu viel Leim nimmt, oder wenn der Leim zu dickflüssig ist, so hält er nicht gut, wenigstens nicht so gut wie eine geringere Menge und dünnerer Leim. Auch wird ein sehr steifer Verschluß erzielt, der nicht nur einen schlechteren Schliff ergibt, sondern auch leicht zum Reißen des Bandes führen kann. Es empfiehlt sich jedoch, die Kornseite des Verschlusses (dies besonders bei Schleifbändern zum Schleifen von Metallen) dünn mit Leim zu bestreichen, da dies das Lockerwerden der Verleimung und das darauf folgende Reißen oder Schälen in der Nähe des Verschlusses verhindert. Zu beachten ist jedoch, daß bei Schleifbändern zum Schleifen von Holz man nur eine hauchdünne Leimschicht auf der Kornseite hinterlassen darf, um das Verstopfen und Brennen zu vermeiden. Zum Unterkleben muß Leinen verwendet werden, das bereits eingegangen ist, da es sonst nach der Verleimung eingeht und ein Verziehen der Verbindung zur Folge haben könnte. Man würde aber mit einem solchen Verschluß keine gute Arbeit erzielen können.

Was nun die Abnutzung der Schleifpapiere anbetrifft, so darf gesagt werden, daß genau wie bei allen anderen Werkzeugen auch für die Schleifpapiere die Standzeit als wichtigstes Maß für die Güte angesehen werden kann. Die Standzeit hängt bei Schleifpapieren neben den Arbeitsgrößen von Streumaterial, Papier und Bindung ab. Diese drei Faktoren beeinflussen damit die Standzeit der Schleifpapiere. Die Körnung muß hart genug sein, um nicht vorzeitig abzustumpfen, die Leimschicht muß elastisch sein, um ein Brechen der Schicht zu verhüten, und die Unterlage, das Papier, muß die erforderliche Festigkeit haben, um den Schleif- und Spannkräften genügend Widerstand leisten zu können. Das beste Schleifband kann aber nur dann eine hochwertige Leistung erbringen, wenn die Bandschleifmaschine selbst gut arbeitet und die Schleifgeschwindigkeit jeweils richtig ist.

Maschine zum Anschärfen von Schleifband-Überlappungen (Skiving-Maschine)

Die im Bilde dargestellte Maschine zum Anschärfen von Schleifband-Überlappungen (Skiving-Maschine) ist mit einem 3-PS-Drehstrom-Schleifmotor ausgerüstet, der auf zwei Tourenzahlen polumschaltbar ist. Ein Polumschalter mit Kugelgriff an der Bedienungsseite der Schleifmaschine schaltet: I = 1400 U/min; II = 2800 U/min und 0 = aus. Die Schleifgeschwindigkeit V max. beträgt bei Stein 200 mm Durchmesser und 2800 U/min: 30 m/sek.

Ein Exhaustor, der mit der Maschine durch Staubschutzkasten und Staubschacht verbunden ist, führt den Staub durch Rohrleitungen ins Freie. Die Maschine ist beiderseitig zum Anschärfen von Schleifband-Überlappungen eingerichtet. Die Schleifscheibe läßt sich in wenigen Sekunden auswechseln. Die Abmessungen der Scheibe betragen 200 × 16—19 × 51 mm. Bei einem kleinsten Durchmesser von 100 mm muß die Scheibe ausgewechselt werden. Die Stirnfläche der Scheibe setzt sich durch intensives Schleifen mit Leimsubstanz der geschliffenen Schleifbänder zu und wird deformiert. Die Scheibe muß daher nach Bedarf mit einem Diamanten abgezogen werden. Es sind daher zwei Abziehvorrichtungen an der Bedienungsseite der Maschine vorhanden.

Der große wirtschaftliche Vorteil dieser Maschine liegt in der beiderseitigen Schleifeinrichtung, auch läßt sich mit ihr völlig staubfrei arbeiten.

Abb. 92. Maschine zum Anschärfen von Schleifband-Überlappungen

Das Kontakt-Bandschleifverfahren

In der holzbearbeitenden Industrie kennt man das Schleifen mit Hilfe von Bändern aus Leinen oder Papier schon seit ungefähr 40 bis 45 Jahren. In der Metallindustrie kam man jedoch über unbefriedigende Versuche und Entwicklungen nicht hinaus. Eine Änderung trat erst ein, nachdem ungefähr seit 1937 in den Vereinigten Staaten von Amerika eine systematische Untersuchung und eine wissenschaftliche Prüfung dieses Problems stattgefunden hatte. In den letzten 15 Jahren hat nun das Bandschleifverfahren für Metalle und Kunststoffe usw. weite Zweige der Industrie erobert. In Deutschland hat sich das neue Verfahren auch allmählich eingeführt.
Wenn nun die Frage gestellt wird, worin eigentlich das Neue des Verfahrens des Bandschleifens besteht, so muß allgemein gesagt werden, daß die Eigenart des Verfahrens auf der Verwendung endloser, beliebig auswechselbarer Schleifbänder mit Hilfe einer besonderen, der Arbeit anpaßbaren Arbeits- oder Kontaktscheibe und des sogenannten Backstands.
Die Einrichtung der neuen Bandschleifmethode besteht im einzelnen aus vier Einheiten:

1. dem Schleif- oder Polierbock als Tisch- oder Ständertype (in den meisten Fällen vorhanden),
2. eine freilaufende, justierbare Rolle, der Backstand,
3. das Schleifband,
4. die Kontaktscheibe.

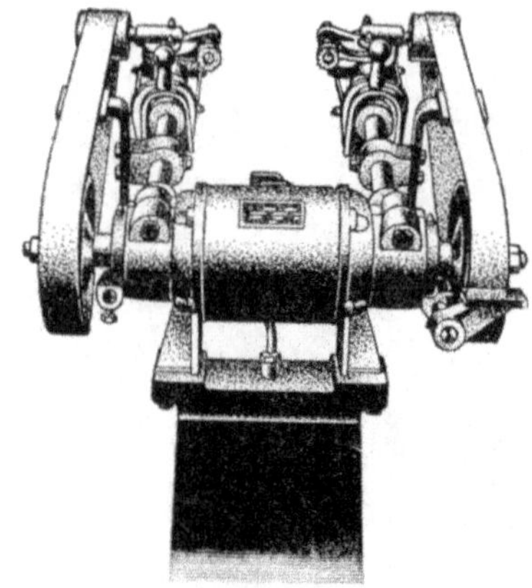

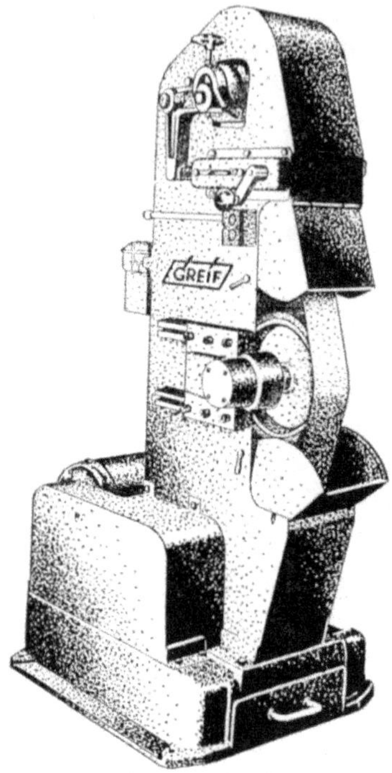

Abb. 93. Ideale Werkstatt-Bandschleif-maschine DBA 1

Abb. 94. Bandschleifmaschine für Profile und Flachteile, insbesondere in Verbindung mit Mehrspindelautomaten

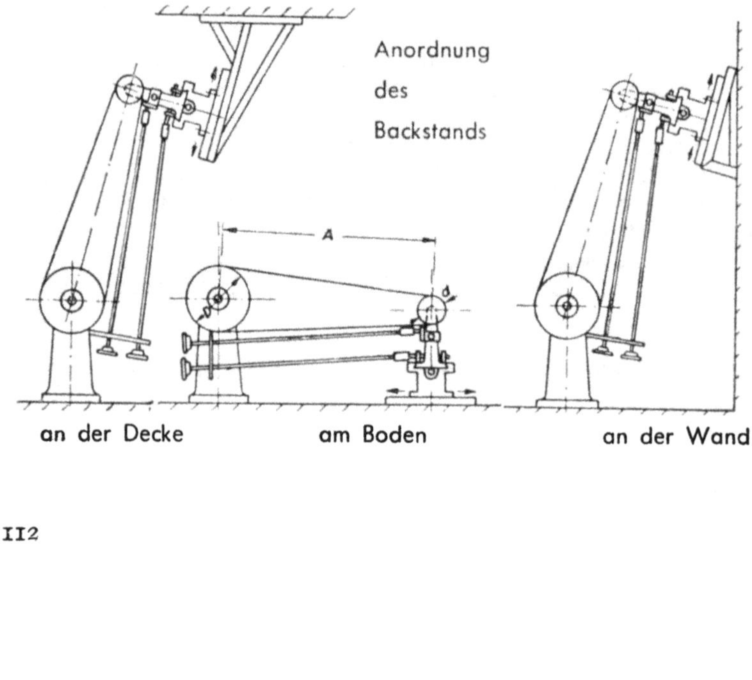

Abb. 95.

Der Backstand steht frei hinter dem Schleifbock und wird von der Schleifstelle aus justiert, d. h. es wird Geradelauf und Spannung des Schleifbandes einreguliert. In Abb. 95 sind in schematischer Darstellung die verschiedenen Möglichkeiten der Anbringung des Backstands gezeigt.
Die Körnungen, die für das Bandschleifverfahren zur Verwendung kommen, reichen von Nr. 24 bis etwa 320.
Eine Art der am meisten zur Anwendung kommenden Kontaktscheiben besitzt einen Metallkern, in dem quer hochkant gestellte Leinenstücke befestigt

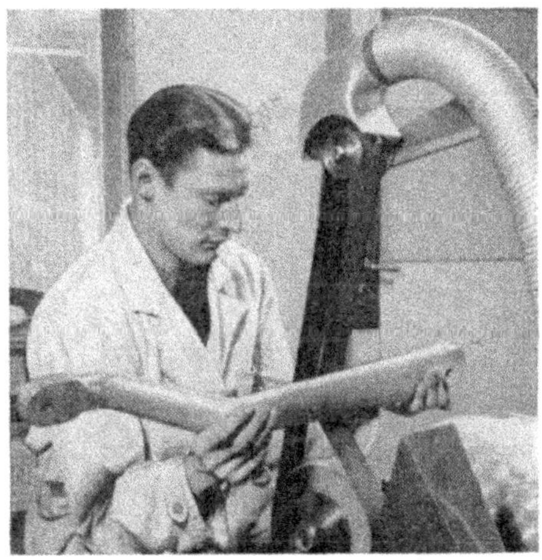

Abb. 96. Das Schleifen eines Holzteils an der Bandschleifmaschine

sind. Diese Leinenkontaktscheiben gibt es in verschiedenen Härten von „sehr weich" bis „sehr hart", im Durchmesser von etwa 150 bis 500 mm und Breiten von etwa 25 bis 175 mm. Für Spezialfälle kommen Leder- oder Gummikontaktscheiben zur Anwendung.
Die Kontaktscheibe hat folgende Vorteile aufzuweisen:

1. sie nutzt sich praktisch nicht ab und gewährleistet so eine gleichmäßige Schnittgeschwindigkeit,
2. im Gegensatz zur Filzscheibe kann die Kontaktscheibe in genau abgestimmter, stets gleichbleibender Härte verwendet werden,
3. infolge ihrer Metallbüchse ist sie leicht auswechselbar,
4. sie kann statisch ausgewuchtet werden und bewirkt so einen einwandfreien Lauf.

Was nun die Anwendungsgebiete des Bandschleifens anbetrifft, so kann allgemein gesagt werden, daß das Bandschleifverfahren sich zum Grob- und Feinschleifen sowie zum Vorpolieren aller denkbaren Flächen und gewölbten Teile eignet. Zum Teil ersetzt es die Verwendung kornbeleimter Filzscheiben oder

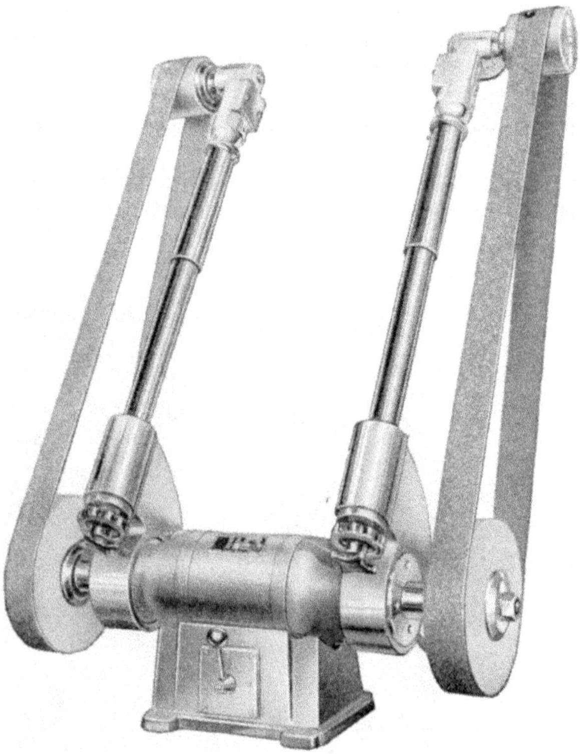

Abb. 97. Metabo-Bandschleifmaschine

anderer Schleifscheiben. Eine Art Politur kann man ebenfalls durch das Bandschleifen erzeugen, allerdings muß gesagt werden, daß man eine Endpolitur wie an der Schwabbelscheibe nicht erreichen kann. Durch das Bandschleifen kann man natürlich nicht alle Arbeiten, die bisher mit der Schleifscheibe erledigt wurden, ersetzten. Das Verfahren ist z. B. nicht anwendbar bei zu großen Materialabnahmen, denn die Bänder würden dabei überlastet, auch bei Genauigkeitsschliffen, wie überhaupt bei allen Sonderschliffen, welche besondere Ansprüche an Maßhaltigkeit und Vorschübe stellen, wie z. B. Gewindeschleifen, ist das Verfahren nicht zu gebrauchen. Allerdings ist man heute schon so weit, daß man Glas und Hartgestein (Marmor) mit dem Schleifband schleifen kann. Mit dem Schleifband ist man in der Lage, bedeutend kühler zu schleifen. Die Bänder sind im allgemeinen 3—5 m lang. Dies bedeutet, daß bei der vergleichenden Betrachtung einer Schleifscheibe mit einem Durchmesser von 300 mm zum Schleifband von 3600 mm, das über eine Kontaktscheibe von 300 mm Durchmesser läuft, das einzelne Schleifkorn bei der Schleifscheibe viermal häufiger bei gleicher Umfangsgeschwindigkeit das Werkstück berühren muß als beim Schleifband. Das Schleifkorn kann sich auf dem langen Wege bis zum erneuten Eingriff weitestgehend abkühlen; außerdem ist relativ zeitlich eine längere Lebensdauer des Schleifkorns auf dem Band damit verbunden.

Abb. 98. Metabo-Bandschleifmaschine, Type 7873 mit Keilriemen-Stufenantrieb und 2 Bandspannarmen

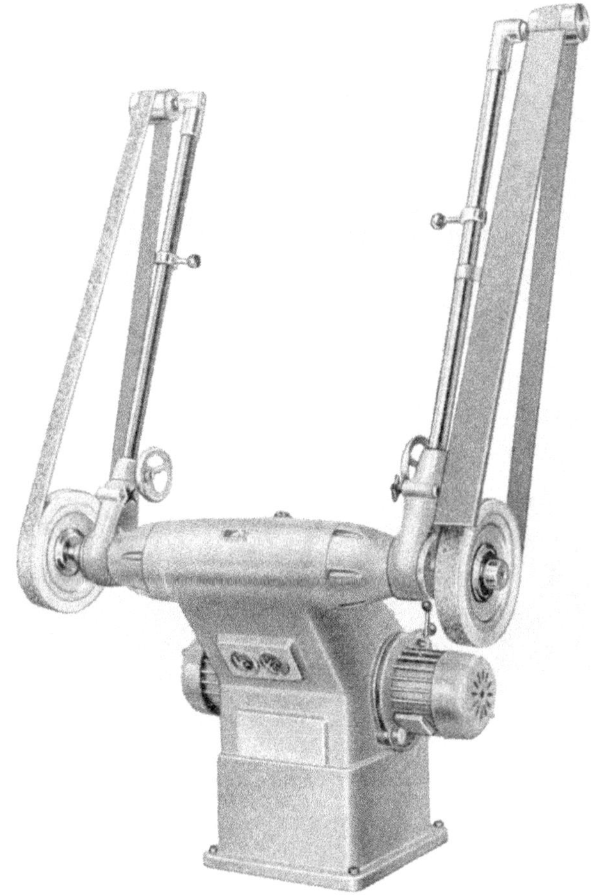

Ferner muß bemerkt werden, daß durch Führung des Bandes über eine elastische Kontaktscheibe es sich dem zu bearbeitenden Werkstück sehr gut anpaßt, wodurch eine große Schleifwirksamkeit erreicht wird. Bei plötzlicher Überbelastung können die Körner auf der auch bei Bezeichnung „sehr hart" immer noch schmiegsamen Kontaktscheibe nachgeben, was zum Vergleich bei einer gebrannten Schleifscheibe durch Ausbrechen der Schleifkörner oder durch Beschädigung der Scheibe sich bemerkbar macht. Bei einem Schleifband ist das Ausbrechen der Körner unerwünscht, erst ein allmähliches Abstumpfen des Korns soll das Band unbrauchbar machen. Im Gegensatz zur gebrannten Schleifscheibe ist die Unfallgefahr bei dem Schleifband bedeutungslos.
Daß man die Schnittgeschwindigkeiten beim Schleifband besser den jeweiligen Bedingungen für die verschiedenen Werkstoffe anpassen kann, d. h. daß man größere Geschwindigkeitsbereiche als bei den anderen Verfahren hat, darf nicht unerwähnt bleiben. Wichtig ist auch, daß das Schleifen am Band viel weniger

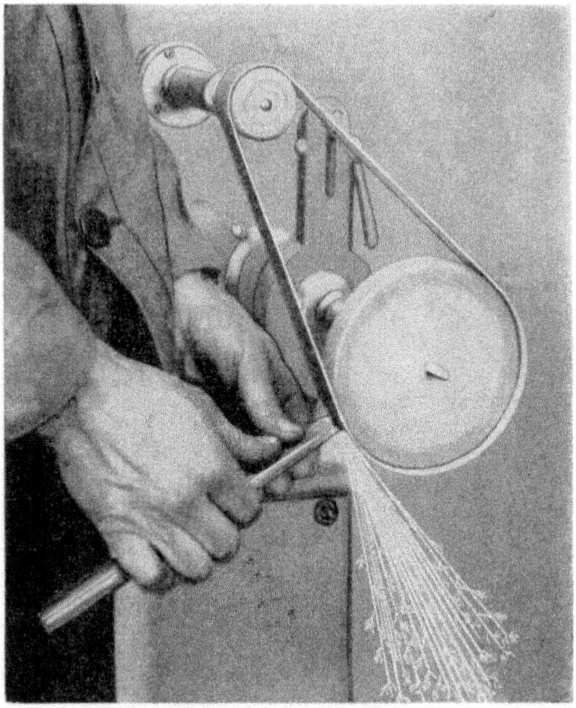

Abb. 99. Das Schleifen auf der Bandschleifmaschine

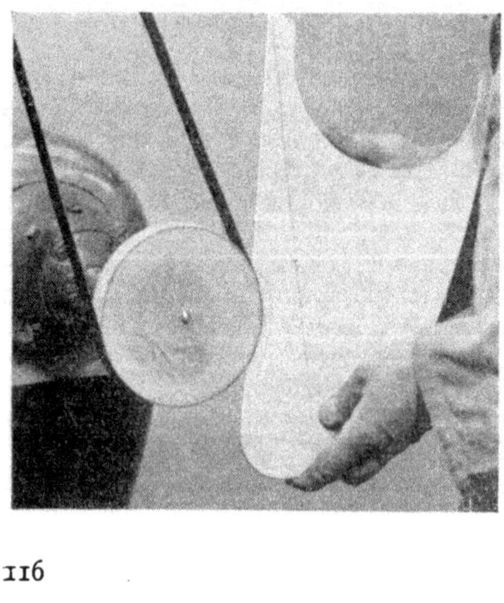

Abb. 100. Das Schleifen eines Holzmodells auf der Kontaktbandschleifmaschine

Abb. 101. Rotschleifpapier

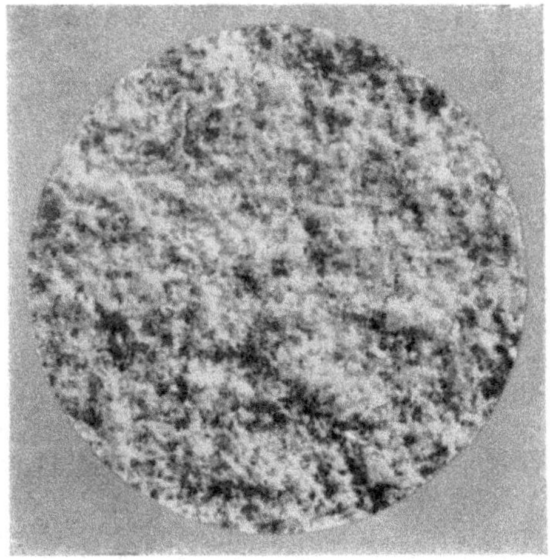

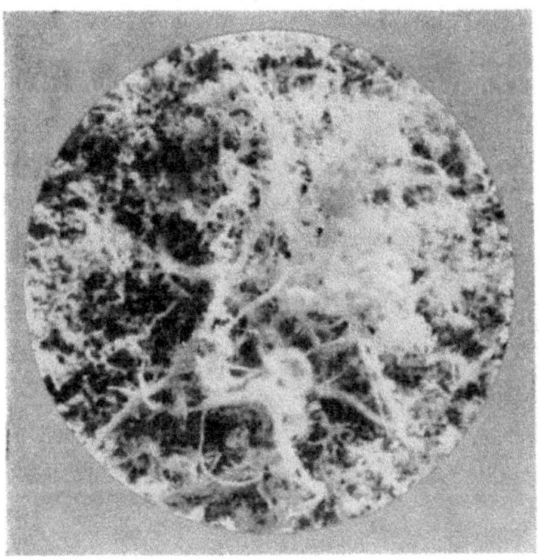

Abb. 102. Hermesit-Schleifband

gesundheitsschädlich ist als die Bearbeitung an der Schleif- oder Pließtscheibe. Der Schleifstaub ist auch weit geringer und es gibt keine Filzabfälle wie auch kein Abrichten des Bandes. Die Handhabung ist beim Bandschleifen auch viel einfacher, so daß ein viel schnelleres Einarbeiten von ungelernten Kräften möglich ist.

Wie ein gutes Schleifkorn für Holz geformt sein muß

Ein gutes brauchbares Schleifkorn muß mit scharfem Schnitt einen Span vom Holz abtrennen, also es muß wie ein kleiner Hobel wirken. Welch ein Unterschied zwischen einem gut und einem schlecht eingestellten Hobel besteht, das weiß jeder Fachmann. Daher wird es auch einleuchten, daß das beste Schleifkorn nichts ausrichten kann, wenn nicht durch geeignete Maßnahmen die Hobelwirkung voll ausgewertet wird. Wenn wir uns die nachstehenden beiden Abbildungen betrachten, können wir dies auch ganz deutlich erkennen.

In diesem Zusammenhang ist es angebracht, einmal einen Versuch näher zu betrachten, der von einer Firma, die auf dem Gebiete der Forschungsarbeit über Schleifbänder sich große Verdienste erworben hat, vorgenommen wurde. Dieser Versuch wurde auf gleichem Holzstück bei gleicher Maschine, gleichem Druck und auch sonst gleichen Voraussetzungen durchgeführt. Die beiden Abbildungen zeigen Schleifmehl bei etwa 100facher Vergrößerung (linear 10fach). Abb. 101 zeigt Rotschleifpapier, Korn 60 in der 40. Minute: Das Ergebnis ist Schleifstaub, aber keine Späne mehr. Dies ergibt eine geringe Leistung, hohen Stromverbrauch, langsamen Schliff und Brenngefahr. Die Abb. 102 zeigt das sogenannte Hermesit-Schleifband, ebenfalls Korn 60 in der 40. Minute. Die scharfe Hobelwirkung der einzelnen Körner ergibt Schleifspäne, infolgedessen auch eine große Leistung, niedrigen Stromverbrauch, Schnellschliff und keine Brenn-Neigung.

Die Bemühungen des Herstellers der Hermesit-Schleifbänder ging dahin, eine möglichst große Anzahl von Schneidkanten gleichzeitig zum Angriff zu bringen, eine Regeneration der Schneidfähigkeit zu erreichen und damit Schleifkraft, Ausdauer und Schleifschnelligkeit auf ein Maximum zu bringen. Da das Hermesit-Schleifband mit einem künstlichen hochwertigen Schleifrohstoff belegt ist, so ergeben sich bei dem Vergleich eines solchen Bandes mit einem einfachen Flint- oder Rotschleifband folgende Unterschiede:

1. Bis zu 30 Mal so hart wie Flint ist die Hermesit-Streuung;
2. bereits im Einstand ist die Hermesit-Streuung ungefähr zehnmal so teuer wie Flint.
3. das zur Verwendung kommende Papier ist von größter Zerreißfestigkeit und daher doppelt so teuer wie die bei Flint und Rotschleifpapier zur Verwendung gelangenden einfacheren Pergamentsorten;
4. Unter Berücksichtigung dieser Tatsachen ist das mit hochwertigen künstlichen Schleifrohstoffen belegte Schleifband viel billiger und wirtschaftlicher im praktischen Gebrauch, trotz seines höheren Preises.

Die Härte des Holzes

Im Allgemeinen spricht man in der Holzbearbeitung von Hartholz und Weichholz. Ob ein Holz hart oder weich ist, hängt vom Grade seiner Härte ab. Was man unter Härte bei den Schleifscheiben zu verstehen hat, ist auf Seite 39 dargelegt. Beim Holz ist die Härtebestimmung eine andere, und zwar benutzt man als wissenschaftliche Härtebestimmung beim Holz heute das sogenannte ,,Brinell-Verfahren". Dieses Verfahren ist dadurch gekennzeichnet, daß eine Stahlkugel mit einem Durchmesser von 10 mm in eine mindestens 15 mm dicke Holzprobe gedrückt wird. Die Kraft, die für das Eindrücken erforderlich ist, wird in kg gemessen und durch die eingedrückte Kugelfläche gemessen in mm^2, geteilt. Das Resultat ergibt die Härteziffer in kg/mm^2. Der Druck erfolgt in einer bestimmten kg-Zahl und einer bestimmten Zeitlänge. Natürlich wird die Härtebestimmung nur an Hölzern mit gleichem Feuchtigkeitsgrad vorgenommen. Es sind also Druckstärke, Druckzeit, Druckrichtung und Feuchtigkeitsgrad der Probehölzer gleich. Auch ist die Härte des Holzes vom Feuchtigkeitsgrad abhängig. Die Härte der mittelharten bis beinharten Hölzer nimmt im allgemeinen mit zunehmender Feuchtigkeit ab. Das Gegenteil ist meist bei den Weichhölzern der Fall. Das Holz alter Bäume hat einen höheren Härtegrad als das junger Bäume. Auf künstlichem Wege kann man die Härte des Holzes verstärken oder abschwächen. Nach den Angaben von E. Halt und K. Krechberger in der „Holztechnik" wurde folgende Härtetabelle aufgestellt:

Bezeichnung	Baumarten	Härte
sehr weich	Arve, Balsa, Fichte, Pappel, Tanne, Weide, Weymouthskiefer	bis 3,5 kg/mm²
weich	Birke, gemeine Kiefer, Kastanie, Lärche, Linde	bis 4,9 kg/mm²
mittelhart	Maulbeerbaum, Nußbaum, Plantane, Schwarzkiefer, Ulme	bis 5,9 kg/mm²
hart	Ahorn, Apfelbaum, Birnbaum, Eiche, Eibe, Esche, Flieder, Holunder, Kirschbaum, Mahagoni, Palisander, Rotbuche, Teakholz, Zitronenholz	bis 6,5 kg/mm²
sehr hart	Bubinga, Buchsbaum, Olive, Pockholz, Rosenholz, Weißbuche, Weißdorn	bis 14,6 kg/mm²
beinhart	Ebenholz, Padouk, Sandelholz, Quebracho, Kokos	über 14,6 kg/mm²

Die angeführten Holzarten sind innerhalb der Härtestufen alphabetisch geordnet.

Bekanntlich müssen weiche Hölzer anders bzw. vorsichtiger behandelt werden als harte.

Tanne, Kiefer, Lärche und verwandte Hölzer vertragen, wenn sie gebeizt und mattiert oder etwa poliert werden sollen, nur wenig Schliff und dann nur ausschließlich in der Richtung der Holzfaser, jedoch nie quer dazu. Auch bei wenig angreifenden Schleifmitteln entstehen beim Querschliff stets Kratzer oder Schleifstriche, welche nur durch nochmaliges Bearbeiten mit einem scharfen Putzhobel beseitigt werden können. Die genannten weichen Hölzer weisen keine einheitlich feste Substanz auf, infolgedessen werden die weichen Teile durch nachhaltiges Schleifen mehr angegriffen als die harten. Nach dem Auftragen der Politur, Mattierung, Lack usw. heben sich die harten deutlich ab. Man sollte deshalb zum Schleifen von Weichholzflächen keine Kork-, Filz oder sonstigen elastischen Schleifklötze verwenden, sondern solche aus Pappel- oder Lindenholz.

Die Ziehklinge sollte man vor dem Schleifen möglichst nicht verwenden, wenn sie aber gebraucht wird, dann muß sie ganz scharf sein und soll nur unter leichtem Druck in Richtung der Holzfaser in großen Zügen geführt werden.

Man muß alles Schieben unterlassen, weil sich die so bearbeiteten Flächen nachher deutlich von der Umgebung abheben.
Bei allen harten Hölzern, die ja ohne Nachteil ausgiebig in der Längsrichtung geschliffen werden können, ist aber der Zweck erreicht, sobald alle vorhandenen Unebenheiten ausgeglichen sind. Allerdings braucht man, um dieses festzustellen, Fingerspitzengefühl. Die zur Anwendung gelangenden Schleifmittel wie Bimsstein, Schleifpapier, Stahlwolle usw. sind natürlich erst in gröberer und dann in feinerer Körnung anzuwenden. Wichtig ist besonders beim Schleifen mit Öl oder vor dem Auftragen der Beize, daß die Poren nach dem Schleifen von allen Staubrückständen befreit werden. Auftragen muß man das Öl beim Ölschliff nur mit einem angefeuchteten Lappen, also wenig.
Die mit Staub gemischten Ölrückstände sind nach dem Schleifen mit Sägemehl aufzusaugen und sauber abzureiben.
Alle Arbeiten, die gebeizt werden, sind vorher zu wässern und nach dem Trocknen mit feinen Schleifmitteln nochmals leicht nachzuschleifen. Alle beim Schleifen eingedrückten Stellen werden durch das mit einem Schwamm oder Pinsel aufgetragene Wasser hochgezogen; durch das nochmalige Nachschleifen wird eine vollständig glatte Fertigfläche erzielt.

Die Vorbereitung von Holzoberflächen

Ein alter Spruch sagt: ,,Gut geputzt ist halb geschliffen, gut geschliffen, halb poliert.“ Zum Abputzen werden der Putzhobel, die Ziehklinge, der Zahnhobel und Schleifpapiere und Schleifleinen verwendet. Wir haben es hier nur mit den Schleifmitteln zu tun. Über die einzelnen Arten von Schleifmitteln ist bereits zu Beginn dieses Buches ausführlich gesprochen worden. Zweckmäßig ist es, die allgemeinen Richtlinien für die Wahl der Schleifmittel für die Holzbearbeitung hier wiederzugeben.
Für das Putzen von Hand kommt Flintpapier oder gegebenenfalls auch Glaspapier in Frage, für den Endschliff von Hand Feinschleifpapier. Für den maschinellen Schliff

1. an Weichhölzern Flint- oder Rotschleifpapier bzw. = Leinen,
2. an Harthölzern Granat-, Elektrokorund-Papier und = Leinen, gegebenenfalls auch Siliziumkarbid-Schleifpapier,

an öligen Harthölzern, besonders Sonder-Elektrokorund-Schleifpapier in offener Streuung.
Maßgebend ist für die Wahl der Körnung neben dem erzielten Feinheitsgrad vor allem aber auch die Geschwindigkeit der zur Verwendung gelangenden Schleifmaschine. Die Körnung muß um so gröber gewählt werden, je höher die Schleifgeschwindigkeit ist, um den gleichen Feinheitsgrad des geschliffenen Holzes zu erreichen. Es kommt natürlich darauf an, möglichst wirtschaftlich zu arbeiten. Infolgedessen empfiehlt es sich, ein gröberes Korn zu wählen, wenn eine große Schleifgeschwindigkeit möglich ist. Nicht allein daß weniger Schleifmittel gebraucht werden, da die Lebensdauer der Schleifmittel länger wird, auch die Güte der Holzoberfläche wird bedeutend besser. Darauf zu achten ist auch, daß bei Eichenflächen die Schleifmittel eisenfrei sein müssen. Bei den zeitgemäßen leistungsfähigen Schleifpapieren und Schleifleinen aus erstklassigen Schleifrohstoffen ist dies auch der Fall.

Massivholz, nachdem es gewässert worden ist, um Druckstellen nach Möglichkeit hochzuziehen, wird nach dem Trocknen auf der Maschine geschliffen, gegebenenfalls auch mit dem Putzhobel oder mit der Ziehklinge abgeputzt und dann geschliffen. Für Weichholz, bei dem die Flächen gebeizt werden sollen, kommt ein Längsschliff von Hand oder mit der Schleifmaschine in Betracht, hingegen kann man quer zur Faser schleifen, wenn es sich um Weichholz handelt, das gestrichen werden soll. Zweckmäßig verwendet man beim Schleifen von Hand einen harten Schleifklotz mit gebrochenen Kanten, um ein Herausschleifen der weichen Teile zu vermeiden. Beim Schleifen von profilierten Stäben wird ein Schleifklotz mit Gegenprofil verwendet.
Die Schleifmittel finden auch Verwendung bei der Bearbeitung von furnierten Flächen, und zwar gebraucht man die Bandschleifmaschine. Bei wertvollen Arbeiten schleift man mit Kunstschleifsteinen wie Bims usw., und zwar muß die allerfeinste Körnung Verwendung finden.

Leistungsangaben bei Schleifpapier und Schleifleinen

Schleifverfahren	Leistungen in 1 Std.
Handschleifen mit Flintpapier	3 — 5 qm
Handschleifen mit Cabinetpapier	5 — 8 qm
Schleifen mit Tellerschleifmaschinen	12 — 15 qm
Schleifen mit Scheibenschleifmaschinen	20 — 50 qm
Schleifen mit Klein-Bandschleifmaschinen, Bandmaß etwa 3/4 m × 10 cm	15 — 20 qm
Schleifen mit Groß-Bandschleifmaschinen, Bandmaß etwa 7 — 8 m × 15 cm	25 — 45 qm
Schleifen mit Dreitrommelschleifmaschinen	300 — 400 qm dreifach

Die Zahlen sind näherungsweise Vergleichsangaben, die von bestimmten Faktoren, z. B. Holzart, Schleifmittelkörnung, Schleifgeschwindigkeit u. dgl., beeinflußt werden. Sie können daher immer nur Richtwerte sein.

Die Verwendung von Filz in der Holzbearbeitung

Bei der Bearbeitung von Holz ist zunächst zu beachten, ob das Holz mit dem Filz selbst unter Aufleimung von feinem Schmirgel geschliffen werden soll, oder ob der Filz nur als elastische Unterlage für die verschiedenen Maschinen dient. Bei dem ersteren Fall handelt es sich fast ausschließlich um das Schleifen von Profilleisten, wozu man kleinere Filzscheiben in den meisten Fällen unter 100 mm Durchmesser benötigt, die dann mit dem jeweils in Frage kommenden Profil versehen werden. Die Beleimung und das Auftragen des feinen Schmirgels erfolgt in der Weise, wie das in den Metallschleifereien üblich ist. — Als elastische Unterlage findet der Filz Verwendung für die Zylinderschleifmaschinen, Bandschleifmaschinen und den Schleifschuh. Bei der Zylinder-Schleifmaschine kommt ein verhältnismäßig schwacher Filz, etwa 4—5 mm stark, in weicher Ausführung etwa spez. —,2 in Frage, in abgepaßten Stücken, die sich ganz nach der Größe des Zylinders richten. Gewöhnlich werden die

Abb. 103. Wolfen der Wolle

Abb. 104. Rupfen aus dem Vlies

Abb. 105
Filzen

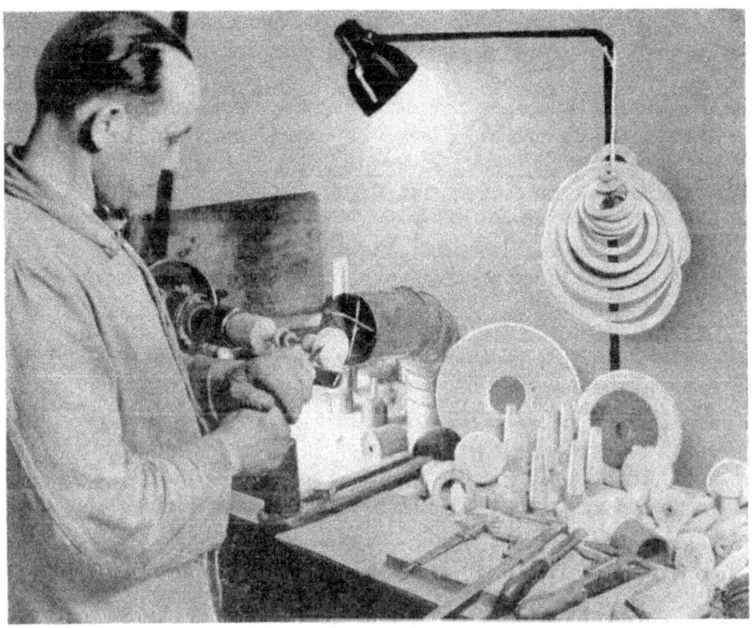

Abb. 106. Drechseln von Filzwerkzeugen

betreffenden Filzstreifen an beiden Enden abgeschrägt, damit sie bei dem Aufleimen keinen direkten Stoß geben. Bei der Bandschleifmaschine ist ein wesentlich festerer Filz vorzuziehen in etwa 10 mm Stärke, wobei sich die Größe auch ganz nach den Maschinen richtet. Die üblichsten Breiten sind 150 bis 200 mm und die Längen 1200 bis 1600 mm. Die Ansicht, daß hier ein gewöhnlicher Unterlagsfilz genügt, ist nicht richtig. Das billige Material verschleißt außerordentlich schnell und die dauernden Neuanschaffungen des Filzes kommen genau so teuer, als wenn man vornherein ein gutes Material von bester Verarbeitung nimmt. Für den Schleifschuh benötigt man kleine Filzstücke, etwa 360 × 170 mm, wobei die Stärke tunlichst auch mit 10 mm zu wählen ist. Die Qualität und die Festigkeit richten sich ganz nach den Ansichten des Verbrauchers, jedoch ist auch hier ein gutes, wenn auch etwas teureres Material das billigste.
Die vorstehenden vier Abbildungen zeigen Fabrikationsvorgänge bei der Herstellung des Filzes.

Der Schleifvorgang beim Holz

Von E. Kratz[1] an der Technischen Hochschule Dresden vorgenommene Versuche über Holzschleifen auf Trommelschleifmaschinen haben hinsichtlich des Schleifvorganges mit verschiedenen Körnungen und Hölzern bemerkenswerte Ergebnisse erzielt. Diese Versuchsergebnisse hinsichtlich des Einflusses der Oszillation, des neuen Schleifpapiers, der Spantiefe, der Vorschubgeschwindigkeit und Oszillations-Hubzahl wie auch der Körnung und der Schleifrichtung auf die Oberflächen-Güte können wie folgt zusammengefaßt werden:

1. Die Tangential- oder Schnittkraft, die vom Antrieb der Trommel aufzubringen ist, ebenso die Horizontal- oder Vorschubkraft wachsen direkt proportional der Spantiefe innerhalb der praktisch üblichen Grenzen. Dabei liegt die Tangentialkraft im Mittel 12% niedriger als die Horizontalkraft.
2. Die Vertikalkraft, die sich als Druckkraft auf den Schleiftisch sowie auf die Lagerung der Trommel auswirkt, steigt je nach den Reibungsverhältnissen teils fast linear, teils gekrümmt, wie es annähernd dem theoretischen Verlauf entspricht.
3. Sämtliche Schleifkräfte sind proportional der Schleifbreite.
4. Die Trommelleistung wächst direkt proportional mit dem Spanvolumen.
5. Die Trommelarbeit für konstantes Spanvolumen pro Umdrehung sinkt mit wachsender Schnittgeschwindigkeit. Der Zerspanungsvorgang wird also durch höhere Schnittgeschwindigkeit günstig beeinflußt. Die Höhe des Abfalls hängt von der Holzart ab und tritt besonders bei Rotbuche in Erscheinung. Bei Kiefer ist der Einfluß der Schnittgeschwindigkeit auf die Trommelleistung nur gering.
   Eine Steigerung der Schnittgeschwindigkeit über die heute üblichen Drehzahlen von 1500 bis 1600 je Minute ist daher anzustreben. Mit den unter-

[1] Untersuchungen über Holzschleifen an Trommelschleifmaschinen.

suchten Papieren ist jedoch eine Steigerung über 30 m/sec. nicht möglich, da dann eine übermäßige Beanspruchung des Papiers eintritt, die zu dessen Zerstörung führen kann.

6. Die Trommelleistung für konstantes Spanvolumen ist abhängig von der Korngröße. Bei feinerer Körnung ist infolge der erhöhten Reibung ein bedeutender Anstieg festzustellen.
7. Die Schleifrichtung beeinflußt in großem Maße die Höhe der spezifischen Trommelleistung. Reine Längszerspanung erfordert eine rund 30% höhere Leistung für konstantes Spanvolumen als reine Querzerspanung.
8. Der Bearbeitungswiderstand durch Schleifen stimmt mit der Härte der verschiedenen Hölzer überein. Die Härte ist anscheinend ausschlaggebend für den Schleifwiderstand der Hölzer.
9. Die Oszillation hat auf die Größe der Schleifkräfte keinen meßbaren Einfluß.
10. Die Abnutzung des Schleifpapiers hängt von Korn-, Leim und Papiermaterial ab. In welcher Weise neben diesen Faktoren die verschiedenen Bearbeitungsgrößen die Haltbarkeit beeinflussen, konnte wegen des Umfangs der hierzu erforderlichen Versuche nicht klargestellt werden.

Bei einer Zusammenfassung sämtlicher Untersuchungen ergeben sich innerhalb der Versuchsbereiche folgende Ergebnisse:

1. Die Oberfläche wird durch Oszillation der Schleiftrommel weitgehend verbessert und von Fehlern befreit.
2. Die ersten Schliffe mit neuem Papier geben nicht die dem Papier zugeordnete Oberflächengüte.
3. Die Spantiefe hat in den üblichen Grenzen auf die Oberfläche keinen meßbaren Einfluß.
4. Die zunehmende Vorschubgeschwindigkeit wirkt verschlechternd auf die Oberfläche.
5. Bei steigender Oszillationshubzahl tritt anfänglich eine Verbesserung der Oberflächengüte ein. Eine Steigerung über 120—130 Hübe je Minute ist bei den untersuchten Betriebsverhältnissen ohne praktischen Wert.
6. Das Schleifen in der Faserrichtung ergibt eine bessere Oberfläche als das Schleifen im Winkel zur Faserrichtung. Die Rauhigkeit bei verschiedenen Winkeln ist annähernd gleich.

Der maschinelle Schliff von Holz

Erst durch die Entwicklung der Schleifmaschinen in ihren mannigfaltigen Formen wurde die Wirtschaftlichkeit des Holzschliffs auf den heutigen Stand gebracht. War es zunächst nur darum zu tun, das Handschleifen abzulösen und bessere Methoden zu finden, so ergab sich sehr bald, daß auch andere Formen der Oberflächenbearbeitung durch das maschinelle Schleifen ersetzt werden konnten. So wurde auch das Hobeln und Honen in vielen Fällen durch Maschinenschliff ersetzt. Beim Schleifen von ebenen Flächen ergeben sich annähernd die folgenden Vergleichszahlen, aus Hermesit-Ratgeber entnommen:

Schleifverfahren	Leistung in 1 Std.
Handschleifen mit Flintpapier	3 — 5 qm
Handschleifen mit Cabinetpapier	5 — 8 qm
Schleifen mit Tellerschleifmaschinen	12 — 15 qm
Schleifen mit Scheibenschleifmaschinen	20 — 50 qm
Schleifen mit Klein-Bandschleifmaschinen, Bandmaß etwa 3/4 m × 10 cm	15 — 20 qm
Schleifen mit Groß-Bandschleifmaschinen, Bandmaß etwa 7 — 8 m × 15 cm	25 — 45 qm
Schleifen mit Dreitrommelschleifmaschinen	300 — 400 qm (dreifach)

Nach diesen Zahlen kann man aber die Zweckmäßigkeit der Beschaffung der einen oder anderen Maschinentype nicht allein festlegen. Nicht nur die Leistung der Maschine an ebenen Flächen ist wesentlich, sondern diese muß unter Berücksichtigung noch anderer Gesichtspunkte ausgewählt werden.

Auswahl der zweckmäßigen Maschinentype

Maßgeblich ist als erstes die Form der zu schleifenden Stücke. Man bedenke, ob zumeist Flächen, Platten und dergleichen bearbeitet werden sollen oder ob Rundungen, Wölbungen, Profile oder Stäbe geschliffen werden sollen. Ferner ist zu berücksichtigen, in welchen Mengen die verschiedenen Werkstücke vorkommen. So leistet zum Beispiel eine Zylinderschleifmaschine beim Schleifen von gleichmäßig starken Furnierplatten weitaus am meisten. Sind aber täglich nur zwanzig solcher Stücke zu schleifen, so wäre es unrationell, eine solche Maschine für mehrere tausend D-Mark zu kaufen, die dann nur einige Minuten benutzt wird. Man muß sich ferner nach dem vorhandenen Platz richten.
Kleinband- und Tellerschleifer brauchen praktisch gar keinen Platz, da sie Werkzeug-Charakter haben und nach Gebrauch anderweitig aufbewahrt werden können. Groß-Bandschleifmaschinen benötigen einen Platz von etwa 4 bis 5 m Breite. Die Tiefe muß unter Berücksichtigung des Arbeitsplatzes für den Schleifer mit mindestens zwei Meter veranschlagt werden.
Zylinder-Schleifmaschinen brauchen sehr viel Raum. Die Maschine selbst kann je nach Größe bis zu 4 m breit sein. Die Tiefe des benötigten Raumes mit Zuführung und Abtransport der Stücke kann bis zu 9 m und mehr betragen. Ist das vorhandene Kapital klein, so ist es manchmal gut, zunächst eine preiswerte kleinere Maschine zu kaufen, um zu einem späteren Zeitpunkt die Beschaffung einer speziell geeigneten und äußerst leistungsfähigen Maschine ins Auge zu fassen.

Das Schleifen von Flächen

Für diesen Zweck arbeitet zumeist mit endlosen Schleifbändern, die über zwei Scheiben laufen. Für große Flächen empfiehlt sich die Groß-Bandschleifmaschine. Die endlos verleimten Bänder haben eine Länge von 5 bis zu 11 m

Abb 107. Der Schleifhobel im Betrieb

Abb. 108. Köper-Schleifbänder

und laufen mit einer großen Geschwindigkeit über die zu schleifenden Flächen, ohne diese direkt zu berühren. Mit dem Schleifschuh wird nun das Band auf die Holzoberfläche gedrückt. Durch Verschiebung von Werkstück und Schleifschuh erreicht man alle Teile des Werkstücks und erzielt in kürzester Zeit das gewünschte Ergebnis.

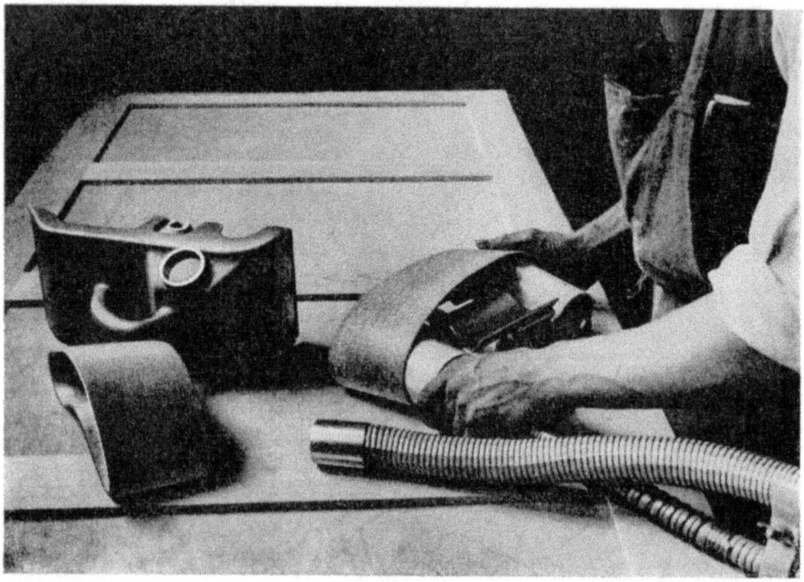

Abb. 109. Die Kleinbandschleifmaschine kann leicht gereinigt werden

Die Groß-Bandschleifmaschine ist stationär und die Werkstücke müssen an die Maschine herangebracht werden. Man beachte: Die größten vorkommenden Stücke müssen bearbeitet werden können, es ist ärgerlich, wenn später die Maschine sich für das eine oder andere Stück als zu klein erweist. Daher ist eine einseitige oder gar zweiseitige Ausladung an der Maschine wünschenswert. Der Schleiftisch muß weich und vereckungsfrei gelagert sein, soll ferner eine schnelle Verstellung nach oben und unten ermöglichen, damit auch hohe Werkstücke geschliffen werden können. Er darf — und dies gilt besonders für Maschinen mit einer Bandlänge von über 8 m — nicht zu stark durchfedern.
Im Gegensatz hierzu steht die Klein-Bandschleifmaschine, die um über die Hälfte billiger ist. Der kleine Bandschleifer wird an das Werkstück herangebracht, beim Horizontalschliff reguliert das Gewicht der Maschine im großen und ganzen den Schleifdruck selbsttätig. An der Maschine befindet sich eine Bürste oder eine Filzlage, über die das Band läuft und von deren einwandfreier Beschaffenheit viel abhängt. Man sorge stets für geringen Reibungswider-

stand zwischen Band und Bürste bzw. Filz. Will man mit diesen Maschinen gebogene Stücke bearbeiten, so legt man die Maschine umgekehrt auf einen Auflagebock und führt nun das Werkstück an das laufende Band heran.
Man muß sich bei der Beschaffung einer Schleifmaschine darüber klar sein, was man von ihr verlangt. Sind bei einem Tischlermeister viele verschiedene Arbeiten schleiftechnischer Art vorzunehmen, vielleicht zum Teil auch an fertig zusammengebauten Stücken, so ist der kleine Bandschleifer stets eine gewinnbringende Anschaffung. Selbst in Großbetrieben, die Zylinder- und Groß-Bandschleifmaschinen haben, wird der kleine Bandschleifer für bestimmte Arbeiten vorgezogen. Die in der Metallbearbeitung vorherrschende Schleifarbeit mit keramisch gebundenen Schleifscheiben findet beim Holzschliff keine Anwendung. Hierbei findet man fast nur die Bearbeitung der Oberfläche mit Schleifpapieren und Schleiftuchen (Leinen, Köper). Der fachlich gebräuchliche Ausdruck für Maschinenschleifpapier ist ,,Schleifband'', selbst wenn dasselbe in Form von Rollen, Scheiben, Tellern oder Rauten vorliegt.

Teller-Schleifmaschinen

Abb. 110. Schleifteller aus Papier, Köper oder Vulkanfiber

Ausführung 1: Der Schleifteller sitzt direkt auf der Motorwelle, man befestigt auf demselben ein rundes Stück Schleifband, die Maschine wird an das Werkstück herangeführt; man kann mit dieser Maschine im Gegensatz zum kleinen Bandschleifer keine Rundungen schleifen. Es ergibt sich die Annehmlichkeit, daß man mit diesen kleinen Maschinen, die nicht sehr teuer sind, dem Werkstück folgen kann. Sie sind außerdem in anderer als schleiftechnischer Hinsicht sehr vielseitig. Entfernt man nämlich den Schleifteller, so kann man an der Motorwelle alle möglichen Werkzeuge anbringen, wie Fräser, kleine Kreissägen (Fischbandsägen), Schleifsteine, Zylinderlochbohrer zum Ausflicken von Astlöchern, Schwabbelscheiben und anderes.
Ausführung 2: Der Schleifteller wird durch eine flexible Welle angetrieben. Diese Maschinen finden besondere Erwähnung, weil man sich hierbei eines in der Werkstatt vorhandenen Antriebsmittels bedienen kann. Außerdem ist diese Maschinentype die einzige, mit der man Bottiche ausschleifen kann. Die zur Anwendung kommenden Schleifteller sind auf Papier, Köper oder Vulkanfiber gestreut, haben einen Durchmesser bis 25 cm und sind vorzugsweise mit hochwertigem Belag zu empfehlen, da nur eine relativ kleine Schleifkornfläche zur Verfügung steht. (Abb. 110)

Scheiben-Schleifmaschinen

Abb. 111. Schwere Doppelscheiben-Schleifmaschine

Überschreitet der Durchmesser des Schleifpapiers 40 cm, so spricht man von einer Scheiben-Schleifmaschine, im Gegensatz zu keramisch gebundenen Schleifscheiben, die auch bei geringerem Durchmesser als solche bezeichnet werden. Das Anwendungsgebiet dieser Maschinen ist beschränkt. Beim Schleifen von Kisten, Möbelkisten und ähnlichem leisten diese Maschinen Gutes; sie sind außerdem billig und haben eine lange Lebensdauer. Ein besonders hochwertiger Schliff mit feinen Körnungen ist damit nicht so gut durchzuführen, jedoch macht die große Schleiffläche dieser Maschinen, die bis zu einem Scheibendurchmesser von 1,5 m gebaut werden, diese für manche Zwecke sehr wirtschaftlich.
Die in Abb. 111 dargestellte schwere Doppel-Scheiben-Schleifmaschine wird von einem im Ständer untergebrachten Drehstrommotor durch dreifachen Keilriemen angetrieben. Um einen Winkelschliff zu ermöglichen, sind die Auflagetische verstellbar. Bei einem beiderseitigen Betrieb ist die volle Ausnutzung der Maschine möglich.

Die Praxis des Maschinenschliffs (Arbeitsweisen)

Die Struktur des zu schleifenden Holzes ist unmaßgeblich bei der Auswahl der zweckmäßigen Maschinenform, dagegen fast ausschließlich richtunggebend bei der Auswahl der Schleifmittel und bei der Festlegung der Arbeitsweisen.
Weiche Holzarten sind leicht zu schleifen. Wenn sich auch mit Flint- und Rotschleifbändern bereits flotte Schleifleistungen erzielen lassen, so ist doch die Verwendung von Hermesit schon allgemein auch bei Weichholz als zweckmäßig anerkannt worden. Der Schliff längs zur Faser ist dann vorzuziehen, wenn durch die beträchtliche Spanabnahme beim Querschliff die Gefahr des Verschleifens besteht. Beim Bearbeiten von Weichholz mit hochwertigen Schleifbändern ist offengestreutes Material oft empfehlenswerter.
Harte Holzarten lassen sich mit Flint- und Rotschleifpapieren nur mühsam bearbeiten; die Bänder werden schnell stumpf und greifen dann nicht mehr an. Hier empfiehlt sich die ausschließliche Verwendung von Hermesit-Schleifbändern. Beim Vor- und Mittelschliff schleift man quer oder diagonal zur Faser, um Zeit einzusparen. Erst der Endschliff erfolgt längs zur Faser. Für härteste Holzarten, Exoten und dergleichen verwende man Hermesit- oder Siliziumkarbid-Schleifbänder, die von höchster Angriffsfreudigkeit sind und dadurch ein schnelles und wirtschaftliches Arbeiten gewährleisten.
Harzhaltige Holzarten müssen mit offengestreutem Schleifmaterial geschliffen werden, da der Harzgehalt sonst ein schnelles Verschmieren der Kornschicht eintreten läßt, wodurch ein Ausnützen des Bandes unmöglich wird. Auch offengestreute Bänder neigen noch hierzu, jedoch bietet sich hier die Möglichkeit, die Streuung zu reinigen. Dies geschieht, indem man eine Drahtbürste oder ein größeres Stück Gummi (alter Autoreifen) auf das laufende Band drückt. Auch das kombinierte Schleifen von harzigen Holzarten und mittelharten Hölzern ist zu empfehlen, falls dies im Rahmen der vorliegenden Arbeiten möglich ist. Ein stark verschmiertes Band wird durch Schleifarbeiten zum Beispiel auf Buche wieder sehr verbessert.

Die Verwendung minderwertiger oder gar stumpfer Schleifbänder ist höchst unwirtschaftlich, nicht nur wegen der längeren Schleifdauer, sondern weil auch die Weiterverarbeitung derart geschliffener Flächen sehr schwierig wird. Die stumpfen Schleifkörner üben nur eine schabende Wirkung aus und drücken die weichen Jahre zurück, während die harten Jahre nicht nachgeben können und daher entfernt werden. Sowie nun irgendeine Feuchtigkeit hinzutritt, quellen die zusammengedrückten weichen Stellen stark auf. Das Hermesit-Schleifband dagegen schneidet mit seinen schnittigen Körnern weiche wie harte Holzteile gleichmäßig weg.
Bei stark ästigen Holzarten gilt dies in noch viel höherem Maße. Man schleife hier vor allen Dingen mit einem breiten Band und großem Schleifschuh, um Unebenheiten zu vermeiden. Haben Band und Schuh eine Breite von etwa 180 mm, so wird auch stark ästiges Material mit vorzüglichen Ergebnissen zu schleifen sein, wie diese beim Handschliff überhaupt nicht zu erreichen sind. Ein Wässern vor dem Endschliff ist in allen Fällen stets dann zu empfehlen, wenn die Zeit zum Trocknen vor dem Endschliff unbedenklich zur Verfügung steht.

Auswahl der Körnung nach den zu schleifenden Holzarten

Daß mit einer neuen Schleifmaschine meist nur wenige Bänder mitgeliefert werden, hat seinen guten Grund darin, daß die Hersteller der Maschine nicht wissen, welche Arbeiten vorgenommen werden sollen. Man tut in einem solchen Falle gut, sich für alle vorkommenden Arbeiten einen entsprechenden Satz von Schleifbändern zu bestellen. Hierbei richte man sich etwa nach folgendem:

Zum Abzahnen, Entfernen von Leim-, Farb- und alten Lackschichten nur grobe Körnungen: Nr. 24, 30, 36, 40 bis 50;
zum Vorschleifen üblich vorbearbeiteter Flächen die mittleren Standardkörnungen: Nr. 50, 60, 80 bis 90;
für feine und feinste Oberflächen bei Furnieren usw.: 100, 120, 150 und 180.

Die günstigste Körnung ist natürlich in weitgehendem Maße abhängig von der Schnittgeschwindigkeit des Bandes. Mit einer Regelung dieser Geschwindigkeit sind nur wenige Modelle versehen. An und für sich ist eine hohe Schnittgeschwindigkeit günstig, eine Erhöhung über 30 m/sek bringt aber keine großen Vorteile und stellt nur sehr hohe Anforderungen an die Stabilität der Maschine. Dies mögen besonders solche Betriebe beachten, die eine Erhöhung der Schnittgeschwindigkeit durch Umbau ins Auge fassen.
An Hand der in den vorstehenden Ausführungen gemachten Angaben lege man ungefähr die Körnung fest, die für die vorliegende Arbeit geeignet erscheint. Man hat dann meist die Auswahl zwischen zwei oder drei Körnungen. Hiervon bestelle man sich je ein Band, um damit Versuche durchzuführen. Man wird sich zumeist für das feinere Band entscheiden, wenn es auf eine wirklich einwandfreie schöne Fläche ankommt, dagegen zum gröberen Band greifen, wenn schnelles Schleifen wichtig ist, die Feinheit der erzielten Fläche dagegen untergeordnete Bedeutung hat.

Quer-, Diagonal- und Längsschliff

Mit ein und derselben Körnung kann man nun auf der gleichen Holzart drei verschiedene Ergebnisse erzielen, und zwar wie folgt: Der Querschnitt arbeitet schnell und wirtschaftlich und ergibt die rauheste Fläche. Der Längsschliff ergibt die bessere Fläche, dagegen braucht man zum Entfernen einer gleichen Menge Schleifstaubes eine bedeutend längere Zeit. Der Diagonalschliff liefert Zwischenergebnisse. Dies läßt sich in vielen Fällen so ausnutzen, daß man den Vorschliff quer, den Nachschliff dagegen mit dem gleichen Band längs zur Faser vornimmt. Eine bei vielen Schleifern bestehende Abneigung gegen den Querschliff ist unbegründet; es gibt viele Fälle, in denen diese Art des Schleifens Vorteile bietet.
Die Versuche, nach denen die folgenden Angaben zu werten sind, wurden mit Hermesit-Schleifbändern durchgeführt. Da solche aber heute immer mehr Verwendung finden, so dürfte für die meisten Betriebe hieraus das Richtige zu entnehmen sein.

Für Kiefernholz

Hermesit-Körnung 60, wegen des Harzgehaltes offengestreut zu wählen. Das Werkstück wird quer zur Faser vorgeschliffen und mit dem gleichen Schleifband lang nachgeschliffen. Wird die Fläche hinterher gestrichen, so genügt diese Bearbeitung durchaus. Soll dagegen ein Feinschliff erfolgen, so bearbeitet man die Fläche anschließend mit einem Band in Körnung 100 in offener Streuart. Für den gleichen Zweck kann man in dieser Körnung auch dichtgestreutes Material verwenden, wenn solches für andere Arbeiten (z. B. Eiche) sowieso gebraucht wird.
Für besonders rationelle Schleifarbeiten, bei denen keine allzu hohen Ansprüche an die Güte der Fläche gestellt werden, genügt ein einmaliger Querschliff mit Hermesit-Körnung 80 oder 90 offengestreut, so für Innenseiten von Küchen, Schränken und dergleichen.

Für Eichenfurniere

Man schleife mit dicht gestreutem Hermesit-Schleifband Körnung 60 quer vor und lang nach, anschließend ist mit Körnung 100 oder 120 lang nachzuschleifen. Die Fläche rauht dann bei der weiteren Bearbeitung kaum noch auf. Wer ganz sicher gehen will, wässere zwischen dem Langschliff mit Korn 60 und dem darauffolgenden Feinschliff, wenn die Zeit für das Trocknen eingeschaltet werden kann.

Für Nußbaumfurniere

Hier verfahre man genau wie bei Eichenfurnier, nur wähle man jeweils ein feineres Hermesit-Schleifband, so statt Korn 60 Korn 80; der Feinschliff erfolgt mit Korn 120 oder 150.

Kombinierte Arbeiten

Will man mit dem gleichen Band z. B. Kiefer und Furniere schleifen ohne Wechsel des Bandes, so ergibt sich ein wirtschaftlicher Schliff mit Hermesit-Schleifband Körnung 50 dichtgestreut. Das Furnier muß dann später mit einem feinen Band oder mit Hermesit-Finishingpapier von Hand besonders bearbeitet werden.

Abzahnen

Hierfür verwende man Hermesit-Körnung 30 und 36; offengestreut für schmierende Holzarten, sonst dichtgestreut. Bei Eichenblindfurnier ist auch Körnung 24 dichtgestreut sehr empfehlenswert.

Leimreste

Diese setzen das Band sehr schnell zu und machen es dadurch frühzeitig stumpf, daher sind hierfür alte, sonst nicht mehr verwendbare Schleifbänder am Platze. Die vorstehenden Ausführungen sind dem Hermesit-Ratgeber entnommen, der von einem bekannten und erfahrenen Schleifmittel-Hersteller herausgegeben wurde.

Fehler beim Schleifen

Auf dem Gebiete des Schleifens und Polierens ist unsere Forschung noch nicht so weit, daß man allgemeine, genau gültige Angaben machen und Formeln aufstellen kann, die bei den einzelnen Schleifverfahren Anwendung finden können, wie dies z. B. beim Hobeln und Drehen der Fall ist. Genau gültige Angaben, die ein in jeder Beziehung fehlerfreies Schleifen gewährleisten, gibt es noch nicht. Die nachfolgenden Ausführungen über Fehler beim Schleifen und ihre Ursachen sollen nun dazu dienen, daß der Schleifer die gemachten Fehler erkennen und für Abhilfe sorgen kann.

Man kann nur dann wirtschaftlich und fehlerfrei schleifen, wenn aus der Wahl des richtigen Schleifverfahrens, die Maschinenart und die Beschaffenheit der Schleifmaschine sowie die jeweils dem Schleifvorgang angepaßten Zusammensetzungen der Schleifscheiben entsprechend berücksichtigt wurden. Auch die Meßeinrichtungen und die Stückzahl der zu schleifenden Werkzeuge und Werkstücke ist von Wichtigkeit.

An häufig vorkommenden Fehlern sind zu nennen: Schleifrisse, Rattermarken, Brandflecke, Härteverminderung der Schleifflächen, besonders an Schneiden; ferner fehlerhafte Form und ungenaue Maße der Werkstücke, die durch unsachgemäßes Schleifen verursacht werden.

Der erste Fehler tritt meist schon bei der Annahme auf, daß der Betriebszustand der Schleifmaschine einwandfrei sei. Meist handelt es sich um Mängel, die sich erst nach längerem Gebrauch der Maschine eingestellt haben; sie sind

hauptsächlich durch den Einfluß der Maschinenabnutzung hervorgerufen. In erster Linie wirkt sich das natürlich auf die Güte der zu bearbeitenden Werkstücke aus, und zwar in Formen von Rattermarken und Strahlen wie sie z. B. bei schlechter Lagerung der Schleifspindel oder schlechter Werkstückspindellagerung oder der Reitstockpinole und durch zu kleine und mit Zunder behaftete Zentrierlöcher auftreten.
Schleifrisse entstehen in erster Linie durch die Hitzeeinwirkung beim Härten und nachher beim Schleifen. Durch die hohen Temperaturunterschiede werden derart hohe Spannungen hervorgerufen, daß Schleifrisse entstehen. Die Ursache kann nun davon sein:

Eine zu hart oder zu fein gewählte Schleifscheibe;
eine zu hohe Arbeitsgeschwindigkeit;
Ein zu hoher Druck des Werkstückes gegen die Schleifscheibe;
beim Naßschleifen, wenn die zu hoch erhitzten Stahlteile von der Kühlflüssigkeit abgeschreckt werden.

Man darf sagen, daß die Schleifrisse allgemein senkrecht zum Schleifstrich liegen, bei größeren Flächen liegen sie dagegen ohne besondere Anordnung verstreut. Bei der Spanabtrennung können an der Berührungsfläche zwischen Schleifscheibe und Werkstück Temperaturen bis 1500° C und höher entstehen. Abhilfe kann geschaffen werden mit einer weicheren bzw. härteren Schleifscheibe. Manchmal genügt sogar ein Aufrauhen des Schleifkörpers, wenn derselbe sich zugesetzt hat. Den Anpreßdruck des Werkstückes muß man herabsetzen, wenn die Schleifscheibe zu fein ist. Ist ein Schleifkörper zu hart gewählt, so soll man die Umfangsgeschwindigkeit nicht unter 18 m/sek wählen.
Wenn die Schleifscheibe schmiert, so ist sie zu hart oder zu fein. Man muß dann die Scheibe langsamer laufen lassen oder sie öfters gut aufrauhen, gegebenenfalls eine weichere oder härtere Schleifscheibe wählen.
Wenn die Scheibe die Kanten bzw. das Profil nicht hält, so ist sie zu grobkörnig und zu weich. Man muß harte und feinkörnige Scheiben wählen. Wenn die Scheibe zu langsam läuft, so muß die Umlaufzahl erhöht werden.
Wenn die Schleifscheibe wohl feinkörnig, der damit erzeugte Schliff aber nicht glatt ist, so ist die Scheibe entweder zu weich oder sie schlägt, das Werkstück ist zu wenig fest eingespannt. Man muß die Scheibe genau rundlaufend abrichten; das Werkstück muß man gut unterstützen und einspannen. Wenn die Schleifscheibe zu weich ist, so muß man die Umlaufzahl erhöhen und die Umfangsgeschwindigkeit des Werkstückes bzw. den Vorschub desselben verlangsamen.
Wenn die Schleifscheibe zwar gut schneidet, sich aber zu stark abnutzt, so ist die Scheibe zu weich oder das Werkstück wird zu stark an die Scheibe gepreßt. Man muß dann die Umlaufszahl der Scheibe erhöhen, bei Freihandschliff jedoch nicht über 30 m/sek. Umfangsgeschwindigkeit oder die Umfangsgeschwindigkeit und den Vorschub des Werkstückes bzw. den Anpressungsdruck vermindern oder schließlich eine härtere Scheibe gebrauchen.
Wenn trotz Abrichten die Schleifscheibe nach kurzer Zeit schlägt, so sind die Lager ausgelaufen oder die Schleifmaschine vibriert, d. h. sie ist zu wenig fest montiert. Vielleicht wird das Werkstück stoßweise an die Schleifscheibe ge-

führt, wobei die ersten zwei Ursachen auf eine zu hart gewählte Scheibe zurückzuführen sind. Zur Abhilfe muß man die Lager nacharbeiten oder nachstellen. Die Fundamentschrauben müssen fest angezogen werden, auch muß man bei zu schwacher Fundierung einen stärkeren Betonsockel nehmen. Die Auflage muß man immer knapp an die Scheibe stellen, das Werkstück kurz und fest einspannen. Sobald sich das geringste Unrundlaufen bemerkbar macht, müssen die Schleifscheiben öfters rundgerichtet werden.
Im allgemeinen haben Brandflecke dieselben Schleiffehler zur Ursache wie die Schleifrisse. Sie treten infolge zu starker Erhitzung des Werkstückes auf. Äußerlich kann man die Brandflecke zwar durch Überschleifen beseitigen, aber damit ist die Erweichung des Werkstoffes nicht behoben. Die Ursachen von Brandflecken sind meistens:

zu großer Anpreßdruck;
zu großer Tiefenvorschub;
der Schleifkörper hat sich zugesetzt;
die Kühlung war mangelhaft.

Wenn sich die Schleifscheiben zusetzen und verschmieren, so ist dies vielfach auf eine zu große Spantiefe zurückzuführen. Die Spantiefe soll etwa betragen:

0,02 bis 0,06 mm beim Schruppen,
0,005 bis 0,01 mm beim Schlichten.

Im Gegensatz zu Stahl wird bei Gußeisen zweckmäßig mit großen Schnitttiefen und kleinen Vorschüben gearbeitet. Je Umdrehung sollte der Vorschub des Werkstückes betragen:

$^2/_3$ bis $^4/_5$ der Schleifscheibenbreite beim Schruppen;
$^1/_2$ bis $^2/_3$ der Schleifscheibenbreite beim Schlichten.

Der Aufnahme der Schleifscheibe ist vor allem größte Beachtung zu schenken. Zur Erzielung guter Oberflächenbeschaffenheiten ist das Auswuchten unerläßlich. Der benutzte Schleifkörper muß stets griffig sein; daher ist es erforderlich, die Abrichtgeräte sachgemäß anzuwenden. Auch soll das Kühlmittel nicht nur die Rolle der Kühlung übernehmen, vielmehr muß es auch die Schleifscheibe griffig halten und den Schleifstaub niederschlagen.
Bei allen Schleifarten ist das Verhältnis zwischen der Werkstückgeschwindigkeit und der Schleifscheibengeschwindigkeit zu beachten. Zweckmäßig wählt man die Werkstückgeschwindigkeit 15—18 m/sek, für Schruppen 10—12 m/sek und für Schlichten 10—18 m/sek. Bei zu hoher Geschwindigkeit des Werkstückes nutzt sich die Schleifscheibe zu stark ab. Je feiner der Schliff sein soll, desto niedriger muß die Umfangsgeschwindigkeit gewählt werden. Große Vorschübe verlangen höhere Umfangsgeschwindigkeiten des Werkstückes. Bei hoher Umfangsgeschwindigkeit des Werkstückes muß der Vorschub entsprechend vergrößert werden. Zweckmäßig wähle man die Umlaufgeschwindigkeiten der Scheiben etwa wie folgt:

28—30 m/sek für Rundschliff;
20—25 m/sek für Flächenschliff;
15—25 m/sek für Innenschliff.

Der Schleifscheibendurchmesser ist beim Innenschliff im Verhältnis zur Bohrung möglichst klein zu nehmen, da sonst der Berührungsbogen zu groß wird. Abschließend kann gesagt werden, daß ein einwandfreies und fehlerfreies Schleifen nur dann möglich ist, wenn eine dem jeweiligenVerwendungszweck genau angepaßte Schleifscheibe Verwendung findet. In vielen Fällen sind die vorstehend aufgeführten Schleiffehler auf eine falsche Auswahl der Schleifscheibe oder deren unsachgemäße Behandlung zurückzuführen. Es ist unmöglich, alle Faktoren, die zur Bestimmung einer richtigen Schleifscheibenzusammensetzung benötigt werden, auf einen Nenner zu bringen. Es gehören hierzu u. a.:

1. Der zu schleifende Werkstoff.
2. Die abzunehmende Werkstoffmenge.
3. Die zu erzielende Art des Schliffes.
4. Die Länge des Berührungsbogens zwischen Schleifscheibe und Werkstück.
5. Umfangsgeschwindigkeit der Schleifscheibe und des Werkstückes.
6. Die Bauart der Schleifmaschine.
7. Der Zustand der Schleifmaschine.
8. Die Geschicklichkeit des Schleifers.

Wie wohl bei keinem anderen Werkzeug ist gerade bei der Schleifscheibe eine sehr enge Zusammenarbeit zwischen Hersteller und Verbraucher erforderlich. Um für einen bestimmten Verwendungszweck — der Verwendungszweck bestimmt die Schleifscheibe — die am wirtschaftlichsten arbeitende Schleifscheibe zu erhalten, ist es unbedingt erforderlich, dem Hersteller alle erforderlichen Daten anzugeben, die er für die Ansetzung einer Schleifscheibenzusammensetzung gebraucht, dies geschieht meist in Form von Fragebogen. Jeder Schleifscheibe wird bei der Lieferung ein Etikett beigegeben und die auf demselben angegebene Umfangsgeschwindigkeit muß vom Verbraucher unbedingt eingehalten werden, da sonst ein fehlerfreies Schleifen unmöglich ist. Nur auf Grund der vom Verbraucher gemachten genauen und vollständigen Angaben kann die Herstellerfirma die Gewähr für die Lieferung einer geeigneten Schleifscheibe, d. h. einer Scheibe, die wirtschaftlich arbeitet, übernehmen.

Abschnitt 3

DIE SCHLEIF- UND POLIERMASCHINEN IN DER HOLZBEARBEITUNG UND DIE SCHLEIF- UND POLIERVERFAHREN

Sägenschärfmaschinen für Band-, Kreis- und Gattersägen

Sägenschärf-Automaten Cne

Die Abb. Nr. 112 zeigt den Vollmer-Sägenschärf-Automaten, Bauart Cne; es ist dies ein Standardmodell für die gesamte holzverarbeitende Industrie für Gerade und Schrägschliff. Von diesem Automaten können nachstehend abgebildete Zahnformen geschärft werden. Die Maschine ist vollkommen gegen Staub abgedeckt und eine zentrale Nachstellung der langen Schleifkopfführung bietet Gewähr für bleibende Gleichmäßigkeit des Schrägschliffs. Durch einfaches Hebelumlegen erfolgt eine schnelle Umstellung von Gerad- auf Schrägschliff. Der Schleifscheibendurchmesser beträgt 200 mm. Es lassen sich schärfen:

Kreissägen	von 120—1000 mm
Gattersägen beliebiger Länge und Breite	
Bandsägen	bis 60 mm Breite
Trennbandsägen	bis etwa 100 mm Breite

Zahnteilung bei Schriftzahn	5—50 mm
Zahnteilung bei Wolfszahn	5—35 mm
Zahnhöhen	bis 28 mm
Schrägschliff	6—20°
Vorschubgeschwindigkeiten	30, 60, 80 Zähne/min
Zahnbrustwinkel bei Gatter- bwz. Trennbandsägen	bis 25°
Kraftbedarf	0,4 + 0,55 PS

In Abb. Nr. 113 wird die Bauart Cne mit Spannvorrichtung für Kreissägen und in Abb. Nr. 114 die Bauart Cne mit Spannvorrichtung für Gattersägen gezeigt.
Diese Bauart ist für Gerad- und Schrägschliff eingerichtet. Besonders in kleineren Betrieben wird sie als Universalmaschine verwendet. Kreissägen, Gattersägen, Bandsägen, Trennbandsägen und Fräsketten können mit der Maschine

Abb. 112. Sägenschärf-Automat Bauart Cne

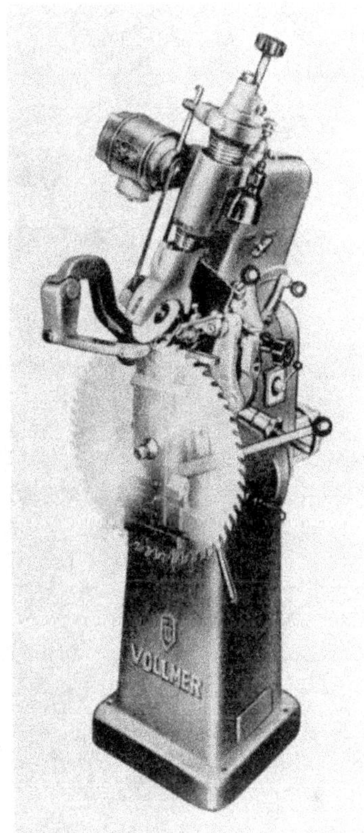

Abb. 113. Bauart Cne mit Aufspannvorrichtung für Kreissägen

Abb. 114. Schärfautomat, Bauart Cne für Horizontal-Gattersägen

geschärft werden. Die Schleifkopfführung ist zentral einstellbar. Die Maschine hat drei Vorschubgeschwindigkeiten und ist von Gerad- auf Schrägschliff durch einen Hebel umstellbar.

Neuerdings wird zum automatischen Schärfen von Horizontalgattersägen mit Zahngruppen wechselseitiger Schnittrichtung eine Zusatzeinrichtung an die Schärfmaschine angebaut. Die Größe der Zahngruppen oder ihre Anordnung auf die Sägenlänge kann beliebig sein. Die Steuerung dieser Zusatzeinrichtung N 66, die an alle Cana- und Cn-Typen angebracht werden kann, erfolgt elektrisch.

Abb. 115. Sägeschärfmschine Cne für Gattersägen

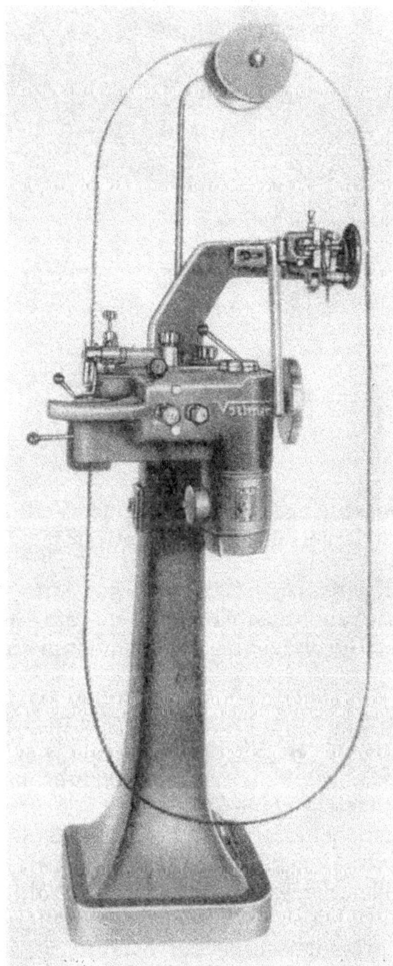

Abb. 116. Schärfautomat für Geradschliff für Kreis- und Bandsägeblätter mit angebauter Bandsägen-Schränkmaschine, Bauart Cv/I

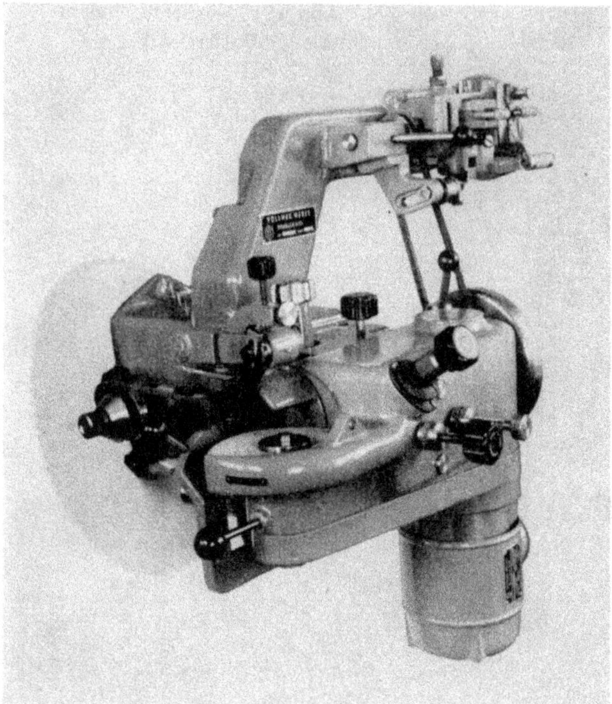

Abb. 117. Schärfautomat, Bauart Cv/II auf Wandkonsole mit Bandsägen-Schränkmaschine für Band- und Kreissägen

In der Abb. Nr. 116 wird der Vollmer Schärfautomat für Geradschliff, Bauart Cv dargestellt. Sie ist bestimmt

für Kreissägenblätter bis 500 mm ∅,
für Bandsägenblätter bis 60 mm Breite,
für Bügelsägenblätter bis 60 mm Breite.

Diese Bauart Cv hat sich in Bauschreinereien, Möbelschreinereien und überall dort, wo Bandsägen und kleine Kreissägen zu schärfen sind, eingeführt. Sie wird in verschiedenen Ausführungen, angefangen von der Tischausführung bis zur abgebildeten Ständerausführung, bei welcher die Schränkmaschine mit der Schärfmaschine kombiniert werden kann, gebaut.
Zum Schärfen von breiteren Bandsägen wurde eine lange, mit Hartmetalleinlagen versehene Führung entwickelt, welche in Verbindung mit Niederhalterollen die Schärfgenauigkeit erhöht.
In der Abb. Nr. 117 ist die Bauart Cv/II auf Wandkonsole, mit Bandsägenschränkmaschine dargestellt. Sie findet Verwendung auf Band- und Kreis-

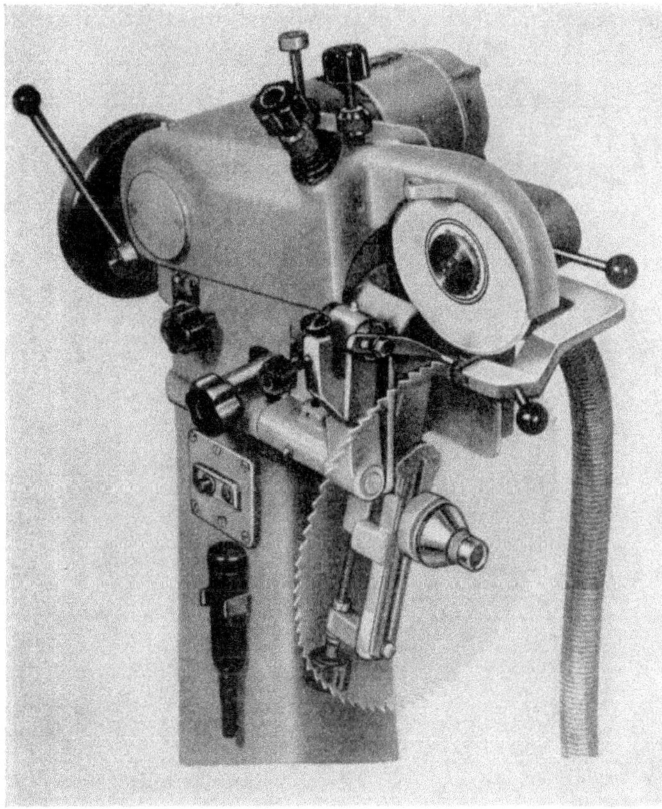

Abb. 118. Bauart Cv/III mit Drehstrom, Flanschmotor, 0,4 PS auf niederem Ständer, zum Schärfen von Kreissägen

sägen. Sämtliche Einstellungen sind während des Betriebes möglich, und sie besitzt drei verschiedene Kurvenscheiben für die gebräuchlichsten Zahnformen. Durch bewährte Schleifweise werden schneidhaltige Zahnspitzen erzielt.

In der Abb. Nr. 118 wird die Cv/III dargestellt, und zwar mit Drehstrom-Flanschmotor, 0,4 PS auf niederem Ständer. Sie dient zum Schärfen von Kreissägen in den nachstehenden Zahnformen. Von dem gleichen Hersteller wird noch die Bauart Cv/IV auf niederem Ständer mit Horizontal-Aufspannvorrichtung für Bandsägen sowie angebauter Bandsägenschränkmaschine für Blattbreiten von 5—45 mm für Handbetrieb, zum Schärfen von Band- und Kreissägen hergestellt. Ferner noch die Bauart Cv/IV mit Aufspannvorrichtung für Bügelsägen und eine Bauart Cv einzeln, auf Werkbank, für Kreissägen.

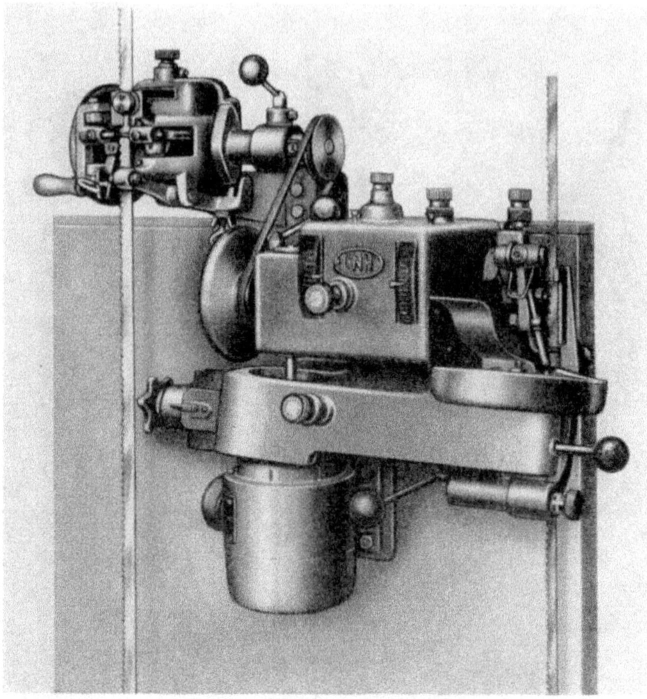

Abb. 119. Selbsttätige Sägenschärfmaschine Elektrik O

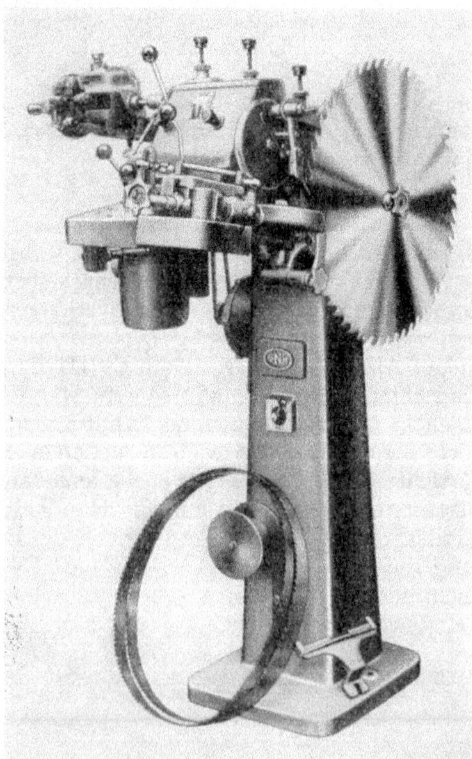

Abb. 120. Sägenschärfmaschine Elektrik I und II

Selbsttätige Hochleistungs-Sägen-Schärfmaschine

In Abb. Nr. 119 wird eine selbsttätige Sägenschärfmaschine ELEKTRIK O für Geradschliff dargestellt. Dieselbe ist

für Kreissägenblätter bis 450 mm ∅,
für Bandsägenblätter bis 60 mm Breite,
Zahnteilung bis 22 mm,
Zahnhöhe bis 20 mm

bestimmt. Die Maschine stellt eine geschlossene Bauform dar, wodurch eine lange Lebensdauer gewährleistet ist. Es lassen sich mit ihr die schwersten Zahnspitzen herstellen.
Die in Abb. Nr. 119 gezeigte ELEKTRIK O Maschine ist auf Wandkonsole montiert, direkt gekuppelt mit Drehstrommotor für Band- und Kreissägen und mit Bandsägenschränkmaschine mechanisch angetrieben. Die Maschine wird auch zum Montieren an der Wand für Band- und Kreissägen hergestellt. Ebenso auf Ständer montiert. Sämtliche Maschinen sind direkt gekuppelt mit Motor.

Abb. 121. Selbsttätige Sägenschärfmaschine Elektrik III zum Schärfen von Kreis- und Gattersägen, Geradschliff

Abb. 122. Selbsttätige Sägenschärfmaschine, Bauart Elektrik III mit Aufspannvorrichtung für Blockbandsägen für Gerad- und Schrägschliff

Die in Abb. Nr. 120 gezeigte Sägenschärfmaschine zum Schärfen von Band- und Kreissägen wird in zwei Bauarten hergestellt, und zwar ELEKTRIK I für Geradschliff und ELEKTRIK II für Gerad- und Schrägschliff, für Kreissägenblätter bis 800 mm ∅ und für Bandsägenblätter bis 80 mm Breite. Die Zahnteilung beträgt 2—50 mm, die Zahnhöhe bis 40 mm. Sie ermöglichst zwei Vorschubgeschwindigkeiten: entweder 45/80 min oder 85/125 min. Man kann sämtliche Einstellungen während des Betriebes vornehmen. Auch ist eine leichte Umstellung von Gerad auf Schrägschliff möglich.
Diese Maschine wird in folgender Ausführung hergestellt:

Zum Montieren an der Wand,
auf Wandkonsolen montiert,
auf Ständer montiert, für Blätter bis 50 oder 80 mm Breite.
Die Zahnformen sind wie nachstehend. Sämtliche Maschinen sind direkt gekuppelt mit Motor.

Abb. Nr. 121 zeigt die selbsttätige Sägenschärfmaschine zum Schärfen von Kreis- und Gattersägen, Blockbandsägen, ELEKTRIK III für Geradschliff und ELEKTRIK IV für Gerad- und Schrägschliff. In der Abb. 121 wird die Ma-

schine mit Aufspannvorrichtung für Gattersägen dargestellt, während in Abb. Nr. 122 die Maschine mit Aufspannvorrichtung für Blockbandsägen gezeigt wird.
Zahnteilung bis 50 mm,
Zahnhöhe bis 40 mm,
Vorschub 45/80 mm.
Die Maschinen sind bestimmt

für Kreissägenblätter bis 900 mm ∅,
für Gattersägen beliebiger Länge und Breite,
für Blockbandsägen beliebiger Länge und Breite.

Die Umstellung von Geradschliff auf Schrägschliff läßt sich leicht ermöglichen, und sämtliche Maschinen sind direkt gekuppelt mit Motor.

Gerad- und Schrägschliff-Sägenschärf-Automat JLM VI für Band- und Kreissägen

Der in Abb. 123 dargestellte Sägenschärfautomat, Bauart „JLM VI", weist die folgenden Vorteile auf:

Einfachste Einstellung, welche während des Betriebes erfolgen kann;
Blatteinstellung nach Skala. Doppelvorschubklinke überbrückt ausgebrochene Zähne;
das Schleifen der verschiedensten Zahnformen wird durch auswechselbare Kurvenscheiben ermöglicht;
das Auswechseln der Kurvenscheiben erfordert nur wenige Sekunden;
einfache Umstellung von Gerad- auf Schrägschliff und umgekehrt.

Mit diesem Automat lassen sich Kreissägen bis 600 mm ∅ schärfen und Bandsägen bis 60 mm Breite. Er schärft Zahnweiten bis 30 mm und Zahnhöhen bis 20 mm. Schrägschliff jede Seite 10 und 20 Grad, Zahnbrustwinkel bis 30 Grad. Zähnezahl je Minute 50 und 80. Der Schleifscheibendurchmesser dieses Automaten, der als Tisch- oder Ständermodell hergestellt wird, beträgt 150 mm und der Kraftbedarf 0,3 kW.

Geradschliff-Sägenschärf-Automat, Bauart JLM V

Der im Bilde 124 gezeigte Sägenschärfautomat JLM V hat die gleichen Vorzüge aufzuweisen wie der Automat JLM VI. Eine Ausrüstung zum Schärfen von Kreissägen mit Gruppenzahnung ist möglich. Die Aufspannvorrichtung zum Schärfen von Trenn- und Blockbandsägen hat sich gut bewährt. Die Sägenverstellung kann je nach Wunsch als Schnellverstellung durch Hebel- oder Kurbelverstellung mittels Handrad ausgeführt werden.
Mit der Maschine kann man Gattersägen aller Größen schärfen, Trenn- und Blockbandsägen bis 200 mm Breite aller Längen; Kreissägen von 150—1000 mm. Der Schleifscheibendurchmesser beträgt 200 mm, der Kraftbedarf (3 Motore) etwa 1 PS (Abb. 126).

Abb. 123. Gerad- und Schrägschliff-Sägenschärf-Automat JLM VI

Abb. 124. Gradschliff-Sägenschärf-Automat JLMV

Abb. 125. Sägenschärf-Automat JLM 36

Sägenschärf-Automat, Bauart JLM 36

Der in Abb. 125 dargestellte Automat JLM 36 wird in zwei Ausführungen hergestellt, und zwar 36/1 nur für Geradschliff und 36/2 für Gerad- und Schrägschliff. Da die Antriebselemente dieses Automaten im geschlossenen Gehäuse staubgeschützt eingebaut sind, so sind auch bei schwerster Beanspruchung Betriebssicherheit und lange Lebensdauer gewährleistet. Dieser Automat hat eine besonders lange und breite, nachstellbare und gegen Staub geschützte Schleifsupportführung. Die Schrägschliffwelle stellt sich selbsttätig nach und ist dadurch immer spielfrei. Der beiderseitige Ausschlag zur Mitte des Schleifkopfes ist beim Schrägschliff nachstellbar. Man kann den Vorschub, die Zahnhöhe und den Schrägschliffgrad nach Skala einstellen. Gerad- oder Schrägschliff, die Vorschubgeschwindigkeit und die Zahnform werden mit Hebel geschaltet. Mit dieser Maschine lassen sich Kreissägen von 150—1500 mm ∅ und Band- und Gattersägen aller Größen schärfen. Die Schleifscheibe hat einen Durchmesser von 250 mm, der Kraftbedarf beträgt etwa 1 PS.

Vorwähler-Gattersägenschärf-Automat „Loroch" JLM Hydromat

Bei dem Gattersägenschärfautomat Hydromat lenkt eine Vorwähleinrichtung einen Teil der früher von Menschenhand ausgeführten Arbeitsgänge; bei diesem mechanisch-hydraulischen Automaten erzielt man neben einem

Abb. 126. Geradschliff-Sägenschärf Automat JLM V

Minimum an Schleifscheiben- und Sägenverbrauch eine erhebliche Senkung der Lohnkosten. Die Maschine arbeitet ganz selbständig, und während des Schärfvorganges kann der Sägenschärfer Gattersägen schränken oder sonst eine Arbeit mit verrichten; man kann also mit diesem Automaten außerordentlich wirtschaftlich arbeiten.
Das seither von Hand ausgeführte Rückziehen des Sägeblattes in die Anfangsstellung, das Hochheben des Schleifkopfes und der Vorschubklinke sowie das Beistellen der Schleifscheibe und das wiederholte Einsetzen zum Schärfen wird hydraulich gesteuert und erfolgt selbsttätig. Mechanisch wird der Vorschub während des Schleifvorganges und die Bewegung der Schleifscheibe ausgeführt. Was die technischen Daten anbetrifft, so sind dieselben wie folgt:

Gattersägenbreite	60 bis 175 mm
Zahnbrustwinkel	bis 25 Grad
Zahnweiten normal	22 und 25 mm
Vorschubgeschwindigkeit je Minute etwa ..	35/70 Zähne
Anzahl der Motoren	4
Gesamter Kraftbedarf	1,5 PS
Schleifscheibendurchmesser	200 mm.

Schleifmaschine für Bandsägeenden

Das Streben der holzverarbeitenden Industrie und des Handwerks nach Rationalisierung der Werkzeuginstandsetzung und Herabsetzung der Kosten und Arbeitszeiten hat dazu geführt, die in Abb. 127 dargestellte elektrische Schleifmaschine für Bandsägeenden herzustellen. Mit dieser kleinen Sonderschleifmaschine, mit der die Enden der Bandsägen angeschliffen werden und die überlappte Lötung oder die Schweißkruste der stumpfgeschweißten Bandsagen abgeschliffen wird, arbeitet man sehr wirtschaftlich. Es können auf ihr Bandsägen von 5 bis 60 mm Breite bearbeitet werden.
Bei der Konstruktion dieser Bauart SM 60 wurden von der herstellenden Firma alle die Erfahrungen berücksichtigt, die sie mit ihren größeren Sonderschleifmaschinen Type SM 110, SM 160 und SM 250 für die Bearbeitung der breiten Sägen, Block- und Trennbandsägen bis 110, 160 und 250 mm Breite gemacht hatte. Mit dieser Schleifmaschine wird in jedem Betrieb, in dem Bandsägen zusammengelötet werden, die Vorarbeit wesentlich verkürzt und vereinfacht. Darüber hinaus ist auch ein sauberer und gleichmäßiger Anschliff die erste Voraussetzung für eine gute Lötung. Dem gewünschten Anschliffwinkel entsprechend kann der Motor schräg gestellt werden; diese Einstellung wird durch eine Gradskala erleichtert.
Die Entfernung der Schweißkruste an stumpfgeschweißten Bandsägen ist leicht und einfach. Es braucht lediglich die mit der Maschine mitgelieferte Stahlschiene auf dem Auflagetisch der Schweißmaschine geschraubt werden, in der die untere Seite der Schweißkruste Platz findet. Die Schweißkruste wird mit senkrecht stehendem Motor abgeschliffen. Mittels einer Rändelschraube senkt man den Motor auf das Schweißgut. Von Hand wird der Motor vorgezogen und zurückgeschoben, während gleichzeitig ein langsames Tiefschrauben erfolgt, bis der gewünschte Schliff durchgeführt ist.

Abb. 128. ERMA vollautomatische Messerschleifmaschine, Bauart ASM-31

Abb. 127. Schleifmaschine für Bandsägeenden

Abb. 129. Flächen- und Messerschleifmaschine, Bauart G 4

Die Bauart SM 60 ist in kräftiger Gußeisenkonstruktion gebaut. An den kugelgelagerten Führungsschlitten ist der Motor befestigt. Die Topfschleifscheibe ist direkt am Wellenende des Motors angebracht. Mit einem angebauten Kippschalter wird der Motor ein- und ausgeschaltet. Anschluß des Motors an die Wechselstromlichtleitung. Da die Bandsäge immer in Längsrichtung geschliffen wird, können keine Haarrisse entstehen. Es können auch mehrere schmale Bandsägen nebeneinander eingespannt und gleichzeitig bearbeitet werden.

ERMA vollautomatische Hochl. Messerschleifmaschine, Bauart ASM

Die in Abb. Nr. 128 gezeigte Maschine, welche für Schleiflängen von 800 bis 7200 mm hergestellt wird, dient zum Schleifen von Dicken-, Streifen-, Furnier-Schäl- und Scheren- bzw. Papiermessern und Flächen. Je nach Beanspruchung ist sie mit einem 2,5-, 4-, 6- oder 7,5-PS-Spezialschleifmotor, Druckknopfschalter mit Motorschutz, einem Schleifring von 175 mm, 250 mm oder 300 mm ∅, elektr. Kühlmittelpumpe, Magnetfilter und Normalzubehör ausgestattet. Die Hin- und Herbewegung des Schlittens mit Schleifmotor erfolgt durch Drehstromgetriebemotor, für zwei verschiedene Vorschubgeschwindigkeiten mittels polumschaltbarem Getriebemotor, unter Verwendung eines Keilriemensegments, welches bei Anschlag umsteuert und auf beliebige Schleiflängen eingestellt werden kann.

Der mit einer großen Skala versehene Aufspanntisch, welcher nach beiden Seiten um 360° neigbar ist, besitzt durchgehende T-Nuten mit verschiebbaren Befestigungsbolzen. Auf Wunsch wird der Aufspanntisch mit Elektromagnetspannplatten ausgestattet.

Die Zuführung des Schleifmotors zum Werkstück kann sowohl von Hand aus als auch automatisch bis max. 2/10 mm erfolgen, danach schaltet sie sich selbständig ab. Ein unbeabsichtigtes Verschleifen der Werkstücke ist daher nicht möglich.

Zusätzlich kann eine Spezialvorrichtung, welche auf den Tisch aufgesetzt wird, mitgeliefert werden, mit deren Hilfe 2—4 Streifenhobelmesser nebeneinander bzw. übereinander eingespannt und alle zu gleicher Zeit geschliffen werden können. Dies bedeutet nicht nur eine erhebliche Zeitersparnis, sondern bietet auch Gewähr für einheitliches Gewicht der einzelnen Messer untereinander.

Göckel-Schleifmaschinen für Messer aller Art

An eine erstklassige Messerschleifmaschine müssen hohe Anforderungen gestellt werden, die man wie folgt festlegen kann:

1. Höchste Schleifgenauigkeit.
2. Hohe Leistung.
3. Flach- und Hohlschliff.
4. Intensive Kühlung.
5. Kein Verziehen und Verbrennen.
6. Kein Verschleiß.
7. Einfache Bedienung.
8. Geringer Platzbedarf.

Abb. 130. Messerschleifmaschine Bauart G 2

Abb. 131. Blick auf den elektromagnetischen Schleiftisch

In Abb. 129 ist die Göckel-Flächen- und Messerschleifmaschine, Bauart G 4, dargestellt. Das Schleifbett ist in moderner Stahlbauweise hergestellt und stark verrippt, der Aufspanntisch im Innern des Schleifbettes gelagert, ist sehr stabil und je nach der Länge der Maschine mehrfach gelagert. Dadurch werden alle die Schleifgüte beeinflussenden Vibrationen vermieden. Die Maschine wird auch mit elektromagnetischen Aufspanntisch hergestellt (Abb. 129).
Man kann mit dieser Maschine gleichzeitig viele Werkstücke spannen und erhebliche Verkürzung der Spannzeiten erreichen, auch wird hohe Maßgenauigkeit und einfache Handhabung erzielt. Der schwere Schleifwagen besitzt keine Prismagleitführungen, vielmehr rollt er auf nadelgelagerten Rollen über die Führungsbahnen des Schleifbettes, die durch aufgelegte Stahlbänder zusätzlich geschützt sind. Die Führungsbahnen liegen höher als die Schleifebene. Durch die Eigenart der Bauart und Anordnung des Schleifwagens wird folgendes erreicht:

1. Der Schleifstaub und Schleifschlamm gelangen nicht auf die Führungsbahnen.
2. Der Wagen gleitet nicht, sondern rollt auf den Führungsbahnen über dem Werkstück hin und her.
3. Schleifbahn und Führungsebene verlaufen parallel; dadurch wird höchste Genauigkeit garantiert, die
4. durch die Vermeidung jeglichen Verschleißes in Verbindung mit den auswechselbaren Stahlbändern dauernd erhalten bleibt.

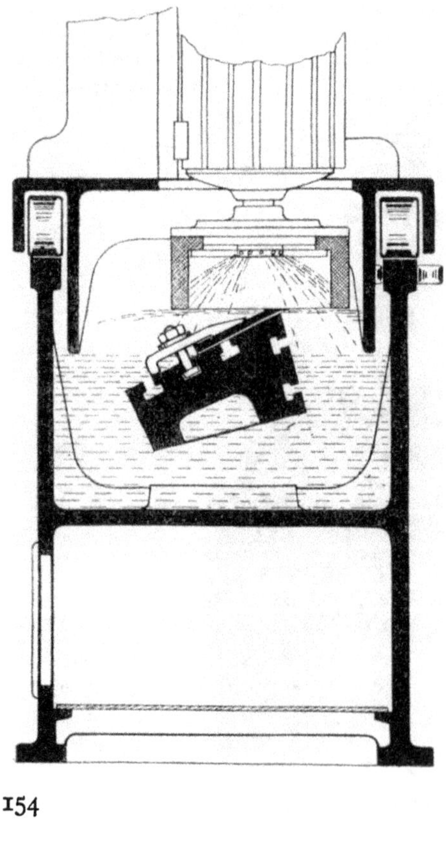

Abb. 132. Schnitt durch die Schleifmaschine

Von Hand oder durch einen auf die gewünschte Schleiftiefe einstellbaren selbsttätigen Tiefenvorschub mit automatischer Ausschaltung erfolgt der Vorschub der Schleifscheibe gegen das Werkstück. Außer der spielfreien Schleifmotorlagerung ist auch die Supportspindel durch neuartige konstruktive Durchbildung auf die Dauer völlig spielfrei.

Während des Schleifvorganges ist für ausreichende Kühlung gesorgt. Das Schleifbett ist mit Kühlwasser gefüllt, in dem der Schleiftisch lagert, so daß keine schädliche Wärmebildung auftreten kann. Wie aus der Abb. 132 ersichtlich, wird das Kühlwasser aus dem Innern der Schleifscheibe unmittelbar der Schleifscheibe zugeführt. Es tritt an der Schleifscheibenunterkante aus, hält die Schleifscheibe griffig und das Werkstück kühl.

Aufgespannt werden die Werkstücke bei horizontal gestellten Schleiftisch außerhalb der Kühlflüssigkeit. Für jeden Winkel ist der Schleiftisch nach großer Skala einstellbar. Auch für die vielstufige Zuspannung ist eine große Skala eingebaut. Die Maschine kann somit sauber und denkbar einfach bedient werden.

Die Maschine wird in fünf verschiedenen Leistungsgrößen hergestellt. Je nach Bauart bewegt sich die Leistung des Schleifmotors zwischen 2,5 bis 35 PS. Der Schleifwagen wird durch einen besonderen Fahrmotor angetrieben. Die Schleiflänge — angefangen von 800 mm bis zur beliebigen Länge — ist so gestuft, daß alle Erfordernisse erfüllt werden können. Infolge ihrer wohl durchdachten Bauart und großer Genauigkeit hat die Maschine ein vielseitiges Anwendungsgebiet gefunden, und zwar in der Holz-, Metall-, Papier-, Tabak- und chemischen Industrie, wie auch in graphischen Betrieben, Reparaturwerkstätten und Schleifereien.

Messerschleifmaschine, Bauart M V

Abb. 133 zeigt eine Messerschleifmaschine, Bauart M V, die zum genau geradlinigen Schleifen von Furniermessern, Druckleisten, Gegenmessern, Papiermessern und für Schäl- und Messermaschinen und Furnierscheren bestimmt ist. Die Maschine ist für Naßschliff eingerichtet, die Kühlflüssigkeit wird mit einer Elektropumpe gefördert. Das Modell M V besteht aus einem schweren geschlossenen Bett. Der hin- und hergehende Schleifschlitten nimmt neben dem Schleifmotor auch die Kühlmittelpumpe und den Getriebevorschubmotor auf, der über eine Reibrolle die Vorschubbewegung einleitet.

Der Schleifzylinderhalter ist direkt auf einem Sonderschleifmotor befestigt; er läßt sich in der Höhe und zum Hohlschliff drehbar verstellen sowie zum Austausch der Schleifscheibe hochschwenken. Die Nachstellung des Schleifzylinders erfolgt selbsttätig. Durch ein Handrad kann eine vom selbsttätigen Zustellen unabhängige Nachstellung erfolgen. Die Normalausführung der elektrischen Einrichtung ist für Drehstrom 380 Volt, 50 Hertz.

Ferner wird im Schnitt (Abb. 134) die Messerschleifmaschine, Bauart MDT gezeigt, von der es vier Ausführungen gibt. Es seien nachstehend einige technische Daten der Messerschleifmaschine MDT 63 und MDT 160 angegeben:

Schleiflänge 630 bzw. 1600 mm

Leistungsbedarf, insges. etwa 3,3 PS.

Abb. 133. Messerschleifmaschine, Bauart MV

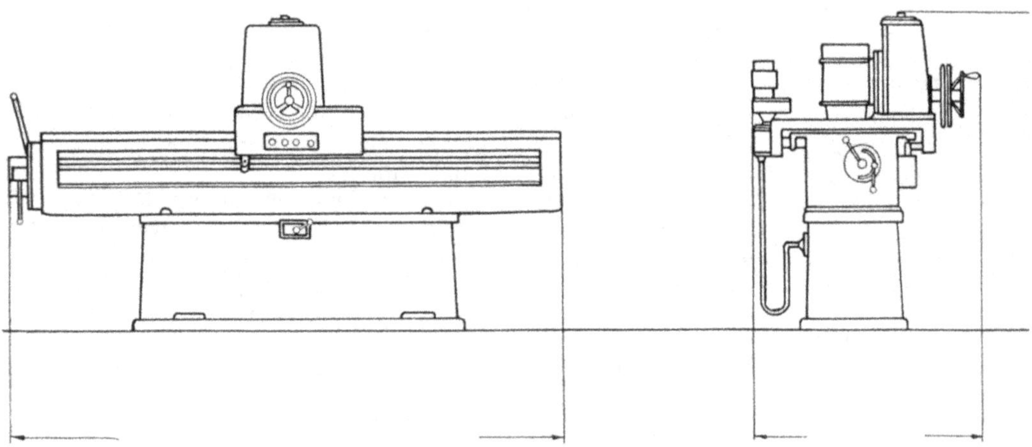

Abb. 134. Messerschleifmaschine, Bauart MDT

Genauigkeitsschleifen von Maschinenmessern und Rundmessern

Selbsttätige Messerschleifmaschinen dienen dazu, die in der Furnier- und Sperrholzindustrie verwendeten Messer und Druckleisten für Schälmaschinen, Furniermessermaschinen, Scheren usw. zu schleifen. Bei diesen Maschinen ist es erforderlich, besondere Sorgfalt auf die starre Ausführung des Messerträgers zu legen, um bei den großen Schleiflängen einwandfreie Schleifergebnisse zu erzielen. Diese Maschinen sind in der Regel mit einer Prismenführung für den Werkzeugschlitten versehen; dies ist nötig, damit die Genauigkeit erzielt wird, die erforderlich ist, um bei Messermaschinen, die mit 5 m Arbeitsbreite und mehr arbeiten, ein tadelloses und gleichmäßiges Furnier zu erhalten.
Gerade Messer, wie auch Kreismesser werden in einer großen Reihe von Betrieben in steigendem Umfange verwendet; insbesondere werden sie von den Holzbearbeitungs-, Furnier- und Schälwerken gebraucht. Von Zeit zu Zeit müssen diese Messer geschärft werden, und es ist außerordentlich wichtig, daß sie beim Schärfen nicht verdorben werden. Das Schleifverfahren, das zum Schärfen der Messer zur Anwendung kommt, und vor allem auch die Schleifmaschine, ist für jeden Holzwerker von größter Bedeutung.
Ein Betrieb der den Anspruch erhebt, zeitgemäß eingerichtet zu sein, muß unter allen Umständen eine Messerschleifmaschine verwenden, welche die Messer schont und pflegend behandelt, denn jeder Stahl verlangt diese Behandlung und lohnt es auch durch längere Schnitthaltigkeit.
Es braucht nicht besonders hingewiesen zu werden, daß jeder Holzfachmann ein gutes Messer zu schätzen weiß, da ein verdorbenes Messer mehr Stillstand und Schererei verursacht, als es wert ist. Hinzu kommt, daß die Kosten für die Messer oft sehr beträchtlich sind. Es ist deshalb für jeden Holzwerker wichtig, eine Genauigkeit-Messerschleifmaschine zu benutzen, mit der er seine Messer tadellos schleifen und dem Stahl seine ursprüngliche Härte und Güte erhalten kann. Der sogenannte Rollschliff hat sich dabei gut bewährt.

Selbsttätige, hydraulische Maschinenmesser-Schleifmaschine Bauart Sian

Die in Abb. 135 dargestellte, selbsttätige, hydraulische Maschinenmesser-Schleifmaschine mit stufenlos regelbarer Tischgeschwindigkeit, Bauart Sian, die für das Scharfschleifen von Maschinenmessern aller Art, wie Hobelmesser, Schälmesser, Hackmesser, Holzwollemesser, Papiermesser, Scherenmesser, Leder-Spaltmesser, Abstreifmesser und Schaberklingen, Kurvenmesser usw. bestimmt ist, wurde unter Berücksichtigung von Erfahrungswerten entwickelt, die in mehr als 25 Jahren beim Bau von Schleifmaschinen gesammelt wurden.
Das Maschinenbett dieser Schleifmaschine zeigt durch starke Querverrippung verbundene Wangen, große Breite und breite Führungsbahnen. Die Starrheit wurde dadurch noch wesentlich erhöht, daß die Wassermulde am Bett angegossen ist. Der Schlitten läuft in eingebauten Sonder-Pendelrollenlagern auf genau geschliffenen Flachbahnen. Hervorzuheben ist, das durch die rollende, also keine gleitende Hin- und Herbewegung des Schlittens ein minimaler Verschleiß der Führungsbahnen erzielt wird. Gegenüber einer eingebauten Laufrolle erhöht sich die lineare Auflage um etwa das Zwanzigfache durch die Auf-

Abb. 135 Maschinenmesser-Schleifmaschine Bauart Sian

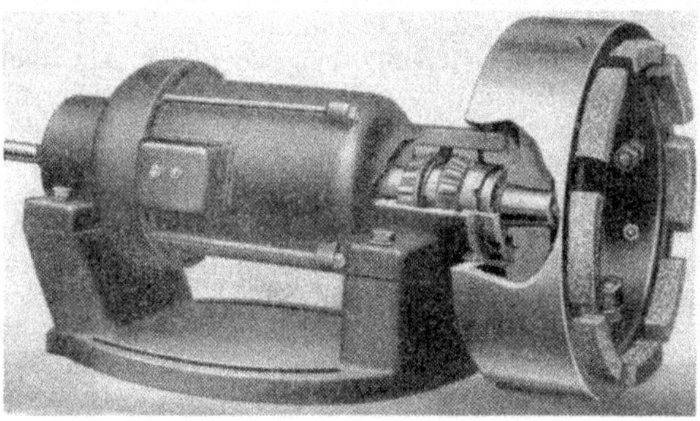

Abb. 136. Motorschleifkopf Sian

lage dieser Vielzahl von Rollen (Nadeln). Dadurch wird die Lebensdauer der Maschine ganz wesentlich beeinflußt. 4 bis 8 Rollenlager sind je nach Schleiflänge eingebaut. Man kann den Schlitten an jeder beliebigen Stelle stillsetzen, ohne den Motor ausschalten zu müssen. Der Lauf des Schlittens kann durch verstellbare Anschläge entsprechend der Messerlänge begrenzt werden.

Das Flüssigkeitsgetriebe besteht aus einer Flüssigkeitspumpe zur Erzeugung des Druckflüssigkeitsstromes und einem Flüssigkeitsmotor zur Umsetzung der Druckenergie in mechanische Arbeit. Der Flüssigkeitspumpe schließt sich die Schaltdose an, in der die Vorsteuerung eingebaut ist und von der aus das Drucköl unmittelbar zur Kolbenstange gefördert wird, welche die Tischbewegung bewirkt.

Das Messer liegt in der Schleifstellung mit der zu schleifenden Wate nach oben; es kann vom Bedienungsmann ständig beobachtet werden. Der Aufspannbalken ist so ausgebildet, daß sowohl Waten (Fasen) als auch die seitlichen Flächen geschliffen werden können.

Das Aufspannen des Messers erfolgt allgemein mittels Spanneisen. Es können je nach Art der zu schleifenden Messer Sonderspannvorrichtungen oder Magnetplatten gewählt werden. Spannschienen oder Spannklappen sind zum Spannen von dünnen Messern oder Schaberklingen zu empfehlen. Sollen größere Mengen gleichartiger Messer mit wenig Zeitverlust geschliffen werden, dann sind Schnellspannvorrichtungen besonders nützlich. Die Spannzeiten können in Verbindung mit Ausrichtvorrichtungen auf wenige Sekunden verringert werden, so daß damit die Leistung der Maschine erheblich gesteigert wird.

Das Schwenken des Messerbalkens erfolgt bei der Normalausführung mittels Schnecke und Schneckenrad. Eine Schnellschwenkvorrichtung kann zusätzlich eingebaut werden. Der Schleifsupport gleitet auf einer nachstellbaren Prismenführung. Der Vorschub kann von Hand oder selbsttätig erfolgen und ist regelbar.

In Abb. 136 wird der Motorschleifkopf gezeigt; er hat eine kräftige, axial einwandfrei gelagerte Spindel, die vorn auf nachstellbaren Kegelrollenlagern und hinten auf einem Hochschulterlager gelagert ist. Damit die Spindel immer spielfrei läuft, können die Kegelrollenlager nach Bedarf nachgestellt werden. Man vermeidet dadurch ungenauen, welligen Schliff. Je nach gewünschter Leistung kann als Schleifkopf ein geschlossener Schleifring, eingegipst in einen gußeisernen Aufnahmeflansch, oder ein leichter bzw. schwerer Segmentkopf verwandt werden. Neben größerer Leistung haben Segmentköpfe den Vorzug intensiver Kühlung. Angetrieben wird der Schleifkopf durch einen Sonder-Einbaumotor, vollständig gekapselt mit Außenmantelkühlung. Die Motorspindel ist als Schleifspindel ausgebildet.

Ein kaltgebundener Schleifring wird als Schleifscheibe verwendet; werden Segmentköpfe verwendet, so sind kaltgebundene Segmente vorgesehen. Für sauberen gratfreien Schliff von Maschinenmessern sind diese Schleifmittel besonders entwickelt worden. Sie haben den Vorteil, daß sie nicht schmieren. Deshalb bleibt der Schleifdruck normal, und die gefürchteten kleinen Haarrisse, welche sich infolge übermäßiger Erhitzung oder zu starken Schleifdruckes bilden und zum Ausbröckeln der Schneiden führen, werden vermieden.

In Normalausführung werden die „Sian"-Schleifmaschinen für Flachschliff gebaut, sie können aber auch mit Hohlschliffeinrichtung versehen werden. In diesem Falle wird der Schleifkopf auf einer Drehplatte gelagert und nach ablesbarer Skala geschwenkt, so daß ein beliebig leichter oder starker Hohlschliff gewählt werden kann.

Beim Schleifen höher legierter Stähle, wie sie bei Maschinenmessern Verwendung finden, ist die Wasserkühlung von großer Wichtigkeit. Ein kräftiger Strahl des Kühlmittels muß auf die Schleifstelle gerichtet werden. Dadurch wird sowohl der Schleifschlamm weggespült, so daß sich der Stein nicht zusetzen kann, als auch eine sehr gute Kühlung an der Stelle erzielt, die dem Angriff des Schleifkopfes ausgesetzt ist. Nachdem sich die Schleifspäne und der Schleifschlamm im Wasserbehälter abgesetzt haben, wird das Kühlwasser durch eine Kühlmittelpumpe der Schleifstelle wieder zugeführt.

Was die Bedienung der Maschine anbetrifft, so befinden sich alle Bedienungshebel vor der Maschine und sind so angeordnet, daß sie bequem erreicht werden können. Unter genauer Beobachtung des Schleifprozesses kann die Regulierung des Vorschubes, die Ein- und Ausschaltung des Messerschlittens, das An- und Abstellen des Steines vorgenommen werden. Diese Maschinen werden in verschiedenen Baugrößen hergestellt.

Abb. 137. Maschine mit Hohlschliffeinrichtung

Abb. 138. Die richtige Zuführung des Kühlmittels

Die Scharf-Schleifmaschine, Bauart WS 1, für Holz- und Metallwerkzeuge

Schon lange war in den Betrieben das Bedürfnis nach einer selbsttätigen Schleifmaschine zum Scharfschleifen der Werkzeuge vorhanden, die den Vorteil geringer Anschaffungskosten mit dem ihrer vielseitigen Anwendbarkeit vereinigt. Für solche Betriebe, für die die Unterhaltung einer kostspieligen automatischen Maschine unwirtschaftlich sein würde, ist eine neue Bauart auf den Markt gekommen, und zwar die Scharf-Schleifmaschine, Bauart W S 1, wie sie in Abb. 139 dargestellt ist und für Holz- und Metallwerkzeuge in Frage kommt. Mit Vorteil kann man sie auch neben den selbsttätigen Scharf-Schleifmaschinen verwenden; um für die verschiedensten Sonderfräser jederzeit eine in jeder Beziehung zuverlässig arbeitende Schärfmaschine einsatzbereit zu haben. Unter Einsatz von geringen Mitteln ist es nun Holz- und Metallverarbeitungsbetrieben und Reparaturwerkstätten möglich, für eine einwandfreie Unterhaltung ihrer Werkzeuge zu sorgen.

In den nachfolgenden Abbildungen ist der Aufbau und die Wirkungsweise dieser Schärfmaschine anschaulich dargestellt. Es handelt sich bei dieser Maschine um eine Tischmaschine. Hervorzuheben ist an ihr die leichte Verstellbarkeit der Schleifscheibe. Durch ein einfaches Schwenken der Motortragplatte um die Achse einer Spindel, die zur axialen Feineinstellung der Scheibe dient, erfolgt die in weiten Grenzen mögliche Höhenverstellung. Zur axialen Grobeinstellung verschiebt man die Motorplatte auf der Lagerachse. Mit der linken Hand hält man während des Schleifens das auf einem verschiebbaren Träger befestigte Werkzeug, während man es mit der rechten Hand mit Hilfe eines Kugelknopfhebels hin- und herbewegt.

Für die Holzindustrie: für Holzfräser bis zu 180 mm Durchmesser,
für die Metallindustrie: für Werkzeuge bis 100 mm Durchmesser.

Der größte Schleifweg beträgt 100 mm und die größte Spitzenentfernung am Spitzenlagerblock 200 mm, während der größte Schwenkwinkel am Spitzenlagerbock 10^0 beträgt.

Für die Schleifscheiben für Holzfräser kommt ein Durchmesser von 200 mm in Betracht, während der Durchmesser für die Schleifscheiben für Metallfräser 80—120 mm beträgt. Der Durchmesser der Schleifspindel beträgt 20 mm und die Grundfläche 450 × 550 mm.

Die Maschine wird in drei Ausführungen gebaut, und zwar Ho für die Holzindustrie, Me für die Metallindustrie und HM für die Holz- und Metallindustrie. Die erste Ausführung ist mit angebautem Motor 0,5 kW, n = rd 1500 U/min und Schalter. Es gehören weiter dazu eine Teilschaltklinke mit Feineinstellung, ein Anschlagarm mit Maßstab zur axialen Einstellung der Schleifscheibe auf den entsprechenden Unterschnittwinkel, ein Aufnahmedorn wahlweise für Bohrungen von 12 bis 60 mm, eine Aufnahme für die Schleifscheibe und eine Werkzeugschleifscheibe Form H 200 mm, alte DIN 185.

Die zweite Ausführung ist mit angebautem Motor 0,5 kW, n = rd 3000 U/min und Schalter; es gehören dazu eine Teilschaltklinke Type TS für Werkzeuge, die an der Spanfläche scharf geschliffen werden, eine Teilschaltklinke Type TU, mit federnder Zunge für Werkzeuge, die am Umfang scharf geschliffen werden, ein Spitzenlagerbock zur Aufnahme des Werkzeuges oder des Werkzeugdorns zwischen Spitzen, ein Halter für Teilschaltklinke TS oder TU, eine Aufnahme

Abb. 139. Seitenansicht der Maschine mit dem Handhebel-Vorschub

Abb. 140. Scharfschleifen eines Holzfräsers. Auf der rechten Bildseite ist die Teilschaltklinke für Holzfräser sichtbar

Abb. 141. Schleifen der Stirnfasen eines Scheiben-Nutenfräsers

Abb. 142. Schärfen eines kegeligen Scheibenfräsers. Das Bild zeigt die besondere Ausbildung des Aufnahmedornes

Abb. 143. Schärfen eines hinterdrehten Profilfräsers zwischen Spitzen. In der rechten Bildecke: Teilschaltklinke für Werkzeuge, die an der Spanfläche scharf geschliffen werden

Abb. 144. Schärfen der Stirnfasen einer Reibahle, Teilschaltklinke mit federnder Zunge

Abb. 145. Schärfen eines Nutenfräsers mit Kreuzverzahnung

Abb. 146. Schärfen eines Walzenfräsers mit Schrägverzahnung. Einstellen bis zu 10° Schrägwinkel möglich

Abb. 147. Schleifen eines Gewindebohrers mit Hilfe des Spitzenlagerbockes (Teilschaltklinken werden nicht gebraucht).

für Schleifscheiben, eine Schleifscheibe, wahlweise 80 bis 120 mm Durchmesser. Die dritte Ausführung HM hat angebauten, polumschaltbaren Motor 0,5 kW, n = rd 1500 und 3000 U/min, und Schalter einschl. Zubehör wie die anderen beiden Ausführungen.

Das Schärfen und die Behandlung von Hobeleisen

Werkzeuge, die täglich gebraucht werden, sind vom schleiftechnischen Standpunkt aus betrachtet häufig in einer nicht allzu guten Verfassung. Man nimmt sich häufig nicht die nötige Zeit dazu, sie in einem Zustand zu erhalten, der für ein wirtschaftliches Arbeiten unbedingt erforderlich ist. Dies trifft besonders auf das Hobeleisen zu. Seine Zuschärfung erfolgt stets einseitig durch Fase, und zwar beträgt der Zuschärfungswinkel für die Bearbeitung der gewöhnlichen Holzarten 18 bis 30°. Jedes Nachschärfen des Hobeleisens darf stets nur von der Fase aus, niemals an der flachen sogenannten Spiegelseite des Hobeleisens erfolgen. Was ihre Anwendung anbetrifft, so kann man die Hobel wie folgt gruppieren:

1. Schrupphobel, Schlichthobel, Doppelhobel (Putzhobel), Rauhbank: Hobel zur Herstellung ebener Flächen.
2. Schiffhobel: Hobel zur Herstellung von gekrümmten Flächen.
3. Simshobel, Falzhobel, Rückwandhobel, Wangenhobel, Grathobel, Nuthobel: Hobel zur Herstellung gerader und gekrümmter, jedoch seitlich begrenzter Flächen.
4. Hohlkehlenhobel, Rundstabhobel: Hobel zur Herstellung verschiedener Profilierungen.
5. Stabziehhobel, Säulenhobel: Hobel für Sonderzwecke.

Dies ist noch keine vollzählige Aufzählung, sie möge aber genügen.
Wir müssen uns mit der Frage befassen, was zu tun ist, um den Hobel wieder in einem guten gebrauchsfähigen Zustand zu bringen. Zuerst muß sich der Holzarbeiter darüber klar sein, woran es liegt, daß der Hobel nicht richtig arbeitet, dann müssen die Ursachen untersucht werden, als welche hauptsächlich das Stolpern und das Verstopfen anzusehen sind. Wenn kein zusammenhängender Span erzeugt wird und der Hobel sprungweise über die Fläche geht, so liegt dies vielfach an einer zu steil geschliffenen Fase des Hobeleisens. Dem schiebenden Druck des Hobels den nötigen Widerstand entgegenzusetzen, ist diese zu schlanke Spitze der Schneide nicht in der Lage, sie federt, d. h. sie biegt sich nach hinten, um sofort wieder nach vorn zu schnellen. Zwar beträgt dieses Verbiegen nach der Richtung, aus der der Druck kommt, nur Bruchteile eines Millimeters, aber es genügt vollkommen, den Hobel über die Fläche hinwegstolpern zu lassen. Natürlich kann man eine einwandfreie, saubere Arbeit mit einem solchen Werkzeug nicht erzielen.
Die zu steil geschliffene Fase besitzt aber noch eine andere Unannehmlichkeit. Wenn man nämlich über eine harte, spröde Stelle oder über einen Ast kommt, springt die Schneide aus, und zwar um so mehr, je harter der Ast war. Die Folge davon ist ein viel schnellerer Verschleiß des Eisens.

Was nun das Verstopfen des Hobels anbetrifft, so kann dies mehrere Ursachen haben. Es ist wichtig, sie genau zu erkennen, weil man nur dann das Übel erfolgreich beheben kann. Wenn es daran liegt, daß die Klappe zu fein gestellt ist, so braucht man sie nur dem Span entsprechend zurückzuschrauben. In den meisten Fällen wird wohl der Hobel stopfen, weil die Klappe nicht genau auf das Eisen paßt; es ist dann schon schwieriger, den Schaden zu beheben. Hier muß so viel abgeschliffen werden, bis die Klappe in ihrer ganzen Breite genau auf dem Eisen aufliegt. Man muß besonders darauf achten, daß die Klappe vorn nicht zu dick, zu klobig wird. Die Klappe zieht man nach dem genauen Aufpassen genau so ab, wie man es mit dem Hobeleisen gewöhnt ist, damit alle Schleifstriche verschwinden. Zu allerletzt streicht man die nun scharf gewordene Kante um. Diese kleine Kante, die winklig zum Eisen steht, hat die Aufgabe den Span zu brechen, und man läßt ihn schön leicht aus dem Hobel heraus „pfeifen", wie der Fachausdruck lautet. Wie groß die Abplattung sein muß, liegt auch hier im Gefühl. Man kann wohl sagen, daß es bei manchen Hobeln sogar gut ist, wenn die Klappe scharf nach vorn verläuft, damit er einen leichten Gang hat. Der Hobel geht um so schwerer, je mehr man die Spitze der Klappe zu einer Abplattung umlegt.

Ein schlecht sitzender Keil kann eine weitere Ursache des Verstopfens sein; in alten Hobeln ist er öfter zu finden. In den Fugen oder scharfen Ecken des Keils verfängt sich der herausdrängende Span, setzt sich fest und bildet so ein Hindernis für die nachfolgenden Späne, welche sich schnell zu einer festen Masse zusammengepreßt haben. Wenn der Keil an sich noch die richtige Breite hat, so genügt oft schon ein Nachstechen der Spitzen, welche zuerst rauh und zerstoßen werden. Es darf nur nicht zuviel weggenommen werden, weil sonst zwischen Keil und Hobelwand kleine Ecken entstehen, die wieder das Stopfen verursachen.

Im Laufe der Zeit wird jedoch der Keil zu schmal, dann leimt man am besten etwas auf beiden Seiten an und paßt ihn wieder genau ein. Oft ist es aber besser, wenn man sich gleich aus Weißbuche einen neuen Keil anfertigt.

Eine häufige Ursache des Verstopfens ist auch ein zu enges Maul, obwohl man ja beim Hobel ein enges Maul hat. Man sollte aber, mit Ausnahme des Putzhobels, bei dem ja das Maul sehr knapp bemessen sein darf, es bei den anderen Hobeln nicht allzu knapp bemessen. Vielmehr sollte es so breit sein, daß auch einmal ein stärkerer Span noch bequem durchgeht. Wenn der Hobel mit einer verstellbaren Maulklappe versehen ist, so kann man ja nach Belieben die Öffnung regulieren.

Bei den einfachen durchschnittlich im Gebrauch befindlichen Hobeln ist es jedoch anders. Hier stemmt man vielmehr mit scharfen Eisen vorsichtig so viel nach, bis man die richtige Öffnung erreicht hat. Durch vielen Gebrauch ist in den meisten Fällen das Maul zu weit geworden, so daß der Hobel am Ende des Arbeitsstückes sich festfrißt. In die Sohle muß man hier einen sogenannten Maulklotz einleimen. Wenn die ganze Sohle schon zu schwach ist, dürfte es besser sein, gleich eine neue Sohle aus Hartholz unterzuleimen, in welche dann das Maul in gewünschter Breite eingestemmt wird. Natürlich muß der Hobel dann neu abgerichtet werden, wie man auch alle Hobel, welche sich durch irgendwelche Einflüsse verzogen haben, abrichten soll.

Motor-Hobelmesser- und Werkzeug-Schleifmaschine „ELU"

Die in Abb. 148 dargestellte Hobelmesser- und Werkzeugschleifmaschine, Bauart MHW 6, ist eine Maschine, die eine Gewähr für einwandfreien Messerschliff an Dickten- und Hobelmessern, Schärfen von Kreissägeblättern bis 500 mm Durchmesser, auch Wigo-Sägen sowie Hobeleisen, Stechbeitel und allen übrigen Werkzeuge bietet.
Die technischen Daten sind wie folgt:

Bauart PS	Umdrehung in der Minute	Strom-spannung	Stromart	Schleiflänge	Schleifscheiben-Durchmesser
MHW 6 0,6	2800	110/190 220/380	Drehstrom	710	150 mm
MHW 6 a 0,4	2800	110 oder 220	Wechselstr.	710	150 mm

Abb. 148. Motor-Hobelmesser-Schleifmaschine ELU

Der neuartige Hobelmesserschlitten erhält seine Führung durch vier Führungsrollen, die paarweise exakt nachstellbar sind. Jede Führungsrolle läuft in 2 in einem Stahlgehäuse staubdicht eingesetzten Kugellagern, so daß also insgesamt 8 Kugellager in der Schlittenführung eingebaut sind. Diese Anordnung ergibt einen besonders leichten Lauf und ermöglicht ein sehr feinfühliges Schleifen. Eine Verkleidung am Schlitten verhindert weitgehend die Verschmutzung der beweglichen Teile durch Schleifstaub und Zunder.
Die oben näher beschriebene ELU: Hobelmesserschleifmaschine gewinnt dadurch noch eine weitere Bedeutung, daß der Anbau eines Kreissägen-Schärfgerätes möglich ist. Die schnelle und zeitsparende Umstellung vom Hobelmesserschleifen zum Kreissägenschärfen ist besonders vorteilhaft. Die Einrichtung zum Schleifen von Hobeleisen, Stechbeiteln u. dergl. wird auch von den Handwerkern geschätzt. Dieser Schärfvorgang wird auf der linken Schleifscheibe der Maschine durchgeführt; die beiden oben erwähnten Schärfarten beeinträchtigen daher das Schärfen der Werkzeuge in keiner Weise.

ERMA Hobelmesserschleifmaschine, Bauart HSM

In der Abb. 149 wird die Hobelmesserschleifmaschine, Bauart HSM dargestellt. Diese Maschine läßt sich von Hand aus spielend leicht betätigen und dadurch, daß anstatt des Messerbalkens der Schleifmotor mit Anbauschalter auf staubgeschützten Kugellagerrollen verschiebbar ist, unterligt die Maschine auch kaum einem Verschleiß. Mit ihr kann der Schleif- und Dickenhobelmesser sowohl flach als auch hohl geschliffen werden. Die Gradeinstellung des Schleifwinkels erfolgt mittels Drehknopfes. Durch einen soliden Gußkörper wird eine vollkommene Vibrationsfreiheit gewährt. Der zur Motorkühlung dienende Luftstrom wird gleichzeitig zur Entfernung des einfallenden Schleifstaubes verwendet.

Abb. 149. Hobelmesser-Schleifmaschine HSM

Mit der im Bilde gezeigten Maschine können Holzhobelmesser sehr wirtschaftlich geschliffen werden. Die Maschine wird auch mit Sonderausführung hergestellt; und zwar Schleifmotor mit doppelseitigem Wellenende zur Aufnahme einer Profilschleifscheibe. Von der Messerschleifmaschine HSM werden 2 Bauarten hergestellt. Die näheren technischen Einzelheiten sind aus der nachstehenden Tabelle zu entnehmen.

Modell: HSM	Schleiflänge max mm	Schleiftopf	Schleifmotor	
			Stärke	Upm
800	820 mm	120/90 mm	0,4 PS	2800
1000	1020 mm	120/90 mm	0,5 PS	2800

Ein praktisches Hobelmesser-Schleifgerät

Vor einiger Zeit ist ein neues Hobelmesser-Schleifgerät CATISO, D. B.-Patent 887756, auf den Markt gekommen, das auf Fräsmaschinen unter Verwendung von Topfschleifscheiben Verwendung findet und soviel leisten soll wie eine

Hobelmesserschleifmaschine. Ein niedriger Anschaffungspreis und eine unbegrenzte Lebensdauer des neuen Schleifgerätes gewährleisten die höchste Wirtschaftlichkeit. Man erreicht mit ihm einwandfrei gerade geschliffene Messer, dadurch wird eine Mehrleistung von Dickte und Abrichte erzielt. Weitere Vorteile bestehen in dem einfachen Einspannen der Messer, Verspannen unmöglich, stets gleichbleibender Führung und Schleifen ohne Anschlag.
Die Normalausführung mit 4 Spannbacken, 610 mm lang, ist zum Schleifen von Hobelmessern bis 630 mm Länge bestimmt. Mit der Normalausführung mit sechs Spannbacken, 810 mm lang, kann man Messer bis 830 mm Länge schleifen.

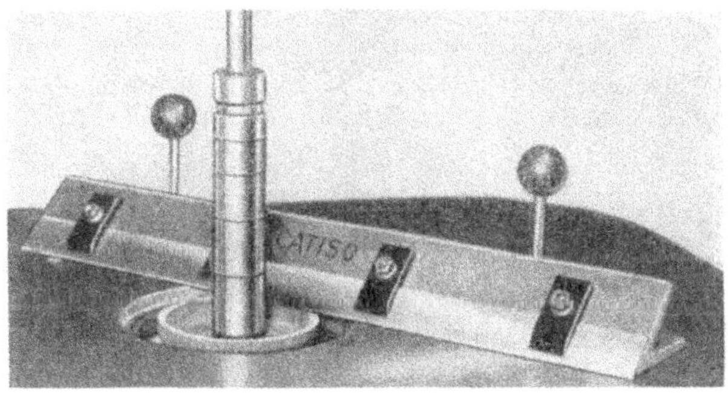

Abb. 150. Hobelmesser-Schleifgerät CATISO

Die beiden äußeren Flächen des Schleifgerätes sind genau plangearbeitet und stehen im günstigsten Winkel zueinander. Damit die aus Elektrokorund bestehende Topfschleifscheibe freien Auslauf hat, besitzt die untere Fläche eine Aussparung; durch sie ist es möglich, das Gerät ohne Anschlag zu führen.
Zur Festigung der Messer sind auf der Messerhalteseite vier Spannbacken angebracht. Man legt zweckmäßig vor dem Einspannen des Messers das Schleifgerät auf den Frästisch, schiebt das Messer mit der Schneide nach unten liegend unter die Spannbacken und drückt es leicht auf den Tisch. Das Hobelmesser ist also genau und gerade in dem Schleifgerät eingespannt.
Man spannt die Topfscheibe in die Frässpindel so ein, daß der obere Rand zunächst einige Millimeter unter dem Frästisch liegt. Nach dem Anlaufen der Fräse wird das Schleifgerät mit eingespannten Messer über die Topfschleifscheibe gelegt. Hierauf dreht man die Frässpindel langsam nach oben, bis die Schneidfläche des Messers leicht berührt wird. Um eine Überhitzung des Hobelmessers zu vermeiden, muß ein zu starkes Anfassen vermieden werden. Auch darf die Topfscheibe nicht zu fest angezogen werden; ihre Drehzahl soll zwischen 2500—4000 Touren liegen.
Nach einigen gleichmäßigen Hin- und Herbewegungen wird ein sauberer Planschliff erzielt. Es empfiehlt sich, hinter dem Schleifgerät eine Leiste anzubringen, welche als Anschlag dient.
Nachstehend ist ein neuer Hobelmesser-NASS-Schliff-Vollautomat, Bauart Cla I dargestellt. Dieser wird in 2 Größen für Streifen- und Dickenhobelmesser von

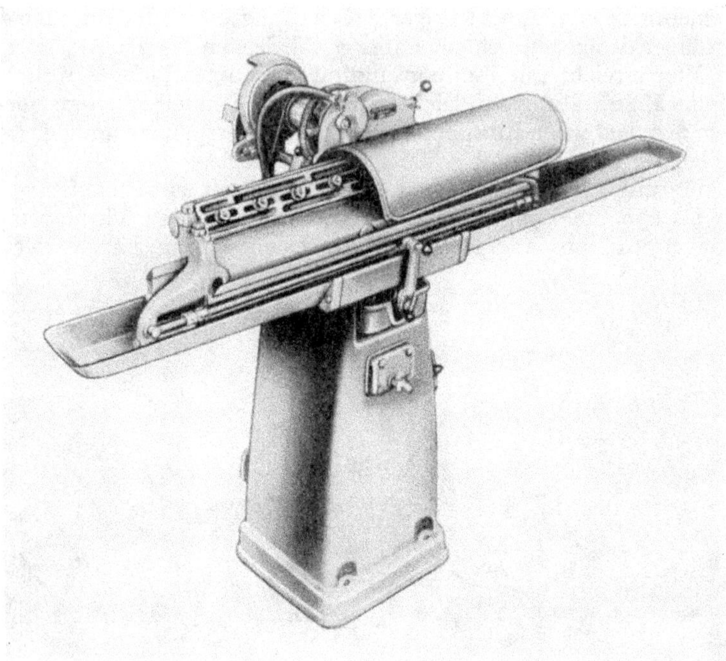

Abb. 151 Hobelmesser-Naßschliff-Vollautomat Cla I

640 und 810 mm Länge und 15 bis 85 mm Breite erzeugt. Bekanntlich wird durch Anwendung des Nass-Schleifens die höchste Schleifleistung bei größter Schonung der Messer erzielt. Es kann in diesem Falle kein Verziehen der Messer durch zu starke Erwärmung eintreten und kein Ausglühen einer feinen Messerschneide. Besonders ist auf die selbsttätige Messerschnittbewegung, auf die Einstellbarkeit beliebiger Messerlängen und selbsttätige Verstellung der Topfschleifscheiben hinzuweisen. Durch Verwendung eines Stahldrahtseiles als Zugelement wird ein völlig ruhiges Hin- und Hergleiten der Messerschlitten erreicht. Die Führungsbahnen sind geschliffen. Der Keilwinkel ist nach Skala einstellbar. Die Topfschleifscheibe ist völlig abgedeckt.

Die Hobelmesserschleifmaschine kann auch mit einem Messerbalken geliefert werden. Damit ist die Gleichheit der in einer Messerwelle eingesetzten Messergräben gegeben. Bei den hohen Umdrehungszahlen moderner Hobelmaschinen schont diese Schleifart die Lager und das Getriebe der Maschine. Auch wird eine vereinfachte Ausführung mit Handbetrieb hergestellt. Eine Naßschliffeinrichtung und eine zusätzliche Schleifscheibe zum Schärfen von Werkzeugen wurde ebenfalls eingebaut. Die größte Messerlänge beträgt 1010 mm.

Die zur Verwendung gelangende Hobelmesser-Schleifmaschine soll von kräftiger Bauart und genauer Bearbeitung sein, nachstellbare Führung und doppelte Lagerung der Schleifwelle besitzen. Man muß mit ihr einen durchaus genauen Schliff erzielen.

Schleifmaschinen für die Oberflächenverfeinerung

In jedem fortschrittlichen Betrieb erfolgt heute das Verputzen und Schleifen von ebenen Flächen durch Maschinenarbeit. Zur Anwendung gelangen drei Arten von Masinen:

1. Maschinen mit horizontaler und vertikaler Schleifscheibe (Planschliff),
2. Maschinen mit endlosem Schleifband,
3. Maschinen mit ein, zwei oder drei Schleifzylindern über oder unter dem Auflagtisch.

Die erstgenannte Art von Maschinen findet heute nur in geringem Umfange Verwendung, weil mit ihr ein kreisförmiger Schliff erzeugt und ein Nacharbeiten von Hand erforderlich ist.
Die Bandschleifmaschinen und die Zylinderschleifmaschinen (auch Trommelschleifmaschinen genannt) sind als grundsätzlich verschiedene Bearbeitungsmaschinen beim maschinellen Holzschliff zu unterscheiden. Sie arbeiten beide mit Schleifpapier oder Schleifleinen, das mit hoher Schnittgeschwindigkeit die Holzfläche bearbeitet.
Das Werkstück wird bei den Bandschleifmaschinen auf einem horizontalen, senkrecht zur Schleifpapierbewegung leicht beweglichen Schleiftisch unter einem umlaufenden endlosen Schleifband von Hand vorbeibewegt, wobei das Schleifband ebenfalls von Hand auf die Holzoberfläche aufgedrückt wird. Die Gleichmäßigkeit der erzielten Oberfläche wie auch die Spanstärke ist weitgehend vom Arbeiter abhängig. In erster Linie wird die Bandschleifmaschine bei der Bearbeitung dünner Furniere und für die Behandlung aller Oberflächen, welche poliert werden sollen, Verwendung finden. Bandschleifmaschinen kommen in verschiedenen Bauarten auf den Markt. Neben der Bandschleifmaschine, die nur für ebene Flächen geeignet ist, gibt es noch eine große Anzahl ähnlicher Maschinen, die auch das Schleifen beliebig gekrümmter Flächen ermöglichen.
Bei den zeitgemäßen Bandschleifmaschinen kommt das Arbeitsstück auf einen Schiebetisch zu liegen und das Schleifband wird mittels eines Druckapparates von oben auf das zu putzende Arbeitsstück gedrückt. Dieser Druckapparat, Druckschuh genannt, arbeitet heute einwandfrei, wenn er auf Rollen läuft, vierfach gefedert und nur in der Querrichtung drehbar ist. Das Lager des Druckschuhes muß von Zeit zu Zeit mit Benzin ausgewaschen werden, weil trotz bester Abdichtung mit der Zeit Staub eindringt. Die Erneuerung des Filzes des Schuhes muß öfters geschenen, weil derselbe einem verhältnismäßig schnellen Verschleiß unterliegt. Die zu schleifende Fläche ist stets sichtbar, so daß also jederzeit zu ersehen ist, wo das Schleifband angesetzt werden muß.

Kleine Schleifmaschinen mit Motor und biegsamer Welle

Ebenso wie in der Massenherstellung Sandpapier-Schleifmaschinen verschiedener Bauart heute nicht mehr wegzudenkende Werkzuegmaschinen sind, so ist auch die kleine Handwerksmaschine für den Handwerks- und Kleinbetrieb oder als Maschine für Sonderzwecke ein durchaus notwendiges Arbeitsgerät geworden.
Eine der bekanntesten Schleifmaschinen in dieser Gruppe ist die Teller-Schleifmaschine. Auf einem mit Filz belegten umlaufenden Teller ist das Schleifpapier

befestigt. Der Teller wird entweder durch einen Elektromotor mit biegsamer Welle über ein entsprechendes Winkelgetriebe oder aber durch einen unmittelbar aufgebauten Elektromotor, kurz Motorteller genannt, angetrieben. Die Teller-Schleifmaschinen mit biegsamer Welle haben in der Regel ein kleines Gewicht, etwa 3 kg. Wo Stücke geschliffen werden müssen, die ein öfteres Abheben der Schleifmaschine erfordern, erweist sich dies als besonders vorteilhaft. Wenn es darum geht, fertige Stücke zu schleifen, so verwendet man Motor-Teller-Schleifmaschinen mit Vorliebe, weil das Kabel beliebig verlängert werden kann. Bei den Motor-Tellerschleifmaschinen bleibt der Schleifdruck immer der gleiche, so daß also keine Überlastung oder zu starke Erwärmung des Elektromotors auftreten kann, außerdem wird eine restlose Ausnutzung des Schleifmittels erzielt, da der übermäßige Druck, durch den das Schleifpapier schnell stumpf wird, wegfällt. Ein Führungsring ist zur Abstützung des Maschinengewichtes vorhanden; durch diese Anordnung können auch ganz schmale Stücke geschliffen werden, ohne daß die Gefahr des Herunterschleifens der Kanten besteht.
Mit den Teller-Schleifmaschinen schleift man hauptsächlich Weichhölzer, die nachträglich noch gestrichen werden, oder bei denen es nur auf eine saubere glatte Oberfläche ankommt. Soll aber die Fläche polierfähig werden, so muß unbedingt Längsschliff angewendet werden. Es ist nun eine kleine Bandschleifmaschine für Längsschliff geeignet, die eine Reihe von Vorteilen aufweist. Zum sauberen, einwandfreien Längsschliff ist eine genügend hohe Bandgeschwindigkeit mit niederem Auflagedruck notwendig. Dies erfordert aber nun eine entsprechend große Antriebsleistung des Motors. Es empfiehlt sich nicht, den Motor unmittelbar in die Bandschleifmaschine einzubauen, weil selbst Hochleistungs-Motoren mit der notwendigen Leistung sehr schwer und empfindlich werden, denn bei Bandschleifmaschinen wird nicht nur Wärme, sondern auch Schleifstaub entwickelt, was die Lebensdauer dieser empfindlichen Motoren beträchtlich herabsetzen kann. Man ist deshalb zur Anwendung der biegsamen Welle geschritten. Sie stellt auch ein einfaches und sicheres Übertragungselement vom Motor zum Schleifapparat dar. Man kann einen kräftigen Motor mit gleichbleibender Drehzahl verwenden, weil das Gewicht des Motors ausgeschaltet ist. Der Einwand gegen die biegsame Welle, daß die letztere oft breche, ist deshalb nicht angebracht, weil bei richtiger Pflege und sachgemäßer Anwendung eine Betriebssicherheit von vielen Betriebsstunden gewährleistet wird.
Bei einer Klein-Schleifanlage ist der Bandschleifapparat das wichtigste Gerät. An einen zeitgemäßen Apparat muß die Forderung gestellt werden, daß er eine große einwandfreie Schleifleistung gibt, kleinstes Gewicht besitzt, die rascheste Auswechselung des Schleifbandes gestattet und eine selbsttätige Bandspannung und -Regelung aufweist. Man kann die mit dem Apparat geschliffenen Flächen nach dem Wässern und Wiedernachschleifen ohne weiteres polieren ader lasieren. Durch die patentierte selbsttätige Bandspannung und Bandregelung läßt sich im Augenblick ein Schleifband gegen ein solches anderer Körnung umwechseln, so daß man in einem Zug mit einem gröberen Band vor- und mit einem feineren Band fertigschleifen kann. Auch zusammengebaute Teile, die sonst von Hand abgeputzt werden müßten, können mit dieser Maschine geschliffen werden.

Tellerschleifmaschine „Expreß"

Die Tellerschleifmaschine „Expreß", wie sie in Abb. 152 gezeigt wird, besitzt einen eingebauten kräftigen Drehstrom- oder Gleichstrommotor mit Luftkühlung, Staubabsaugung, verstellbaren Bürstenkranz. Obwohl von einem geringen Gewicht, stellt die Maschine trotzdem eine kräftige und solide Ausführung dar, die eine lange Lebensdauer gewährleistet; ihre Handhabung ist spielend leicht.
Für kleine Arbeitsstücke läßt sich diese Tellerschleifmaschine auch als ortsfeste Maschine mit senkrechter oder waagerechter Schleiffläche verwenden. Auch gibt es eine Anzahl von Ergänzungsteilen wie z. B. Schleifwalze zum

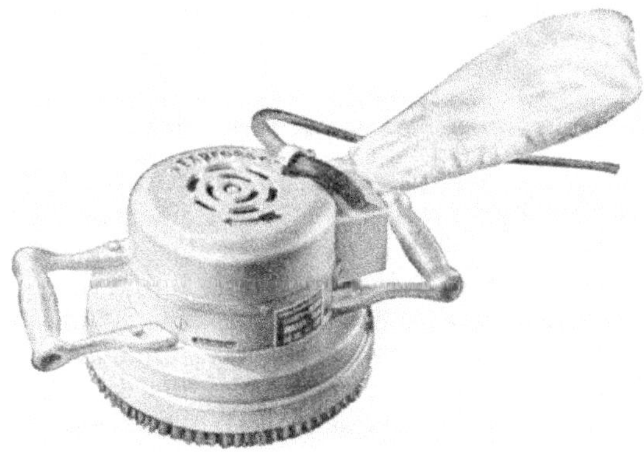

Abb. 152. Tellerschleifmaschine Expreß

Schleifen geschweifter Hölzer, die auch zum Anschluß an biegsame Wellen lieferbar ist. Ferner Anschluß einer biegsamen Welle und dadurch wiederum viele Verwendungsmöglichkeiten, wie auch einen verstellbaren Bürstenkranz, wodurch ein ruhiges, gleichmäßiges Arbeiten möglich und saubere ebene Flächen zu erzielen sind. Durch eine Außenspannvorrichtung, die leicht auswechselbar ist, wird ein einwandfreies Schleifen schmaler Leisten, Fensterrahmen usw. ermöglicht und das Flattern und Reißen der Schleifscheiben verhindert. Auch ist weiterhin ein abgefederter Führungsring zum Schleifen schmaler Teile, der gegen den Bürstenkranz ausgewechselt wird, vorhanden.
Für Zimmereien usw. ist noch eine Sonderausführung dieser Maschine mit Kupplungsstecker und -Steckdose vorhanden.

Motor-Tellerschleifmaschine „ELU"

Die in Abb. 153 dargestellte Tellerschleifmaschine wird in zwei Bauarten MT 1 und MT 1b hergestellt. Sie ist für alle Bauhölzer, alle Möbelhölzer geeignet. Die Stromart ist Drehstrom für alle Voltspannungen, 1 PS-Motor, der 1400 bzw. 2800 Umdr. in der Minute macht. Der Schleifscheibendurchmesser beträgt 200 mm. Die Maschine besitzt: eingebaute Staubabsaugung, Feinsteinstellung der Schleifführung, auswechselbare Schleifführungen.

Was die Schleifpapierwahl anbetrifft, so kann für Bauarbeiten je nach der Holzart ein Schleifpapier mit einer groben Körnung bis Nr. 24 verwendet werden. Je gröber die Körnung, desto schneller die Arbeitsleistung. Auch für die Möbelanfertigung muß ebenfalls nach der Holzart (ob hart oder weich) die Papierwahl getroffen werden, nur darf die Körnung nicht so grob sein wie bei den Bauarbeiten.

Abb. 153. Motor-Tellerschleifmaschine MT 1

Die Möbelstücke werden alle vorgeschliffen, bis eine einwandfreie Schleiffläche erreicht ist. Letztere wird dann mit einem Schwamm, Lappen oder dgl. naß gemacht und nach dem Trocknen mit dem feinen Schleifpapier Nr. 180 nachgeschliffen.
Bei richtiger Wahl der Körnung des Schleifpapiers arbeitet die Maschine äußerst wirtschaftlich.

Römer Elektro-Tellerschleifmaschine

Die im Bilde dargestellten Römer-Elektro-Tellerschleifmaschinen RTV 20, RTV 15 und RTV 20 S bieten eine Reihe von Vorteilen. Die erstgenannte Tellerschleifmaschine RTV 20 stellt ein Standard-Modell dar, daß sich schon seit Jahrzehnten gut eingeführt hat. Durch die gedrängte Bauart und das geringe Gewicht dieser Tellerschleifmaschine ist das Arbeiten leicht, und es wird jede Ermüdung während der Arbeit durch diese leichte Handhabung vermieden. Man kann diese Tellerschleifmaschine schnell und einfach auf die Schleifpapierstärke einstellen, da der Bürstenkranz sich leicht verstellen läßt. Die Staubabsaugung gewährleistet ein angemessenes Arbeiten. Auch ist der eingebaute Motor stark überlastbar, vollkommen geschlossen und mantelgekühlt.
Die Tellerschleifmaschine RTV 15 ist besonders zum Schleifen schmaler Hölzer entwickelt worden. Sie stellt eine ideale Maschine zum Schleifen kleiner Flächen dar.
Die dritte Maschine RTV 20 S ist in ein einfaches Gestell eingebaut. Sie eignet sich als stationäre Maschine und ist besonders zum Planschleifen serienmäßiger Teile wie z. B. Fensterflügel, Rahmen usw. geeignet. Ferner können auch durch Umstellen des Anschlages schräge Teile wirtschaftlich geschliffen werden. Die nachstehende Tabelle gibt die technischen Daten für diese drei Maschinen wieder.

Drehzahl	Type	Stromart	Leistung		Stromstärke (Amp)		Durchmesser d. Schleifscheibe
			KW	PS	220 V	380 V	
1400	RTV 20	Drehstrom	0,8	1,1	2,2	1,3	200
2800	RTV 15	Drehstrom	0,4	0,55	1,63	0,94	165
2800	RTV 20 S	Drehstrom	1,5	2,0	5,35	3,1	230

Kombinierte Tellerschleifmaschine, Bauart SMESW

Eine kombinierte Tellerschleifmaschine Modell SMESW mit Leichtmetall-Tellerscheibe von 600 mm nutzbarem Durchmesser und aufgebautem Drehstrommotor von 2 PS, 1000 Umdrehungen in der Minute, mit gußeiserner

Abb. 154. Tellerschleifmaschine RTV 20

Abb. 155. Tellerschleifmaschine RTV 15

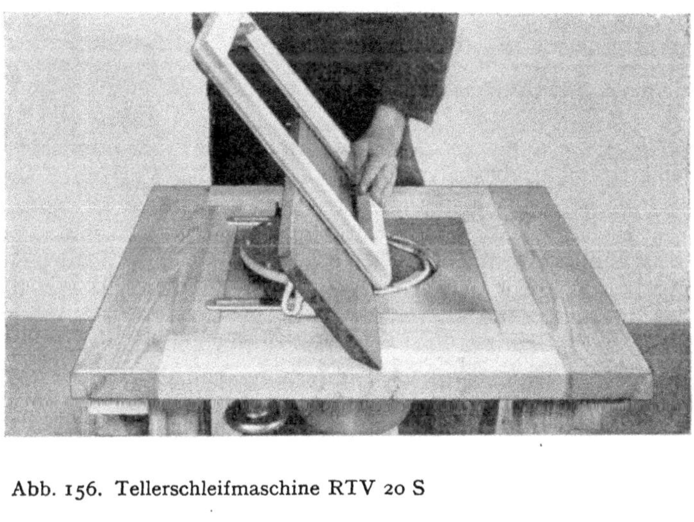

Abb. 156. Tellerschleifmaschine RTV 20 S

Abb. 157. Kombinierte Schleifmaschine mit Tellerscheibe und Bürstenschleiftrommel SMESW

Schutzhaube mit Absaugstutzen wird in Abb. 157 dargestellt. Die hinten angebaute Bürstenschleiftrommel hat einen Durchmesser von 310 mm, 250 mm Schleifbreite mit 6 Bürstensegmenten.
Hervorzuheben ist, daß die Tellerscheibenanordnung so ausgebildet ist, daß auch lange Werkstücke bearbeitet werden können.

Motor-Tellerschleifmaschine

Betriebe, die keinen geeigneten Raum für eine große Bandschleif- oder Zylinder-Schleifmaschine besitzen, können zweckmäßig Maschinen wie die in Abb. 152 dargestellte Teller-Schleifmaschine verwenden. Es ist beim Schleifen außerordentlich wichtig, daß der Druck, der auf die Maschine kommt, sehr leicht und gefühlvoll ist und diese Frage wurde durch einen patentamtlich geschützten Bürstenring gelöst. Der Ring ist so einstellbar, daß die Maschine tadellos ruhig läuft und nicht vibriert, wie man dies vielfach bei anderen Maschinen findet. Es trifft wohl zu, daß Fachleute manchmal den Teller-Schleifmaschinen gegenüber pessimistisch eingestellt sind. Dies rührt wohl daher, daß früher viele derartige Bauarten hergestellt wurden, die keinesfalls den Anforderungen entsprachen und dadurch den Ruf dieser Maschinenart außerordentlich schädigten. Die Einstellung des erwähnten Bürstenkranzes ist derart einfach und in jeder Stellung möglich, daß man jederzeit den verschiedenen Papierkörnungen, die verständlicherweise auch verschieden stark sind, bei der Einstellung Rechnung tragen kann. Nur dann kann eine Tellerschleifmaschine ruhig laufen, wenn die Papierauflage und der Bürstenkranz, der den ruhigen Halt der Maschine bewirken muß, ungefähr in einer Ebene zueinander liegen. Bei dieser zeitgemäßen Bauart geht es auch noch darum, die Erwärmung, die beim Schleifen mit diesen Maschinen auftritt und die sich beim Schleifen von schwach furnierten Hölzern nachteilig auswirkt, zu beseitigen. Dies wird bei der im Bilde dargestellten Maschine dadurch erreicht, daß an Stelle der verhältnismäßig harten Filzscheibe, die sich unter dem Schleifpapier befindet, eine Schwammgummipaltte verwendet wird. Der Druck auf die Schleiffläche ist deshalb außerordentlich weich und vermeidet jede Erwärmung. Es ist deshalb möglich, mit der erwähnten Motor-Tellerschleifmaschine beiz- und polierfertig zu schleifen.

Kombinierte Band- und Tellerschleifmaschine, Bauart SVETSM

Abb. 158 zeigt eine kombinierte Band- und Teller-Schleifmaschine, Bauart SVETSM, mit aufgebautem Drehstrommotor, 4 PS, 1500 Umdrehungen. Die technischen Daten für diese Maschine sind wie folgt:
Die Schleifbandseite mit fester Bandrolle hat einen Durchmesser von 310 mm und eine Tischlänge von 850 mm. Die Schleifbandbreite beträgt 150 mm.

Abb. 158. Kombinierte Band- und Tellerschleifmaschine SVETSM

Hintere Bandrolle 180 mm Durchmesser, ebenso untere Bandrolle. Eine Lufttrommel von 200 mm Durchmesser kann an Stelle der festen Bandrolle genommen werden. Die Planscheibenseite weist eine Planscheibe aus Leichtmetall auf, 600 mm nutzbarer Schleifdurchmesser, mit Filzbelag und Spannring, einschließlich Absaughaube und schrägstellbarem Arbeitstisch.

Band-Schleifmaschine, Bauart 305 B E

Die in Abb. 159 gezeigte Frommia-Präzisions-Band-Schleifmaschine, Bauart 305 BE, auf stabilem Maschinenständer in Stahlkonstruktion, besitzt einen Drehstrommotor von 1, 5 PS, 220/380 Volt, mit Wendeschalter oder Einphasen-Wechselstrommotor, 1,1 PS, 110 oder 220 Volt, mit Hilfsphasenschalter (nur für eine Drehrichtung). Der Schleifarm mit auswechselbarer Schleifunterlage mit 650 mm nutzbarer Schleiflänge, ist waagrecht, senkrecht sowie beliebig schräg verwendbar, besitzt einen Winkeltisch und Absaugstutzen und ein Schleifband in Körnung 60.

Bandschleifmaschine mit stufenloser Regelung der Schnittgeschwindigkeit

Die in Abb. 160 gezeigte Band-Schleifmaschine, Bauart HV, ist besonders entwickelt zum Schleifen von Werkstoffen aller Art, wie Holz, Kunststoffen, Kork, Metallen, Plastics usw. Die Bandgeschwindigkeit ist stufenlos regelbar, und zwar mit einem einzigen Hebel nach einer Skala. Diese Maschine ist darüber hinaus je nach Form und Größe der Arbeitsstücke sowohl waagerecht als auch senkrecht verwendbar. Ein genauer Mittellauf des Schleifbandes wird mittels einer sinnfälligen Bandregulierung erzielt. Der seitliche Verlauf des Bandes fällt mit der Betätigungsrichtung des Hebels zusammen.

Frommia-kombinierte Scheiben- und Bandschleifmaschine, Bauart 305 SB

Diese kombinierte Scheiben- und Bandschleifmaschine (Abb. 161) auf stabilem Maschinenständer ist in Stahlkonstruktion gebaut. Die Schleifscheibe hat einen Durchmesser von 400 mm. Sie besitzt einen in der Höhe und bis 45° nach unten und 15° nach oben schrägstellbaren Schleiftisch sowie einen Bandschleifarm, ist in jede beliebige Lage verstellbar, mit auswechselbarer Schleifunterlage mit 650 mm nutzbarer Schleiflänge, Winkeltisch. Der Drehstrommotor hat 1,5 PS, 220/380 Volt, Wendeschalter. Der Einphasen-Wechselstrommotor hat 1,1 PS, 110 oder 220 Volt, Hilfsphasenschalter (nur für eine Drehrichtung).

In der Abb. 162 ist eine Frommia-Präzisions-Scheiben- und Bandschleifmaschine, Bauart 305 SE dargestellt. Sie wird zweckmäßig verwendet zum genauen Schleifen von geraden Flächen, Putzen und Polieren von Holzteilen jeder Art, Kunststoffen, plastischen Massen, Horn, Isolierstoffen, Metallen und anderen Stoffen. Der Maschinenständer, in moderner, stabiler Stahlbauweise ausgeführt, gibt der Maschine einen sicheren, stabilen Stand. Es kann auch

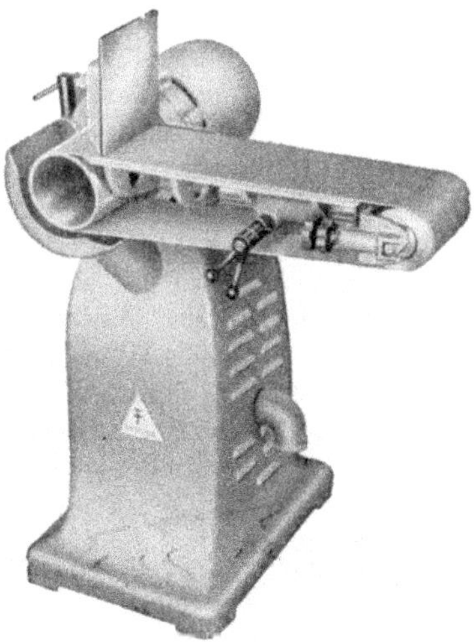

Abb. 159. Bandschleifmaschine 305 BE

Abb. 160. Bandschleifmaschine mit stufenloser Regelung der Schnittgeschwindigkeit, Bauart HV

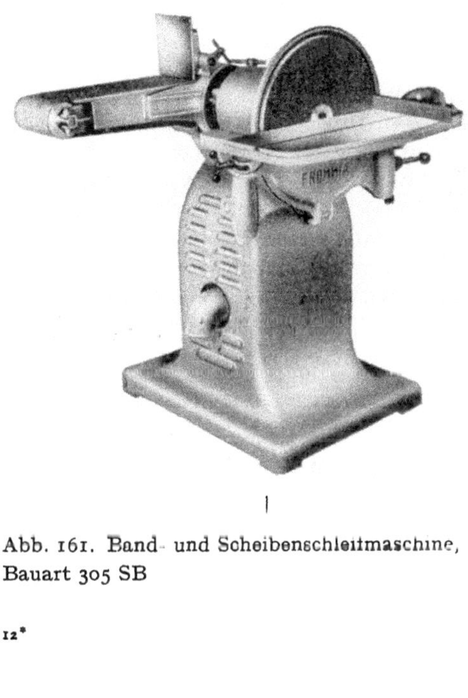

Abb. 161. Band- und Scheibenschleifmaschine, Bauart 305 SB

Abb. 162. Scheibenschleifmaschine 305 SE mit Fahrwerk und Winkelanschlag

innerhalb des Maschinenständers ein Elektro-Staubsauger eingebaut werden, welcher den anfallenden Schleifstaub wirksam absaugt. Das Fahrwerk ist im Maschinenständer derart eingebaut, daß durch einfaches Niederdrücken des langen Lenkhebels die Lenkrolle die Maschine vom Boden hebt und diese bequem im Raum gefahren werden kann. Nach Hochklappen des Lenkhebels hat die Maschine wieder ihren festen Halt. Die Schleifscheibe von 400 mm Durchmesser aus Spezial-Leichtmetall-Legierung ist genau ausgewuchtet und wird mit Schleifpapier oder Schleifleinen beklebt. Dieselbe ist direkt auf den Motorflansch aufgesetzt. Der Schleiftisch ist nach Skala in jedem Winkel bis 45^0 nach unten und 15^0 nach oben bequem einstellbar und in der Höhe leicht verstellbar. Besonders vorteilhaft ist die Höhenverstellung des Schleiftisches, hauptsächlich wenn an schmalen Teilen ein ziehender Schliff erreicht werden soll. Der Winkelanschlag mit bequemer Handauflage zum Schleifen genauer Gehrungswinkel ist drehbar und in einer schwalbenschwanzförmigen Nute des Schleiftisches leicht erreichbar. Die verschiedenen Winkel wie Vier-, Sechs- und Achteck sind skaliert und ermöglichen eine genaue Einstellung der Winkellage.

Handbandschleifmaschine Motorhob DRP

Der in Abb. 163 gezeigte Motorbandschleifer Motorhob, Bauart MB 2 hat sich in den holzbearbeitenden Betrieben schon seit langer Zeit bewährt, da mit ihm eine sehr hohe Bandgeschwindigkeit, eine große Schleifleistung und durch Parallelführung und federnde Pressung des Schleifschuhs eine tadellose Fläche erreicht wird. Durch Regulierung der Bandpressung an dem Drehgriff wird ein gefühlsmäßiges Schleifen ermöglicht wie auch das Schleifen kleinster Flächen durch den geschlossenen Rahmen an der Maschine möglich.
Durch Umlegen der Maschine oder stationären Einbau im Tisch ist ein Schleifen von Leisten und Kleinteilen möglich. Durch eine sinnreiche Konstruktion ist ein einfacher rascher Bandwechsel in wenigen Sekunden möglich. Durch die vielfach bewährte Schwenkrolle wird die selbsttätige Bandregulierung ermöglicht. Ein eingebauter kräftiger Ventilator sorgt für beste Staubabsaugung. Auch besteht Anschlußmöglichkeit an Lichtstrom mit Hilfe eines Einphasenzusatzgerätes.
Das Herz des Motorhob ist der besonders entwickelte Außenläufermotor mit einer Leistung von 1 PS, welcher in Verbindung mit den sinnreich angeordneten Lüftern eine einfache und solide Bauart darstellt. Da die Maschine auf dem ringsum geschlossenen Rahmen ruht, so wird das Schleifen durch ihr Gewicht nicht beeinflußt. Durch Drehen am Drehgriff erhält das beim Einschalten des Motors zunächst freilaufende Schleifband den zum Schleifen erforderlichen Schleifdruck. Der Drehgriff ist sogleich ein Führungsgriff für den Motorhob, so daß der durch Federn hervorgerufene nötige Schleifdruck jeder Zeit mühelos erhöht oder vermindert werden kann. Dies ermöglicht ein gefühlsmäßiges Schleifen. Der Schleifschuh liegt in jeder Stellung parallel zur Schleifebene. Dadurch wird verhindert, daß die Kanten des Werkstückes heruntergeschliffen werden. Dies ergibt eine tadellos polierfähige Fläche. Der geschlossene Rahmen ermöglicht auch das Schleifen kleiner und schmaler Stücke. Besonders kann

man Fensterrahmen und ähnliche Werkstücke vorteilhaft schleifen, denn die Maschine ist in einen nach Angaben selbst herzustellenden Tisch eingebaut, wobei der Bürstenrahmen mit einem Metallrahmen ausgewechselt wird. Wie schon gesagt, kann das Band in wenigen Sekunden ausgewechselt werden und durch die patentierte automatische Bandregulierung entfällt dessen Einregulierung. Das Schleifband, das 860 mm lang und 100 mm breit ist, hat eine Umlaufgeschwindigkeit von 560 m/min.

Abb. 163. MB 2

Die in Abb. 164 dargestellte Bauart HB 6 der Hand-Bandschleifmaschine „HOB" findet in der Holzbearbeitung eine umfassende Anwendung, da bei einer Bandgeschwindigkeit von 700 m/min durch den kräftigen Motor von 1,1 PS Leistung große Schleifleistungen erzielt werden können. Durch die handliche Form des Apparates, das ungewöhnlich geringe Gewicht von 3,9 kg, ist ein gefühlsmäßiges Schleifen möglich. Mit dieser Handbandschleifmaschine läßt sich das Schleifen von Leisten, kleinen und gewölbten Teilen in Rückenlage des Apparates vornehmen. Die Maschine bietet eine weitere Verwendungsmöglichkeit, bestehend in Verbindung mit Zusatzgeräten wie Bohrern, Fräsern, Bürsten, Sägen, Fensterwinkel- und Fischbandeinlassen und vieles andere.

Hergestellt wird diese Maschine für alle Stromarten, und zwar in hängender Ausführung und als fahrbare Ständermaschine.

Zum stationären Schleifen von geschweiften Teilen und Kleinteilen, Leisten und dergl., kann ein Auflagebock geliefert werden, in welchen der Schleifapparat sekundenschenell eingespannt werden kann. Eine gute Staubabsaugung ist auch bei dieser Anordnung gegeben.

Der in Abb. 165 gezeigte Kleinbandschleifer-Tisch-Hob KB 2 ist für eine wirtschaftliche Fertigung von kleinen Werkstücken unentbehrlich. Er dient zum Schleifen und Graten von Guß-, Preß-, Stanz- und anderen Teilen aus Werkstoffen oder zum Aufrauhen von Lackierteilen usw. Seine besonderen Merkmale sind wie folgt:

Hohe Bandgeschwindigkeit von 700 m/min;
Schleifen von beliebig großen Teilen, weil kein Überstand über die Schleifebene;

ferner Schleifen von gebogenen und geschweiften Stücken. Dieses Schleifen ermöglicht die Verstellbarkeit des Schleifapparates zur Tischauflage bis zu 90°, ebenso des Anschlages und damit Schleifen in jedem beliebigen Winkel Durch eine sinnreiche Bauart ist ein einfacher rascher Bandwechsel in wenigen Sekunden möglich. Durch eine patentierte Schwenkrolle ist die selbständige

Bandregulierung erreicht. Die Maschine wird für alle Stromarten in zwei Ausführungen hergestellt; und zwar als Werkbankmaschine und als fahrbare Ständermaschine. Für beide Ausführungsformen kann zusätzlich noch ein Biegwellentrieb und eine Werkzeugschleifeinrichtung geliefert werden, die man auch nachträglich einbauen kann. Die maximale Schleiffläche beträgt 250 × 125 mm, der Auflagetisch hat eine Breite von 155 × 195 mm. Verwendung findet ein kugelgelagerter Spezialelektromotor 1 PS, 3000 Umdrehungen/

Abb. 164. Bandschleifmaschine HOB, HB 6

Abb. 165. Kleinbandschleifer KB 2

min mit aufgebautem Schalter Drehstrom 127/220 V oder 220/380 V oder Gleichstrom 110 V oder 220 V oder 440 V Einphasenwechselstrom 110/220 V.

Scheibenschleifmaschine, Bauart Mammut Junior

Eine schwere, doppelseitige Scheibenschleifmaschine „Mammut Junior" ist in Abb. 166 abgebildet. Um den Anforderungen der Praxis in jeder Weise zu genügen, ist diese Maschine besonders entwickelt worden. Im oberen Teil eines kräftigen Hohlgußständers ist die starke Welle in doppelreihigen, überdimensionierten SKF-Wälzlagern gelagert. Der Antrieb erfolgt von dem im Gestell auf einer Wippe eingebauten Drehstrommotor über einen mehrrilligen Keilriementrieb mit für jeden Scheibendurchmesser individuell angepaßter Drehzahl. Mit enger Bohrungstoleranz sind die Schleifscheiben auf die kräftigen Wellenenden aufgeschoben sowie mit diesen verkeilt und verschraubt. Der erforderlich schlagfreie Rundlauf der großen Scheiben bei Dauerbeanspruchung ist nur durch eine solche Speziallagerung und -Befestigung gewährleistet. Die Schleifscheiben sind zunächst statisch und daraufhin dynamisch erst einzeln und dann zusammen ausgewuchtet. Es ist daher ein ausgezeichneter Schliff gewährleistet. Der Schleifscheibenaußendurchmesser beträgt 580, bzw. 830 und 1080 mm, der nutzbare Schleifdurchmesser 500, bzw. 750 und 1000 mm, die Schnittgeschwindigkeit etwa 30 m/sek, die Drehzahl 1140, bzw. 765 und 570.

Kombinierte Scheiben-, Band- oder Aufsteckzylinder-Schleifmaschine, Bauart UM I/II

Die in Abb. 167 dargestellte Schleifmaschine eignet sich gut für Modellschreinereien, Möbel-, Holzwaren-, Karosserie-, Stuhlfabriken und ähnliche Werkstätten. Im wesentlichen entspricht diese Maschine der in Abb. 166 gezeigten Maschine „Mammut Junior". Ständer und Schleifscheibe sind dieselben wie

◀ Abb. 166. Scheibenschleifmaschine, Bauart Mammut Junior

Abb. 167. Bandschleifmaschine, Bauart UM I/II ▶

bei deren Größe I und II. Auf dem zweiten Wellenende dagegen können entweder 360^0 schwenkbarer Bandschleifarm oder Luftschleif- bzw. Profilschleifwalzen mit Bürsten der Maschinentype US (siehe Abb. 182) verwendet werden.

Bandschleifmaschinen

An eine zeitgemäße Bandschleifmaschine müssen folgende Anforderungen gestellt werden: Sie muß allen Anforderungen der Praxis entsprechen, das Holz in Faserrichtung schleifen, eine sehr große Schleiffläche haben, um eine einwandfreie Oberfläche zu erzielen, ein Absauger soll in der Maschine eingebaut sein, damit sie fast staubfrei arbeiten kann, außerdem muß die Maschine einen geringen Schleifbandverbrauch aufweisen, mit selbsttätiger Schleifbandspannung und einwandfreier Regelung des Schleifbandes versehen sein, wenig Platz erfordern, leicht und handlich und vor allem auch tragbar sein, damit sie für Bau- und Montagearbeiten Verwendung finden kann. Ferner muß die Bandschleifmaschine mit Universal-Motor ausgestattet sein, damit sie an jede Steckdose der Lichtleitung angeschlossen werden kann. Sämtliche umlaufenden Teile sollten in staubdicht geschützten Kugellagern laufen und zum Schluß soll sie auch einen äußerst geringen Stromverbrauch bei höchstem Wirkungsgrad aufweisen.

In den letzten Jahren haben die Schleifmaschinen in der Holzbearbeitung eine erhöhte Bedeutung gewonnen. Ganz besonders trifft dieses auf die Bandschleifmaschinen zu; denn es sind eine Reihe von neuen Bauarten von derartigen Maschinen auf den Markt gekommen, die außerordentlich vielseitig und leistungsfähig sind. Ehe nun einige dieser Bauarten näher beschrieben werden, dürften die folgenden grundsätzlichen Ausführungen von Nutzen sein:

Wenn die Frage gestellt wird, welche Punkte denn eigentlich für die Beurteilung der Bandschleifmaschine in Betracht kommen, so muß die Antwort lauten: Bandgeschwindigkeit, Bandlänge, Bandgüte und Tischunterlage. Für die Praxis verdienen die folgenden sieben Punkte größte Beachtung:

1. Bandgeschwindigkeit: Möglichst über 25m/sec, da sich bei hoher Bandgeschwindigkeit ein verringerter Schleifmittelverbrauch und gesteigerte Oberflächengüte ergeben.
2. Berechnung der Bandgeschwindigkeit: Sie ist gleich der Geschwindigkeit der getriebenen Scheibe =

$$\frac{\text{Durchmesser (m)} \times 3{,}14 \times \text{min Drehzahl}}{60}$$

3. Bandlänge: Möglichst groß, um eine lange Benutzungsdauer zu erzielen (Führung über Spannrolle).
4. Bandgüte: Bandverschluß ist mit großer Sauberkeit ohne Stanzgrat anzufertigen. Bei sehr breiten Bändern Sonderverschlüsse verwenden. In der der Regel bis 28 m/sec Umfangsgeschwindigkeit Papierbänder zu verwenden. Bänder nicht selbst anfertigen, sondern in der Regel vom erfahrenen Bänderfachmann fertig beziehen.
5. Tischunterlage: Wenn Papierband, dann Tischauflage aus Schleiffilz oder Bürste. Keine Tischauflage bei Leinenband.
6. Betrieb: Stets mit etwas ziehendem Schliff arbeiten.
7. Verwendung: Bei hohen Ansprüchen an die Oberflächengüter stets nur hochwertige Bandschleifmaschinen verwenden. Durch entsprechendes Vorschleifen (wenn möglich mit Schleifteller) Güte steigern.

Umfangsgeschwindigkeiten für Band- und Zylinderschleifmaschinen

In der Holzbearbeitung ist die Schleifgeschwindigkeit ein wichtiges Gebiet. Die wirksamste Schleifgeschwindigkeit hängt ab von der Leistungsfähigkeit der Maschine, dem zu schleifenden Material und dem verwendeten Schleifpapier oder Schleifleinen. Im allgemeinen steht die Umlaufzahl nach Angabe des Herstellers für jede Maschine fest. In Frage kommen bei normalen Arbeitsverhältnissen folgende durchschnittlichen Schleifgeschwindigkeiten:

Hartholz	20—25 m/s
Weichholz	15—17 m/s

Beim Profilschleifen, wo das Schleifband sich der unregelmäßigen Fläche anpassen muß, wie auch bei wasserfesten Schleifbändern, die mit einer Schleifflüssigkeit arbeiten, die bei hoher Geschwindigkeit dem Schleifband sonst nicht zugeführt werden könnte, muß eine niedrigere Geschwindigkeit Anwendung finden.

Mehr als je ist es erforderlich, ein hochwertiges Schleifmittel bis zur größten Möglichkeit auszunützen. Die volle Ausnutzung des Schleifpapiers oder Schleifleinens ist aber erst dann möglich, wenn die zur Verwendung gelangenden

A. Knoevenagel
Hannover-
Hainholz

Tafel zur Ablesung der Umfangsgeschwindigkeit bei Band-, Teller- und Trommelschleifmaschinen

H.-Tab. 36

Durchmesser Bandscheibe Teller Trommel mm	Erforderliche Drehzahl zur Erzielung einer Umfangsgeschwindigkeit des Schleifmittels von m/Sekunde: 9	12	15	18	20	23	25	28	30	33	35	38	40	43	50	52
30	5730	7630	9550	11460	12710	14640	15900	17830	19100	21000	22300	24180	25420	27390	31800	33100
40	4300	5730	7165	8600	9550	11000	11910	13390	14330	15750	16710	18130	19100	20550	23820	24850
50	3440	4580	5730	6880	7625	8800	9560	10690	11460	12610	13880	14500	15250	16440	19120	19900
60	2865	3820	4780	5730	6355	7340	7960	8920	9550	10510	11300	12080	12710	13700	15920	16560
70	2460	3275	4095	4920	5450	6295	6820	7650	8190	9020	9570	10350	10900	11730	13640	14190
80	2150	2860	3580	4300	4765	5500	5960	6695	7160	7880	8350	9050	9530	10260	11920	12400
90	1910	2545	3180	3820	4245	4880	5305	5945	6360	7010	7435	8055	8495	9140	10610	11040
100	1720	2295	2862	3440	3820	4400	4780	5350	5724	6310	6695	7250	7650	8215	9560	9940
120	1432	1910	2390	2870	3190	3670	3980	4460	4780	5240	5575	6050	6370	6850	7970	8280
140	1225	1635	2045	2455	2730	3140	3410	3420	4090	4515	4770	5100	5460	5065	6810	7090
150	1147	1526	1910	2294	2542	2935	3180	3565	3820	4210	4460	4835	5084	5480	6360	6620
160	1074	1434	1792	2150	2390	2750	2990	3345	3585	3940	4180	4540	4780	5135	5975	6215
200	860	1146	1433	1720	1910	2200	2382	2678	2866	3150	3342	3626	3820	4110	4764	4970
220	781	1040	1300	1560	1735	1995	2168	2430	2603	2870	3035	3295	3470	3730	4340	4510
250	688	916	1146	1376	1526	1760	1912	2138	2292	2522	2776	2900	3050	3288	3824	3980
300	573	763	955	1146	1271	1464	1590	1783	1910	2100	2230	2418	2542	2739	3180	3310
350	492	655	810	984	1090	1259	1364	1530	1639	1804	1914	2070	2180	2346	2728	2835
400	430	573	716	860	955	1100	1191	1339	1433	1575	1671	1813	1910	2055	2382	2485
450	382	510	636	763	850	976	1162	1190	1272	1402	1488	1612	1700	1828	2122	2208
500	344	458	573	688	763	880	956	1069	1146	1261	1388	1450	1525	1644	1912	1990
550	312	416	520	624	694	800	868	972	1042	1148	1216	1320	1388	1492	1736	1804
600	287	382	478	573	636	734	796	892	955	1051	1130	1208	1271	1370	1592	1656
650	265	353	440	530	586	677	734	823	880	970	1059	1115	1172	1263	1468	1530
700	246	328	410	492	545	630	682	765	819	902	957	1035	1090	1173	1364	1419
750	230	306	382	458	508	588	636	714	764	842	892	968	1016	1096	1272	1324
800	215	285	358	430	477	550	596	670	716	788	835	905	953	1026	1192	1240
900	191	255	318	382	425	488	531	595	636	701	744	806	850	914	1061	1104
1000	172	230	286	344	382	440	478	535	572	631	670	725	764	822	956	994
1100	156	208	260	312	347	400	434	486	521	574	608	660	694	746	868	902
1200	143	191	239	287	319	367	398	446	478	524	557	605	637	685	797	828
1300	133	177	220	265	298	338	367	412	440	485	515	558	586	632	734	765
1400	123	164	205	246	273	314	341	382	409	452	477	518	546	587	681	709
1500	115	153	191	229	254	294	318	357	382	421	446	484	508	548	636	662
1600	107	143	179	215	239	275	299	335	359	394	418	454	478	514	598	621
1700	101	135	168	202	224	258	281	314	336	370	334	426	448	483	562	585

Band- oder Zylinderschleifmaschinen große Schnittgeschwindigkeiten aufweisen. In der Praxis hat sich nun erwiesen, daß in der Holzbearbeitung die folgenden Umfangsgeschwindigkeiten nach Möglichkeit eingehalten werden sollten:

20 bis 24 m/s für Schleifpapier mit einem Belag aus Elektrokorund
15 bis 18 m/s für Schleifpapier mit einem Belag aus Granat.

Bei der Bearbeitung von Kunstharzstoffen kommen andere Schnittgeschwindigkeiten in Betracht, welche man erst durch eine Probe feststellen muß. Aus der nachfolgenden Tafel ist ersichtlich, welche Umlaufgeschwindigkeiten die Schleifmaschinen erreichen müssen, um die angegebenen Schnittgeschwindigkeiten zu erzielen, und zwar wird bei der Aufstellung dieser Tafel von verschiedenen Durchmessern der Schleifrollen ausgegangen.

Umlaufzahlen je Minute bei Bandschleifmaschinen

Durchmesser der Schleifrollen mm	Bei Schnittgeschwindigkeiten von 15 m/s	18 m/s	20 m/s	22 m/s	25 m/s ergeben sich nachstehende Umlaufzahlen je Minute
100	2826	3391	3768	4145	4710
125	2250	2713	3014	3316	3768
150	1884	2261	2512	2763	3140
175	1614	1938	2153	2369	2691
200	1413	1696	1884	2072	2355
225	1256	1507	1676	1842	2093
250	1130	1356	1507	1657	1884
300	942	1130	1256	1382	1570
350	807	969	1077	1184	1346
400	706	847	942	1036	1178

Für den Fall, daß die Schleifmaschine eine geringere Umlaufzahl, als sich aus der Gegenüberstellung mit der Tafel ergibt, erreichen soll, so wird entweder durch Auswechseln der Schleifrolle selbst mit einer Schleifrolle, die einen größeren Durchmesser besitzt, oder durch Auswechseln der Riemenscheibe durch eine Scheibe kleineren Durchmessers die Möglichkeit gegeben, die Schleifmaschine auf eine höhere Umlaufzahl zu bringen. Voraussetzung ist allerdings hierbei, daß man auch die Schleifmaschine ohne Schaden für diese auf eine höhere Umlaufzahl bringen kann.
Bei der Verwendung hochwertiger Erzeugnisse ist die Berücksichtigung dieses Moments häufig von ausschlaggebender Bedeutung, außerdem wird jeder Verbraucher zwangsläufig die Feststellung machen, daß er auch gröbere Körnungen als die bisher verwendeten bei erhöhter Geschwindigkeit benutzen kann. Dies bringt natürlich noch weitere verschiedene Vorteile mit sich, wie z. B. ein schnelles müheloses Schleifen, größere Leistungsfähigkeit und längere Lebensdauer des Schleifmaterials. Durch die Beachtung dieser Möglichkeiten wird auch die größte Ausnutzung des Schleifkornes ermöglicht und dadurch eine besondere Wirtschaftlichkeit im Gebrauch der Schleifmittel gewährleistet.

Hand-Bandschleifmaschine Haffner, Bauart HBS

Die Hand-Bandschleifmaschine, Bauart HBS, die in Abb. 168 dargestellt wird, ist unter Wahrung der alten zweckmäßigen Form vom Hersteller vollkommen umkonstruiert worden. Diese Maschine weist einen exakten Bandlauf auf, besitzt eine gute Staubabsaugung, starke Belüftung und eine kräftige Kühlung des 1,2 PS-Motors. Weitere beachtenswerte Merkmale der neuen Bauart HBS 3 sind die Leerlaufeinstellung, der regulierbare Schleifdruck und eine vollkommene Abdeckung des Schleifbandes.

Abb. 168. Hand-Bandschleifmaschine, Bauart HBS

Das Schleifband hat eine Größe von 860 × 100 mm und eine Bandgeschwindigkeit von 580 m/min. Die Schleiffläche beträgt 160 × 100 mm.

Universal Bandschleifmaschine für Flächen-, Profil- und Rundschliff

Die in Abb. 169 dargestellte Universal-Bandschleifmaschine für Flächen-, Profil- und Rundschliff, Bauart BR 4, stellt eine Neukonstruktion dar, die folgende besondere Merkmale aufzuweisen hat:

Kombinierte Feder-Gewichts-Bandspannführung (Abb. 170).
Große Tischhöhenverstellung. Zwischenmaß zwischen Schleifband und unterer Verbindungsschiene 870 mm.
Zwei Bandgeschwindigkeiten. Umsteuerung für Rechts- und Linkslauf.
Vorrichtung zum Schleifen von Rundungen und Profilen.

Diese Maschine wird in jeder verlangten Tischgröße in zwei Ausführungen hergestellt, und zwar einmal als normale Flächen-Bandschleifmaschine mit nur einer Bandgeschwindigkeit und ferner als kombinierte, sogenannte Universal-Bandschleifmaschine mit angebauter Rund- und Profil-Schleifvorrichtung, mit zwei Bandgeschwindigkeiten. In dieser zweiten Ausführung dient die Maschine zum Schleifen von massiven und furnierten Flächen, Profilen und Rundungen. Die Maschine ist zur Erreichung der zwei Bandgeschwindigkeiten mit einem polumschaltbaren Motor für 750 und 1500 Touren ausgerüstet. Riemenantriebsmaschinen werden mit einer Stufen-Riemenscheibe versehen.

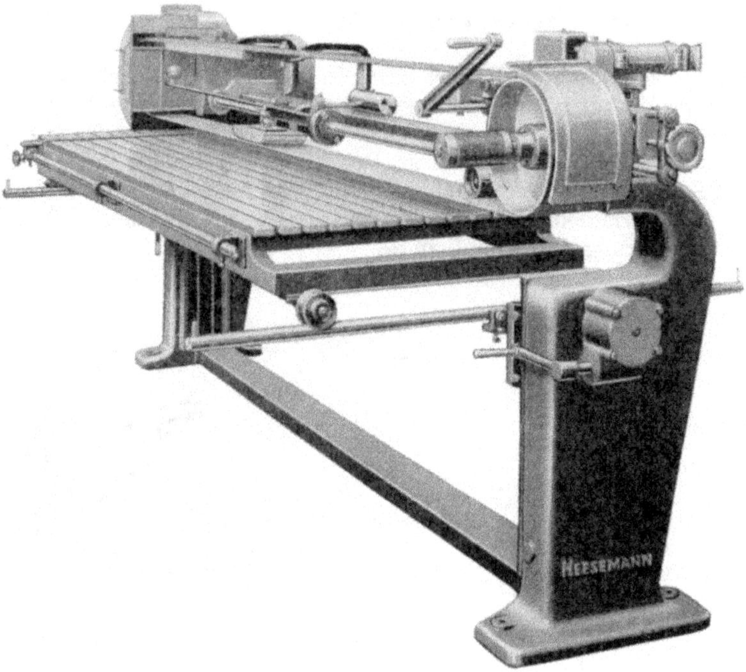

Abb. 169. Universal-Bandschleifmaschine für Flächen-, Profil- und Rundschliff, Bauart BR 4

Abb. 170. Kombinierte Feder-Gewichts-Bandspannführung

Abb. 171. Planscheibe ▶

Die kombinierte Feder-Gewichts-Bandspannführung gibt die Möglichkeit, einmal das Schleifband nur mit Gewicht ganz leicht und elastisch zu spannen, wie es beim Schleifen von Rundungen, gebogenen Möbelteilen oder Profilen unbedingt erforderlich ist, und außerdem durch Einschaltung der zusätzlichen Federspannung mittels eines Schalthebels, eine straffe, weniger elastische Bandspannung zu erzielen, die beim Flächenschleifen vorteilhafter ist.
Die Ständer sind als schwere Hohlgußständer mit starker Kröpfung ausgebildet. Der Einbaumotor läuft in Kugellagerung, ist vollkommen staubdicht gekapselt und hat Außenkühlung. Die Schleifschuhführung läuft auf 8 Kugellagern auf einer Stahlwelle. Damit die Kugellager nicht verstauben können, sind die Lagerdeckel an den Seiten durch je einen Filzring abgedichtet. Der Schleifschuh selbst ist pendelnd gelagert, so daß er sich dem Werkstück genauestens anpaßt und somit feinste edelfurnierte Flächen geschliffen werden können. Beim Schleifen von Rahmenteilen, wie Fensterflügel usw., kann die Pendelung des Schleifschuhes durch eine Stellspindel aufgehoben werden. Um einen weichen, elastischen Druck zu erzielen, ist der Hebel der Schleifschuhführung als Blattfeder ausgebildet. Um das Druckstück der Schleifschuhführung schnell auswechseln oder mit neuem Filz belegen zu können, ist dieses an der kugelförmigen Aufhängung durch eine Flachbahn so befestigt, daß es durch Lösen von zwei Rändelschrauben abgenommen werden kann. Damit ein absolut vibrationsfreier Lauf erreicht wird, sind die Bandscheiben statisch und dynamisch ausgewuchtet. Durch eine Regulierspindel wird ein sehr genaues und leichtes Regulieren des Schleifbandes auf Mittellauf ermöglicht. Was die Staubabsaugung anbetrifft, so erfolgt dieselbe durch einen direkt gekuppelten, sehr groß bemessenen Exhaustor, der direkt neben der Staubhaube liegt, wodurch widerstandverursachende Rohrleitungen überflüssig werden. Beim Schleifen auf dem oberen Schleiftisch wird die Drehrichtung der Maschine durch den vorgesehenen Wendeschalter geändert, so daß auch hierbei der Staub einwandfrei abgesaugt wird.
Zum Schleifen kleinerer Teile dient die in Abb. 171 gezeigte Planscheibe; sie liegt in der Antriebsscheibe. Zum Auflegen der Teile ist ein gußeiserner, in der Höhe und im Winkel verstellbarer Auflagetisch vorgesehen. Durch einen Klemmring erfolgt die Festspannung des Schleifpapiers. Der obere Schleiftisch liegt unter dem oberen Schleifband und dient zum Schleifen kleiner Teile; in der Höhe ist er genau einstellbar und mit einem Anschlaglineal versehen.
Was nun die Vertikalschleifvorrichtung oder die Schleifwalze anbetrifft, so dienen diese beiden Einrichtungen zum Schleifen gebogener Teile. Wenn aber große Mengen solcher Teile geschliffen werden müssen, so wählt man am besten die Vertikalschleifvorrichtung, da diese durch das 2000 mm lange Schleifband eine größere Leistung ermöglicht als die Schleifwalze.
Wie schon erwähnt, ist für die Maschine eine Vorrichtung zum Schleifen von Rundungen und Profilen vorgesehen, die besonders vorteilhaft zum Schleifen profilierter und gerundeter Teile, wie Stableisten, Rundungen an Koffertüren und sonstigen Möbelstücken usw. benutzt werden kann. Durch eine günstige Bauart ist erreicht worden, daß der Schleifdruck beim Schleifen an allen Teilen der Rundung gleich ist. Auch ist die Einstellung einfach und schnell zu tätigen. Man braucht zur Umstellung der Maschine von Flächen- auf Rund- und Profil-

Abb. 172. Doppelbandschleifmaschine, Bauart DB 2

schliff nur ein anderes Band aufzulegen, eine andere Geschwindigkeit einzuschalten und das Kontragewicht für die leichtere Spannung einzustellen. Dies ist eine Arbeit, die in 2 Minuten erledigt werden kann. Die niedrige Bandgeschwindigkeit ist auch besonders vorteilhaft zum Schleifen feinfurnierter Flächen wie auch zum Schleifen von Lacken.

Doppel-Bandschleifmaschine, Bauart D B 2

Die in Abb. 172 dargestellte Doppel-Bandschleifmaschine, Bauart D B 2, stellt eine Neukonstruktion dar, die folgende besondere Merkmale aufweisen kann: Selbsttätig wirkende Blockiereinrichtung und Schnellverstellung an der Schleifschuhführung.
Für jedes Band unabhängig voneinander arbeitende kombinierte Feder-Gewichts-Bandspannführung und Einzelbandregulierung.
Große Tischhöhenverstellung. Zwischenmaß zwischen Schleifband und unterer Verbindungsschiene 870 mm.
Umsteuerbar für Rechts- und Linkslauf. Einfacher Bandwechsel.
An dieser Doppel-Bandschleifmaschine kann man jedes beliebige Werkstück in einem Arbeitsgang mit dem groben Band vor- und mit dem feinen Band

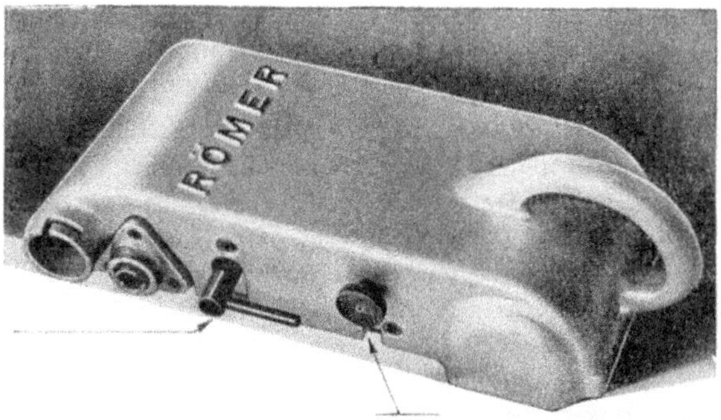

Abb. 173. Bandschleifapparat

Abb. 174. Bandschleif-
maschine RBS 10 in normaler
Hängeausführung

Abb. 175. Bandschleif-
maschine mit
Fahrständer

nachschleifen. Normalerweise wird die Maschine mit einem vollkommen staubdicht geschlossenen 5-PS-Spezial-Drehstrom-Einbaumotor geliefert; es kann aber auch ein stärkerer Motor zum Einbau kommen. Ihre normale Tischgröße beträgt 2500 × 800 mm. Die Staubabsaugung erfolgt durch einen Exhaustor, der mit einem staubdicht gekapselten 1,5-PS-Drehstrom-Motor direkt gekuppelt ist. Der Exhaustor arbeitet mit einer Tourenzahl von n = 2800 je Minute. Die Schleifbänder haben eine Länge von 6880 mm und eine Breite von 150 mm. Die übrigen Einzelheiten entsprechen denen, wie sie bei dem Modell BR 4 angegeben sind.

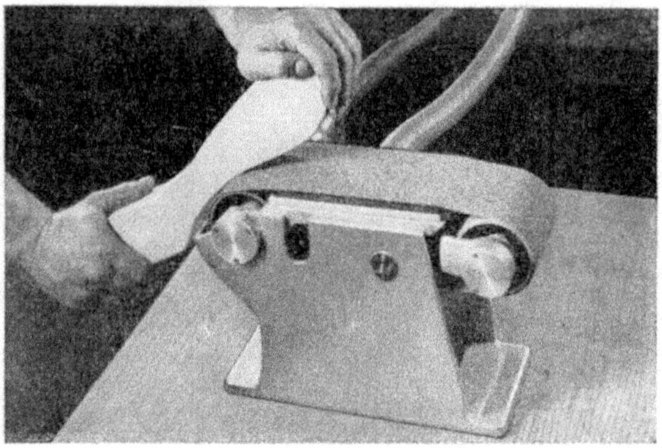

Abb. 176. Schleifbock zur Bandschleifmaschine

Die in Abb. 174 gezeigte Bandschleifmaschine RBS 10 mit Staubabsaugung und biegsamer Welle bietet durch Verwendung verschiedener Zusatzteile viele Vorteile. Bei diesem Bandschleifapparat braucht man die Schutzhaube zum Auswechseln der Schleifbänder nicht abzuschrauben, sondern das Auswechseln derselben erfolgt durch Drehen des Hebels nach links (entspannt).
Wie aus der Abb. 173 hervorgeht, kann das Schleifband auf der anderen Seite mit Leichtigkeit abgenommen und ausgewechselt werden. Wenn dies geschehen ist, wird der Hebel wieder nach rechts gedreht, wie ebenfalls aus der Abb. zu ersehen ist, und das Band wird entspannt. Die Bandeinstellung erfolgt durch Drehen der Schraube (Bandeinstellung) nach rechts oder nach links bis das Schleifband einwandfrei in der Mitte läuft.
Wie aus der Abb. 176 zu ersehen ist, kann man diese Bandschleifmaschine durch Abschrauben der Schutzhaube mit Schleifbock zum Schleifen geschweifter Hölzer verwenden. Eine weitere vorteilhafte Verwendung der Maschine besteht darin, daß man sie mit einem Fahrständer, wie aus der Abb. 175 zu ersehen ist, gebrauchen kann; nun kann die Maschine bequem an jedem Arbeitsplatz eingesetzt werden.
Von dieser Maschine werden 3 Bauarten hergestellt. Außer der behandelten RBS 10, der Bauart RBS 110 und der Bauart RBS 310 sind die Einzelheiten über diese 3 Maschinen aus der nachstehenden Tabelle zu ersehen.

Type	Stromart	Leistung		Drehzahl	Stromstärke		Abm. der Schleifbänder
		kW	PS		220 V	380 V	
RBS 10	Drehstrom	0,8	1,1	2800	3,5 A	2,0 A	725 × 98
RBS 110	Gleichstrom	0,8	1,1	2800	4,5 A	—	725 × 98
RBS 310	Einphasen-Wechselstrom	1,0	1,35	2800	6,6 A	—	725 × 98

Durch Verwendung des Werkzeughalters kann man die Bandschleifmaschine RBS 10 auch als Fischband-Einlaßapparat, Fensterwinkel-Einlaßapparat, Bohrapparat usw. verwenden.

Elektro-Bandschleifmaschine, Bauart Magika

In Abb. 177 ist die dreifach schwenkbare Elektro-Bandschleimaschine, Bauart Magika, dargestellt, die überall, wo Holzwaren, Kleinteile, Plastics, Preß- und Stanzteile zu schleifen oder zu entgraten sind, vorteilhaft eingesetzt werden kann. Die Seele dieser Maschinenkonstruktion ist der patentierte Drehstromumlaufmotor. Gerade umgekehrt wie bei Normalmotoren steht hier der Anker still, während der Stator zum Rotor wird. Das Rotorgehäuse ist als treibende Bandrolle ausgebildet und vollkommen geschlossen und staubgekapselt. Die Bandlauffläche besteht aus einem dünnwandigen Stahlzylinder. Die innere Wärme dringt somit unmittelbar an die Peripherie und wird von Luftstrom des schnellaufenden Schleifbandes sofort wieder abgeleitet. Dieser Patentumlaufmotor stellt also eine ideale Antriebsquelle für diese vielseitige Maschine dar. Man kann sie mit wenigen Handgriffen von der Waagerechten in die Senkrechte schwenken. Der Haupttragarm kann aber auch 90° gedreht werden, so daß die Maschine mit aufrecht stehendem Band arbeitet wie die auf Seite 215 dargestellte Maschine „Progreß II". Die vordere kleine Spannrolle ist mit Spann- und Reguliervorrichtung versehen.
Die Größe des normalen Schleifbandes beträgt 150 × 2450 mm. Die Leistung des Umlaufmotors beträct 1,5 PS, die Drehzahl 1500.
In Abb. 178 wird Zusatz-Verlängerungsarm ZAI, Schleiftisch abgenommen, gezeigt, hierdurch wird ein schmiegsames Innenschleifen ermöglicht.

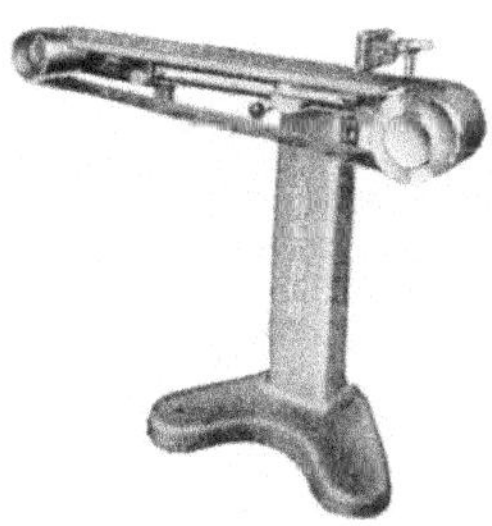

Abb. 177. Elektrobandschleifmaschine, Bauart Magika

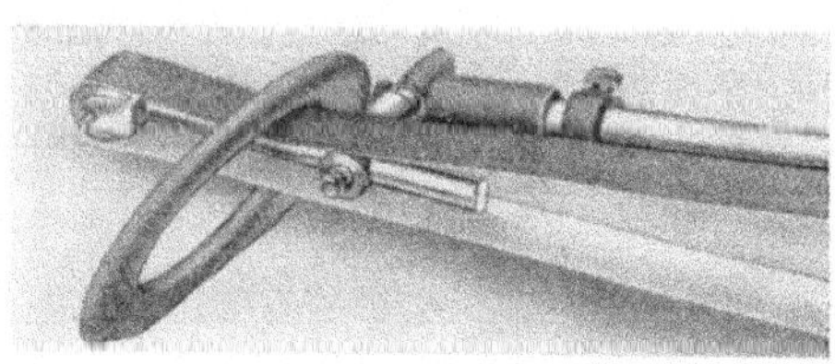

Abb. 178. Zusatz-Verlängerungsarm der Elektro-Bandschleifmaschine Magika

Abb. 178a. Teilansicht der Bandschleifmaschine T 8 E

Ein-Bandschleifmaschine Bauart T 8 E

Diese Bandschleifmaschine Bauart T 8 E, die aus der Praxis für die Praxis entwickelt worden ist (Abb. 178a), hat folgende Merkmale aufzuweisen:
Beide Maschinenkörper bieten im Innern Platz für Geräte und Zubehör. Die Maschinenkörper sind unten durch ein kräftiges Stahlprofil verbunden und werden oben durch zwei Verbindungsstangen gehalten.
Was den Schleiftisch anbetrifft, so trägt jeder Maschinenkörper seitlich eine Führungsstange für die senkrechte Tischbewegung. Die den Schleiftisch tragenden Führungskörper berühren die Führungsstange nur linienmäßig in Längsrichtung, so daß ein Klemmen durch Schleifstaub ausgeschlossen ist. Die Führung ist leicht spielfrei einstellbar und wird über eine Rollenkette durch Drehen des großen Handrades seitlich an der Maschine auf und ab bewegt. An Stelle der sonst üblichen Laufstangen und Laufrollen rollt der Tisch direkt auf großen Stahlkugeln fest eingespannt zwischen zwei seitlichen Führungsstangen, die mit hochfesten Stahldrähten als Kugelführung ausgestattet sind. Diese Führung ist unübertroffen. Der Tischhub beträgt 600 mm.
Die Maschine ist mit einem vollkommen geschlossenen 5,5 PS Motor ausgerüstet, der den Einbau eines besonders starken Gebläses gestattet. Die Gebläseluft dient gleichzeitig zur Kühlung des Motors. Das Band kann nach Belieben stark und elastisch gespannt werden.

Duplex-Gegenlauf-Bandschleifmaschine mit oszillierenden Schleifschuhen

Die in Abb. 179 dargestellte Duplex-Gegenlauf-Bandschleifmaschine mit oszillierenden Schleifschuhen (D. B. P.) stellt eine bemerkenswerte Neukonstruktion im Schleifmaschinenbau für die Holzbearbeitung dar. Sie ist eine Band-

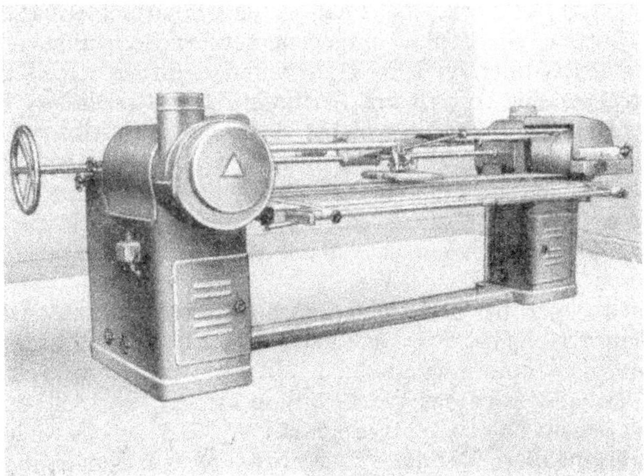

Abb. 179. Duplex-Gegenlauf-Bandschleifmaschine mit oszillierenden Schleifschuhen

Abb. 180. Teilansicht der Maschine

schleifmaschine mit zwei nebeneinander laufenden Schleifbändern, die jedoch nicht in gleicher, sondern in entgegengesetzter Richtung laufen. Man kann also mit beiden Bändern gleichzeitig arbeiten, denn am Schleifaggregat herrscht stets Gleichgewicht, so daß am Griffknopf keine seitlichen Zugkräfte mehr auftreten. Den Griffknopf handhabt der Schleifer vielmehr wie eine Taste. Die zum Schleifen anzuwendende Kraft ist so verblüffend gering, daß der Schleifer allein durch geringere Ermüdung als bisher eine bedeutende Mehrleistung erreicht. Er braucht lediglich den Schleifdruck nach unten auszuüben und hat dadurch ein sehr feines Gefühl für die jeweils erforderliche Druckstärke.

Bekanntlich liegen bei dem Schleifen mit einem Band in einer Richtung die winzig kleinen Holzfasern wie gebürstet in der Schleifrichtung, besonders aber dann, wenn das Band abgenutzt ist. Mit zwei Bändern, in entgegengesetzter Richtung laufend, wird das Werkstück in stetem Wechsel bearbeitet und dadurch die feinen Fasern glatt abgeschoren. Bei der Gegenlauf-Bandschleifmaschine ergibt diese Tatsache in Verbindung mit dem Feingefühl am Griffknopf den spiegelnden Glattschliff, selbst dann, wenn die Bänder bereits stark abgenutzt sind. Man erspart beim Lackieren und Polieren einer so geschliffenen Fläche noch mehr als die Hälfte der bisher erforderlichen Arbeitszeit. Es läßt sich also mit dieser Maschine außerordentlich wirtschaftlich arbeiten.

Der Zwillingsschleifschuh ist so konstruiert, daß normaler Weise mit beiden Bändern gleichzeitig geschliffen wird. Jedoch kann auch mit jedem Band einzeln gearbeitet werden. Durch Verschiebung des Handknopfes geschieht die Umschaltung in einfacher Weise. Mithin besteht die Möglichkeit mit 2 Bändern gleicher Körnung, oder mit 2 Bändern verschiedener Körnung gleichzeitig, oder auch mit jedem Band einzeln zu arbeiten, so daß man bestimmte Stellen im selben Arbeitsgang grob oder fein nachholen kann, wodurch eine enorme Anpassungsfähigkeit an die verschiedenen Schleifarbeiten gegeben ist. Man kann diese Maschine also als eine Hochleistungs-Bandschleifmaschine bezeichnen.

Universal-Schleifmaschine für Schleifbänder oder -walzen

Die in Abb. 182 gezeigte Universal-Schleifmaschine für Schleifbänder oder -walzen, Bauart US, ist nach dem Baukastensystem konstruiert. Die für die verschiedenen Zwecke am besten geeigneten Schleifaggregate können wahlweise angebracht werden. Die starke Welle ist im oberen Teil des Hohlgußständers gelagert, die zunächst 2 freie Wellenenden besitzt. Der Antrieb derselben erfolgt über Keilriemen durch einen rückseits auf einer Wippe montierten normalen Elektromotor. Um für Bandschleifarm, Bürsten- und Luftschleifwalzen entsprechende Schnittgeschwindigkeiten wählen zu können, sind drei Drehzahlen vorhanden. Bei der in Abb. 181 dargestellten Maschine US ist der links 360° schwenkbare Bandschleifarm nach rückwärts gestellt, rechts dasselbe, jedoch versehen mit Zusatz-Verlängerungsarm ZAI.

Die in Abb. 183 dargestellte schwere doppelseitige Universal-Hochkant-Bandschleifmaschine mit abschaltbarer OBERTEILOSZILLATION und Kühlbandrollen, zeichnet sich dadurch aus, daß an ihr besonders große Flächen einseitig

Abb. 181. Universal Schleifmaschine mit zwei Bandschleifarmen, Bauart US

Abb. 182. Universal-Schleifmaschine für Schleifbänder und Schleifwalzen, Bauart US

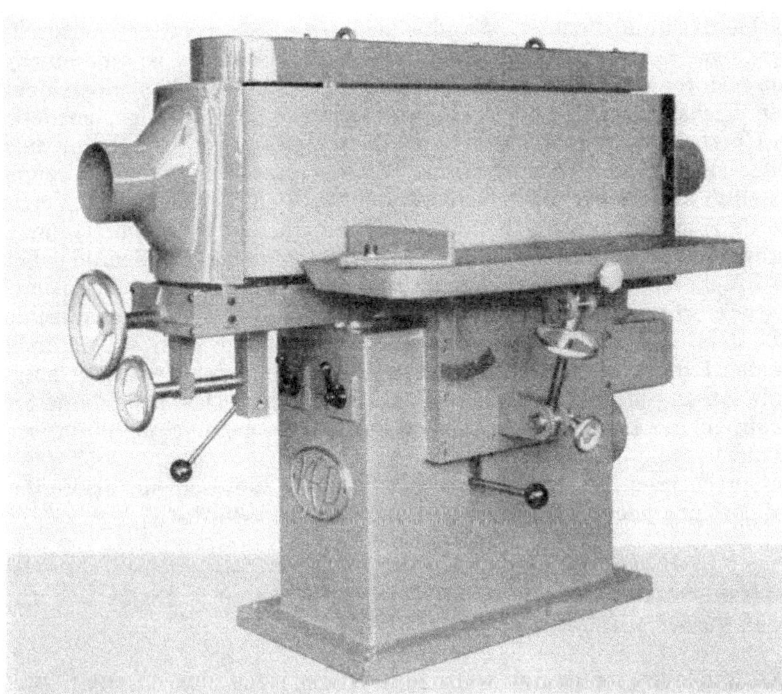

Abb. 183. Schwere doppelseitige Universal-Hochkantbandschleifmaschine, Bauart XIIIz mit abschaltbarer Oberteiloszillation und Kühlbandrollen

geschliffen werden können. Durch doppelseitig angebaute, allseitig verstellbare Arbeitstische kann von beiden Seiten aus an ihr geschliffen werden. Durch einfache Handhebelbetätigung erfolgt hydraulisch Höhenverstellung. Die groß dimensionierte Tischmaschine besitzt Oberteiloszillation, d. h. Bandrollen einschließlich Bandanlagetische oszillieren, durch einen in den Ständer eingebauten Getriebemotor bewirkt. Die Oszillation ist abschaltbar. Die größte Schleiffläche beträgt 900 × 350 mm und bei der Bauart KED XIII/z 900 mal 500 mm. Auch bei dieser Maschine sind die Bandrollen als sogenannte Kühlbandrollen ausgebildet; sie haben den Zweck, Kaltluft anzusaugen und diese laufend hinter das Schleifband zu blasen. Die nutzbare Schleifbreite beträgt 900 mm und die nutzbare Schleifhöhe beträgt 350 mm. Der Antriebsmotor hat eine Stärke von 10 PS aufzuweisen, während die Schleifbandgeschwindigkeit 20 m/s beträgt. Der Getriebemotor hat eine Stärke von 0,6 PS, die Größe des Arbeitstisches beträgt 1000 × 300 mm. Die Schrägstellbarkeit des Tisches ist bis 30° möglich, die Höhenverstellbarkeit des Tisches bis 150 mm. Mit der Maschine läßt sich sauberster Flächenschliff erzielen.

Tragbarer Elektro-Bandschleifer Bauart „Nappa"

Der in Abb. 184 gezeigte tragbare Elektro-Bandschleifer „Nappa" verputzt und schleift Türen, Fenster, Wandbekleidungen, Sperrplatten, feinste Deckfurniere usw. beiz- und polierfertig. Dieser Bandschleifer ist mit einem eingebauten Motor 1,2 PS und Staubabsaugung versehen. Mit der kleinen Maschine können höchste Leistungen erzielt werden; denn der kräftige, getriebelose, gegen Überbelastungen unempfindliche Motor gibt dem Schleifband die hohe Schleifgeschwindigkeit von 25 m/sek. Mit der Maschine ist ein vorzüglicher Längsschliff zu erzielen; dieser schleift frei von Wellenschlägen oder Vertiefungen fertig zum Beizen, Streichen und Polieren, auch erzielt man mit ihm einen unbedingten Planschliff. Die Fläche wird vollkommen eben; denn der Schleifschuh drückt das Schleifband genau parallel zum Führungsrahmen auf das Werkstück, so daß ein Schleifen von Vertiefungen in das Holz ausgeschlossen ist. Mit dem Schleifband ist ein langes Schleifen ohne Auswechseln möglich, da es eine Länge von 1000 mm besitzt. Ein eingebauter Ventilator sorgt für die gute Absaugung des entstehenden Schleifstaubes. Das Schleifband spannt sich während des Laufes von selbst und kann daher genau einreguliert werden; das Band hat eine Breite von 100 mm.
Mit entsprechenden Zusatzgeräten ist der „Nappa"-Bandschleifer als Fußboden-Schleifmaschine oder als Kantenschleifmaschine verwendbar.

Bandschleifmaschine für Naßschliff, Bauart BN 1 zum Schleifen von Lacken, Spachtel, Kunstharzstoffen und Metallen

Die Bandschleifmaschine für Naßschliff, Bauart BN 1 (Abb. 185), zeichnet sich durch folgende besondere Merkmale aus:
Flüssigkeitszufuhr mit Feinstregulierung und absolut gleichmäßiger Verteilung über der ganzen Bandbreite, daher minimaler Flüssigkeitsverbrauch.

Abb. 184. Tragbarer Elektro-Bandschleifer, Bauart „Nappa“

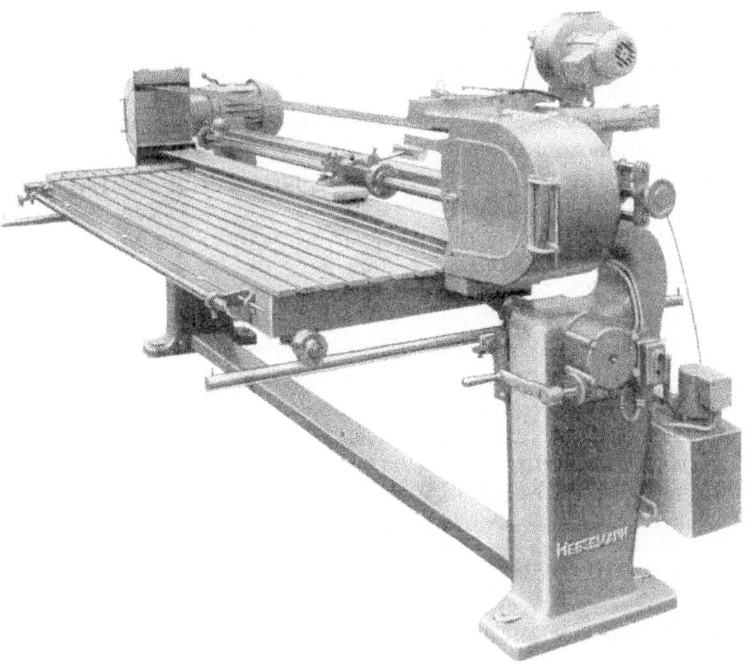

Abb. 185. Bandschleifmaschine für Naßschliff, Bauart BN 1 zum Schleifen von Lacken, Spachtel, Kunstharzstoffen und Metallen

Kombinierte Feder-Gewichtsbandspannführung, wodurch die Verwendung eines Filzbandes zum Schwabbeln möglich ist.
Große Tischhöhenverstellung. Zwischenmaß zwischen Schleifband und unterer Verbindungsschiene 870 mm.
Zwei Bandgeschwindigkeiten durch polumschaltbaren Motor.
Diese Naßschliff-Bandschleifmaschine dient vorwiegend zum Naßschleifen von Lacken, Spachtel, Kunstharzstoffen usw., sie stellt eine Sonderschleifmaschine dar. Bisher wurden die genannten Stoffe an der normalen Bandschleifmaschine trocken geschliffen. Es ist bekannt, daß sich hierbei das Schleifband sehr leicht zusetzte und dadurch auf der zu schleifenden Fläche starke Riefen hinterließ. Die erzielte Oberfläche erreichte nicht den gewünschten Gütegrad, auch war der Bandverbrauch sehr groß.
Das Schleifband wird bei dieser Maschine während des Schleifvorganges mit einer geeigneten Flüssigkeit gleichmäßig benetzt. Dadurch erhält das Band einen konstanten Feuchtigkeitsgrad, der verhindert, daß sich der entstehende Schleifstaub in Form von Knötchen auf dem Bande festsetzt. Zusammen mit der Schleifflüssigkeit bildet der Schleifstaub eine breiige Masse, die durch die immer neu zugeführte Flüssigkeit fortwährend abgespült wird.
Dadurch bleibt das Schleifband immer offen und schleiffähig. Man kann also wesentliche feinere Körnungen als beim Trockenschliff verwenden. Allgemein wird der Nachschliff mit der Körnung Nr. 400 durchgeführt. Man kann aber auch noch mit feineren Körnungen schleifen, falls sich dies als notwendig erweisen sollte. Der sich dann ergebende Schliff ist so hervorragend, daß der bisher übliche nachträgliche Poliervorgang durch das sogenannte Aufbauverfahren überflüssig wird. Die Fläche ist nur noch mit einem Filz-Schwabbelband, das mit einer entsprechenden Paste gefüllt ist, zu schwabbeln.
Die Zufuhr der Schleifflüssigkeit erfolgt durch eine Kreiselpumpe, die durch einen Drehstrommotor angetrieben wird. Die Pumpe pumpt Flüssigkeit zu einer Spritzdrüse, die in der rechten Bandschutzhaube in einer Düsenkammer oberhalb des Schleifbandes untergebracht ist. Damit das Band in seiner ganzen Breite gleichmäßig benetzt wird, ist die Düse an einem mechanisch betriebenen Bewegungsmechanismus gelagert, der die Düse während des Schleifvorganges über der ganzen Bandbreite hin- und herbewegt. Gerade durch diese Hin- und Herbewegung wird das Band über der ganzen Breite absolut gleichmäßig benetzt, wodurch ein Zusetzen des Bandes an irgendeiner Stelle von vornherein ausgeschlossen und der Flüssigkeitsverbrauch sehr gemindert wird. Der Spritzstrahl der Düse kann durch Öffnen bzw. Schließen eines Ventils wahlweise unterbrochen werden. Die Unterbrechung erfolgt durch axiale Verschiebung eines Handgriffes auf der Handstange am Hauptauflagetisch. Durch diese wahlweise Abschaltung des Flüssigkeitsstromes hat man die Möglichkeit, die Flüssigkeitszufuhr während des Schleifvorganges je nach Bedarf zu unterbrechen, also genau zu regulieren, so daß dem Bande nur die Flüssigkeitsmenge zugeführt wird, die zum Schleifen auch tatsächlich benötigt wird. Die Zurückführung irgendwelcher Kondensate wird durch diese Feinstregulierung überflüssig. Die Flüssigkeit im Vorratstank bleibt also immer frei von Verschmutzungen, wodurch die gesamte Anlage ein unbedingt störungsfreies Arbeiten gewährleistet.

Beim Schleifen wird das Werkstück, wie bei einer normalen Bandschleifmaschine, auf den Hauptauflagetisch gelegt und das Schleifband mit der Schleifschuhführung, oder bei kleineren Teilen mit einem Handdruckstück, von der Innenseite gegen das Werkstück gedrückt.
Die übrigen Einzelheiten der Maschine sind im großen und ganzen die gleichen wie bei den Maschinen Bauart B R 4 und D B 2.

Motor-Vibrations-Schleifer „ELU"

Die in der Abb. 186 gezeigte Maschine Bauart MVS 12 ist als leichte handliche Feinschleifmaschine für Handwerk und Industrie, für Trocken- und Naßschliff und für jeden Werkstoff anzusprechen; sie stellt eine vollkommen geschlossene Maschine dar, die keine Wartung und keine Schmierung bedarf. Die technischen Daten sind wie folgt:

Bauart	Leistung/Watt	Stromart	Stromspannung	Schleiffläche mm
MVS 12	etwa 200	Drehstrom	220/380	110 × 200
MVS 12a	etwa 200	Wechselstrom	110 oder 220	110 × 200

Dieser Vibrationsschleifer ist als kleine handliche Schleifmaschine dazu bestimmt, vorgeputzten Flächen den letzen Feinschliff zu geben.
Er dient daher in Tischlereien zum Nachputzen vorgeschliffener Flächen und soll damit den Hand-Schleifkork weitgehend ersetzen. Da es möglich ist, mit dem rechteckig gehaltenen Schleif-Fuß bis in die Ecken zu schleifen, können z. B. auch bei Füllungstüren die bereits in den Rahmen eingesetzten Füllungen nachgeschliffen werden.
Bei lackierten Flächen kann der MVS 12 zum Vorschleifen der Lackierungen benutzt werden, und zwar sowohl bei Holz-Lackierungen wie bei Lackierungen auf Metall. Es ergibt sich dabei ein ziemlich weites Anwendungsgebiet der Maschine in der Lackiererei zum Schleifen von Spachteln, Füller und Vorlacken. Durch Verwendung einer dünnen Moos-Gummi-Zwischenlage unter dem Schleif-Fuß können ebenfalls gewölbte Flächen (Maschinen-Sockel, Karosserie-Teile usw.) rationell je nach Wunsch im Trocken- oder Naß-Schliff bearbeitet werden.
Motorengehäuse und Antriebsteile einschl. Schleif-Fuß sind vollkommen gekapselt ausgeführt, so daß auch beim Naßschliff keine Befürchtungen bestehen müssen, daß etwa Feuchtigkeit in den Motor dringt. Erwähnenswert ist hierbei, daß der Schleiffuß in mineralölfestem Gummi (Perbunan) ausgeführt ist, so daß auch beim Naßschleifen mit Petroleum-Zusatz, wie es bei manchen Autolackierereien üblich ist, keine Gefahr besteht, daß Bauteile der Maschine durch die Schleif-Flüssigkeit angegriffen

Abb. 186. Motor-Vibrations-Schleifer „Elu", Bauart MSV 12

werden. Die Maschine kann mit einem Wechselstrom-Hilfs-Phasen-Motor geliefert werden, der an jedes Wechselstrom-Lichtnetz angeschlossen werden kann, oder sie wird mit einem Drehstrom-Motor ausgestattet, der in allen Fällen, wo die Maschine nur in der Werkstatt benutzt wird, vorteilhafter ist. Die Ausnutzung der Motor-Bauteile ist besonders niedrig gehalten, damit eine hohe Dauerhaftigkeit der Maschine erreicht wird. Trotzdem war es möglich, das Gewicht der Maschine auf etwa 3,5 kg herunterzudrücken.
Der Schalter liegt handlich in einem am Motorengehäuse angeordneten, pistolenschaftartig aufgebildeten Griff. Auf der gegenüberliegenden Seite des Gehäuses ist ein leichter Stützgriff angeordnet, der zur Erleichterung der Führung der Maschine dient und einer Ermüdung der rechten Hand beim Arbeiten vorbeugt.
Zum Schutze des Bedienungsmannes sind beide Griffe isoliert ausgeführt. Zusätzlich ist das Gehäuse der Maschine geerdet.

Feinschleifgerät Festo-Elektro-Rutscher

Bei dem im Bilde (Abb. 187) dargestellten Vibrations-Schleifgerät Festo-Elektro-Rutscher handelt es sich um einen sogenannten „Rutscher", der in Möbel- und Stuhl-Fabriken, Karosserie- und Wagenbau-Anstalten, Schiffs- und Bootswerften, bei Schreinern, Zimmerleuten, Treppenbauern, Malern und Lackierern, wie auch in Maschinenfabriken jeder Art nutzbringende Verwendung findet, und zwar zum Abschleifen alter Farben und Lacke, Feinschleifen von Grundierungen und Spachtel, Feinschleifen von Edelfurnieren, Entrosten, Bürsten und vielen anderen Arbeiten.
Dieser Rutscher hat ein innen und außen isoliertes Oberteil, wie es bei einer solchen im Dauergebrauch befindlichen Maschine aus Sicherheitsgründen unbedingt erforderlich ist. Der Rutscher besitzt einen mit neuartigen Motorschutzelementen kombinierten Schiebeschalter, der einfach und bequem zu bedienen ist. Er weist folgende Vorzüge auf:

1. Schutz der Motorwicklung gegen Durchbrennen und gegen Überlastung oder Überbeanspruchung der Maschine, ferner gegen zu langes Festhalten des Hilfsphasen-Schalterhebels.
2. Praktisch bruchsicher, da keine Schalthebel vorstehen.
3. Geschlossene Kastenbauweise der Schalteinrichtung, so daß Eindringen von Staub nicht zur Verschmutzung der Kontakte führen kann. Auch sind die eingebauten Schaltelemente noch zusätzlich staubdicht verkittet.
4. Einfache Bedienung mittels Schiebeschalter, der in natürlicher Arbeitslage mit dem Daumen betätigt wird.

Das Gerät arbeitet nach folgendem Grundsatz: Ein elektrisch (gegebenenfalls auch durch Preßluft) angetriebener Motor versetzt eine viereckige, gummigepolsterte Schleifplatte in sehr schnelle oszillierende Bewegung, wobei etwa 70 Hübe je Sekunde erzielt werden. Der Motor ist robust gebaut und auch für Dauerbeanspruchung geeignet. Das Schleifpapier wird mit Hilfe einer einfachen Klemmvorrichtung ohne Festkleben befestigt, so daß das Auswechseln leicht und schnell möglich ist.

Abb. 187. Festo-Elektro-Rutscher

Abb. 188. Festo-Elektro-Rutscher-Austauschplatten

Abb. 189. Festo-Elektro-Rutscher, Bauart RTS

Abb. 190. Festo-Elektro-Rutscher, Bauart RTG

Abb. 191. Festo-Elektro-Rutscher, Bauart RTH

Der in Abb. 189 dargestellte Standard-Rutscher, Bauart RTS, kann dank seiner Schnellauswechselung für verschiedene Schleifplatten, wie sie in Abb. 188 gezeigt werden, sozusagen als ein „Mädchen für Alles" benutzt werden, für Bürsten, Gummiplatten und Polierfilze usw. Die Abb. 190 zeigt die Bauart RTG, eine ideale Maschine für Zimmerleute und Treppenbauer, beim Treppenschleifen und in Abb. 191 der Hin- und Her-Rutscher, Bauart RTH, der eine ideale Maschine für Möbelschreiner zum Feinschliff „mit der Faser" beim Rahmenschleifen zeigt.

ERMA Fasson-, Kanten- und Kurvenschleifmaschine, Modell PMH-2/kombiniert

Die in Abb. 192 dargestellte Maschine zeichnet sich durch eine vielseitige Kombinationsmöglichkeit aus; sie kann mit Kontaktscheiben, Gußscheiben, Bürstenschleifrad, Gummilufttrommel und Profilschleifvorrichtung in Betrieb genommen werden. Diese Maschine eignet sich besonders zur Bearbeitung von abgerundeten Stäben, Stuhl- und Tischbeinen, Möbelfüßen sowie gebogener und geschweifter Teile, wobei das jeweilige Profil beibehalten wird. Bei der Verwendung von Bürsten werden außerdem die Poren der zu schleifenden Werkzeuge von jeglichem Staub befreit. Die Maschine eignet sich auch zum Überschleifen vorlackierter oder gespritzter Holzteile, bei welchen sich die kleinen Fasern aufgestellt haben. Es können mit ihr auch mit Hilfe einer neuartigen Schleifscheibe, die nach den anfallenden Profilen ausgearbeitet wird, scharfkantige Profile geschliffen werden.

Selbsttätige, spitzenlose Stab-Schleifmaschine Superior

Die in Abb. 193 gezeigte selbsttätige, spitzenlose Stabschleifmaschine, Bauart Superior, wird zum Bearbeiten von geraden, rund-zylindrischen oder konischen Stäben verwendet, z. B. Sprossen, Stuhl- und Tischbeinen, Sportartikeln, Stielen, Stangen, Rundstäben, Rohren wie auch von kürzeren Teilen aus Holz, Isolationsmaterial, Kohle, Kork, Kunsthorn, Plastics usw. Das „spitzenlose Prinzip" ermöglicht das Schleifen mit großer Leistung im direkten Durchgang, also ohne Einspannen, und zwar durchwandern die Arbeitsstücke die Maschine auf einer Stabstütze zwischen dem schnellaufenden, langen Schleifband und dem langsamlaufenden, schräggestellten Vorschubband.
Die Vorschubgeschwindigkeit ist stufenlos regulierbar durch beliebige Schrägstellung des Transportbandes und kann somit dem Werkstückdurchmesser und der gewünschten Schliffqualität angepaßt werden. Für beide Bänder ist je eine Spann- und Reguliervorrichtung vorhanden. Das Schleifband ist 210 × 3480 mm und die Schnittgeschwindigkeit 23 m/s.

Universal-Rundstab-Schleifmaschine COSMA Bauart SM 8

Die Universal-Rundstab-Schleifmaschine SM 8 (Abb. 195) wird zum Schleifen von vorgearbeiteten Rundstäben und schlankfassonierten Stielen rund und oval, gerade oder mäßig gebogen, von etwa 10—70 mm Durchmesser und von etwa

Abb. 193. Selbsttätige, spitzenlose Stab-Schleifmaschine Superior

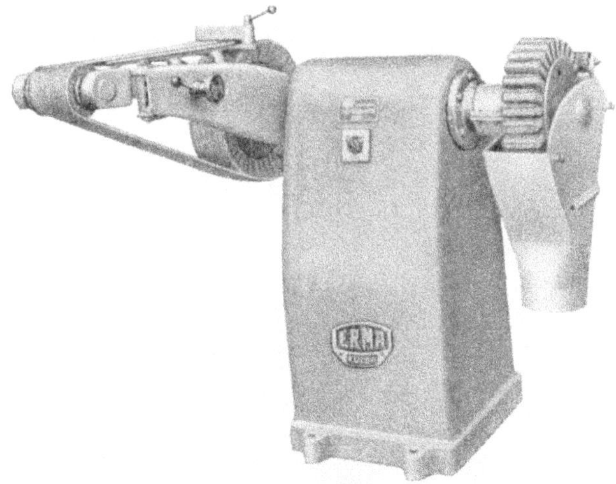

Abb. 192. Erma-Fasson-, Kanten- und Kurvenschleifmaschine, Bauart PMH-2/kombiniert

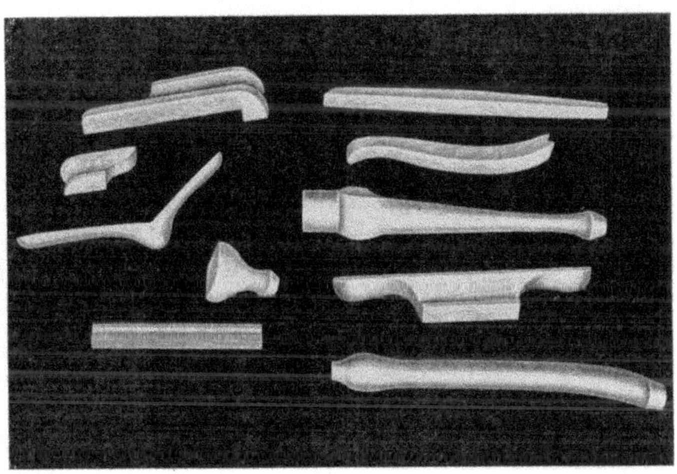

Abb. 194. Mit der Maschine PMH-2/kombiniert können solche und ähnliche Teile geschliffen werden

Abb. 195. Universal-Rundstab-Schleifmaschine Cosma, Bauart SM 8

30 cm Länge an verwendet. Wenn eine Spezial-Schleifauflage verwendet wird, lassen sich kurze Teile bis 12 cm lang schleifen. Bis etwa 15 m/min. beträgt die Schleifleistung.

Der Antrieb der Maschine erfolgt durch Keilriemen vom angebauten normalen Fußmotor 2 PS, 2850 n. Um die beste Leistung zu erzielen, besitzt die Maschine einen automatischen Stabvorschub und -drehung; stufenlos regelbar. Das Schleifen kann durchlaufend oder durch Zurückziehen oder Herausnehmen an beliebigen Stellen durch Nachschleifen individuell erfolgen. Wenn ein Ovalschleifen, z. B. von Hammer-, Axt- und Pickelstielen in Betracht kommt, so werden durch eine sinnreiche Einrichtung die flachen Stellen länger bzw. langsamer geschliffen. Das endlose Schleifpapier-Band ist 3 m lang und bis 12 cm breit, und zwar werden Bänder in Körnung 60—100 verwendet.

Abb. 196. Rundstab-Schleifmaschine Cosma, Bauart SM 12

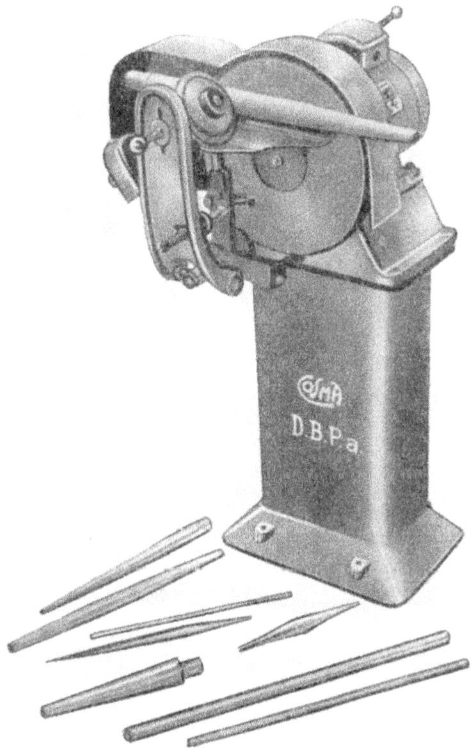

Rundstabschleifmaschine COSMA, Bauart SM 12

Die Rundstabschleifmaschine SM 12 ist für möglichst gerade Rundstäbe von etwa 8—50 mm Durchmesser, zylindrisch oder (beliebig) konisch oder doppelkegelig, wie z. B. Stuhlbeine, Sprossen, Spiel- und Sportgeräte, Rechenstiele, kleine Möbelteile, Drechslerwaren, Rohre usw. in Hart- und Weichholz usw. bestimmt. Der Antrieb erfolgt durch Elektromotor 1,5 PS, 1450 U/min. (Abb. 196).

Kombinierte Schnellkopierfräs- und Schleifmaschine, Bauart Cosma SKS 7

Die in Abb. 197 dargestellte neuartige Kopiermaschine Bauart Cosma SKS 7, D. P. a., dient zum Kopieren von geraden und geschweiften, unregelmäßig geformten Hölzern beliebigen Querschnitts, bis 180 mm Flugkreisdurchmesser und bis 1,3 m Länge, wie geschweifte Möbelfüße, Beil-, Axt- (Kuhfußstiele), Pickel, Kreuzhackenstiele, Gewehrschäfte usw., ferner auch zum Kopieren von gleichzeitig zwei Stücken nach Holz- oder Eisenmodell, gleich, stärker oder schwächer als Modell, normalpaarig; in Sonderausführung unpaarige Arbeitsstücke.

Abb. 197. Bauart Cosma SKS 7

Was die Arbeitsweise der Maschine anbetrifft, so werden die Arbeitsstücke linksseitig mittels einer Zentrierauflage, rechtseitig nach Augenmaß eingespannt im Reitstock durch bequemen federgespannten Handhebel.
Es ist nur ein einziger Messerkopf mit hoher Umfangsgeschwindigkeit für beide Arbeitsstücke bei dieser Maschine nötig. Der Messerkopf mit vier starken Messern sitzt direkt auf der Motorwelle. Der Fräsmotor schwingt mit geringster Masse spielend leicht um die vertikale Führungssäule und stellt sich bei Rückzug genügend ausgeschwenkt völlig aus dem Gefahrenbereich.
Die praktische Zentriervorrichtung bildet noch einen zusätzlichen Unfallschutz. Während der Arbeit ist die Vorschub- und Drehbewegung stufenlos regelbar, mithin erhält man eine günstige Leistung. An einer Skala kann die Bearbeitungsstärke (Durchmesser) während des Arbeitens eingestellt werden.
Was das Schleifen anbetrifft, so sei gesagt, daß gleichzeitig während des Fräsens die zwei Arbeitsstücke durch ein anmontiertes Schleifaggregat sauber geschliffen werden; mithin kommen fertige Arbeitsstücke aus der Maschine. Der Schleifapparat wird durch Einhandgriff eingesetzt; er kann auch bei engkurvigen Gegenständen ausgesetzt werden. Der Schleifapparat wird beim Einspannen der Arbeitsstücke seitlich weggeschwenkt. Das Schleifband wird genau nach dem Kopiermodell gesteuert, so daß also auch scharfkantige Stücke ge-

Abb. 198. Doppelseitige Profilschleifmaschine STGM

Abb. 199. Doppelseitige Profilschleifmaschine SZAD

schliffen werden können. Verwendung findet ein endloses 2 m langes und 50 mm breites Leinenschleifband; die gebräuchliche Körnung ist 80—100.
Auf Wunsch wird auch die Maschine mit einer Schleifstaubabsaugung mit viertem Motor ausgestattet.
Hinsichtlich der Leistung der Maschine sei gesagt, daß je nach Form, Arbeitslänge, Holzart, Fräslänge zusammen 0,75 bis 1,5 m minutlich für zwei eingespannte Arbeitsstücke erreicht werden können. Bei der im Bilde dargestellten kombinierten Maschine SKS 7 kann eine wesentliche Leistungsteigerung durch gleichzeitiges Fertigschleifen erzielt werden, Fräsvorschub 3 bis 15 mm je Arbeitsstückumdrehung. Zum Fräsen und Schleifen sowie für den Supportvorschub und Werkstückdrehung sind drei Motoren vorhanden; wie schon gesagt, kann ein vierter Motor für die Staubabsaugung geliefert werden.

Profil-Schleifmaschinen

Profil-Schleifmaschinen sind Sonder-Schleifmaschinen, die eine große Verwendungsmöglichkeit bieten, allerdings ist diese Verwendungsmöglichkeit für den Einzelfall stets sorgfältig zu prüfen. Vorbedindung für ein einwandfreies Schleifen von Profilen ist stets eine einwandfreie Vorbereitung. Ein schlecht oder ungenau vorgefrästes Profil wird stets verschliffen. Zum Profilschleifen sind neue Schleifscheiben auf den Markt gekommen, und zwar eine Spulenscheibe (DRP), Weichschleifscheibe (Bürstenscheibe) und Gummiluftscheibe (DRGM).
In Abb. 198, Bauart STGM, wird eine doppelseitige Profilschleifmaschine, mit aufgebautem Drehstrommotor, 2 PS, 1000 U/min dargestellt. Auf der einen Seite der Maschine befindet sich eine Luftschleiftrommel von 200 mm Durchmesser und 200 mm Breite, auf der anderen Seite eine solche von 350 mm Durchmesser und 200 mm Schleifbreite.
Eine weitere doppelseitige Profilschleifmaschine SZAD mit aufgebautem Drehstrommotor, 2 PS, 1000 U/min, wird in Abb. 199 dargestellt. Sie besitzt zwei Luftschleiftrommeln von 200 bzw. 350 mm Durchmesser und 200 mm Schleifbreite, zwei untere Spannrollen mit zwei Schleifbändern für größere Schleifmittelmenge. Die Schleifbandabmessungen dieser Maschine betragen: 200 mal 1880 mm.
Die nächste in Abb. 200 gezeigte doppelseitige Profilschleifmaschine STGSE, ebenfalls mit aufgebautem Drehstrommotor und Luftschleiftrommel von 350 mm Durchmesser und 200 mm Schleifbreite, trägt auf der anderen Seite eine Bürstenschleiftrommel mit einem Durchmesser von 310 mm und 250 mm Schleifbreite.
Die nächste Maschine, Bauart SZADE (Abb. 201) trägt auf der einen Seite eine Bürstenschleiftrommel von 310 mm Durchmesser und 250 mm Schleifbreite. Die Schleifbandabmessungen sind ebenfalls 200 × 1880 mm.

Doppelseitige Profilschleifmaschine, Bauart STSED

Abb. 202 zeigt eine doppelseitige Profilschleifmaschine STSED mit aufgebautem Drehstrommotor 2 PS, 1000 U/m, gußeisernem Maschinenständer und zwei Spezialbürsten-Schleiftrommeln zur Erzielung eines polierfähigen Schliffes.

Abb. 200. Doppelseitige Profilschleifmaschine STGSE

Abb. 201. Doppelseitige Profilschleifmaschine SZADE

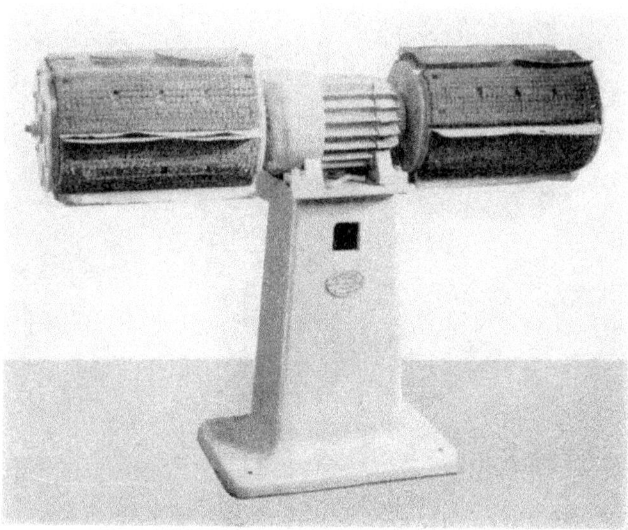

Abb. 202. Doppelseitige Bürstentrommelschleifmaschine STSED

Abb. 203. Selbsttätige oszillierende Kurvenschleifmaschine, Bauart KED XX/3

Auf dem Umfang eines Drehkörpers sind Bürstensegmente angeordnet, zwischen denen Schlitze offen bleiben. Im Innern des Drehkörpers sind entsprechend der Zahl der Schlitze auf Rollen Schleifmittelstreifen aufgewickelt, deren Enden durch die Schlitze bis etwa 15—20 mm über die Borsten herausragen. Die Enden der Streifen werden zum besseren Anpassen an das in die Borsten (Profilträger) eingedrückte Profil an mehreren Stellen in der Längsrichtung eingeschnitten. Nach Abnützung kann jeder Streifen abgeschnitten und der Streifen weiter herausgezogen werden.

Die Abb. 203 zeigt eine selbsttätig oszillierende Kurvenschleifmaschine, Bauart KED XX/3 mit endlosem Schleifband und zwei Vorschüben arbeitend. Mit Vorteil wird diese Maschine in Stuhl- und Holzwarenfabriken verwendet, wo schwach gekrümmte, gleichmäßig starke Massenteile geschliffen werden müssen, wie z. B. Stuhlrückenlehnen, Sessellehnen, Kleiderbügel, Hosenspanner usw. Es wird mit endlosem, oszillierendem Schleifband gearbeitet, daß nach unten geführt über eine kugelgelagerte Spannrolle mit Bandlaufreguliervorrichtung läuft. Die gesamte Schleifbreite beträgt 300 mm. Über dem Schleifaggregat befindet sich eine Transportvorrichtung in Form einer Transportwalze, die indirekt von einem Getriebemotor aus angetrieben wird. Zwei Vorschubgeschwindigkeiten können elektrisch geschaltet werden. Obwohl der Hersteller neuerdings Zusatzvorrichtungen in Form von verstellbaren Gummiführungsrollen anbringt, haben einige Verbraucher auch selbst zusätzliche Vorrichtungen angebaut, um das Schleifverfahren zu vereinfachen und den Schliff selbst bei Verwendung feinen Kornes zu verbessern. Mit der Maschine läßt sich eine lange Schleifdauer und ein kalter Schliff erzielen. Auch ist ein schneller Schleifbandwechsel möglich; zwei Transportgeschwindigkeiten sind verwendbar. Die schaltbare Transportgeschwindigkeit beträgt 6 und 12 m/min. Die Stärke des Schleifbandmotores ist 4 PS. Die Stärke des Vorschubmotors beträgt 0,2/0,3 PS, die Schleifbandabmessung 1850 × 320 mm.

Das Schleifaggregat ist von einer Schutz- und Staubabsaughaube umgeben, die einen Absaugstutzen besitzt, woran der Anschluß an eine vorhandene Staubabsauganlage erfolgt. Die über der Schleifbandrolle befindliche Transportwalze ist als Gummilufttrommel ausgebildet. Die Transportwalzenwelle ist kugelgelagert. Der Antrieb der Walze erfolgt indirekt von einem Getriebemotor aus, der auf einer unter Federspannung befindlichen Wippe sitzt. Mit Hilfe eines Handrades erfolgt die Schleifdickeneinstellung oberhalb des Ständers. Die Schaltgeräte sind im Frontteil des Ständers eingebaut.

Profil- und Kantenschleifmaschine, Bauart PK 1

Die Profil- und Kantenschleifmaschine, Bauart PK 1 (Abb. 204), dient zum Schleifen von Profilen und geraden Kanten, wobei es gleich ist, ob dieselben massiv oder furniert sind, an Leisten, Oberkränzen, Unterkränzen, Büfettplatten, Tischplatten, Möbelfüßen usw. Dabei können die Profilteile gerade oder konvex gebogen sein. Ein schmiegsames Schleifband läuft über zwei Bandscheiben, die auf vertikal stehende Wellen gelagert sind. In der Mitte zwischen diesen beiden Bandscheiben wird die eine Seite des Bandes über das Kontaktwerkzeug geführt. Beim Profilschliff besteht dieses entweder aus einem

Profilgleitstück oder aus einer Profilrolle, und zwar so geformt, daß dieses Werkzeug als Gegenstück des zu schleifenden Profils dient. Es wird aber normalerweise immer mit dem Profilgleitstück gearbeitet. Nur bei besonders komplizierten Profilen kommt die Profilrolle zur Anwendung. Das Kontaktwerkzeug ist beim Schleifen von geraden Kanten als gerades Gleitstück oder als zylindrische Kontaktrolle ausgebildet. Damit das Band während des

Abb. 204. Profil- und Kantenschleifmaschine, Bauart PK 1

Schleifvorganges nicht von dem Profilwerkzeug abläuft, und damit es beim Schleifen von Hohlkehlen evtl. vorstehende scharfe Kanten nicht angreift, wird es vor und hinter dem Profilwerkzeug an beiden Kanten in Gleitführungsstücken mit Hartmetalleinlage geführt. Zu diesem Zweck wird das Schleifband an den Führungskanten entschärft. Das Kontaktwerkzeug ist an einem Schwinghebel so gelagert, daß es in horizontaler Richtung, also gegen das zu schleifende Werkstück, beweglich ist. Zur Erreichung des Schleifdruckes ist der Schwinghebel mit einem Pendelarm verbunden, auf dem ein Kontragewicht angebracht ist. Der Schleifdruck kann durch Verstellung dieses Kontragewichts reguliert werden.

Damit die Bandgeschwindigkeit in möglichst weiten Grenzen stufenlos reguliert werden kann, ist ein stufenlos regelbares Keilriemengetriebe eingebaut. Dieses Getriebe gestattet eine Regulierung der Bandgeschwindigkeit in den Grenzen von 3,5 bis 25 m/sek.

Der Antrieb erfolgt durch einen direkt eingebauten, polumschaltbaren 4-PS-Drehstrommotor, welcher durch einen Polumschalter auf 750 und 1500 Touren je Minute geschaltet werden kann. Die Tischgröße beträgt 1000 × 400 mm und die Schleifbandmaße sind Länge 5000 mm und Breite 80—150 mm.

Oszillierende Kanten- und Profilschleifmaschine Progreß

Die in Abb. 205 gezeigte oszillierende Kanten- und Profilschleifmaschine Progress bietet viele Anwendungsmöglichkeiten bei Holzbearbeitung von Stuhl- und Tischbeinen, Schubkästen, Spielwaren, Holzwarenartikeln, Möbelfüßen und ähnlichen geschweiften Teilen, auch für Bakelit, Galalith, Gummi, Kohle, Kork und ähnliches eignet sie sich, selbstverständlich auch für Metall wie Bronze, Fassonteile aus Leichtmetall und Messing, Preß- und Stanzteile usw. Die Maschine wird in zwei Größen hergestellt, mit 200 und 300 mm Bandbreite. Hervorzuheben ist die doppelte Bewegung des Schleifbandes, nämlich Längsschliff und gleichzeitige Vertikaloszillation. Hierdurch wird die bestmögliche Oberflächenfeinheit erreicht. Beide Bandscheiben und auch die Schleifbandrücklage oszillieren. Es ist eine weiche und immer stoßfrei verbleibende Oszillationsbewegung vorhanden. Auf folgende Vorteile muß noch hingewiesen werden: Schnellbandspannung und -Bandregulierung. Tischverstellung: hoch, tief, schräg und diagonal zwecks Ausnützung der vollen Bandbreite. Seitlicher, ebenfalls universell verstellbarer Zusatztisch an der linken Bandrolle zum Radiusschleifen.

Abb. 205. Oszillierende Kanten- und Profilschleifmaschine Progreß II

Bei dem Normalmodell II sind die technischen Einzelheiten wie folgt:

Schleifband	200 × 3000 mm
Schleifbandrücklage	220 × 1000 mm
Auflagetisch	300 × 1080 mm
Normaler Bandrollendurchmesser, links	150 mm
Normaler Bandrollendurchmesser, rechts	300 mm
Kleinster Durchmesser der linken auswechselbaren Bandrolle	80 mm
Hauptmotor	4,0 PS
Oszillationsmotor	0,2 PS

Einfache oszillierende Kurvenschleifmaschine, Bauart SSE

Eine einfache oszillierende Kurvenschleifmaschine, Bauart SSE, die zum Schleifen von Kurven mit geraden oder schrägen Flächen dient, ist in Abb. 206 dargestellt. An dem Kastenständer wird der direkt eingebaute Motor in gehobelter Führung 12 mm oszillierend bewegt mit 200 Hübe/min. Diese selbsttätige Bewegung wird unmittelbar vom Motor aus über ein Schneckengetriebe mit Exzenter und zwei drehbar gelagerten Hebeln bewirkt.

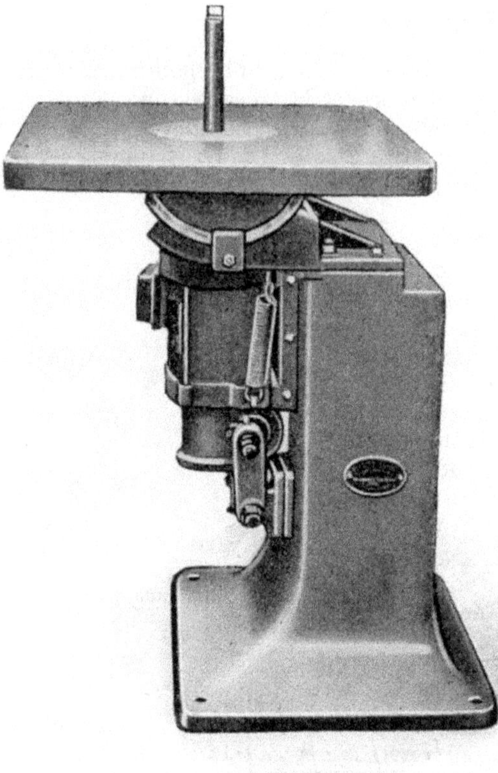

Abb. 206. Einfache oszillierende Kurvenschleifmaschine, Bauart SSE

Der Arbeitstisch hat eine Größe von 600 × 600 mm; er kann in einem Segment nach vorn bis 45° schräg gestellt werden und wird mit zwei Klemmplatten festgehalten.
Die verlängerte Motorwelle trägt den Schleifzylinder, welcher von 40 bis 120 mm Durchmesser auswechselbar ist. Ferner gehören zur Maschine noch ein Schleifzylinder von 90 mm Durchmesser und 20 mm Bohrung, ein Drehstrommotor 1,8 PS, 3000 U/min, ein Anlasser usw. Ferner sind weitere Schleifzylinder von 40—60—80—120 mm Durchmesser erhältlich.

Kombinierte Kurven- und Planschleifmaschine SMSS 6

In Ausführung der vorbehandelten Maschine SSE sitzt bei der kombinierten Kurven- und Planschleifmaschine, Bauart SMSS 6 an dem Kastenständer an der einen Seite die oszillierende Kurvenschleifmaschine, deren Tischgröße 500 × 500 mm beträgt. Direkt auf dem eingebauten Motor sitzt die Planscheibe aus Leichtmetall von 600 mm nutzbarer Schleiffläche; sie ist mit

Abb. 207. Kombinierte Kurven- und Planschleifmaschine SMSS 6

Schleiffilz bezogen. Durch einen aufgeschraubten Stahlring erfolgt die Schleifpapierbefestigung; je nach der Dicke des Schleifpapiers können gleich mehrere Bogen übereinander gespannt werden (Abb. 207).
An dem Vorderteil sitzt der Arbeitstisch von 600 × 215 mm Größe und ist durch Gewindespindel bis 30° nach vorn kippbar. Ein verstellbarer Anschlag dient zur Anlage der Hölzer, für Gehrung einstellbar.

Zylinderschleifmaschinen

Die im Bilde dargestellten Zylinderschleifmaschinen, die außer zum Schleifen von Furnieren und zum Verfeinern von Oberflächen, so wie dies die Zylinderschleifmaschinen normaler Bauart früher getan haben, auch noch zum Schleifen auf genaue Stärke, also zum Egalisieren eingesetzt werden können, bringen für die Oberflächenbehandlung des Holzes ganz entscheidende Vorteile mit sich. Es ist also mit dieser Ausfuhrung möglich, diese beiden unterschiedlichen Anforderungen des Schleifens zu erfüllen. In ganz einfacher Weise geht die Umstellung vor sich, wobei das Schleifprinzip vertauscht wird.
Beim Furnierschleifen bzw. Planschleifen wird der Maschinentisch federnd eingestellt, während der Druckbalken starr ist. Beim Egalisieren ist diese Einstellung sinngemäß vertauscht. Das Arbeitsprinzip entspricht also dem einer Abrichte bzw. einer Dickenhobelmaschine. Die erforderliche Genauigkeit wird insbesondere erreicht durch das bewährte Vorschubaggregat in Form eines

Gummitransportbandes, das über einen absolut plangeschliffenen Tisch läuft, in Verbindung mit der individuellen Feineinstellung jedes Schleifzylinders. Außerdem ist diese Einstellung noch durch Meßuhren ablesbar.
Die zunehmende Entwicklung der Spanplatte hat die herstellende Firma auch noch zur Konstruktion einer Sonderausführung dieser in Abb. 208 dargestellten FEP-Bauart veranlaßt, die den gesteigerten Anforderungen zum Schleifen von Spanplatten Genüge leistet.
In erster Linie erfordert das Schleifen von Spanplatten die Abnahme erheblicher Stärketoleranzen, die leider durch den Einstreu- und Preßvorgang immer

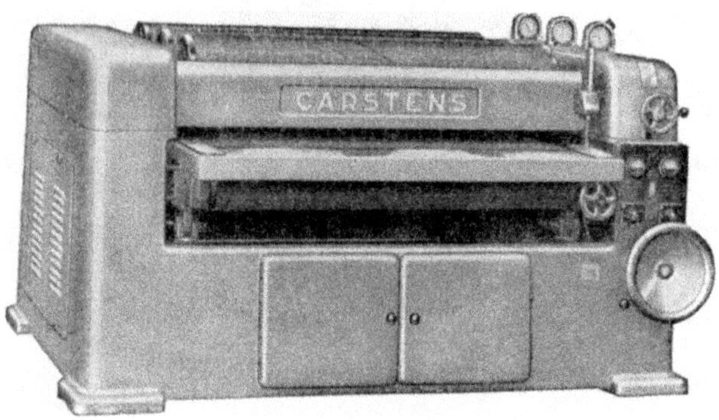

Abb. 208. Frontansicht der Genauigkeitsschleifmaschine mit 3 obenliegenden Schleifzylindern, Bauart FEP III

noch auftreten. Deshalb ist es notwendig, in einem Arbeitsgang eine saubere geschliffene Fläche zu erzeugen und gleichzeitig die Platten auf genaue Stärke zu bringen. Die erhöhte Spanabnahme beim Schleifen von Spanplatten wird mit der erwähnten Sonderausführung der FEB-Bauart in erster Linie durch die Abstufung der einzelnen Druckbalken erreicht. Jeder Druckbalken trägt die patentierten Federlamellen und gestattet daher, jeden Zylinder auf eine beliebige Spanabnahme einzustellen. Auf diese Weise kann in einem Durchgang je Zylinder etwa 0,5—0,7 mm Span abgenommen werden. Auch sind die Hauptmotoren dieser Bauart wesentlich verstärkt, da sich die Spanabnahme proportional zur erforderlichen Leistung verhält. Aus Gründen der damit zusammenhängenden Belastung der Motoren bzw. der Schleifzylinder ist ferner noch eine automatische Spanbegrenzung eingebaut, die den Maschinentisch bei zu starker Spanabnahme um ein bestimmtes Maß absenkt.
Ferner sind noch die Zylinder mit gewebten Filzen an Stelle von gestampften Filzen belegt, die eine festere Unterlage und damit auch noch eine erhöhte Genauigkeit ergeben. Die allgemein verlangten Genauigkeiten von $\pm$ 0,1 mm können bei sachgemäßer Einstellung und Bedienung ohne weiteres erreicht werden. Die Genauigkeit der geschliffenen Fläche ist eine der bestmöglichsten Anforderungen derartiger Maschinen, da sich ja dieser Umstand bei der späteren Bearbeitung von Spanplatten ganz besonders auswirkt.
Die in Abb. 208 dargestellte Dreizylinderschleifmaschine FEP-III, die in

Schleifbreiten von 900 — 1100 und 1350 mm hergestellt wird, hat folgende Vorzüge aufzuweisen:
Obenliegende, dynamisch belancierte Schleifzylinder. Untenliegendes endloses Spezialtransportband und plangeschliffener Tisch. Eingebaute, jedoch normale Elektromotoren. Eingebaute elektrische Schaltelemente einschließlich Ampèremeter zur Anzeige der Schleifzylinderbelastung. Gegenstrombremse zum raschen Stillsetzen der Maschine. Leicht zugänglicher eingeschlossener Keilriemenantrieb. Hohe Zylinderdrehzahl und hohe Schnittgeschwindigkeit. Stufenlos regulierbare Vorschubgeschwindigkeit je nach Holzart und verlangter

Abb. 209. Dreizylinderschleifmaschine Olympia III

Oberflächengüte. Meßuhren für Mikrohöheneinstellung der Schleifzylinder. Vertikale Tischverstellung mittels vier Stück gezahnter, staubdicht gekapselter Hubsäulen. Die Stärkeneinstellung erfolgt nach rotierender Mikro-Skala. Momentumschaltung von Tischfederung auf Tischblockierung sowie für den oberen vorderen Druckbalken.
Die Motorenstärken für die einzelnen Arbeitsbreiten sind wie folgt:

Vorderer Zylinder	.. ..	10, 12, 15 PS
Mittlerer Zylinder Hinterer Zylinder	gemeinsamer Motor	10, 12, 15 PS
Automatischer Vorschub	.. ..	2, 2, 2 PS
Höhenverstellung	.. ..	1, 1, 1 PS

Die größte Schleifstärke beträgt etwa 150 mm; die kleinste etwa 1,5 mm. Die größte Schleiflänge endlos; die kleinste Schleiflänge im Einzeldurchgang etwa 120 mm, Schleifzylinderdurchmesser 300 mm, die Schleifpapierbreite beträgt 610 mm.
Die Umlaufgeschwindigkeit beträgt: Vorderer Zylinder 1550 U/min = 24,5 m/s, mittlerer Zylinder 1650 U/min = 26,0 m/s, hinterer Zylinder 1800 U/min = 29,0 m/s. Die je nach Holzsorte und gewünschter Oberflächenfeinheit stufenlos regulierbare Vorschubgeschwindigkeit beträgt 5—11 m/min.
Mit der Maschine wird eine durchaus wirtschaftliche Papierausnützung und feinstes Schleifbild erzielt.

Eine weitere Standardmaschine schwerer Bauart ist die Dreizylinderschleifmaschine Olympia III für 1100 und 1300 mm Arbeitsbreite; sie wird in Abb. 209 gezeigt. Auch an dieser Maschine sind die Schleifzylinder sowie der obere Vorderdruckbalken unabhängig voneinander, zwecks geeigneter Spanabnahme in der Höhe einstellbar. Der Antrieb erfolgt zweckmäßig durch Keilriemen von zwei normalen Hauptmotoren aus, welche auf einer gemeinschaftlichen Grundplatte auf je einer Wippe montiert sind. Es ist also das gleiche Antriebsprinzip wie bei der in Abb. 208 gezeigten Maschine FEP III. Diese Anordnung ermöglicht es, mit dem ersten Zylinder allein abzuzahnen oder zusammen mit

Abb. 210. Zweizylinderschleifmaschine, Bauart Olympia II

Abb. 211. Zweizylinderschleifmaschine, Bauart FEB Junior

dem zweiten und dritten Zylinder feinzuschleifen. Die Motorenstärke für den vorderen Zylinder beträgt 12,5 bzw. 15 PS wie auch für den mittleren und hinteren Zylinder; der automatische Vorschub beträgt 1,5 PS.
Es beträgt:

Größte Schleifstärke	etwa 120 mm
Kleinste Schleifstärke	etwa 1,5 mm
Größte Schleiflänge	endlos
Kleinste Schleiflänge im Einzeldurchgang.. ..	etwa 120 mm
Schleifzylinderdurchmesser	300 mm
Schleifpapierbreite..	610 mm

Die Umlaufsgeschwindigkeit beträgt:

Vorderer Zylinder	1500 U/min = 23,5 m/s
Mittlerer Zylinder	1600 U/min = 25,5 m/s
Hinterer Zylinder	1700 U/min = 27,0 m/s.

Je nach Holzsorte und gewünschter Oberflächenfeinheit stufenlos regulierbare Vorschubgeschwindigkeit beträgt 4—7 m/min.

Eine Zweizylinderschleifmaschine Olympia II für 1100 und 1300 mm Arbeitsbreite ist in Abb. 210 dargestellt. Diese Maschine wird aus denselben Bauelementen hergestellt wie die Maschine Olympia III. Der Antrieb dieser Maschine ist besonders einfach. In der Regel wird der Hauptmotor seitlich auf einer Wippe angebaut und treibt beide Zylinder mittels Keilriemen. Ein Extra-Flanschmotor ist dann für den Vorschub vorgesehen.
Eine mittelschwere Bauart stellt die in Abb. 211 gezeigte Zweizylindermaschine FEP Junior dar. Sie ist den großen Bauarten FEP-II bzw. Olympia II nachgebildet. In vielen Betrieben dient sie als einzige automatische Flächenschleifmaschine, während sie in manchen anderen Werken zur Entlastung der großen Schleifmaschinen eingesetzt wird; sie besitzt obenliegende, dynamisch balancierte Schleifzylinder mit Spiralaufzug und automatischer Papierspannung, untenliegendes, endloses Spezialtransportband, obenliegende, plangeschliffene Druckbalken und untenliegenden, plangeschliffenen Tisch mit dem darüber gleitenden endlosen Spezialtransportband. Bei dieser Maschine ist die Schleifzylinderdrehzahl besonders hoch gewählt und man erzielt daher ein ganz vorzügliches Schliffbild. Beim vorderen Zylinder beträgt die Drehzahl 1900 U/min = 26,5 m/s und beim hinteren Zylinder 2150 U/min = 30,0 m/s. Die Arbeitsbreite beträgt 500—700—900—1100 mm.

Zwei-Zylinder-Schleifmaschine, Bauart WA 21

Die in Abb. 212 dargestellte Maschine ist zum Abrichten (Zahnen) und Putzen furnierter Flächen sowie zum Schleifen von Massivhölzern aller Art bestimmt. Mit dieser Maschine können alle Holzarten, massive wie auch furnierte Flächen, gleich vorteilhaft geschliffen werden. Ohne Umstellung läßt sich auch das Zahnen von Sperrplatten durchführen. Selbst bei 5/10 Furnier läßt sich ein einwandfreies Schleifen erzielen, und zwar dadurch, daß die Maschine nach dem System einer selbsttätigen Abrichte arbeitet und sich die Sperrplatten durch den mit groben Schleifpapier bespannten Zylinder abrichten lassen, so daß das Furnieren kürschnerfrei und sauber vor sich geht und demzufolge das Fertigschleifen keine Schwierigkeiten bietet. Das fertig bearbeitete Werkstück zeigt dann eine wunderbare, gerade, spiegelnde Fläche. Mit der Maschine ist es möglich, auch das schwächste Furnier einwandfrei zu schleifen, denn durch die Bauart (starre Platte, untenliegende Zylinder) ist es möglich, jedes Stück einwandfrei gerade abzurichten, was für das Zahnen von Sperrplatten zum Furnieren von größter Bedeutung ist.
Die Schleifzylinder haben infolge des Durchmessers von 385 mm und einer Drehzahl von 11000 U/min eine sehr große Schleifwirkung wie auch eine gute Wärmeableitung. Hierdurch wird die Bildung von Brandflecken selbst bei Harthölzern verhindert.
Die Schleifpapierbespannung (DRP) in gradliniger Form ermöglicht einen Schleifpapierwechsel innerhalb sehr kurzer Zeit. Die Schleifzylinder haben außer dem Rundlauf noch eine seitliche Bewegung (Oszillation), die abstellbar ist.
Der Vorschub wird durch vier Gummiwalzen, welche durch einen besonderen Motor über ein Schneckengetriebe und Rollenketten angetrieben werden, be-

wirkt. Der gesamte Vorschubapparat ist in der Höhe bis 180 mm verstellbar und auch ausschwenkbar, um gegebenenfalls größere Halbfertigteile freihändig über die Tischplatte schieben zu können. Es ist möglich, durch Entfernen der Begrenzungsschiene und Klemmvorrichtung, auch Teile bis 2200 mm Breite durch die Maschine laufen zu lassen, um beim zweiten Durchgang das ungeschliffene Teil zu schleifen.

Abb. 212. Zweizylinderschleifmaschine, Bauart WA 21

Durch je einen auf Wippe angebauten Motor über Sonderriemen erfolgt der Antrieb der beiden Schleifzylinder.
Benutzer dieser Maschine haben berichtet, daß sie innerhalb einer Stunde 90 volle Sperrholz-Zimmertüren beiderseits fertig geschliffen und mit einer Bespannung Papier innerhalb zehn Stunden Bildfurnier für 50 Schlafzimmer abgerichtet (gezahnt) und dann wiederum in der gleichen Zeit mit der gleichen Papierbespannung diese fertiggeschliffen haben.

Universal-Zwei-Zylinder-Schleifmaschine

Die im Bilde dargestellte Universal-Zweizylinder-Schleifmaschine entspricht in ihren wichtigen Konstruktionsmerkmalen der schweren Maschine der gleichen Bauart. Ganz besonders trifft das auf das bei den großen Modellen außerordentlich geschätzte eiserne Kettenbett mit Gummiauflage als Vorschubmechanismus zu. Dieses auf Stahlscheiben gleitende Kettenbett hat den Vorteil eines zwangsläufigen Vorschubes, da der Antrieb nicht einfach durch Reibung, sondern durch die Zähne von Kettenrädern erfolgt. Es wird somit ein positiver, niemals stockender Vorschub gewährleistet. Diese Bauart bietet ferner auch den einzigartigen Vorteil, daß auf die einfachste Weise einzelne Gummiplatten ganz oder teilweise ersetzt werden können (Abb. 213).

Die patentierte pneumatische Federung der Kettenbett-Gleitbahnen stellt eine wichtige und praktische Neuerung dar. Es ist auch bemerkenswert, mit welcher hohen Umfangsgeschwindigkeit die Schleifzylinder arbeiten. Auf dieser Zweizylinder-Schleifmaschine können ebensogut massive wie auch furnierte Arbeitsstücke einwandfrei geschliffen werden. Ebenso können sie mit einer ebenen Oberfläche versehen werden. Mit dieser Maschine kann auch eine Dickenschleif-

Abb. 213. Zweizylinderschleifmaschine, Bauart 639

einrichtung geliefert werden, so daß es möglich ist, die Arbeitsstücke auf genaue Dicke zu schleifen.

Hervorzuheben ist, daß die Schleifzylinder in besonders starken Zylinderrollenlagern oberhalb des Vorschubkettenbettes laufen und für spiralförmige Aufspannung des Schleifpapieres eingerichtet sind. An den beiden Enden der Schleifzylinder wird das Schleifpapier auf Spannscheiben durch Stahlbänder gehalten. Eine der Spannscheiben ist federnd und somit selbstnachspannend ausgeführt und gleicht die im Laufe des Arbeitsvorganges bekanntlich eintretende geringe Längenveränderung des Papieres selbständig aus, so daß stets straffer Sitz des Schleifpapieres gewährleistet ist. Die notwendige elastische Unterlage für das darüber zu spannende Schleifpapier ist durch einen Filzbezug auf den Schleifzylinder ermöglicht. An Stelle des beschriebenen Schleifzylinders können Geradbespannungs-Zylinder vorgesehen werden. Bei diesen Schleif-

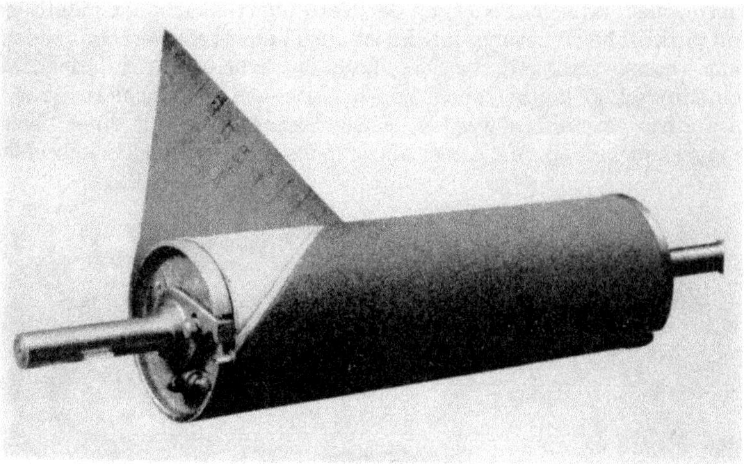

Abb. 214. Schleifzylinder mit nicht ganz umgelegtem spiralförmigen Schleifpapierbezug

Abb. 215. Schleifzylinder mit Filzbelag

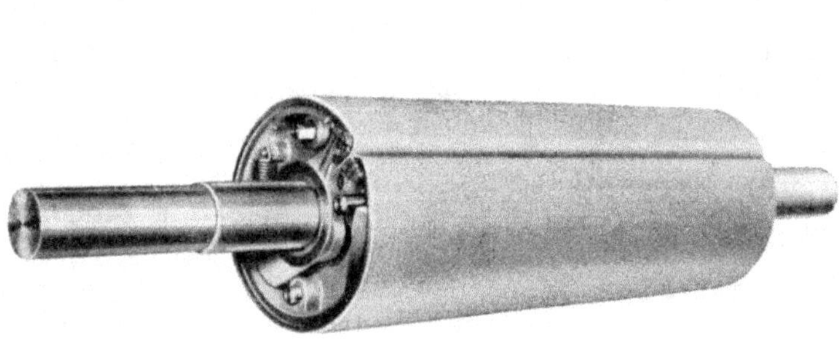

Abb. 216. Schleifzylinder für Geradbespannung

zylindern wird das Schleifpapier über die ganze Länge des Zylinders durch zwei Klemmleisten fest eingespannt, während eine automatische Nachspannvorrichtung das Schleifpapier, das sich während des Betriebes bekanntlich etwas längt, dauernd stramm hält.
Bei diesen Schleifzylindern ist es weiterhin auch möglich, Papierbezüge, die noch nicht abgenutzt sind, und wegen einer Schleifarbeit mit anderer Körnung vorübergehend abgenommen werden mußten, wieder auf die Zylinder aufzuspannen. Durch diese Möglichkeit, und ganz besonders durch den straffen Sitz des Schleifpapieres erreicht man einen äußerst geringen Verbrauch an Schleifpapier. Auch ist die Zeitdauer für das Neuaufspannen von Schleifpapier wesentlich kürzer.
Der Antrieb der Schleifzylinder erfolgt über Keilriemen von der Hauptantriebswelle, die im unteren Teil des Maschinengestells gelagert sind. Die Keilriemenscheiben sind so gewählt, daß der vordere Schleifzylinder mit 1800 und der hintere mit 2200 Umdrehungen/min arbeitet. Besondere Handhebel sind für die vertikale Feineinstellung der Schleifzylinder vorgesehen, die nach richtiger Einstellung der Schleifzylinder durch einen Kugelgriff blockiert werden. Die Oszillation der Schleifzylinder wird durch einen in der Praxis bewährten Mechanismus für jeden Zylinder direkt von seiner eigenen Drehbewegung abgeleitet.
In Abb. 214 wird der Schleifzylinder mit nicht ganz umgelegtem spiralförmigem Schleifpapierbezug gezeigt. Dieses Bild zeigt auch das erst einerseits eingehakte Stahlband zum Halten des Schleifpapierständers.
In Abb. 215 ist der Schleifzylinder mit Filzbelag dargestellt. Die Einspannungsscheibe ist seitwärts etwas abgezogen, um die Federn zum Spannen des Schleifpapierbezuges zu zeigen.
Abb. 216 zeigt den Schleifzylinder für Geradbespannung.

Eine Drei-Zylinder-Schleifmaschine

Bei dieser Maschine handelt es sich um eine Bauart mit Kettenvorschub, d. h. daß der Vorschub durch eine, über verzahnte Kettenräder angetriebene Plattenbandkette mit Gummiauflage erfolgt, die einen nie stockenden, gleichmäßigen Vorschub auch bei stärkster Belastung gewährleistet. Die Schleifzylinder sind oberhalb des Kettenbettes angeordnet, so daß die geschliffene Fläche ohne Umdrehen des Arbeitsstückes beim Auslauf aus der Maschine sichtbar ist. Nach Entfernung der Staubsaughauben sind die Zylinder von oben leicht zugänglich. In der Normalausführung ist die Maschine für Flächenschliff vorgesehen. Diese kann aber auch mit einer „Dickenschleifeinrichtung" ausgerüstet werden. Die Schleifzylinder laufen in besonders starken Zylinderrollenlagern und sind für spiralförmige Aufspannung des Schleifpapiers eingerichtet, wobei das Papier genau wie bei der vorstehend bezeichneten Maschine an den beiden Enden der Schleifzylinder auf Spannscheiben durch Stahlbänder gehalten wird.
Ebenso wie bei der vorher bezeichneten Maschine können Geradbespannungszylinder an Stelle der obenbezeichneten Zylinder vorgesehen werden. Der Antrieb der Schleifzylinder erfolgt durch direkt aufgesetzte Drehstrommotoren. Jedoch kann die Maschine auch so eingerichtet werden, daß der dritte Schleif-

zylinder zur Erhöhung der Umdrehungszahlen auf 2000 Umdrehungen/min von einem Fußmotor über Keilriemen angetrieben wird. Die vertikale Feineinstellung der Schleifzylinder erfolgt durch einzelne Handräder, welche an der Bespannungsseite der Maschine bequem erreichbar sind und schnellste Einstellungen auf den jeweiligen Schleifvorgang ermöglichen.
Die axiale Bewegung der Schleifzylinder wird durch einen Mechanismus für jeden Zylinder direkt von seiner eigenen Drehbewegung abgeleitet, so daß besondere Antriebselemente und Steuerhebel mit ihrem unruhigen Lauf fortfallen. Durch Weiterentwicklung dieser Einrichtung wird ein zentrisches Angreifen am Schenkel des Schleifzylinders erreicht, wodurch die Oszillation in bezug auf Hub und Frequenz und damit auch die Qualität der Schleifarbeit wesentlich gesteigert werden können.
Bei der Maschine kann auch hinter dem letzten Schleifzylinder eine Bürstenwalze zum Säubern der geschliffenen Fläche angeordnet werden; ihr Antrieb erfolgt durch einen besondern Elektromotor. Der Vorschubantrieb geschieht durch einen besonderen Motor über stufenloses Regelgetriebe, welches die Verstellungen der Vorschubgeschwindigkeit zwischen vier und zwölf Metern in der Minute während des Betriebes durch einfaches Drehen an einem Handhebel ermöglicht. Sämtliche Getriebewellen laufen in Kugellagern.
Die Vorschubplattenbandkette stellt ein wesentliches Merkmal der Bauart dar. Durch verzahnte Kettenräder werden Präzisions-Rollenketten angetrieben. Diese Rollenketten sind mit Stahlschienen versehen, auf denen profilierte Gummibelagstreifen mit Hilfe von gelochten Blechen befestigt sind.
Die Hoch- und Tiefverstellung des Tisches mit Vorschubkettenbett erfolgt entsprechend der Stärke des Arbeitsstückes durch einen besonderen Elektromotor. Der Tisch ruht auf zwei besonders starken, im Maschinengestell stabil gelagerten Exzenterwellen. Der Druck wird von vier großen, unmittelbar neben den Wänden des Maschinengestells liegenden Exzentern aufgenommen. Diese Bauart bietet Gewähr für die sonst nicht erreichbare, ruhige Lage des ganzen Kettenbettes.
Was nun die elektrische Schaltanlage anbetrifft, so besteht diese aus einzelnen Stern-Dreieck-Schaltern mit Bremsstellung für die Schleifzylinder, einem Stern-Dreieck-Schalter für den Vorschubmotor und einem Wendeschalter für den Tischverstellungsmotor. Für die Schleifzylindermotoren sind außerdem einzelne Ampèremeter vorgesehen, an denen die jeweilige Belastung am Zylindermotor abgelesen werden kann.
In Abb. 217 wird die Maschine Bauart Nr. 601 in der Vorderansicht dargestellt.

Kombinierte Trommelschleifmaschine, Bauart STWM

In Abb. 218 wird eine kombinierte Trommelschleifmaschine Modell STWM, mit gußeisernen Untersatzböcken, zwei geschweißten Schleiftrommeln 600 mm Durchmesser, je 400 mm breit, einschließlich Filzbelag und Spannkeilbefestigung gezeigt. Die Schleiftrommeln werden für Vor- und Nachschliff mit entsprechendem Schleifpapier bespannt. Die zusätzlich angebaute Bürstenschleiftrommel 600 mm Durchmesser, 150 mm breit, mit zwölf Bürstensegmenten

Abb. 217. Dreizylinder-Schleifmaschine, Bauart 601

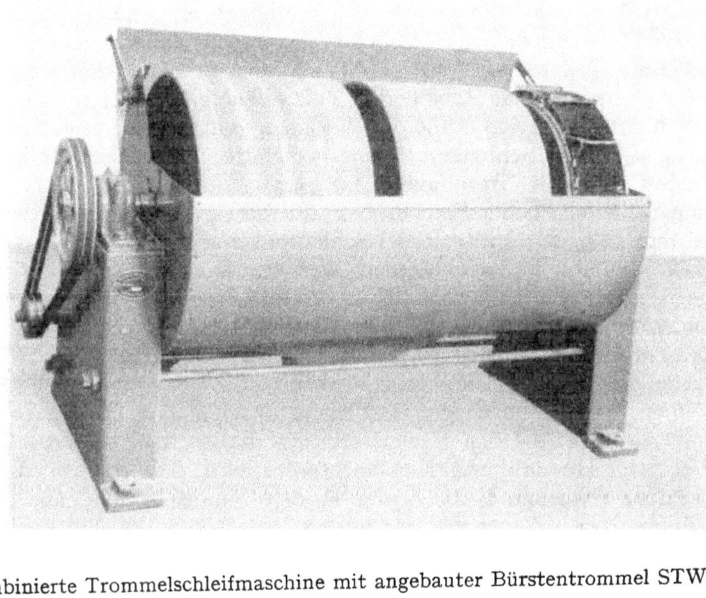

Abb. 218. Kombinierte Trommelschleifmaschine mit angebauter Bürstentrommel STWM

dient zur Erzielung eines polierfähigen Schliffes. Das Werkstück kann somit in einer Handhabe fix und fertig geschliffen werden. Der Antriebsmotor mit 5-PS-Leistung, 1500 U/min. treibt mittels Keilriemen auf die Schleiftrommelwelle. Eine gemeinsame Absaughaube mit Stutzen zum Anschluß an die zentrale Absaugung ist vorgesehen.

Zylinder-Schleifmaschinen

Bei der Zylinder-Schleifmaschine, auch Trommel-Schleifmaschine genannt, wird das Holz auf einem Schleiftisch unter einem oder mehreren mit Schleifpapier bespannten Schleifzylindern vorbeigeführt. Es lassen sich auf diesen Maschinen nur ebene Flächen bearbeiten, und der Antrieb des Schleifzylinders erfolgt entweder gemeinsam über endlose Treibriemen oder getrennt mittels angeflanschter Motoren. Durch eine Schleifzunge, die dem ersten Zylinder vorgelagert ist und die gleichzeitig als Druckbalken dient, kann die Spanstärke beliebig eingestellt werden. Die Höheneinstellung der einzelen Schleifzylinder erfolgt durch Schraubenspindeln mittels Handrädern. Sehr kräftig gehaltene Druckbalken sind über dem Schleiftisch angeordnet; sie haben die Aufgabe, verzogene Hölzer auszurichten und hierdurch eine gleichmäßige Spanabnahme zu ermöglichen. Eine zeitgemäße Dreizylinder-Schleifmaschine ist in Abb. 217 dargestellt.

Mit den Zylinder-Schleifmaschinen erreicht man eine Leistung, die etwa 100fach größer ist als beim Schleifen von Hand. Es finden Ein-, Zwei- und Dreitrommel-Schleifmaschinen Verwendung. Die Mehrzahl der Trommelschleifmaschinen arbeitet als Endbearbeitungsmaschinen; ihre Aufgabe ist es, Abdrücke von Werkzeugen der vorhergegangenen Arbeitsprozesse zu beseitigen, anstatt ihrer nur die Abdrücke des Schleifprozesses zu hinterlassen, die so fein sind, daß sie mit dem gewöhnlichen Auge nicht zu sehen sind. Es liegt nun auf der Hand, daß man dieses Ergebnis schneller und einfacher erzielen kann, wenn der vorhergegangene Arbeitsgang eine ebene glatte Fläche hinterläßt, von der nur in ganz geringem Maße die Werkzeugabdrücke zu beseitigen sind. Für ein wirtschaftliches Schleifen ist eine geeignete Oberfläche, die leicht bearbeitet werden kann, die Grundlage.

Zum Schleifen ebener Flächen benutzt man die Trommel in der Art eines Abrichters. Bei den Eintrommel-Schleifmaschinen ist insofern schon eine Vervollkommnung hinzugekommen, weil zur Drehbewegung der Trommel noch die Oszillation hinzukommt. Man versteht hierunter eine axiale Bewegung der Schleifbänder von geringer Hublänge, welche von der Drehbewegung zwangsläufig über ein Getriebe abgeleitet wird. Ungleichmäßigkeiten auf der Holzoberfläche, die durch ungleichmäßige Körnung des Schleifpapiers hervorgerufen sein können, werden durch die Oszillation ausgeglichen. E. Kratz[1] hat Versuche unternommen, die den Beweis erbracht haben, daß die Oberflächengüte mit steigender Hubzahl zunächst verbessert wird, daß es aber sozusagen wertlos ist, über etwa 120 Hübe in der Minute hinauszugehen. Die Eintrommelmaschinen werden heute mit und ohne selbsttätigen Vorschub gebaut, ihre Wirt-

[1] Siehe Schleifvorgang beim Holz, S. 124.

schaftlichkeit ist unbestritten. Allerdings muß man, um eine ganz bestimmte Oberflächengüte zu erzielen, die Hölzer zwei- oder mehrmals durch die Maschine laufen lassen. Dies führte dazu, die Zweitrommelmaschinen zu bauen, bei der die erste Trommel vorschleift, d. h. alle Abdrücke von Werkzeugen und Fehler zu beseitigen und eine absolut glatte und möglichst wenig zerkratzte Oberfläche zu erzielen. Der Schleifstoff auf der ersten Trommel soll deshalb nicht gröber sein, als für die Tiefe des Einschnitts notwendig ist. Die zweite Trommel, mit der ja fein geschliffen wird, hat nun nichts anderes zu tun, als Ritzer, die von dem Schleifstoff des Zylinders Nr. 1 hinterlassen wurden, zu beseitigen, wodurch feinere Ritzer entstehen. Um nun diese Ritzer ebenfalls zu beseitigen, ging man dazu über, den zwei Trommeln eine dritte anzufügen, die nun den Endschliff herstellt. Man hat verhältnismäßig gute Ergebnisse erzielt, indem man die mittlere Trommel entgegengesetzt der Drehrichtung der beiden anderen laufen ließ. Die von der ersten Trommel nicht abgeschliffenen Fasern werden von der mittleren wieder aufgerichtet und dann von der dritten Trommel beim Fertigschliff mit abgenommen. Bei den neuzeitlichen Mehrtrommelmaschinen wird eine ziemlich weitgehende Veredelung der Oberfläche dadurch erreicht, daß die Trommelwelle in waagerechten Ebenen nicht parallel verlaufen, sondern unter einem kleinen Winkel geneigt zueinander angeordnet sind. Parallele Schleifrillen können nun nicht mehr auftreten, da ja das Werkstück dadurch unter mehreren Winkeln geschliffen wird. Selbstverständlich spielt für das Schleifergebnis auch der Vorschub eine wichtige Rolle. Die Vorschubgeschwindigkeit ist meist in drei Stufen regelbar und leicht ein- und abschaltbar. Eine Vorschubgeschwindigkeit von 3—8 m/Min. ist die heute übliche. Mit zunehmender Vorschubgeschwindigkeit verschlechtert sich die Güte der Oberfläche. Es sind heute mehrere Vorschubapparate in Verwendung, und zwar Vorschubwalzen durch Zahnräder angetrieben, über den Trommeln liegend, ein endloses Gummituch über dem Schleiftisch unter den Trommeln liegend, ein Beförderungsbett aus Latten mit Gummiauflage unter den Trommeln liegend und schließlich ein Beförderungsbett über den Trommeln liegend. In der Praxis hat sich herausgestellt, daß die Vorschubeinrichtungen, die über den Trommeln liegen, sehr vorteilhaft sind. Natürlich darf nicht übersehen werden, daß vor allem auch das zur Verwendung gelangende Schleifpapier und seine Befestigungsweise für die Erzielung einer sauberen Fläche von maßgebendem Einfluß sind.

Es ist zu empfehlen, nicht mehr als zwei Nummern bei grobem Material von einem Zylinder zum anderen zu überspringen und nur eine Nummer bei feinerem Material auszulassen. Die gewöhnliche Kombination auf einer Dreizylinder-Schleifmaschine z. B. ist die Nr. $1^1/_2$, $^1/_2$, 0 (oder 40, 60, 80, wenn die Siebnummern verwendet werden). Zwischen den drei benutzten Nummern muß ein bestimmter Zusammenhang eingehalten werden, genau wie ein bestimmtes Verhältnis auch bei der Bearbeitung der Oberfläche vor und nach dem Schleifen besteht.

Ganz gleich, ob mit Ein- oder Mehrzylinder-Schleifmaschinen gearbeitet wird, das Auflegen des Schleifpapiers ist immer eine sehr wichtige Arbeit und in der Tat macht sich eine sorgfältige Bespannung mit dem Schleifpapier mehrfach bezahlt und ersetzt auch den unbedeutenden Zeitverlust, der bei einer gewissenhaften Bespannung eintritt. Besonders muß sehr sorgfältig darauf ge-

achtet werden, daß das Schleifpapier richtig auf den Zylinder aufgesetzt wird. Unbedingt notwendig ist Reinheit. Schlangenspuren, die Schrecken aller Schleifer, entstehen entweder hier oder später als Folge der nicht sorgfältig vorgenommenen Bespannung. Ehe man das alte Schleifpapier abnimmt, verwendet man zweckmäßig einen Preßluftschlauch zur Entfernung allen Staubes und Schmutzes, der sich angesammelt hat. Man beseitigt dann das alte Schleifpapier und benutzt einen Luftschlauch zur Reinigung des Filzes und des Beförderungsbandes. Die Zylinder werden dann mit einer Bürste mit harten Schweinsborsten abgebürstet und hierauf bläst man nochmals sämtlichen Schmutz weg. Man muß auch die Zylinder in kurzen Zwischenräumen nachsehen um festzustellen, ob sich keine harten oder weichen Flächen gebildet haben, denn durch solche Flächen würde das Schleifpapier höher oder niedriger zu liegen kommen und dadurch könnte ungleichmäßiges Schleifen, Schlangenspuren, große Papierabnutzung und oft auch Papierreißen vorkommen.
Was nun das Auflegen des Schleifpapiers auf geschlitzte Zylinder anbetrifft, so ist folgendermaßen vorzugehen: Man schneidet das Papier auf die entsprechende Länge, wobei man genau im rechten Winkel zu schneiden hat, nachdem jede Abweichung sehr wahrscheinlich eine Lockerung eines Randes auf dem Zylinder, deshalb auch Schlangenspuren und Reißen des Papiers zur Folge haben kann. Das Schleifpapier ist in der Längsrichtung der Rolle schmiegsam. Man erzielt deshalb bessere Ergebnisse, wenn man Schleifpapier von der entsprechenden Breite verwendet als solches, daß quer um die Zylinder gelegt werden muß. Ein Schleifpapier in der richtigen Breite für den entsprechenden Zylinder ist anpassungsfähig genug, um sich ohne Platzen an den Zylinder anzulegen. Zweckmäßig benutzt man nach dem Abschneiden des Schleifpapiers einen gerillten Stift, um jedes Ende des Papiers auf die gewünschte Breite umzulegen, nachdem solches Schleifpapier besser anliegt. Man legt das Schleifpapier dann um den Zylinder, gibt die Enden in den Schlitz und arbeitet den Rand dann mit der Hand in den Schlitz ein, bis es einheitlich fest anliegt. Man spannt hierauf allmählich den Zylinder, wobei das Schleifpapier mit den Händen in den Schlitz gepreßt wird. Der Schlitz muß knapp vor Beendigung dieser Arbeit nachgesehen werden, ob das Papier in ihm gleichmäßig liegt, weil eine einzige lose Stelle Schlangenspuren und oft auch Abnutzung und Platzen des Schleifpapiers beim Schlitz herbeiführen würde. Hat man sich überzeugt, daß das Schleifpapier absolut und einheitlich anliegt, so spannt man den Zylinder an, man dreht ihn dann sorgfältigst, um gegebenenfalls vorhandene Lufttaschen zwischen Schleifpapier und Filz zu finden. Erst dann ist der Zylinder betriebsbereit.
Beim Belegen von Spiralzylindern befestigt man das Papier fest am Ende des Zylinders, wickelt es durch Drehen des Zylinders auf, wobei man das Papier fest bis zum Erreichen des anderen Endes halten muß. Hier muß das Schleifpapier wiederum dicht haltend befestigt werden und dann muß es allmählich nachgespannt werden, bis man alle Lufttaschen und freien Stellen beseitigt hat.
Man muß ein Augenmerk darauf richten, daß die Zylinder absolut gerade liegen, denn wenn ein Rand höher als der andere ist, wird der Schliff unregelmäßig sein und es werden Schlangenspuren entstehen. Die Klemmen müssen so eingerichtet sein, daß sie das Papier festhalten, denn ein lockeres Papier

würde Schlangenspuren verursachen. Sollten die Klemmen nicht gut halten, müssen sie sofort in Ordnung gebracht werden. Man stellt die Zylinder so auf, daß sie den zu bearbeitenden Gegenstand nur knapp berühren können, denn es entsteht eine ungewöhnlich starke Abnutzung des Schleifpapiers und der Schliff wird auch schlecht, wenn die Zylinder zu nahe sind. Anstatt die Zylinder am Anfang zu nahe dem zu bearbeitenden Gegenstand zu stellen, ist es besser, sie im Anfang das fragliche Werkstück nur leicht berühren zu lassen und erst später mit ihnen näher zu gehen.

Kommt bei Zylindern ein Platzen oder Reißen des Schleifpapiers vor, so ist dies meistens eine Folge der nachstehend aufgeführten Mißstände: Wenn eine Schleifarbeit ausgeführt wird, die für die Nummer des gewünschten Schleifpapiers zu schwer ist. Je feiner das benutzte Schleifmaterial ist, desto weniger schneidet dasselbe bei einem gegebenen Kraftverbrauch ein, d. h. daß ein schwerer Einschnitt mit feinem Schleifmaterial von dem Schleifpapier eine größere Festigkeit verlangt als die gleiche Arbeit mit einem gröberen Material, und daß gleichzeitig auch die Wahrscheinlichkeit erhöht wird, daß das Papier platzt. Ein weiterer Übelstand ist der, wenn man mit einer zu sehr abgenutzten Schleiffläche weiterarbeitet. Dies führt zu dem gleichen Ergebnis, als wenn man einen ungewöhnlich tiefen Einschnitt mit feinem Schleifpapier vornehmen will. Schlecht aufgesetztes Papier ist ebenfalls ein Mißstand. Schon von vornherein zum Zerreißen bestimmt ist ein Schleifpapier, das faltig oder buschig auf den Zylinder aufgelegt wurde, oder an einer Stelle sich unter größerer Spannung als an der anderen befindet. Weiterhin kann auch ein schlechtes Bearbeitungsstück ein Mißstand sein, denn eine ungewöhnlich starke Abnutzung wird immer durch ein aus mehreren Teilen bestehendes Material mit schlecht ausgeglichenen Verbindungen oder durch Material mit freien Knoten, Spänen oder Knorren entstehen.

Bei Zylinder-Schleifmaschinen haben die Zylinder bei groben Körnungen oft eine Umlaufszahl von 1200 und bei feinen eine solche von 1800. Daß bei den gröberen Nummern eine geringere Umlaufszahl in Frage kommt, liegt daran, daß diese infolge ihres größeren Gewichtes einer stärkeren Zentrifugalkraft unterworfen sind, die das Material von der Trommel zu entfernen sucht. Es sind auch Zylinder-Schleifmaschinen auf dem Markt, bei denen die erste Trommel 1200, die zweite 1400 und die dritte 1600 U/min. macht.

Die Forderungen, die an eine zeitgemäße Dreizylinder-Schleifmaschine gestellt werden müssen, können kurz wie folgt zusammengefaßt werden: Plan-Parallel-Schliff auf ganzer Arbeitsbreite, quermarkenfreie, spiegelglatte Flächen bei hohem Vorschub und wirtschaftliche Schleifpapier-Ausnutzung.

Bei der Wahl einer selbsttätigen Zylinder-Schleifmaschine sind die Betriebsbedingungen maßgebend. Bis zu einer Breite von 1,30 m wählt man zweckmäßig eine Maschine mit obenliegenden Schleifzylindern und darüber hinaus eine solche mit untenliegenden Schleifzylindern, und zwar ist die spezifische Druckverteilung der einzelnen Bauarten hier maßgebend. Es ist nämlich für einen genauen Schliff von Wichtigkeit, daß die Platten während des Durchganges durch die Maschine in ihrer vollen Arbeitsbreite durchaus gerade gedrückt werden.

Das Schwabbelverfahren

Die Verbraucher nehmen vielfach an, daß sich die in den Abb. 292 und 293 dargestellten Schleif- und Poliermaschinen DL 1402 und DL 1602 zum Verteilen und Auftragen des Lackes eignen; jedoch ist das keineswegs der Fall, weil eine Verteilerflüssigkeit sich in einem so schnell rotierenden Ballen nicht halten würde. Da aber die Oberflächenbehandlung immer auf einen glatten Abschluß der obersten Schichten hinzielt, so ist dies nichts anderes als feine Schleifarbeit. Es kann aber eine so schöne Oberfläche geschaffen werden, daß nicht mehr mit lösenden Mitteln verteilt und geglättet zu werden braucht, um einen einwandfreien Hochglanz zu erzielen. So wird der Lack auch nicht wieder erweicht und sinkt nicht nach, wie dies bei zu stark lösenden Mitteln der Fall ist. Der Aufbau der Fläche zum Schwabbeln soll nun im Nachfolgenden beschrieben werden:

Nach dem Wässern wird die zu bearbeitende Fläche mit den oben genannten Schleif- und Poliermaschinen oder der Maschine MD 10 L 1 unter Verwendung einer weichen Schwammgummischeibe (Abb. 269) und Trockenschliffpapieres in Körnung Nr. 220 geschliffen. Die nach dem Wässern hochstehenden Porenspitzen werden durch den Rundschliff abgeschnitten und nicht in die Poren gedrückt, wie dies bei Längsschliff der Fall ist. Bei Verwendung der schon genannten Schwammgummischeiben ist auch die Gefahr des Auftretens der quer zur Holzfaser laufenden Schleifspuren nicht gegeben.

Alsdann wird nach vorherigem Ausbürsten stark verdünnter Lack oder Einlaßgrund gespritzt oder gestrichen. Nach einer Trockenzeit, die nicht zu kurz bemessen sein soll, wird mit normal verdünntem Schwabbellack ein satter Kreuzgang aufgetragen. Voraussetzung dabei ist jedoch, daß der Lack auch wirklich schwabbelfähig ist. Unter Verwendung von Schleifflüssigkeit ($^2/_3$ Terpentinersatz und $^1/_3$ Petroleum) wird dann ein Zwischenschliff, ebenfalls wieder mit der Schwammgummischeibe, jedoch mit Naßschliffpapier Korn 220, eingelegt. Entsprechend der Art des Holzes werden weitere 2 oder 3 Kreuzgänge aufgetragen, wobei jeweils zwischen den einzelnen Gängen in der obenerwähnten Weise geschliffen wird. Vor dem letzten Spritzgang muß die Fläche einen geschlossenen Stand aufweisen. Um ein Nachfallen der Poren zu vermeiden, sind die einzelnen Trockenzeiten auf keinen Fall zu kurz zu bemessen; der letzte Spritzgang soll mindestens 12 Stunden trocknen. Der nunmehr erhärtete Lackfilm wird sodann mit Schwammgummischeibe und Naßschliffpapier Korn 400 unter Verwendung von Schleifflüssigkeit geschliffen. Auch hier ist unter allen Umständen Schleifflüssigkeit zu verwenden. da sonst bei dem feinkörnigen Papier die Gefahr des Brennens besteht. Dabei muß eine gleichmäßig matte narbenfreie Fläche erzielt werden. Mit der Moltonschwabbel RL 36 oder RL 37 und Polierwachs (heller Riegel) wird in gleichmäßigen Zügen in zweimaligem Kreuzgang vorgeschwabbelt. Auf ein gleichmäßiges zügiges Schwabbeln ist unter allen Umständen zu achten, um den Lackfilm durch längeres Verweilen auf einer Stelle nicht übermäßig zu erwärmen. Mit der Flanell-Schwabbelscheibe RL 39 und der Schleifpolierpaste RL 45 wird unter ganz leichtem Druck in der Faserrichtung abgeschwabbelt. Zum Schluß wird unter Verwendung von Polierwasser RL 53 ausgeschwabbelt. Durch Anbringung eines Winkelstückes kann der Handgriff der DL 1402 bzw. DL 1602 in senk-

rechter Richtung angebracht werden und damit die Maschine beim Schwabbeln seitlich geführt werden. Bei besonders grobporigen Hölzern empfiehlt es sich, die Poren maschinell zu füllen, wodurch mindestens ein bis zwei Spritzgänge gespart werden können.
Allerdings kann dabei nur mit einer niederen Drehzahl gearbeitet werden, weshalb für die Schleif- und Poliermaschine MD 10 L 1 ein geeigneter Winkelwerkzeughalter, untersetzend auf eine Drehzahl von ca. 500 U/min. sowie die Porenfüllscheiben RL 116 und RL 117 zur Verfügung stehen. Wichtig dabei ist, daß das zu bearbeitende Porenfüllmaterial mindetens 6—8mal so dicht wie von Hand verwendet wird, wodurch auch vielmehr Festkörper in den Poren sitzen bleiben und ein Nachsinken derselben kaum auftreten dürfte.
Die auf diesem Wege polierte Fläche weist gegenüber dem früheren Verfahren außer der enormen Zeitersparnis (etwa 60—70% Arbeitszeit) folgende wesentliche Vorteile auf:

1. Flächenmäßig ein Erfolg, wie er im Handpolierverfahren kaum zu erzielen ist,
2. wesentlich höhere Beständigkeit, da kein Spirituspräparat (Politur) den festen Zelluloselack bedeckt,
3. Herabminderung der Gefahr der Fleckenbildung sowie des Nachsinkens der Poren.

Außer diesem Schwabbelverfahren bei farblosen Holzlacken gibt es noch eine weitere Möglichkeit, auf gut vorgeschliffenen Flächen einen einwandfreien Hochglanz auf einfachstem Wege zu erielen, ohne mit dem Ballen zu verteilen:
Die gut mit Polier- oder Schwabbellack gespritzte bzw. gestrichene Fläche wird mit der Schleifmaschine DL 1402 oder DL 1602 — bzw. Schwammgummischeibe unter Verwendung von Schleifflüssigkeit mit Schleifpapier Korn 220 vor- und mit Korn 320 nachgeschliffen. Alsdann wird auf diese geschliffene Fläche nicht zu feinkörnige Ölschleifpaste aufgetragen, mit der unter Verwendung des Lammfelles oder Schleifpolierschwammes RL 180 die noch vom Vorschleifen herrührenden Schleifspuren restlos beseitigt werden. Nach vorgenommenen Sichtproben, ob der Schliff auch einwandfrei ist, wird nun der Schleifschlamm entfernt und mit Polish nachgearbeitet. Dies kann entweder mit dem Schleifpolierschwamm RL 185 und der Maschine oder, bei kleineren Flächen, mit Watte geschehen. Auf diese Weise kann eine einwandfreie glasklare Oberfläche geschaffen werden. Ein Erhitzen der Lackoberfläche wird durch das Bearbeiten mit Flüssigkeiten fast ganz ausgeschaltet.

Arbeiten an Tischen und Stühlen

Bei qualitativ guten Sitzmöbeln und Tischbeinen werden die Hölzer nach der Hobelarbeit entweder vorher gewässert und dann geschliffen, oder aber sofort nach dem Hobeln mit der Schwammgummischeibe und Trockenschliffpapier Korn 120—150 oder noch feiner, geschliffen. Auf diese Weise bleibt die Oberfläche auch nach dem Beizen noch ziemlich glatt und braucht nicht nachgeschliffen zu werden. Bei weniger guten Qualitäten genügt ein Glätten der gebeizten Fläche mit einem vertikal laufenden Filzring RP 43 in Richtung der Holzfaser, wobei dann allerdings bei der MD 10 L 1 der normale Winkelwerkzeughalter gegen einen geraden Werkzeughalter H 10 M 1 ausgewechselt werden muß. Die aufstehenden Porenspitzen werden durch dieses Glätten eingedrückt und bleiben nach dem ersten Lackauftrag ziemlich glatt. Ein Schleifen nach dem Beizen hat sich bei schmalen Flächen, besonders bei dunklen Beizen mit elastischen Scheiben noch selten vorteilhaft ausgewirkt. Allerdings werden auch bei diesem Glätten die Porenspitzen nicht wie beim Rundschleifen abgeschnitten, sondern nur eingepreßt.

Geschwabbelt wird entweder mit den Nessel-, Flanell- oder Filzschwabbelscheiben RL38, RL39, RL39A (DL1402, DL1602) oder aber unter Verwendung des geraden Werkzeughalters H 10 M 1 (MD 10 L 1) mit den Nessel- und Flanell-Schwabbelscheiben RP 40 und RP 41.

Schwabbel-Polier-Verfahren ARTI

Das Arti-Schwabbel-Polierverfahren hat sich in der Praxis bewährt und bedeutet einen Fortschritt für Möbelwerkstätten und Kleinbetriebe. Die mit diesem Verfahren hergestellten Politurflächen zeichnen sich aus durch absolute Klarheit, spiegelnden Hochglanz, beste Lichtechtheit und Haltbarkeit. Über dieses Arbeitsverfahren sei folgendes gesagt:

Porenfüllen: Großporige Hölzer werden vorteilhaft porengefüllt. Hierzu wird eine Arti-Porenfüller-Tinktur Nr. 080 (beizbar) benutzt, und zwar zum Porenfüllen vor dem Beizen, die Tinktur Nr. 0862 (ölhaltig) ist zum Porenfüllen nach dem Beizen bestimmt. In beiden Fällen ist die Arbeitsweise ziemlich gleich. Aus der entsprechenden Tinktur bereitet man durch Vermischen (Verhältnis 1:1) mit Arti-Porenfüll-Pulver je nach Farbton eine Paste, die mit einem groben Lappen (Sackleinen) gründlich in die Holzporen eingerieben wird. Jeder Überschuß muß sofort gründlich entfernt werden. Beim Porenfüllen vor dem Beizen wird nach gutem Trocknen klar geschliffen. Die Trockenzeit beträgt bei der Tinktur Nr. 0860 eine Stunde, bei Nr. 0862 3—4 Stunden.

Dieses neue Porenfüll-Verfahren vor dem Beizen setzt eine sorgfältige Arbeitsweise voraus. Es ergibt aber dann auch folgende Vorteile: Keine Vergrauung, einwandfreie Haftung der nachfolgenden Lackschichten, kein Öldurchschlag, eine Verarbeitung, weil Porenfüller-Paste nicht absetzt, schnelle Trocknung und nur geringes Aufrauhen beim Beizen. Durch satteres Beizen und längeres Anziehenlassen muß die etwas verringerte Saugfähigkeit des porengefüllten Holzes ausgeglichen werden.

Lackauftrag: Was den Lackauftrag anbetrifft, so wird der Arti-Schwabbel-Lack Nr. 01700 zweckmäßig mit der Spritzpistole dreimal satt und gleichmäßig aufgetragen. Der Spritzdruck beträgt 2,8—3 atü, Düse 1,5—1,8 mm, Lackdruckgefäß 0,7—0,8 atü, Abstand Spritzpistole etwa 35 cm. Man kann den Auftrag auch mit dem Pinsel vornehmen, recht satt, damit sich ein geschlossener Lackfilm ausbilden kann. Für den ersten Lackauftrag bei porigen Hölzern wird der schon erwähnte Schwabbel-Lack Nr. 01700 zur Vermeidung von Blasenbildung und grauen Poren verdünnt angewandt; man benutzt dazu die Zellulose-Lack-Verdünnung Nr. 0980 als Verdünnungsmittel. 3—4 Stunden genügen als Trockenzeit zwischen den einzelnen Lackaufträgen. Wichtig ist die Trocknung nach dem letzten Lackauftrag. Bei normaler Lufttrocknung beträgt sie etwa 2 Tage. Stehen aber besondere Trockenräume zur Verfügung (die Temperatur soll 35—40° C nicht übersteigen), genügen 12—24 Stunden. Ein zu schnelles Arbeiten ist nachteilig, auch zu dichtes Abstellen der fertiggespritzten Flächen ist unbedingt zu vermeiden, damit eine ausreichende Luftzirkulation möglich ist.

Vorverteilen. Diese Arbeitsweise ist bisher nur wenig bekannt, bietet aber große Vorteile. Die fertiggespritzten, gut getrockneten Flächen werden mit Arti-Schwabbel-Verteiler Nr. 02412, von Hand oder maschinell, gut durchgearbeitet, bis alle Poren und Vertiefungen geschlossen sind. Danach wird erst geschliffen. Die Schleifarbeit ist geringer, da nur weniger Lack abgeschliffen werden braucht.

Schleifen. Man schleift die gut durchgetrockneten, gegebenenfalls vorverteilten Lackflächen vorteilhaft auf der Bandschleifmaschine. Es hat sich Naßschliff unter Verwendung von Arti-Schleifwasser Nr. 0815 oder Testbenzin bewährt. Verwendung findet für den Vorschliff offen gestreutes Schleifpapier, das mit Edelkorund belegt ist, und zwar in Körnung 150. Für den Feinschliff wird das gleiche Papier, aber in Körnung 280—320 verwendet. Die geschliffenen Flächen müssen frei von Poren und sonstigen Fehlstellen sein. Es dürfte auch in vielen Fällen möglich sein, das Schleifen durch Abziehen mit der Ziehklinge zu ersetzen, jedoch setzt diese Arbeitsweise Übung und Geschicklichkeit voraus und kommt hauptsächlich für kleinflächige Gegenstände, wie Radiokästen, Musikschränke, Kleinmöbel, Schubkästen in Betracht. Es ist zu beachten, daß gründliches und sorgfältiges Schleifen viel Arbeit beim nachfolgenden Schwabbeln erspart und maßgebend für die Ebenheit der polierten Flächen ist.

Verteilen. Das Verteilen erfolgt mit dem schon beim Vorverteilen erwähnten Verteiler Nr. 02412, nicht zu naß, aber recht gründlich, und zwar müssen die verteilten Flächen poren-, schleifkratzer- und streifenfrei sein. Es darf keine Politur aufgetragen oder zugesetzt werden und man muß politurfreie Ballen verwenden. Grundsätzlich ist ein sofortiges Schwabbeln feingeschliffener Flächen wohl möglich, hat sich aber nicht bewährt. Durch den geringen Arbeitsaufwand beim Verteilen wird erhebliche Schwabbelarbeit eingespart. Nach der Fertigstellung zeigen ferner gut verteilte Flächen höheren Glanz.

Schwabbeln. Alle Schwabbel-Verfahren beruhen auf dem Grundsatz des immer feiner werdenden Schleifens. Die älteste und einfachste Art ist das Schwabbeln am Bock. In starker Benutzung sind auch die Schleif- und Poliermaschinen, die sowohl mit Flächenschwabbeln als auch mit Vertikalschwabbeln arbeiten können. Zum Vorschwabbeln sind besondere Geräte mit biegsamer Welle geeignet. Für mattpolierte Gegenstände ist das Schwabbeln mit Filzbändern vorteilhaft. Die beim Schwabbeln mit Schleifpaste entstehenden Längskratzer werden bei dieser Arbeitsweise nicht entfernt, sondern noch durch anschließendes Mattbürsten verstärkt.

Die Arbeitsweise ist bei allen Schwabbel-Verfahren ziemlich gleich. Wichtig ist, zwischen Verteilen und Schwabbeln eine möglicht lange Trockenzeit einzulegen, und zwar am besten über Nacht. Für vertikal laufende Schwabbelscheiben verwendet man zum Vorschwabbeln Arti-Schwabbel-Schleifwachs Nr. 0850 und zum Ausschwabbeln Arti-Schwabbel-Polierwachs Nr. 0855. Für horizontal laufende Flächenschwabbeln kommen Arti-Schwabbel-Schleifpaste mittel Nr. 0856 oder fein Nr. 0857 und Arti-Schwabbel-Polier-Paste Nr. 0859 in Frage. Eine gebräuchliche Arbeitsweise besteht auch darin, mittels Molton- oder Nessel-Flächenschwabbel und Arti-Schwabbel-Schleifpaste mittel Nr. /865 gründlich zu schleifen und anschließend mit schnellaufender Vertikal-Schwabbel unter Verwendung von Schwabbel-Polierwachs Nr. 0855 zu polieren. Es wird geschwabbelt, bis die Flächen vollkommen klar und hochglänzend sind. Es muß sehr darauf geachtet werden, daß beim Schwabbeln keine zu hohen Temperaturen entstehen. Wird nämlich die Lackschicht zu stark erwärmt, ist Nachfallen nicht auszuschließen. Man geht am besten so vor, daß man abwechselnd mehrere Stücke bearbeitet, damit die anderen Flächen immer wieder abkühlen können.

Abpolishen. Die letzten Wachsreste werden mit Arti-Propylin-Wasser Nr. 0820 mittels Wattebausch, Lammfell oder weichem Trikotballen entfernt.

Es muß noch darauf hingewiesen werden, daß auf geschwabbelte Flächen keine Politur oder Hochglanz-Politur aufgetragen werden darf. Hier liegt nämlich eine häufige Fehlerquelle, da die Politurschichten wegen des immer zurückbleibenden Wachsfilms keine einwandfreie Haftung bekommen und später abplatzen. Wenn für die Beseitigung von Fehlstellen Polituraufrag unerläßlich ist, so ist es erforderlich, diese Stellen vorher gründlich abzuschleifen und sorgfältig mit Arti-Schwabbel-Verteiler Nr. 02412 zu verteilen.

Man darf sagen, daß das Schwabbel-Polierverfahren durch die Verbesserung der apparativen Voraussetzungen erheblich an Bedeutung gewonnen hat. Selbst das Polieren von ganzen Zimmern bereitet heute keine Schwierigkeiten mehr. Alle Arbeiten erfolgen an der reinen, unveränderten Lackschicht, so daß Fehlerquellen weitgehend ausgeschlossen sind.

Poliermaschinen für das Schwabbelpolieren

Nachdem die Lackindustrie seit Jahren in der Lage ist, einwandfreie Schwabbellacke in gleichbleibender Güte zu liefern, war es von seiten der Maschinenindustrie notwendig, für die besonderen Anforderungen des Schwabbelpolieren geeignete Maschinen zu entwickeln.

Am meisten verbreitet sind die sogenannten Schwabbelböcke. Der Grund hierfür ist darin zu suchen, daß die Möbelindustrie den Schwabbelbock zum Schwabbeln von kleinen Türen, Schubladen, ganzen Nachttischen usw. benutzt und die gesamte Gehäuseindustrie fast ansschließlich sich dieser Maschinenart bedient. Immerhin kommen in vielen Betrieben noch heute Maschinen zur Verwendung, die den besonderen Bedürfnissen des Schwabbelpolierens nicht gerecht werden. Häufig fehlt genügend Bewegungsfreiheit für die oft großen Werkstücke. Weitere wichtige Punkte sind ein kräftiger Aufbau und besonders ruhiger Lauf der Maschine. Wichtig ist es auch, eine geeignete Drehzahl der Polierwelle zu wählen, wobei sich 1000 U/min. bei einem anfänglichen Schwabbelscheibendurchmesser von 400 mm als sehr zweckmäßig erwiesen haben. Eine Drehzahlerhöhung würde sich ungünstig auswirken, da ja infolge der Wärmeempfindlichkeit des Lackfilmes sehr vorsichtig gearbeitet werden muß, was auch eine erhebliche Verlängerung der Bearbeitungszeiten zur Folge hat.

Festo-Poliermaschine, Bauart PO, mit Schwabbeleinrichtung

Durch das Schwabbeln ist eine umwälzende Änderung in dem Polierverfahren eingetreten, und zwar haben die hochwertigen Erzeugnisse der chemischen Industrie zu grundlegenden neuen Verfahren geführt. Schon lange verwendet man den Schwabbellack für kleinere Möbelstücke, Radiogehäuse usw. Für größere Flächen kamen erst später geeignete maschinelle Einrichtungen. Beson-

Abb. 219. Festo-Poliermaschine PO mit Schwabbeleinrichtung

Abb. 221. Handschwabbelmaschine, Bauart HS

Abb. 220. Festo-Poliermaschine PO im Betrieb

dere Kennzeichen dieser Poliermethode sind eine große Zeitersparnis und die Möglichkeit, auch geschweifte Flächen und abgerundete Ecken zu schwabbeln. Um aber das neue Verfahren vorteilhaft anwenden zu können, mußten die Poliermaschinen so eingerichtet sein, daß damit sowohl mit Polierballen wie auch mit Schwabbelscheiben gearbeitet werden konnte. Dies ist bei der Festo-Poliermaschine, Bauart PO (Abb. 219) der Fall. In vielen Holzbearbeitungsbetrieben hat sich diese Maschine bewährt. Von der Porenbearbeitung bis zum Auspolieren wird mit dieser Maschine durch ihre große Beweglichkeit und eine gefühlvolle Druckregulierung ein großer Nutzeffekt erzielt. Die Poren werden intensiv wie bei der Handarbeit geschlossen. Man darf sagen, daß durch die gefühlvolle Druckregulierung des Polierballens so schöne Flächen entstehen, wie durch die Handarbeit nie zu erreichen sind. Bei dieser Maschine kann man jede zum Handpolieren verwendbare Politur verwenden, auch ist die Bearbeitung gespritzter Flächen ohne weiteres möglich. Bei kleinen oder großen Stükken geschieht die Aufspannung in wenigen Sekunden ganz bequem von der Vorderseite des Tisches aus (Abb. 220).
Was nun die schwenkbare Schwabbeleinrichtung anbetrifft, so kann dieselbe mit wenigen Handgriffen ein- und ausgebaut werden. Durch einen Drehstrom-Sondermotor mit 1400 U/min. erfolgt der Antrieb. Der Schalter ist angebaut, ebenso die Schwenkeinrichtung, welche in einer befestigten Gewindebüchse gelagert ist.
Wenn es sich um das Schwabbeln von flachen und geschweiften Arbeitsstücken handelt, so stellt der gleiche Hersteller eine Handschwabbelmaschine her, die nachstehend näher beschrieben ist.

Handschwabbel-Maschine, Bauart HS

Die in Abb. 221 gezeigte Handschwabbel-Maschine HS kann für Licht- und Kraftstrom verwendet werden; durch Isolation der Hand- und Schaltergriffe ist sie unfallsicher. Man kann mit ihr gerade, geschweifte und profilierte Werkstücke schwabbeln Sie besitzt eine feste Führung und Druckregulierung durch einen vorderen Quergriff, auch lassen sich die Schwabbeln zum Vor- und Nachschwabbeln leicht auswechseln Diese kleine Handmaschine besitzt ein Gewicht von 7 kg und ist gut geeignet zum Nachschwabbeln fertiger Möbelstücke. Der Drehstrommotor macht 1500 Umdrehungen in der Minute

Poliermaschine Bauart Rüco

Mit der in Abb. 222 dargestellten Poliermaschine Rüco kann jede im Handel befindliche Politur verarbeitet werden. Auch gespritzte Flächen werden auf dieser Maschine mit Verteiler bearbeitet, gedeckt und poliert. Da sich mit ihr ein gleichmäßiger Druck erzielen läßt, ist eine wirksame Porenbearbeitung durchaus möglich. Die erzielten Flächen sind viel haltbarer als die von Hand erzielten; gegenüber der Handarbeit wird mit dieser Maschine eine große Mehrleistung erzielt.
Die Maschine zeichnet sich durch eine stabile und niedrige Bauart aus. Die Polierballen-Ausgleichsgetriebe verkapselt im Ölbad laufend, daher kein Ver-

Abb. 222. Poliermaschine, Bauart Rüco

schleiß. Der polumschaltbare Getriebemotor für eine langsame und schnelle Drehzahl, ermöglicht Höchstleistungen zum Grundieren und Decken. Die Motorschaltung erfolgt vom Arbeitsstand aus. Durch ferngesteuerte Ventile vom Arbeitsstand aus erfolgt die Politurentnahme, sie ist beim Ablauf in den Trichter sichtbar. Eine sinnreich konstruierte Momentabhebevorrichtung ermöglicht rasche Übergänge des Polierballens von einem Arbeitsstück zum anderen. Die Höhenverstellung des Motors beträgt 100 mm. Die Maschine weißt in ihrer normalen Ausführung eine Nutzfläche von 5000 × 1850 mm auf. Es können Schrankseiten usw. quer aufgelegt werden.

Die technischen Daten der Maschine sind wie folgt:

Kraftbedarf	0,75 PS,	Polierballen	140 mm
Raumbedarf	5,00 × 3,00 m,	Tourenzahl je Minute	120 u. 240

Holz-Poliermaschine, Bauart Steingässer

Die in Abb. 223 dargestellte Poliermaschine, Bauart Steingässer, eignet sich gleich gut zum Grundieren wie Decken der Polierflächen bei allen gebräuchlichen Polierverfahren. Die Maschine besteht aus dem eisernen Tischgestell,

Abb. 223. Holzpoliermaschine mittlerer Teil

dem Längswagen mit Bedienungshebeln und dem Querwagen mit eingebautem Elektromotor. Man kann auf den Tisch gleichzeitig etwa 10 m² Arbeitsflächen mit Breiten bis 1,8 m und Längen bis 5,5 m auflegen. Durch einen starken Elektromotor wird der gefederte Polierballen angetrieben; infolge der besonderen Ausbildung des voll kugelgelagerten Antriebs führt er eine Schleif- und Polierbewegung aus. Der Ballenausschlag läßt sich in Anpassung an den Arbeitsvorgang (Grundieren oder Decken) und an die Werkstückmasse von 40—80 mm regeln. Eine federnde Aufhängung des Motors mit Ballenantrieb sichert einen gleichmäßigen Ballendruck über die gesamte Arbeitsfläche. Wie aus der Abbildung zu ersehen, sind für Politur- bzw. Lösungsmittel am Querwagen zwei Behälter mit regelbarer Tropfeinrichtung vorgesehen; sie ermöglichen zusätzlich schnelles Anfeuchten des Polierballens. Die Maschine wird von der Bedienungsseite am Kopf des Längswagens aus längs des Tisches und durch Handhebel über Rollenkette quer geführt. Der Ballendruck läßt sich über ein Schneckengetriebe feinfühlig regeln; ein besonderer Hebel gestattet das sofortige Abheben der Maschine von der Arbeitsfläche.

Schwabbel-Poliermaschine, Bauart Steingässer

Die in Abb. 224 gezeigte Schwabbel-Poliermaschine stellt eine Weiterentwicklung der in Abb. 223 dargestellten Holz-Poliermaschine dar. Mit dieser Maschine können sämtliche Arbeitsgänge der Lackoberflächenbehandlung, wie Schleifen, Verteilen und Schwabbeln vorgenommen werden. Sie besteht aus dem Längswagen, dem Querwagen mit eingebautem Elektromotor und dem eisernen Tischgestell mit einer Arbeitsfläche bis zu 10 m^2.
Durch einen starken Elektromotor werden die beiden Schwabbelscheiben angetrieben. Sie sind seitlich versetzt und drehen sich in entgegengesetzter Richtung, so daß sie beim Schwabbeln der Werkstückkanten den Lack nicht aufreißen. Der Längswagen ist um 15 cm in der Höhe verstellbar. Die zusätzliche Aushebung des Querwagens bis zu 4 cm ermöglicht ein Hebel mit selbsttätiger Feststellung. Durch eine besondere konstruktive Maßnahme ist erreicht worden, daß der jeweils eingestellte Arbeitsdruck an Schwabbelscheiben, Schleifscheiben usw. immer gleich groß bleibt.
Es ist eine Zusatzeinrichtung vorhanden, die das Schleifen bzw. Polieren lackierter Flächen in kürzester Zeit gestattet. Da ein Behälter mit regelbarer Tropfeinrichtung für Schleif- bzw. Politurmittel vorgesehen ist, kann die Maschine auch für Naßschliff gebraucht werden. Alle Bedienungshebel und der Motorschalter sind an der Kopfseite des Längswagens zusammengefaßt.
Die technischen Daten sind wie folgt:
Motor: 1,5 PS bei 1500 U/min. Durchmesser der Schwabbelscheiben 300 mm. Drehzahl der Schwabbelscheiben 1000 U/min. Länge des Arbeitstisches 6,5 m (normal). Der mittlere Teil der Maschine wird in Abb. 225 gezeigt.

Artifex-Schleif- und Poliermittel für Spachtel-, Farb- und Lackoberflächen

Die Artifex-Schleif- und Poliermittel eignen sich für die Oberflächenbehandlung des Holzes gut, da sie von durchgehend gleichmäßiger Beschaffenheit sind. Die Bindung ist elastisch und kautschukfrei; der Schleif- und Polierstoff besteht aus Siliziumkarbid. Die Artifex-Erzeugnisse werden hergestellt für Maschinenbetrieb: als Ringe und als Scheiben zum Aufkitten auf Moos- oder Schwammgummi-Unterlagen oder als Walzen und Segmente, je nach Art der verwendeten Schleif- oder Poliermaschine. Für Handbetrieb werden sie verwendet in Form von Blöcken und Platten, letztere zum Aufkitten auf Gummi- oder Holzblock (Abb. 226).
Die Anwendung des Artifex beim maschinellen Lackpolieren findet wie folgt statt:

Abb. 224. Schwabbelpoliermaschine, Bauart Steingässer

Abb. 225. Schwabbelmaschine mittlerer Teil, Bauart Steingässer

Mit Körnung 100 oder 150 wird die gestrichene oder gespritzte Lackfläche trocken oder naß geschliffen, bis alle Unebenheiten beseitigt sind. Nach dem Deckpolieren wird die Politurfläche mit Artifex Körnung 300 oder 400 trocken oder naß mit Schleifflüssigkeit oder verdünntem Polieröl nachgeschliffen und nach kurzem Nachdecken auspoliert. Man erhält auf diese Weise eine ausgezeichnet schöne Flächenpolitur von höchster Wirkung.

Abb 226. Artifex-Siliziumkarbid-Schleifbock

Die gleiche Arbeitsweise gilt für das Handpolieren; nach dem Grundieren wird dann mit Artifex in Körnung 150 oder Körnung 200 vorgeschliffen und wie oben angegeben weiter gearbeitet.

Ein wunderbarer und griffester Seidenglanz läßt sich mit den Artifex-Blöcken und -Platten in einfachster Arbeitsweise erzielen, wenn die lackierte oder polierte Fläche in Strukturrichtung mit den Körnungen Nr. 200 bis 400 geschliffen und anschließend mit Artifex-Polish abgerieben wird. Wie schon erwähnt, findet als Schleif- und Polier-Rohstoff das hochwertige künstliche Siliziumkarbid Verwendung. Die Artifex-Erzeugnisse werden in den Härtegraden weich, mittel, mittelhart und hart hergestellt und die max. Umfangsgeschwindigkeit beträgt für weich und mittel bis 12 m/sek. und für mittelhart und hart bis 15 m/sek Diese Umfangsgeschwindigkeit darf nicht überschritten werden.

Das Artifex-Siliziumkarbid-Material dient in erster Linie den Malern und Lackierern zur Bearbeitung großer Flächen, sei es für Türen, Tischplatten, Schulwandtafeln oder auch Flügel. Die Ausbesserung von Stellen, die zum Teil im Holz, zum Teil in der Farbe bzw. Lack bedingt sind, läßt sich mit dem Artifex-Blöcken gut durchführen.

Poliermaschinen

Um die Maserung des Edelholzfurniers voll zur Geltung kommen zu lassen, hat man sich schon von alters her des Arbeitsverfahrens des Polierens bedient. Die Technik dieser Oberflächen-Verfeinerung ist sehr alt und war bis vor etwa 10 Jahren der Handarbeit ausschließlich vorbehalten geblieben. Um eine Politur haltbar herzustellen, ist eine dauerhafte Füllung der Poren das erste Erfordernis. Dies ist aber eine Arbeit, die einen außerordentlichen Kraftaufwand erfordert. Es ist deshalb verständlich, daß eine gute Polierung hohe Kosten verursacht und daß versucht wurde, diese Kosten herabzudrücken.

Für jeden Betrieb ist infolge der bedeutenden Arbeitszeitersparnis die Einführung des Maschinenpolierens vorteilhaft. Ein guter Maschinenpolierer muß die Grundierarbeiten für etwa sechs Nachdeckpolierer leisten können. Die Maschine nimmt dem Handpolierer die schwere körperliche Arbeit ab, hinzu kommt noch, daß die mit der Maschine grundierten Flächen stärker und gleichmäßiger bearbeitet werden als es mit der Hand möglich ist.

Auf der einen Seite gingen nun die Bestrebungen zur Herabsetzung der Kosten darauf hin, die früher allgemein benutzte Schellack-Politur durch Zellulose-Erzeugnisse zu ersetzen. Es stehen heute nun durchaus einwandfreie Zellulose-Lacke, die durch die bekannte Spritz-Technik aufgetragen werden, wie auch Zellulose-Polituren, welche den belebten Holzton unverschleiert zur Geltung kommen lassen, zur Verfügung. Durch Verwendung dieser Stoffe wird der an und für sich langwierige Poliervorgang schon wesentlich verkürzt. Auf der anderen Seite hat man sich nun auch bemüht, brauchbare Holzpoliermaschinen zu entwickeln, um die Politurkosten herabzusetzen. Seit etwa 20 Jahren ist auch auf diesem Gebiete Hervorragendes geleistet worden. Insbesondere sind es die großen ebenen Flächen, die dem Fachmann die größten Schwierigkeiten bereiten und die der Maschinenpolierung am ehesten zugänglich sind.

Zu jeder Art von Polierverfahren können die Poliermaschinen vorteilhaft benutzt werden und leisten besonders bei der Verarbeitung von gespritzten Lacken gute Dienste. Mit Hilfe besonderer Schleifklötze werden damit die Flächen geschliffen, der Lack verteilt und schließlich weitere Polierdecken je nach Bedarf aufgebracht. Die zu diesem Zweck zur Verwendung gelangende und in Abb. 227. dargestellte Poliermaschine besitzt einen eisernen Arbeitstisch zum Auflegen von etwa 6—9 qm Flächen in den Breiten bis 1,80 m und in Längen bis 5, 5 m. Ein kranartiges Gerüst bewegt sich auf der Laufschiene des Tisches; die Bedienungsorgane für den Quertransport des Polierballens, die Druckeinstellung, Poliermittelbehälter usw. befinden sich an der Stirnseite am Standplatz des Arbeiters. Die eigentliche Polierbewegung des Ballens, der Handarbeit nachgeahmt, wird durch einen Elektromotor erzeugt, die Führung besorgt, genau entsprechend der augenblicklichen Arbeit, der bedienende Arbeiter.

Es ist leicht zu verstehen und auch in der Praxis weitestgehend erprobt, daß durch gleichmäßigen, stetigen und starken Druck des Ballens eine Polierfläche erzeugt wird, die mit Handarbeit unerreichbar ist. Ferner wird auch alles Poliermaterial restlos dem Ballen zugeführt, so daß ziemliche Ersparnisse im Verbrauch desselben ermöglicht werden. Die große Wirtschaftlichkeit der Maschine geht aber besonders daraus hervor, daß ein Arbeiter ohne Ermüdung

das drei- bis vierfache der Handarbeit leisten kann. Es ist deshalb verständlich, daß die Verbreitung dieser Maschine ziemlich bedeutend und ihre Aufstellung bei der Serienfabrikation nicht zu umgehen ist.
Frühere Bauarten wiesen den Nachteil auf, daß sie sehr viel Raum in Anspruch nahmen und kann dieser Raum, auf dem die Maschine steht, eben nur zum Polieren ausgenutzt werden. Bei der in Abb. 227 dargestellten Maschine ist es anders. Hier steht nur ein freier Tisch auf dem Platze der Maschine und die Poliermaschine kann bei Nichtgebrauch nach der Seite gefahren werden, so daß der leere Tisch, wenn nicht poliert wird, auch für andere Zwecke zum Fertigpolieren oder Stapeln von Holz verwendet werden kann. Diese Bauart hat auch noch den Vorteil, daß die Arbeitslänge der Maschine beliebig lang, also so lang wie es der Raum zuläßt, gewählt werden kann.

Abb. 227. Poliermaschine Steingässer

Bei der seitherigen Bauart erfolgte die Führung des Polierwerkzeuges zwangsläufig durch Hebel, Handrad und dgl. und geht durch diese Übersetzungselemente das Gefühl, welches beim Polieren und besonders beim Auspolieren notwendig ist, verloren. Die im Bilde gezeigte Maschine hat nur zwei Handgriffe, mit denen das Werkzeug leicht gehandhabt und nach jeder Seite verschoben werden kann. Beispielsweise ist es mit dieser Maschine möglich, jederzeit die Ecken einwandfrei zu polieren, wenn sie durch unsachgemäße Behandlung heruntergewaschen wurden. Die Maschine besitzt eine Arbeitsbreite von 1,20 m und eine Arbeitsmindestlänge von 2,50 m.
Bei dieser Poliermaschine sind sämtliche beweglichen Teile mit Kugellager versehen. Federzüge, die in dem Support eingebaut sind, bewerkstelligen beim Übersetzen auf andere Werkstückflächen ein selbsttätiges Abheben des Polierballens. Die Poliermittel fließen selbsttätig dem Ballen zu. Praktisch ist diese Maschine besonders auch deshalb, weil der Werktisch unabhängig von der Maschine ist; wenn man ihn beiseite stellt, können zusammengebaute Möbel, wie Tische, Schreibtische, kleine Schränke usw. damit poliert werden.

Holzbearbeitungs-Maschinenkarten

Der Ausschuß für wirtschaftliche Fertigung hat unter Mitwirkung des Vereins Deutscher Holzbearbeitungsmaschinenfabriken E. V. AWF-Holzbearbeitungsmaschinenkarten (AWF 3070) ausgearbeitet. In der Anleitung für ihren Gebrauch wird darüber das Folgende gesagt:

1	2	3	4	5	6	7	8	9	10	11	12	13	14	15	16	17	18	19	20	21	22	23	24	25	26	27	28	29	30	31

AWF Maschinenkarte für Holz-Schleifmaschine

Bezeichnung Zylinder-/Scheiben-Band-Schleifmaschine Bandschleifmaschine	Baumuster Progress II	**Inv.-Nr.**
Hersteller Ernst Carstens Nürnberg	Fabrik-Nr. 435/14387	Bestelltag 23.11.56
Lieferer Ernst Carstens Nürnberg	Baujahr 57 Anschaffungsjahr 57	Liefertag 18.1.57

Kennzeichen der Maschine

Arbeitsbereich gr. Werkstückhöhe mm; -Dicke mm; -Breite mm

kl. Schleiflänge mm; gr. Schleifbreite mm

Tisch Länge insgesamt 220 mm; Breite 1000 mm

Verstellbarkeit mm; Schwenkbarkeit °

Höhe des Auflagetisches 300 x 1080

Vorschub Art des Vorschubes

Transportband-Länge mm; -Breite mm

Regelung

Staubabzug Absaugstutzen-Ø mm; erforderl. Luftmenge cm/s

Zylinderschleifmaschine

Zylinder: Anzahl ; Ø mm

Schleifpapierbreite mm; Art d. Auflage

Bewegung d. Schleifzylinder: rotierend/oszillierend

Scheibenschleifmaschine		**Bandschleifmaschine**		
Schleifscheiben: Anzahl		Bänder: Anzahl	1	
gr. Schleifscheibenaußen-Ø	mm	kl./gr. Bandlänge	3000/	mm
gr. Schleifhöhe	mm	kl./gr. Bandbreite	200/	mm
nutzbarer Schleifflächen-Ø	mm	Schleifbandrollen	Ø	Breite
Wellen-Ø	mm	treibende	300 mm	220 mm
Schleifmittelbefestigung		getriebene	150 mm	220 mm

Sondereinrichtungen

Standort

gehört zu Gruppe

Kostenklasse

Gütegrad

Besonders geeignet für

Flächenbedarf 1,8 m 0,4 m	Höhe 1,4 m	Gewicht 550 kg	Ausgestellt: Tag 11.2.57	Name

Antriebsart Gruppe -Motor eingebaut | Einzelantrieb/Transmissionsantrieb

Spannung 380 V | Stromart Dreh | Frequenz 50 Pers/s | Gesamtleistungsbedarf 4 KW [PS]

Motor für	Hersteller	Motor-Typ und Nr.	Ausführungsform nach DIN 42950	Leistung in kW	Drehzahl U/min	Motor-Inv.-Nr.
Hauptmotor	Loher	51725	4 PS			
Oszillationsmotor	Baumüller	870012	,17 PS			

Flach-/Keil-Riemen	Antriebswelle						
	Scheiben-Breite Scheiben-Ø U/min						
Werkstoff							
Stufe, Schaltung Motordrehzahl Wechselräder	Ø mm						
	Drehzahl	Schleifgeschwindigkeit in m/min					
	U/min						
	„						
	„						

Flach-/Keil-Riemen	Schleifwelle							
	Scheiben-Breite Scheiben-Ø U/min							
Werkstoff								
Stufe, Schaltung Motordrehzahl Wechselräder	Vorschübe in m/min (mm/U)							

Unterlagen abgelegt in:

Bedienungsvorschrift-Nr.

Einzelteilverzeichnis-Nr.

Fundamentplan-Nr. OB II F 1

Zeichnungen

Ersatzteile

Schleifmittel Art und Herkunft

Schleifpapier

Zubehör

Betriebsverhältnisse

am	aufgestellt in Abt./Bau	Verwendungszweck	Außer Betrieb von	bis	Änderungen und Instandsetzungen	Auftrag Nr.

1	2	3	4	5	6	7	8	9	10	11	12	13	14	15	16	17	18	19	20	21	22	23	24	25	26	27	28	29	30	31

AWF Maschinenkarte für Holz-Schleifmaschine

Bezeichnung Zylinder-/Scheiben-Band-Schleifmaschine: Zylinderschleifmaschine	Baumuster FEP III	Inv.-Nr.
Hersteller: Ernst Carstens, Nürnberg	Fabrik-Nr. 395/14529	Bestelltag 1.2.57
Lieferer: Ernst Carstens, Nürnberg	Baujahr 57 Anschaffungsjahr 1957	Liefertag 28.2.57
Kennzeichen der Maschine	**Sondereinrichtungen**	
Arbeitsbereich gr. Werkstückhöhe 150 mm; -Dicke 150 mm; -Breite 1350 mm		Standort
kl. Schleiflänge ca. 120 mm; gr. Schleifbreite 1350 mm		gehört zu Gruppe
		Kostenklasse
Tisch Länge insgesamt ca. 1200 mm; Breite 1350 mm		Gütegrad
Verstellbarkeit 150 mm; Schwenkbarkeit -/-		**Besonders geeignet für**
Höhe des Auflagetisches 750 - 900 verstellbar		
Vorschub Art des Vorschubes .stufenlos		
Transportband-Länge 3000 mm; -Breite 1350 mm		
Regelung		
Staubabzug Absaugstutzen-Ø 350 mm; erforderl. Luftmenge 2,1 cbm/cm/s		

Zylinderschleifmaschine

Zylinder: Anzahl 3 ; Ø 300 mm	
Schleifpapierbreite 610 mm; Art d. Auflage spiralförmig	
Bewegung d. Schleifzylinder: rotierend/oszillierend verstellbar	

Scheibenschleifmaschine		**Bandschleifmaschine**		
Schleifscheiben: Anzahl		Bänder: Anzahl		
gr. Schleifscheibenaußen-Ø	mm	kl./gr. Bandlänge		mm
gr. Schleifhöhe	mm	kl./gr. Bandbreite		mm
nutzbarer Schleifflächen-Ø	mm	Schleifbandrollen	Ø	Breite
Wellen-Ø	mm	treibende	mm	mm
Schleifmittelbefestigung		getriebene	mm	mm

Flächenbedarf 1,9 m · 2,4 m | Höhe 2 m | Gewicht 4000 kg | Ausgestellt: Tag 11.2.57 Name ECN

Antriebsart | Gruppe | -Motor eingebaut | Einzelantrieb/Transmissionsantrieb

Spannung 380 V | Stromart | Frequenz 50 Pers/s | Gesamtleistungsbedarf 33,5 kW [PS]

Motor für	Hersteller	Motor-Typ und Nr.	Ausführungsform nach DIN 42950	Leistung in kW	Drehzahl U/min	Motor-Inv.-Nr.
Hauptmotor 2 x	Himmelw.	652757, 660629		je 11 kW	1450	
Vorschub	Loher	429208		1,65 kW	1450	
Tischverstellung	"	430220		0,9 kW	1450	

Antriebswelle

Flach-/Keil-Riemen: 5 St 17x2500, 5 St 17y2120
Werkstoff
Scheiben-Breite
Scheiben-Ø
U/min

Stufe, Schaltung Motordrehzahl Wechselräder	Ø mm / Drehzahl		Schleifgeschwindigkeit in m/min
1.	Zyl. 1150	U/min	24,5
2.	" 1650	"	26
3.	" 1800	"	29

Schleifwelle

Flach-/Keil-Riemen: 1St. 17x1500, 1St. 17x900
Werkstoff
Scheiben-Breite
Scheiben-Ø
U/min

Stufe, Schaltung Motordrehzahl Wechselräder
Vorschübe in m/min (mm/U): 5-11 m/min.

Unterlagen — abgelegt in:

Bedienungsvorschrift-Nr.
Einzelteilverzeichnis-Nr.
Fundamentplan-Nr.
Zeichnungen

Ersatzteile

Schleifmittel — Art und Herkunft
Schleifpapier

Zubehör

Betriebsverhältnisse

am	aufgestellt in Abt./Bau	Verwendungszweck	Außer Betrieb von	bis	Änderungen und Instandsetzungen	Auftrag Nr.

Die AWF-Kartei für Holzbearbeitungsmaschinen hat den Zweck, alle für die Verwaltung und bestmögliche Ausnutzung der Maschinen in holzverarbeitenden Betrieben erforderlichen Angaben an einer Stelle nach einheitlichen Gesichtspunkten geordnet zu sammeln. Die Vorteile dieser Kartei sind:
Gesamtübersicht der im Betriebe vorhandenen Maschinen,
Erleichterung der Inventur,
einfaches Feststellen bestimmter Angaben über Beschaffung und Instandhaltung der Maschinen,
leichtes Ermitteln der Abschreibungs-, Verzinsungs- und Versicherungssätze,
Aufschluß über Leistungen, Hauptabmessungen u. dgl. zur Auswahl der für eine bestimmte Arbeit besonders geeigneten Maschinen,
Zusammenfassung der für die Vor- und Nachrechnung gebrauchten Angaben.

In der schon erwähnten Anleitung AWF 360, von der die zweite Auflage erschienen ist[1], ist über die Arbeitsvorbereitung alles Nähere gesagt.
Nachstehend werden zwei ausgefüllte AWF-Maschinenkarten für Holzschleifmaschinen (AWF 3070, früher Nr. 370) wiedergegeben, und zwar über eine Bandschleifmaschine und eine Zylinder-Schleifmaschine.
Bei dieser Gelegenheit sei auch auf das Betriebsblatt AWF 58, „Gattersägenblätter, Behandlung im Schärfraum" hingewiesen.

Das Schärfen der Sägen

In neuerer Zeit ist das Sägenschärfen infolge der Verwendung neuzeitlicher Stahllegierungen für die Herstellung von Sägeblättern eine Genauigkeitsarbeit geworden. In der Tat dürfen z. B. Bandsägen nur mit großer Sorgfalt und Genauigkeit nachgeschärft werden und nur die leistungsfähigsten Schleifscheiben auf den besten Schleifmaschinen verwendet werden, um eine einwandfreie Arbeit zu erzielen. Erfreulicherweise darf festgestellt werden, daß sich heute sehr geeignete Schleifscheiben zum Sägenschärfen auf dem Markt befinden und daß auch die Schärfmaschinenherstellung mit der Entwicklung der Schleifmittel gleichen Schritt gehalten hat. Es ist in der Tat heute möglich, mit einer richtig ausgewählten Schleifscheibe, natürlich bei normalen Arbeitsbedingungen, ein Sägeblatt in jeder Beziehung tadellos zu schärfen, ohne es auszuglühen oder zu verbrennen.
An eine gute Sägenschärfscheibe müssen große Anforderungen gestellt werden. Sie muß schnell und kühl schneiden, ihre Form halten, einen tadellosen Fertigschliff erzeugen und natürlich auch eine lange Lebensdauer besitzen. Maßgebend für eine hohe Leistung einer Schleifscheibe beim Sägenschärfen ist die Umfangsgeschwindigkeit der Schleifscheibe, ihre Zustellung, der Zustand der Schärfmaschinen und natürlich auch der Zustand der Sägen.
Was nun die Umfangsgeschwindigkeit der Schleifscheiben anbetrifft, so ist bereits in dem Abschnitt über Umfangsgeschwindigkeiten der Schleifscheiben auf Seite 65 Näheres ausgeführt worden. In der Regel werden Schleifscheiben

[1] Beuth-Verlag G. m. b. H., Berlin SW 19, Dresdner Straße 97.

in keramischer Bindung mit einer Umfangsgeschwindigkeit von etwa 25 m/sek laufen, während Schleifscheiben in Kunstharzbindung bei 30 m/sek gute Leistungen ergeben. Es ist bekannt, daß mit der Abnutzung der Scheibe, also mit abnehmendem Durchmesser derselben sich die Umfangsgeschwindigkeit naturgemäß bis zu einem Punkt verringert und daß die Schleifscheibe eine geringere Schneidwirkung zeigt. Die zeitgemäßen Schleif- oder Schärfmaschinen sollten daher auch zum Wechsel der Umfangsgeschwindigkeiten der verschiedenen Schleifscheibendurchmesser eingerichtet sein. Diese Forderung ist im Grundsatz wohl berechtigt, jedoch sieht es mit dieser Einrichtung in der Praxis anders aus; denn sie müßte entweder durch Auswechselung der Riemenscheiben erfolgen, was sehr umständlich ist, oder aber durch regelbare Motoren, was wiederum die Maschine erheblich verteuert.

Wie schon an anderer Stelle dargelegt, wirkt die Schleifscheibe, wenn sie zu schnell läuft, härter und wird blank, die Schneidwirkung ist gering, die Säge verbrennt unter Umständen und wird unbrauchbar. Bei verringerter Umfangsgeschwindigkeit wirkt die Schleifscheibe weicher, schneidet schneller, neigt weniger dazu blank zu werden oder die Sägen zu verbrennen. Eine zu niedrige Umfangsgeschwindigkeit zeigt eine entgegengesetzte Wirkung. Die Scheiben verlieren ihre Form und nutzen sich sehr schnell ab. Man muß daher, um eine entsprechende Schärfleistung zu erzielen, die Umlaufszahl der Maschine erhöhen, damit die Scheibe mit etwa 25—30 m/sek Umfangsgeschwindigkeit läuft. Erzielt man dann die erforderliche Schleifwirkung nicht, so ist die Schleifscheibe zu weich und es muß eine härtere Scheibe gewählt werden.

Vor allem ist davor zu warnen, eine zu harte Scheibe zu wählen; sie muß zwar so hart sein, um ihre Form zu halten, es ist aber durchaus unangebracht, wegen ihrer längeren Lebensdauer eine zu harte Scheibe zu verwenden, denn derartige Scheiben können neben dem Verbrennen der Sägenzähne auch kleine Schleifrisse verursachen.

Die Auswahl der Schleifscheibe ist natürlich von großer Wichtigkeit. Die Anforderungen, die an eine Schleifscheibe gestellt werden, sind ganz verschieden. Der eine Schleifer wünscht eine große und schnelle Spanabnahme, während der andere eine langsame und leichteren Schnitt vorzieht. Die Schleifscheibe muß nun umso härter sein, je stärker der Schnitt ist, weil sie sich sonst zu schnell abnutzt und ihre Form nicht hält. Man darf allerdings nicht vergessen, daß mit stärkerer Beistellung und höherem Härtegrad der Scheibe die Gefahr, die Sägeblätter zu verbrennen, wächst.

Es ist verständlich, daß die zu erzielende Schleifarbeit davon abhängt, in welchem Zustand eine Säge zum Schärfen kommt. Denn die zu schneidenden Hölzer sind je nach den Jahreszeiten ganz verschieden. Im Frühjahr oder Sommer enthält die Rinde des Holzes oft Schmutz oder Erde, die man nicht vollständig entfernt hat, und im Winter sind die Baumstämme oft hart gefroren. Zu jeder Zeit hat man aber unter Umständen Schwierigkeiten mit Nägeln oder Eisenhaken, die hin und wieder in das Holz eingetrieben werden, auch sind öfter kleine Steine beim Transport in die Rinde eingedrungen und es ist verständlich, daß, wenn die Säge beim Schneiden auf solche Eisen- oder Steinstücke stößt, die Sägenzähne nicht bloß stumpf werden, sondern sogar vollkommen ausbrechen können. Sind die Zahnspitzen abgebrochen oder sogar gänzlich ausgebrochen, so erfordert dies eine längere Zeit Arbeit. Es ist verständlich, daß unter diesen Umständen die Schleifscheibe viel eher abgenutzt wird als unter normalen Verhältnissen, und es ist daher zweckmäßig, eine etwas härtere Scheibe für diese Arbeit zu verwenden, weil dieselbe ihre Form besser hält und vor allem nicht so schnell verschleißt. Ein weiterer Übelstand, der eintreten kann, ist der, daß sich die Scheibe verschmiert oder zusetzt, besonders kommt dies dort vor, wo Kiefer- oder sonstige harzige Hölzer geschnitten werden müssen, weil sich das Harz am Rücken der Sägezähne festsetzt und von da auf die Schleifscheibe gelangt. Man muß nun darauf achten, daß die Schleifscheibe sich nicht zusetzt und sein besonderes Augenmerk auf die zur Verwendung gelangende Kühlflüssigkeit richten. Voraussetzung für ein zufriedenstellendes Ergebnis ist natürlich in allen Fällen auch der gute Zustand der zur Verwendung gelangenden Schleifmaschine. Nur mit einer in jeder Beziehung tadellos arbeitenden Maschine ist es möglich, gut geschliffene Sägeblätter zu erhalten und die Kosten des Scheibenverbrauchs niedrig zu halten.

An dieser Stelle soll nochmals betont werden, wie wichtig das Abdrehen der Sägeschärfscheiben ist. Auf Seite 78 ist das Abdrehen der Schleifscheiben ausführlicher dargelegt und die in Frage kommenden Abdrehapparate näher beschrieben.

Es kommt vor, daß der Schleifer über die Lebensdauer der Schleifscheiben Klage zu führen hat. Es läßt sich nun der Übelstand, der zu einer so kurzen Lebensdauer der Schleifscheibe geführt hat, nicht für alle Betriebe zutreffend kennzeichnen, denn dies hängt ganz von den örtlichen Verhältnissen ab. Tritt aber ein solcher Übelstand ein, so ist es zu empfehlen, den Zustand der Schleifmaschine zu prüfen und auch festzustellen, ob die Schleifscheibe mit der richtigen Umfangsgeschwindigkeit läuft. Es liegt auf der Hand, daß zu weit abgenutzte Sägezähne eine erhebliche Mehrarbeit beim Schärfen zum Wiederherstellen der ursprünglichen Zahnform benötigen. Es ist deshalb empfehlenswert, die Sägen rechtzeitig zu schärfen und nicht so lange zu warten, bis die Sägezähne zu weit abgenutzt sind.

Hinsichtlich des Aufspannens der Schleifscheiben beachte man die auf Seite 62 gemachten Ausführungen. Zeigt eine neu aufgesetzte Schleifscheibe Seitenschlag, dann muß man die Seitenflanschen wie auch die Spindel nachsehen und prüfen. Wenn die Spindel zu viel Lagerspiel hat, dann ist mit einer ungleichmäßigen Abnutzung an der Innenseite der Schleifscheibe zu rechnen. Der Anzug des Antriebsriemens verursacht ein Vibrieren der Spindel, was eine größere Abnutzung der Scheibe zur Folge hat. Wenn eine Scheibe in richtiger Körnung und in der richtigen Härte gewählt worden ist, dann wird es sehr selten vorkommen, daß Risse in den Sägen durch Schleifen entstehen.

Jeder Holzwerker, insbesondere jeder Sägewerker weiß, daß die Zurichtung der Sägen für das Gatter und die Kreissäge maßgebend für gute oder schlechte Leistung ist. Das gleiche trifft für die Hobelmesser, für die Hobelmaschine zu. Eine schlecht zugerichtete Gattersäge kann eine um mehr als die Hälfte geringere Leistung aufweisen, und ungenau geschärfte Kreissägen können schon oft beim ersten Schnitt abweichen, warm werden und zu flattern anfangen, wie auch mit einem rauh geschärften und schlecht abgezogenen Hobelmesser nur eine rauhe und ungenügende Hobelfläche erzielt werden kann.

Man sollte meinen, daß nun auch für das Sägenschärfen ein in jeder Beziehung geeigneter Raum zur Verfügung gestellt würde, ein Raum der hell, groß, luftig und heizbar ist; ferner daß für die wichtige Arbeit des Sägenschärfens ein intelligenter Mann mit scharfen Augen Verwendung fände, weil es doch ein Unding ist, eine solche Arbeit in einem Sägenschärfraum ohne Tageslicht, nur mit unzulänglicher, künstlicher Beleuchtung ausgestattet, ausführen zu lassen und dazu einen 60—70jährigen Mann zu verwenden, dessen Sehkraft selbst bei zufriedenstellender Beleuchtung nicht mehr ausreichend ist. Wie es in der Praxis damit aussieht, zeigen treffend einige nachstehend wiedergegebene Ausführungen des bekannten Sägewerkberaters Emmerich, die er in einer Mitgliederversammlung der Bezirksgruppe Ostdeutschland der Wirtschaftsgruppe Sägeindustrie machte:

„Ich möchte gleich einmal einen recht bezeichnenden Fall aus meiner Beratungspraxis erzählen. Ein östlicher Sägewerker hatte sich neben einem schon vorhandenen älteren Gatter ein modernes Hochleistungsgatter zugelegt. Geschnitten wurde auf diesem Gatter nur bestes Stammholz, das einem Wasserlager entnommen wurde, in den bekannten Bretterabmessungen, aber selten unter 30 mm Stärke.

Als ich gerufen wurde, lief das Gatter etwa ein halbes Jahr. Der Besitzer verstand, laut Selbstgeständnis, gar nichts von der Technik des Sägewerkes, war also seinen Leuten auf Gedeih und Verderb ausgeliefert. ‚Anfangs leistete das Gatter Vorzügliches‘, sagte der Besitzer, ‚es wurden doch immer so 40 bis 45 fm in acht Stunden geschnitten, aber heute komme ich die ganze Woche nicht auf diese Zahl!‘ Das war nun allerdings ein jämmerliches Ergebnis, aber der Besitzer, wie schon erwähnt, ein blutiger Laie, suchte die Ursache überall da, wo sie nicht zu finden war. Vor allen Dingen machte er den Gatterlieferanten, der am allerwenigsten dafür konnte, für die schlechte Leistung verantwortlich. Schuld aber war weiter nichts wie die geradezu unglaubliche Zurichtung der Sägen. Es ist von dieser Stelle aus schwer zu beschreiben, wie diese Sägen aussahen. Zunächst einmal waren sie in der Zahnspitzenflucht hohl. Ein Lineal, auf die Zahnspitzen gelegt, zeigte, daß die Zähne in der Mitte der Säge bis zu 30 mm von der geraden Flucht abstanden. Die Zähne selbst hatten zwischen 15 und 35 mm jede Länge. Unterschliffen waren die Zähne teils gar nicht, im Gegenteil, sie standen unten vor, teils bis zu 8 mm. Wundert es Sie noch, wenn dies Gatter keine Leistungen erzielen konnte? Die Leistungen des vorhandenen alten, aber guten Gatters waren selbstverständlich entsprechend. Das Tragikomische der Sache kam aber erst bei der Besichtigung des Sägenschärfraumes. Der Raum selber war wie auf fast allen Sägewerken ausgesucht finster wie die Dunkelkammer eines Photographen. Der Sägenschärfraum ist — in diesem Falle wörtlich zu nehmen — der dunkle Punkt des Sägewerkes. Aber das nur nebenbei. In diesem Raum stand ein Handschleifapparat uralten Datums und daneben auf einem Fundament, absolut betriebsfertig, eine ganz moderne automatische Sägenschärfmaschine. Diese Maschine stand schon über ein Jahr da und ist in dieser Zeit noch nicht einmal benutzt worden. Die blanken Teile waren noch von der Fabrik aus mit Rostschutzfarbe versehen. ‚An dieses neumodische Ding gehe ich nicht‘, sagte der etwa 75jährige Sägenschärfer, der schon allein durch sein Alter der ungeeignetste Mann zur Instandhaltung der Sägen war. Der Besitzer wagte es nicht, diesem Mann gegenüber, der schon seinem Vater treu gedient hätte, wie er mir sagte, darauf zu bestehen, daß die Sägen nach meinen Anordnungen geschärft wurden. Und so blieb es bei etwa

7 fm Tagesleistung mit einem neuen Hochleistungsgatter besten Fabrikates und bei einem Holz, bei dem die zehnfache Leistung kaum überrraschen durfte. Hätte dieser Besitzer doch seinem Sägenschärfer aus Anerkennung für die treuen Dienste, die er ihm und seinem Vater geleistet hat, ein niedliches Häuschen mit allem gewünschten Zubehör geschenkt, so wäre der Besitzer heute vielleicht nicht so radikal pleite, wie er es nun tatsächlich ist. Ein wirklich tüchtiger Sägenschärfer ist also eine der wichtigsten Grundbedingungen für die Vollentwicklung der Leistungsfähigkeit eines Hochleistungsgatters, aber auch eines jeden anderen Gatters, sowie jeder anderen Maschine, die mit Schneidewerkzeugen arbeitet."

Für die Verbraucher von Schleifscheiben hat der Verein Deutscher Schleifmittelwerke e. V., Gruppe Schleifscheiben, die folgenden Richtlinien herausgegeben:

Sägeschärfen

Wahl der Schleifscheibe

1. Es ist falsch, die Schleifscheibe nach der Lebensdauer zu beurteilen. Harte Schleifscheiben mit hoher Lebensdauer verbrennen den Sägezahn und verderben ein Vielfaches von der vermeintlichen Schleifscheibenersparnis. Für das Schleifen der verschiedenen Gattungen von Sägen sind Schleifscheiben in verschiedenen Bindungen und Körnungen erforderlich. Mit steigender Zahl steigt die Feinheit der Körnung, mit der Buchstabenfolge steigt die Härte. Der Hersteller hat für jeden Schleifzweck die richtige Schleifscheibe. Es kommen in Frage:

für Gattersägen	Körnungen 50, 60	Härte M und N
für Kreissägen	Körnungen 50,	Härte M und N
für Bandsägen	Körnungen 50, 60	Härte L und M
für Bandsägen, feinverzahnte	Körnungen 80	Härte M

   Für die 1. Wahl kommt in Betracht Korund Körnung 50 Härte M.
   Das Schleifen von Chrom-Vanadium-Stahl erfordert in der Regel etwas weichere Scheiben als Tiegelgußstahl.
2. Eine gute Schleifscheibe muß scharf zischen und kühl schneiden, die Form behalten und einen reinen, weißen Schliff zeigen. Treten im Abschliff unter der Lupe statt der Spänchen viele kleine Schmelzkugeln auf, so ist die Schleifscheibe ungeeignet, meist zu hart.
3. Eine gute Schleifscheibe muß seitlich völlig gleich dick abgedreht, am Umfang mit der richtigen Phase profiliert und sorgfältig ausgewuchtet sein.

Richtige Anwendung der Schleifscheibe.

1. Richtige Umfangsgeschwindigkeit 25—30 m/sek, untere Grenze 20 m/sek. Die Umdrehungszahl soll den auf dem Anhängezettel festgelegten Wert nicht übersteigen. Bei zu hoher Geschwindigkeit wirkt die Schleifscheibe zu hart, bei zu niedriger Geschwindigkeit zu weich. Will man die Umfangsgeschwin-

digkeit der Schleifscheibe bei unzugänglicher Schleifwelle messen, so kann man sich eines am Umfang der Schleifscheibe anzusetzenden Geschwindigkeitsmessers bedienen, der von den einschlägigen Firmen für Geschwindigkeitsmesser und Umlaufzähler geliefert wird.

Bei richtig gewählter Schleifscheibe und richtig gewählter Umfangsgeschwindigkeit zeigt ein helles, scharf zischendes Geräusch beim Schleifen das gute Arbeiten der Schleifscheibe an.

2. Richtige Spanabnahme: Es ist vorteilhaft, mit einer mittleren Spanstärke beim Schleifen zu arbeiten. Es gibt Schleifer, die von einer Scheibe eine große, schnelle Spanabnahme erwarten und den rascheren Verbrauch der Schleifscheibe in Kauf nehmen, während andere wieder einen langsameren, leichteren Schnitt vorziehen und mit der Schleifscheibe länger auskommen. Naturgemäß haben die zwei Arten der Spanabnahme verschiedene Wirkungen auf die Schleifscheibe. Eine Schleifscheibe, welche die große und rasche Spanabnahme der ersten Art mit der Lebensdauer der zweiten Art vereinigt, gibt es nicht. Deshalb muß man sich vor zu großer und schneller Spanabnahme hüten. Die Schleifscheibe ist richtig zugestellt, wenn sie mit gut sichtbarer Funkenbildung arbeitet.

   Wird bei vorschriftsmäßigem Schleifen, also bei mittlerer Spanstärke und gut arbeitender Maschine, der Zahn gelb und blau,dann ist die Schleifscheibe zu hart oder zu fein. Sie muß gegen eine weichere Scheibe ausgewechselt werden, wenn die Feinheit des Schliffes entspricht. Ist der Schliff aber zu fein, dann auswechseln gegen eine Scheibe mit gröberem Korn, vorerst ohne Härtewechsel. Läßt die Feuergarbe sehr bald nach, dann ist die Scheibe zu weich und muß gegen eine härtere ausgewechselt werden.

3. Beizeiten die Scheibe mit der Abdrehvorrichtung abdrehen und öfters mit einem Stück Siliziumkarbid abziehen. Ist die Schleifscheibe in Korn und Härte richtig, so muß der Schleifer in kurzen Zeitabständen mit den Fingern den soeben geschliffenen Zahn auf Erwärmung prüfen, denn auch eine passende Scheibe wird nach gewisser Zeit stumpf. Eine stumpf gewordene Scheibe führt zum Ausglühen der Zähne und kann in die Gefahr des Zerspringens geraten. Die meisten Maschinen besitzen keine Möglichkeit zum Abrichten. Entweder soll man sofort eine solche anbauen lassen oder das Aufschärfen mit den bekannten Apparaten von Hand ausführen, aber auf keinen Fall unterlassen. Bekannte Aufrauhapparate sind:

   Rohrdemant, Diamantwerkzeug, Ultra-Titanit-Abziehwerkzeug oder Indeg-Profil und andere.

   Geeignete Abdrehwerkzeuge sind auch in der AWF-Druckschrift 201 „Die Schleifscheibe" abgebildet. Für das Aufrauhen von Hand genügt ein Bruchstück einer Siliziumkarbidscheibe. Jeder Schleifscheibenhersteller kann geeignetes Abrichtgerät liefern oder eine Bezugsquelle nennen. Auch findet man im „Jahrbuch der Schleif- und Poliertechnik", Vulkan-Verlag, Essen, im Bezugsquellennachweis Lieferanten angegeben.

4. Die Schleifscheibe richtig aufspannen. Schlag weder im Umfang noch seitlich! Tritt beim Laufen der Schleifscheibe eine Erschütterung der Schleifmaschine ein, dann kann diese durch den Schwerpunkt der Schleifscheibe verursacht sein. Dieser Übelstand muß sofort durch Auswuchten beseitigt werden. Auch ein ungleich starker, stoßender Riemen kann schädlich wirken.

5. Das Schärfen der Sägen muß sofort erfolgen, sobald auch nur wenig Zähne stumpf geworden sind. Stumpf sein heißt: die scharfe Zahnspitze ist verlorengegangen, entweder durch das Sägen oder durch Aufschlagen auf Stein, Nägel oder andere harte Gegenstände im Holz. Das Schärfen muß mit Sorgfalt erfolgen, damit jedes Ausglühen der Zähne und Zahnspitzen vermieden und auch der Schliff fein genug wird. Schuld ist nicht immer die Schleifscheibe, wenn die Zähne blaue und gelbe Flecken bekommen, auch eine zu starke Beistellung und vor allem das Verschmieren der Schleifscheibe führen zu diesem Ausglühen. Das Verschmieren der Schleifscheibe wird durch ungenügend gereinigte Sägezähne begünstigt.
   Bei stumpfen oder verschmierten Schleifscheiben schmilzt der Schleifspan zu einem Kügelchen zusammen. Die Schleifscheibe fängt an zu brummen. Am Werkstück treten Brandflecke auf. Im Abschliff sind die Schmelzkügelchen unter einer guten Lupe deutlich sichtbar. Ihr Auftreten ist also ein Zeichen, daß die Schleifscheibe verschmiert oder stumpf oder zu hart gewählt ist.

Guter Zustand der Schleifmaschine

1. Kein Lagerspiel. Sobald die Schleifwelle zu klappern beginnt, muß sofort die Lagerung nachgearbeitet werden, weil weder ein sauberer Schliff noch eine gleichmäßige Spantiefe noch eine gleiche Zahnentfernung erreicht werden kann und die Gefahr des Zerspringens begünstigt wird.
2. Richtige Einstellung der bewegten Teile der Maschine.
3. Gute Schmierung und Pflege. Eine nicht gut geölte und wenig sauber gehaltene Maschine, verschmutzte und trockene Gleitflächen, verharzte Sägen schwächen jede Federwirkung, erschweren jede Gleit- und Schaltbewegung und können eine zuverlässige Weiterschaltung ganz verhindern, so daß die Schleifscheibe unmittelbar in den Zahn hineinschleifen kann. Ein solcher Fall kann zum Bruch der Schleifscheibe und unter Umständen zu schweren Verletzungen des Schleifers und zum Ausschuß des Sägeblattes führen.
4. Zweckmäßigerweise sollten an jeder Maschine zwei Geschwindigkeiten zum Ausgleich der Schleifscheibenabnahme vorhanden sein.
5. Benutze stets Schutzvorrichtungen und Schutzbrillen.
6. Achte auf eine gute unbeschädigte Staubabsaugung, da der Schleifstaub der Maschine wie dem Sägenschärfer schädlich ist. Der Lieferer der Sägenschärfmaschinen wird im Bedarfsfalle gern Vorschläge für eine gute Staubabfuhr machen.

Zusammenstellung der Fehler

1. Falsch gewählte Schleifscheibe (meist zu hart oder zu fein).
2. Zu spärliches und ungenaues Abdrehen und Abziehen der Schleifscheibe und deshalb verschmierte Schleifscheibe.
3. Zu grobe oder zu feine Spanzustellung.
4. Klappernde Schleifwelle.
5. Schlecht ausgewuchtete Schleifscheibe.
6. Schlag im Riemen.

7. Unrichtige und ungenaue Einstellung der Maschine.
8. Ungenügend gereinigte, verharzte Sägen.

Nach DIN 69150 sind Sägenschleifscheiben gerade Schleifscheiben mit oder ohne besondere Randform und dienen zum Schärfen der Zähne von Sägen für die Bearbeitung von Metall, Holz, Gestein und Kunststoffen aller Art. Die Bezeichnung einer Sägenschleifscheibe von Außendurchmesser D = 200, Breite B = 6 mm, Randform C, Schleifmittel Normalkorund (NK), Körnung 60, Härte M, Gefüge mittel (5), Bindung keramisch (Ke)[1] : Sägenschleifscheibe 200 × 6 C DIN 69150 NK 60 M 5 Ke[1].

Zahnformen

Die nachstehenden Zahnformen haben sich auf Grund langjähriger Erfahrung als die zweckmäßigsten erwiesen und können daher zur Benutzung empfohlen werden:

Man unterscheidet bekanntlich die Sägezähne in ihren Grundformen in rechtwinklige, zurückspringende und überhängende. Die zuerst genannte Zahnform, bei welcher die Zahnbrust mit der Zahngrundlinie einen rechten Winkel bildet, findet man hauptsächlich bei den Blättern kleinerer Tischlereibandsägen. Für Weichholz kann diese Form noch gelten, für Hartholz ist sie aber weniger geeignet. Derart geformte Zähne müssen ja das Sägemehl wegstoßen, da sie mit voller Schneide angreifen. Dementsprechend verbrauchen sie verhältnismäßig große Kraft, ohne daß sie eine entsprechende Leistung ergeben. Diese Zahnform ist aber noch weniger geeignet zur Ausführung von Querschnitten; denn wie bekannt bietet das Holz bei diesen einen wesentlich größeren Widerstand.

Die zurückspringenden Zähne, welche ein gleichschenkliges Dreieck darstellen, sind meistens nur bei Handsägen, kleinen Zinken- und Nutsägen und Blättern für ähnliche Verwendungszwecke gebräuchlich. Bei ersteren sind sie deswegen angebracht, weil die Vor- und Rückbewegung den geringsten Kraftaufwand verlangt. Die geringe Schneidtiefe beim Vorstoßen wird dadurch zum Teil ausgeglichen, daß die Zähne doppelt wirkend, also auch beim Zug arbeiten. Hierdurch wird ein gleichmäßiger, ruhiger Gang erwirkt, der eine zu rasche Ermüdung des Armes verhindert. Diese Zahnform sollte im übrigen nur für Querschnitte Verwendung finden.

Der überhängende Zahn hat für nach einer Richtung laufende Sägeblätter den günstigsten Schnittwinkel. Bei allen Band- und Kreissägeblättern wird diese Zahnform deswegen auch verwendet. Der Kraftverbrauch ist zwar hier noch höher als bei den rechtwinkligen Zähnen, dafür ist aber auch die Leistung ungleich größer.

Wenn wir die Schnittfläche eines Brettes betrachten, so werden wir meist viele gerade oder kreisförmig verlaufende, mehr oder weniger kräftig verlaufende Linien erkennen; sie zeigen, wie weit die einzelnen Zähne in das Holz eingedrungen sind. Durch das Vorhandensein dieser Linien wird aber bewiesen, daß die zur Verwendung gelangten Sägeblätter nicht in einwandfreiem Zustand

[1] Werkstoff und Ausführung der Sägenschleifscheiben bei Bestellung angeben.

waren. Bekanntlich werden diese Linien dadurch verursacht, daß einzelne Zähne seitlich zu weit ausgebogen sind, mithin daß das betreffende Blatt nicht genau geschränkt wurde.

Bei einem richtig geschränkten Blatt schneiden immer nur die Zahnspitzen, während der Zahngrund das Sägemehl weiterbefördert und auswirft. Jeder Zahn muß also nur einen verhältnismäßig kurzen Weg in das Holz zurücklegen. Wenn nun z. B. jeder zehnte Zahn stärker geschränkt ist, so muß er ja auf Grund der zu starken Schränkung neben dem Schnitt laufend die gleiche Arbeit leisten, die von den vorhergegangenen neun Zähnen zusammen verrichtet wurde. Er wird also rascher stumpf als die anderen, arbeitet dann noch schwerer und muß schließlich brechen. Dem nächstfolgenden Zahn wird durch das Ausbrechen eines Zahnes die doppelte Leistung zugemutet mit dem Ergebnis, daß das Blatt in kurzer Zeit unbrauchbar wird. Oder wenn das Blatt verläuft und Brandflecken bekommt, so bedeutet dieses ebenfalls Zerstörung. Das Verlaufen hat ferner ungeraden Schnitt, Materialverlust und eine minderwertige Arbeit zur Folge. Es ist daher verständlich, daß bei einem Sägeblatt, das einwandfrei geschärft und gerichtet ist, jeder einzelne Zahn genau gleichen Anteil an der zu leistenden Arbeit haben muß. Hauptsächlich wird diese Bedingung durch die richtige Schränkung erfüllt. Über die Schränkung können hier keine Ausführungen gemacht werden. Es soll nur noch erwähnt werden, daß die Ansichten, ob ein Sägeblatt vor oder nach dem Schärfen geschränkt werden soll, verschieden sind. Da häufig durch das Schränken die Schärfe des Zahngrates beeinflußt oder sogar ganz beseitigt wird, dürfte es sich empfehlen, das Schränken vor dem Schärfen vorzunehmen.

Das Schärfen der Sägen geschieht wie in Abb. 228 dargestellt. Bei stehender Säge geht die Scheibe abwärts und schärft die Zahnbrust. Während des Aufwärtsganges rückt die Säge um einen Zahn weiter, so daß der Zahnrücken bestrichen wird.

Nachdem die Säge eingespannt ist, stellt man sie durch Handrad so hoch, daß der Zahngrund etwa 5 mm über dem Anschlagtisch liegt. Die Vorschubklinke wird durch Exzenterschraube auf halbe Zahntiefe eingestellt.

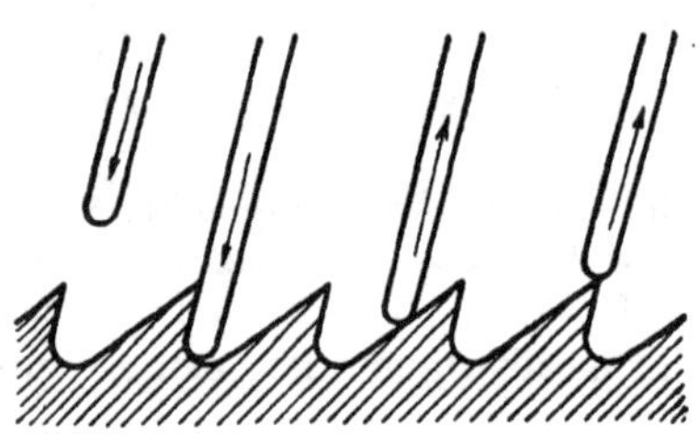

Abb. 228. Arbeitsweise der Maschine

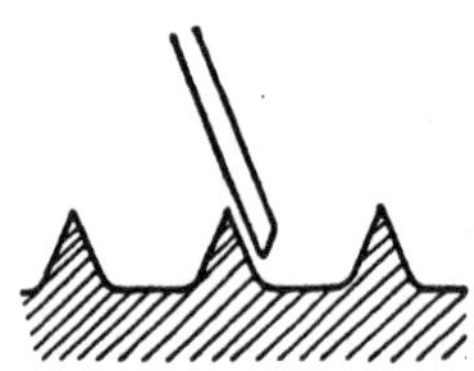

Abb. 229.

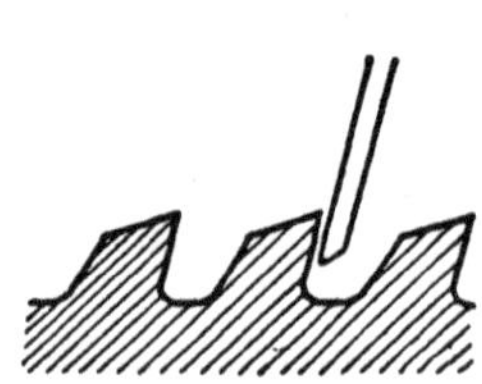

Abb. 230.

Abb. 231. Verschiedene Zahnformen

Schreinerbandsägen

Schreinerbandsägen (weite Zahnung)

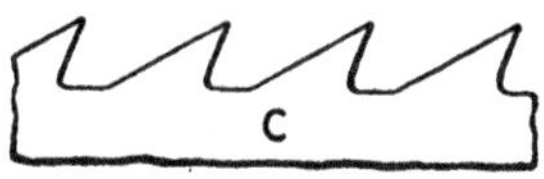

Trenn-Bandsägen (weite Zahnung)

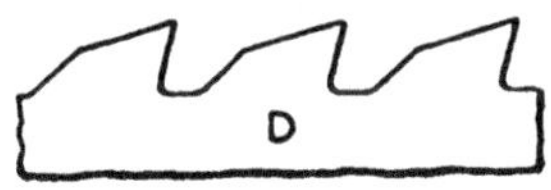

Block-Bandsägen (Wolfszahnung)

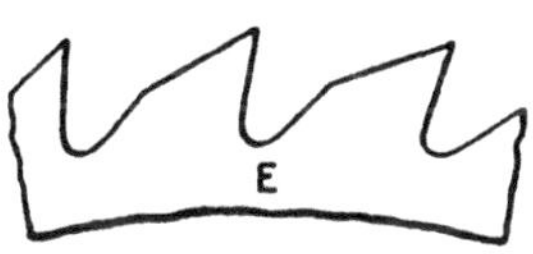

Kreissägen (Wolfszahnung)

Quer- und Metallsägen

Quer- und Metallsägen (Mäusezahnung)

Gattersägen

Horizontal-Gattersägen (weite Zahnung)

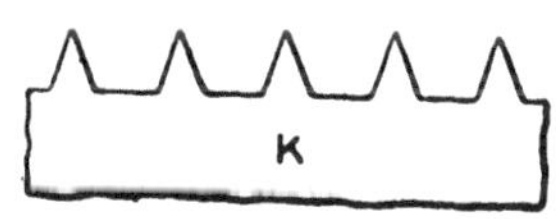

Horizontal-Gattersägen (weite Mäusezahnung)

Dann bringt man mit Hilfe der Schraube das ganze Maschinenoberteil in eine solche Lage, daß Zahnbrust und Schleifrad dieselbe Richtung haben (Abb. 229 u. 230). Die Einstellung wird durch eine Skala für Winkelablesung erleichtert.
Für die dauernde Brauchbarkeit der Maschine ist die sorgfältigste Reinhaltung und richtige Schmierung Voraussetzung. Im Maschinenoberteil ist ein Handzentral-Schmierapparat 84 eingebaut, der auf einem Ölbehälter sitzt. Nach Entfernung der Füllschraube 86 ist die Füllung desselben vorzunehmen. Durch den Meßstab 85 kann der jeweilige Ölstand ständig geprüft werden. Das Öl wird unter Druck durch die Kupferröhrchen an die verschiedenen zu schmierenden Stellen geleitet. Bei der vertikalen Schleifkopfspindel 56 kann eintretendes Spiel durch Nachziehen der kegligen Lager 57 mit den beiden oberen Rundmuttern beseitigt werden. Für gutes Arbeiten der Maschine ist Voraussetzung, daß sie auf gutem ruhigem Boden befestigt wird. Für die Kugellager und das Exzenterwellenlager sind Gewindelöcher vorgesehen, durch die ungefähr in monatlichen Abständen gutes Kugellagerfett einzupressen ist. Die restlichen Stellen sind durch Staufferbüchsen, Schnappöler oder einfache Bohrungen zu schmieren.

Das Schärfen von Gattersägen

Grundsätzlich soll das Schärfen von Gattersägen nicht im Gatter erfolgen, sondern nachdem die Sägen aus dem Rahmen herausgenommen worden sind. Sind aber die Sägen schon sehr abgestumpft, so daß das Schneiden nicht mehr recht vonstatten geht und auch die Schnittflächen rauh werden, jedoch nur noch wenige Stämme zu einer bestimmten Schnittstärke zu schneiden, so ist es zweckmäßig, die Sägen im Gatterrahmen nachzuschärfen. In solchen oder in ähnlichen Fällen läßt sich gegen das Schärfen der Sägen im Gatterrahmen nichts einwenden. Beim Schleifen der Sägen im Gatterrahmen kann man die auf Seite 145 näher behandelten kleinen elektrischen Schleifmaschinen gut gebrauchen. Gewöhnlich haben diese Schleifmaschinen etwa $^1/_5$-PS-Motor mit Gummikabel und Stecker für Lichtleitungsanschlüsse. Man setzt den Schleifbock auf die eingespannte Gattersäge und schärft nun, indem man die kleinen Schleifscheiben von Hand in jede Zahnlücke hineingleiten läßt. Der von Hand verschiebbare Schleifbock wird leicht nach unten bzw. nach oben gedrückt, je nachdem ob die Zahnbrust oder der Zahnrücken geschliffen werden soll. Die Schleifscheibe ist in der Kulisse des Schleifbocks schwenkbar gelagert und kann für jeden Winkel der Sägezähne leicht eingestellt werden.
Für das Schleifen der Gattersägeblätter im Schärfraum werden keramisch gebundene Schleifscheiben aus Elektrokorund verwendet, die mit einer Umfangsgeschwindigkeit von 25—30 m/sek laufen sollen. Man achte darauf, daß diese Drehzahl eingehalten wird und prüfe die Scheiben immer wieder auf genauen Rundlauf. Ist die Scheibe unrund geworden, so richte man sie ab.
Es empfiehlt sich alle Blätter vor dem Schleifen mit einem Benzinlappen gut zu reinigen. Die Schleifscheibe darf man auch nicht zu stark angreifen lassen, da sonst die Zahnspitzen leicht verbrennen. Je nach Abnutzung lasse man jedes Blatt zwei- bis fünfmal durchlaufen; beim letzten Durchgang über-

schleife man nur den Rücken. Beim Nacharbeiten des ungezahnten Teils muß man vorsichtig sein, damit die Blätter nicht durch Verbrennen und Anschleifen scharfer Ecken verdorben werden.

Die Behandlung der Horizontalgattersäge

Die Behandlung der Horizontalgattersäge erfordert, wie Ernst Rambow in einer kleinen Notiz im „Holzmarkt" sehr richtig ausführt, größte Aufmerksamkeit. Die Sägen mit geteiltem Zahnstand (die eine Hälfte nach links und die andere nach rechts stehend) ist als überholt zu betrachten, und nach seinen Ausführungen erzielt man mit dem Zahnstand 4 rechts — 1 gerade — 4 links weit größere und bessere Schnittergebnisse. Rambow weist darauf hin, daß auch die Arbeitsweise dieser Sägen sich auf die Maschine angenehm und günstig auswirkt. Vorbedingung ist natürlich genaues und sachgemäßes Schärfen und Schränken. Es ist vor allen Dingen darauf zu achten, daß beim Schärfen die Seitenzähne nicht vernachlässigt werden. Der Schrank ist der Genauigkeit halber stets mit einem Genauigkeits-Schrankmesser nachzuprüfen, um von vornherein einen sauberen Schnitt zu gewährleisten. Das Feilen ist so vorzunehmen, daß die erforderliche Zahnlänge bestehen bleibt. Bei richtiger Behandlung der Säge kann man diese bis auf eine Gesamtbreite von 6 cm einschließlich Zahnhöhe abnutzen. Vorausgesetzt, daß ein strammes Einspannen und ein genaues Auswinkeln mit der Wasserwaage erfolgt, steht diese Säge in keiner Weise einer neuen breiten Säge nach. Zu bemerken ist ferner, daß die Führungsklötze unentbehrlich sind und ein Verlaufen der Säge weitgehend verhindern. Dies wird leider in vielen Betrieben wenig beachtet. Als Angeln wähle man möglichst solche in Klauenform, durch die ein gleichmäßiges Anspannen der Gesamtsägenfläche bedingt und gesichert ist. Wenn man dann auch noch die Führungen, Führungskeile, Pleuellager usw. einer ständigen genauen Beobachtung unterzieht, so können mit dem Horizontalgatter gute Schnittleistungen erzielt werden.

Das Schärfen von Hobeleisen

Der Hobel spielt unter allen Werkzeugen, die in der Holzbearbeitung Verwendung finden, die wichtigste Rolle, und zwar wird er sehr häufig gebraucht, und die Arbeit, zu der er verwendet wird, muß stets sehr sauber ausgeführt werden, da das fertige Werkstück die Beschaffenheit des Hobels widerspiegelt. So verlangt das Schärfen des Hobels eine große Aufmerksamkeit. Es ist eine Tatsache, daß wohl kaum zwei erfahrene Arbeiter die gleiche Bewegung beim Schärfen des Hobeleisens oder Meißels machen. Wenn nun die nachfolgenden Ausführungen sorgfältig beachtet werden, so wird dies viel dazu beitragen, eine gerade, scharfe Schneidkante am Hobeleisen hervorzurufen.
Was in bezug auf die Behandlung des Hobeleisens gesagt wird, findet in der gleichen Weise auch Anwendung auf das Schärfen des Meißels; es erübrigt sich daher, dieses Thema ausführlich zu behandeln.

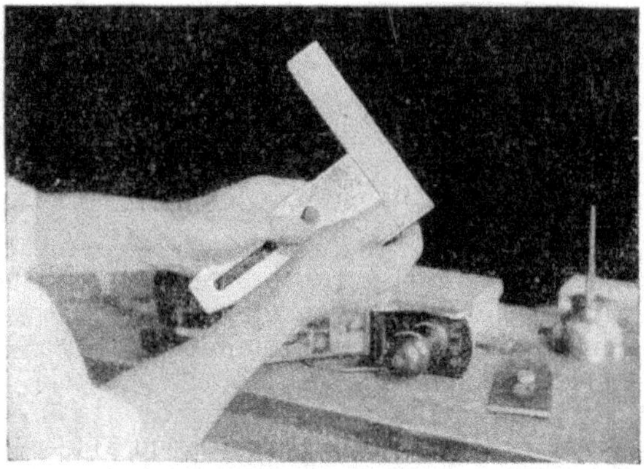

Abb. 232. Prüfung des Hobeleisens auf Rechtwinkligkeit

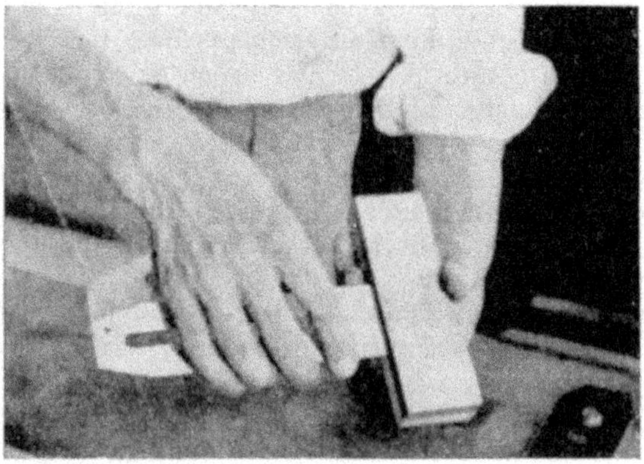

Abb. 233. Rechtwinkliges Schleifen des Hobeleisens auf einem Abziehstein

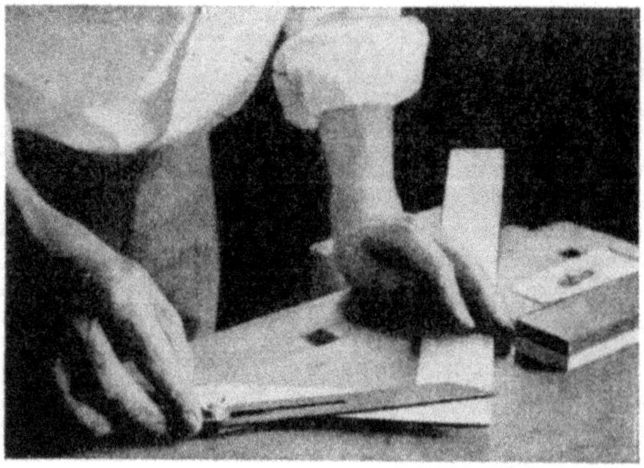

Abb. 234. Festlegung des richtigen Winkels für das Schleifen

Wie aus Abb. 232 ersichtlich, muß zuallererst, wenn das stumpfe Hobeleisen aus dem Hobel genommen worden ist, der Winkel des Hobeleisens geprüft werden. In den meisten Fällen wird diese Prüfung ergeben, daß die Schneidkante des Hobels gerade und rechtwinklig geschärft werden muß. Abb. 233 zeigt, wie das Hobeleisen rechtwinklig durch Schärfen der Schneidkanten auf dem mittelfeinen Abziehstein behandelt wird. Es empfiehlt sich, dies auf der Kante des Steines zu tun, da die flache Seite eines gebrauchten Steines selten gerade genug ist, um genügend gerade Schneidkanten zu erzeugen.

Je nach der Verwendung des Eisens muß die Schneidkante leicht hohl geschliffen sein; dies trifft besonders bei einem Schrupphobel zu.

Die nächste Arbeit ist nun die Abschrägung der Schneidkante. Der Winkel, der für die Schmiege gebraucht wird, ist je nach der Art des zu hobelnden Holzes verschieden. Hartholz benötigt einen stumpferen Winkel als Weichholz. Man wird je nach der Härte des Holzes einen Winkel von 15—20° wählen, und zwar benutzt man eine verstellbare Schmiege, um mit einiger Sicherheit den richtigen Winkel für das Schleifen festzulegen. Die Schmiege wird auf das Stahlwinkelmaß aufgesetzt, wie aus Abb. 234 ersichtlich. Die Maße von 5″ und $2^1/_4$″ geben den Winkel für die Schneide an, die für gewöhnliche Arbeit geeignet ist. Ist ein Gradmesser vorhanden, so kann die Schneide auch nach Graden gemessen werden. 20—25° wird von den meisten Handwerkern empfohlen.

Ist das zu bearbeitende Holz sehr hart oder astig, so sollte der Winkel der Schneidkante leicht erhöht werden. Je schlanker die Schneide, desto leichter ist die Arbeit beim Hobeleisen, vorausgesetzt, daß sie nicht zu schlank ist, um sich „umzulegen". Wenn die Schräge des Winkels festgelegt ist, wird der Winkel an das Hobeleisen gehalten. Dies wird vor dem Beginn des Schleifens getan und später wiederholt, um sich während der Schleifarbeit zu vergewissern, besonders, wenn das Hobeleisen ohne Sonderklammer an die Schleifscheibe gehalten wird. Um eine genaue Schrägung zu erreichen, werden erfahrene Handarbeiter wahrscheinlich die Schmiege nicht gebrauchen und sich auf ihr geübtes Auge verlassen. Das hier empfohlene Verfahren ist aber für den weniger Geübten zu empfehlen.

In Abb. 235 ist der nächste Arbeitsgang, und zwar das Schleifen, dargestellt. Man kann diese Arbeit auf verschiedenen Schleifmaschinen vornehmen, und zwar vom altmodischen Sandstein angefangen bis zur modernsten Handschleifmaschine, die eine besondere Klammer, um die Werkzeuge im richtigen Winkel zu halten, besitzt. Der Sandstein wird heute so gut wie gar nicht mehr verwendet. An seine Stelle ist vielmehr die kleine, sehr praktische Handschleifmaschine, die mit einer Hochleistungsschleifscheibe versehen ist, getreten, denn die Scheibe schneidet viel schneller, die Schleifmaschine nimmt weniger Raum ein, und sie kann auch leicht von einer Stelle zur anderen befördert werden. Bei der Auswahl einer solchen Schleifmaschine sollte man recht vorsichtig sein und darauf achten, daß man eine Schleifscheibe bester Güte erhält. Die Scheibe muß gut schneiden, darf aber das Eisen dabei nicht überhitzen.

In Abb. 236 ist eine Handschleifmaschine dargestellt, die eine Werkzeugauflage besitzt, welche je nach der Schrägung eingestellt werden kann. Ist die Schmiege auf den Grad eingestellt, so kann sie vorteilhaft benutzt werden, um die Stellung der Auflegevorrichtung zu bestimmen.

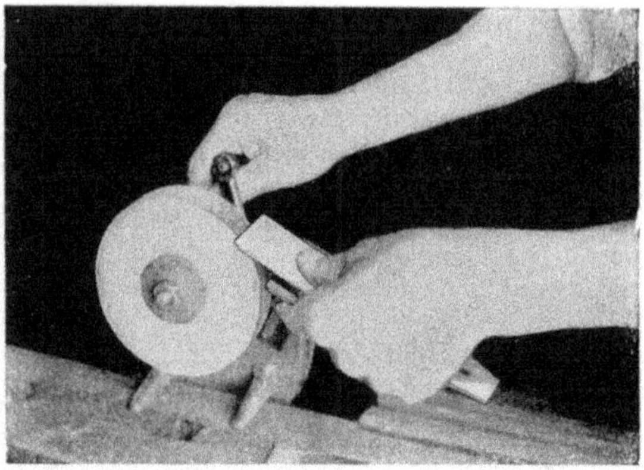

Abb. 235. Das Schleifen des Hobeleisens auf einer Handschleifmaschine

Abb. 236. Handschleifmaschine

Abb. 237. Das Hobeleisen erhält den letzten Schliff

Abb. 238. Das Messer erhält auf einem Kombinationsstein eine scharfe, haltbare Schneide

Abb. 239. Kombinationsstein aus Siliziumkarbid

Abb. 240. Das Abziehen der Schneide

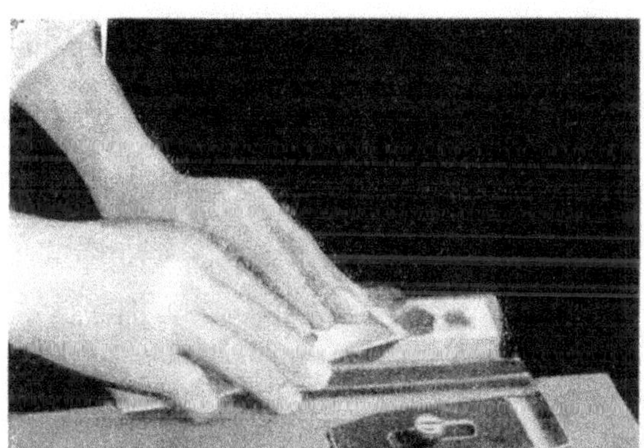

Beim Schleifen hält man das Hobeleisen in der linken Hand, während die Kurbel mit der rechten Hand gedreht wird. Allmählich wird das Hobeleisen von einer zur anderen Seite bewegt, damit die Schneide glatt und gerade wird. Ein leichter Druck wird aufgewendet, um das Werkzeug vor Erhitzung zu bewahren. Die Schneide eines Werkstückes kann sehr leicht verbrannt werden. Es bedarf keiner sehr großen Erhitzung, um die Schneide für fernere Arbeit unbrauchbar zu machen; man muß daher vorsichtig sein.
Mit dem Schleifen fährt man fort, bis die stumpfe Schneide durch das Schleifen vollkommen entfernt ist. Man darf aber über diesen Punkt nicht hinausgehen. Bei genauer Betrachtung kann man feststellen, wenn diese Kante verschwindet. Der Druck muß dann recht vorsichtig werden, und ein leichter Grat darf erscheinen. Wird ein zu grober Grat erzeugt, so wird die Schneide zu grob, und es würde sehr schwierig sein, den letzten Grat zu entfernen.
Wenn das Hobeleisen den Schleifstein verlassen hat, ist es noch nicht fertig, obwohl jemand, der in solchen Dingen unerfahren ist, dies annehmen möchte. Das Hobeleisen muß vielmehr noch auf einem Ölstein abgezogen werden, und zwar sollte man hierzu einen feinen Stein oder die feine Seite eines Kombinationssteines verwenden. Den Stein befestigt man am besten in einem Schraubstock und benetzt ihn dann mit ein paar Tropfen Öl. Man darf den Stein nicht trocken benutzen, denn dann wird der Stahl an dem Stein haften, wodurch er sofort seine schnelle Schneidfähigkeit verliert. Dies ist eine besondere Eigenschaft der hochwertigen künstlichen Abziehsteine.
Wie aus Abb. 237 ersichtlich, muß man das Hobeleisen mit beiden Händen halten, und es rückwärts und vorwärts ein halbes dutzendmal bewegen, und zwar mit dem Hauptdruck auf die Vorwärtsbewegung. Fängt man mit dieser Arbeit an, so muß man das Eisen an den Stein etwas schräg nach unten halten und es allmählich wieder erhöhen, bis die Face glatt auf der Oberfläche des Steines liegt. Man achte auch darauf, daß das Hobeleisen stets leicht von Seite zu Seite mit jedem Strich bewegt wird, damit erstens der Stein gleichmäßig auf der Oberfläche gehalten wird und zweitens, um sicher zu sein, daß alle Teile mit der Schneide in Berührung kommen. Zu dieser Arbeit verwendet man zweckmäßig einen in Abb. 238 dargestellten Kombinationsstein aus Siliziumkarbid. Das Hobeleisen wird nun umgedreht und flach auf den Stein gelegt, wie aus der Abb. 240 ersichtlich ist. Hierauf mache man ein paar leichte Striche, indem man beide Hände auf den oberen Teil des Eisens hält, um die Möglichkeit eines Aufhebens zu verhindern, und damit nicht eine Face auf der Oberfläche erzeugt wird. Für diesen Arbeitsgang muß man einen Stein haben, der eine ebene Fläche aufweist, da sonst die Schmiege des Eisens nicht gleichmäßig wird. Das Eisen darf nur ganz wenig auf der vorderen Fläche abgezogen werden. In Abb. 239 ist ein für diesen Zweck geeigneter Kombinationsstein in langer Form dargestellt.
Bei der Entfernung des Grates kann man Zeit sparen, wenn man denselben durch ein Stück Holz zieht; um das Schärfen zu beenden, werden die beiden vorhergehenden Arbeiten wiederholt, jedoch nur mit einigen Strichen in jeder Richtung, um eine feine Schneide zu erzielen.
Die vollbrachte Arbeit muß nun geprüft werden. Die Schneide wird hingelegt, und das Eisen läßt man auf dem Daumennagel durch sein Eigengewicht ruhen. Wenn es einschneidet, so ist es scharf, tut dies aber nicht, so wäre es

verkehrt, das Eisen so in den Hobel zu stecken. Es ist dann besser, wieder von vorn anzufangen und das Eisen so lange zu bearbeiten, bis es der letzten Prüfung standhält.
Über das Einsetzen nach dem Schleifen muß auch noch etwas gesagt werden, denn ein Mißgeschick bei dieser Arbeit würde die gute, sorgfältige Arbeit, die gemacht worden ist, zerstören. Wenn die Hobeleisenklappe auf das Eisen geschraubt wird, so muß dies seitlich erfolgen. Dann muß man sie herunterziehen und von der Schneide fernhalten. Hierauf hält man sie parallel mit dem Hobeleisen, und indem man das Eisen sowohl wie die Klappe hält, muß allmählich die Klappe in die richtige Stellung gebracht werden, ohne daß sie über die Schneide hinwegliegt.
Auch wenn das Hobeleisen in den Hobel gesteckt wird, besteht die Gefahr, die Schneide zu verletzen. Man muß deshalb vorsichtig sein, damit die Schneide nicht gegen die Seiten des Hobels stößt.
Es ist nicht notwendig, den ganzen Vorgang des Schleifens zu wiederholen, wenn das Hobeleisen die Schärfe verliert. In diesem Falle nehme man es heraus und ziehe es mehrere Male auf einem Abziehstein ab, bis die Schneidfläche für die zweckmäßige Verwendung allzu dick wird.

Das Schärfen von Hohleisen

In Abb. 241 wird gezeigt, wie ein Hohleisen auf einer Siliziumkarbid-Schleifscheibe geschliffen wird. Das Hohleisen wird von außen angeschliffen, und zwar handelt es sich um ein Drechslerhohleisen. Die Auflage des Arbeitsstückes wird nach der richtigen Schmiege eingestellt und das Eisen seitwärts auf dem Stein hin- und herbewegt und zur gleichen Zeit von einer Kante zur anderen gedreht. Ist die Schneide ungleichmäßig, so wird sie zweckmäßig erst gerade gemacht, wie dies beim Hobeleisen erklärt worden ist.
An Stelle eines flachen Abziehsteines zum Abziehen nach dem Schleifen wird ein in Abb. 242 dargestellter Abziehstein in Messerklingenform verwendet.

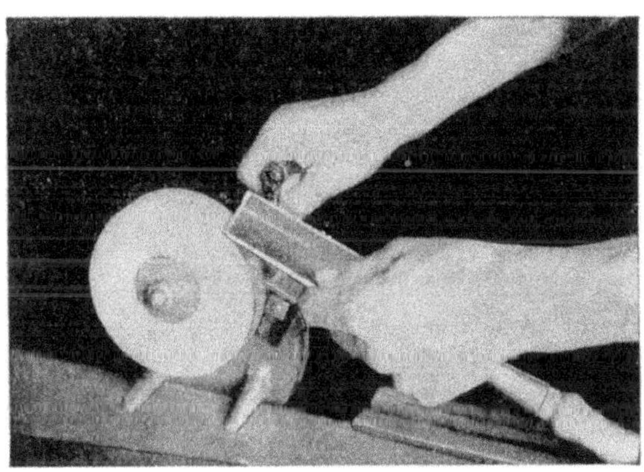

Abb. 241. Das Schleifen eines Hohleisens auf einer Schleifscheibe

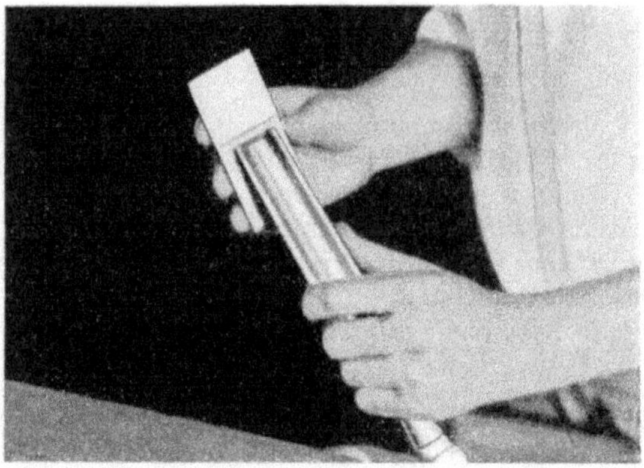

Abb. 242. Anordnung des Siliziumkarbid-Abziehsteins in Messerklingenform zum Schärfen von Hohleisen

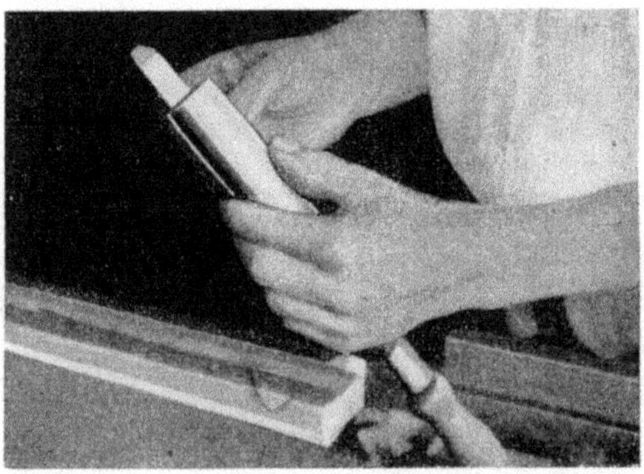

Abb. 243. Ein Hohlmeißelstein mit abgerundeter Kante in Benutzung

Abb. 244. Siliziumkarbid-Hohlmeißelstein mit abgerundeter Kante

Dieser Stein ist, wie ersichtlich, keilförmig im Schnitt und hat runde Kanten, die in die Höhlung des Eisens hineinpassen.
Aus Abb. 242 ist ersichtlich, wie der Stein in der Hand gehalten wird, und an Stelle der Bewegung des Werkzeuges über den Stein wird der Stein über das Werkzeug gestrichen, während das Hohleisen in der linken Hand gedreht wird.
In Abb. 243 wird gezeigt, wie man sorgfältig ein paar Striche in der inneren Kante macht, damit nicht eine doppelte Face entsteht. Hierauf erfolgt ein Abziehen in der Hand, wenn es gewünscht wird, um dem Eisen den letzten Schliff zu geben. Von innen angeschliffene Hohleisen werden auf einem Stein mit runder Kante geschliffen, wie er in Abb. 244 dargestellt ist. Die Stirnseite des Steines, die abgerundet ist, darf etwas geringer sein als der Durchmesser des Hohleisens.
Mit einem Stein kann man auf diese Weise mehrere Hohleisen von verschiedener Größe schleifen.

Das Zug- oder Ziehmesser

Das Zug- oder Ziehmesser kann man auf der kleinen Handschleifmaschine schleifen, und zwar ist es zweckmäßig, den Schleifstein von einem anderen drehen zu lassen, so daß man beide Hände frei hat, um das Ziehmesser zu halten. In Abb. 245 ist dargestellt, wie man gewöhnlich das Schärfen vornimmt. Der Abziehstein wird vor- und rückwärts bewegt, und zwar in Schrägung quer zu der Schneidkante mit einer allmählichen Bewegung des Steines von einem Ende des Messers zum anderen. Ein Kombinationsstein von ziemlicher Größe eignet sich hierfür am besten. Die gröbere Seite des Steins benutzt man zuerst, wenn dies erforderlich ist. Der zur Verwendung gelangende Kombinationsstein ist in Abb. 246 dargestellt.

Ziehklingen und Fußboden-Ziehklingen

Wenn sie mit einem Ölstein behandelt werden, erhalten die Klingen von Ziehklingen aller Art eine feinere Schneide. Am zweckmäßigsten wird die Ziehklinge in einem Schraubstock befestigt und ihr die richtige Schmiege angeschliffen, wie dies aus Abb. 246 ersichtlich ist. Hierbei verwendet man zuerst die grobe Seite des Kombinationssteines. Es entsteht ein ziemlicher Grat auf der Schneide, und sodann wird die feine Seite des Kombinationssteines gebraucht. Um den Grat zu entfernen und eine vollkommen glatte Schneide zu erzielen, wird die Ziehklinge flach auf den Stein gelegt. Hierauf wird der Glättzahn oder Polierstahl gebraucht, um diese Schneide in die richtige Stellung für ein gutes Schneiden umzulegen. Durch Versuche muß hauptsächlich festgestellt werden, welche Form die Schneide haben muß.
Für diejenigen, die noch keine große Erfahrung in der Behandlung der Werkzeuge haben, sei gesagt, daß es zweckmäßig ist, die Schneide nicht zu grob zu machen. Man kann die Ziehklinge, wenn sie einmal ordnungsgemäß mit einem Stein geschärft ist, zu wiederholten Malen mit dem Glättzahn oder Polierstahl

Abb. 245. Besonders großer Kombinationsstein findet für Ziehmesser Verwendung

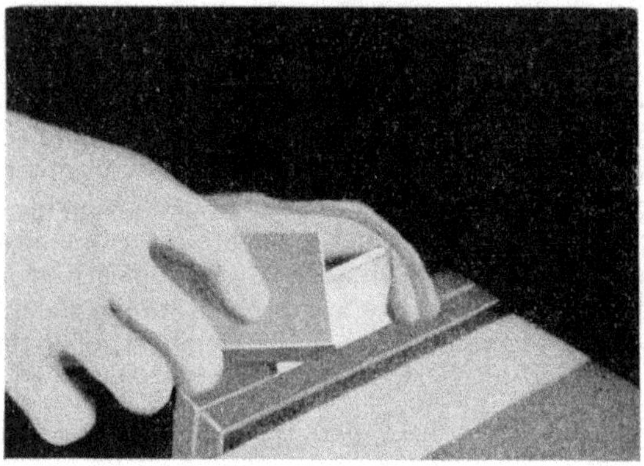

Abb. 246. Das Schärfen von Ziehklingen

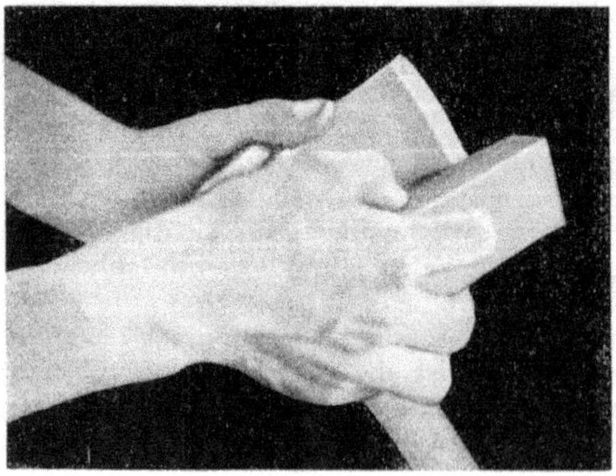

Abb. 247. Die Anwendung des Kombinationssteines oder des viereckigen Spezial-Axt-Steines für Äxte und Beile

instand setzen, bevor der ganze Schleifprozeß von neuem begonnen werden muß.
Ziehklingen mit rechtwinkligen Schneiden werden zuerst mit der groben Seite in einem leichten Winkel zur Klinge bearbeitet. Hierauf werden die flachen Seiten mit der feinen Seite des Steines leicht bearbeitet, um den haarfeinen Grat zu beseitigen. Um die Schneide zu erzeugen, benutzt man hierauf den Polierstahl.

Das Beil

Für das Schärfen des Beiles benutzt man einen guten, schnell schneidenden Abziehstein aus Siliziumkarbid, wie er in Abb. 248 gezeigt ist.
Das Schärfen wird so vorgenommen, daß man den Stein auf dem Beil hin

Abb. 248. Abziehstein aus Siliziumkarbid

und herbewegt. In Abb. 247 wird dargestellt, wie man einen Kombinationsstein beim Schärfen des Beiles gebraucht. Abb. 247 zeigt einen Axtstein aus Siliziumkarbid und in Abb. 249 wird die Verwendung eines runden Sonder-Kombinationssteines, wie er aus Abb. 246 ersichtlich ist, gezeigt. Infolge seiner handlichen Größe kann dieser Stein leicht in die Tasche gesteckt werden und ist deshalb stets zur Hand.
Man braucht die gewöhnlichen Beile nur gelegentlich zu schleifen, das kann man auf einer schnellschneidenden Handschleifmaschine tun. Man wird dadurch allerlei Zeit sparen, als wenn man den Abziehstein nur allein benutzt.

Holzbildhauer-Werkzeuge

Geeignete Abziehsteine in Messerklingenform gibt es auch für alle Arten von Holzbildhauerarbeiten. Das Schärfen der für diese Arbeiten gebrauchten Werkzeuge weicht ganz erheblich ab von dem Schärfen der Meißel und Hohleisen. Da diese Arbeit eine sehr feine Schneide erfordert, muß man auch sehr feine Steine gebrauchen. In Abb. 77 ist ein Abziehstein in Messerklingenform zum Schärfen von Bildhauerwerkzeugen dargestellt.

Holzbohrer

Die Bohrer müssen in gutem Zustande gehalten werden und dürfen nicht stumpf oder rostig werden. Für diese Arbeit gibt es geeignete kleine Abziehsteine.

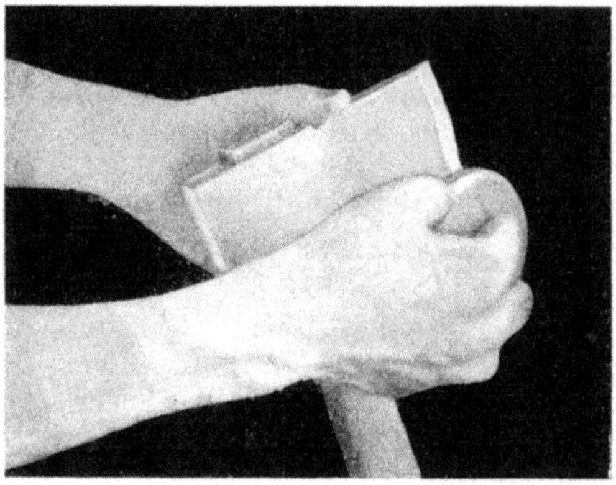

Abb. 249. Die Anwendung des runden Kombinations-Axt-Steines

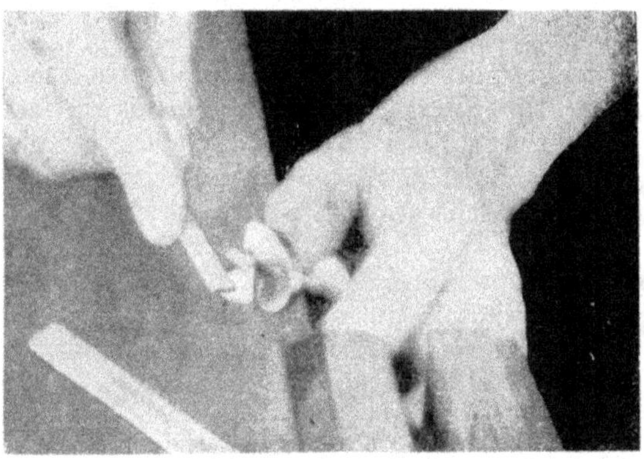

Abb. 250. Das Schärfen von Stangen-Bohrern durch Siliziumkarbid-Feilen in Sonderformen

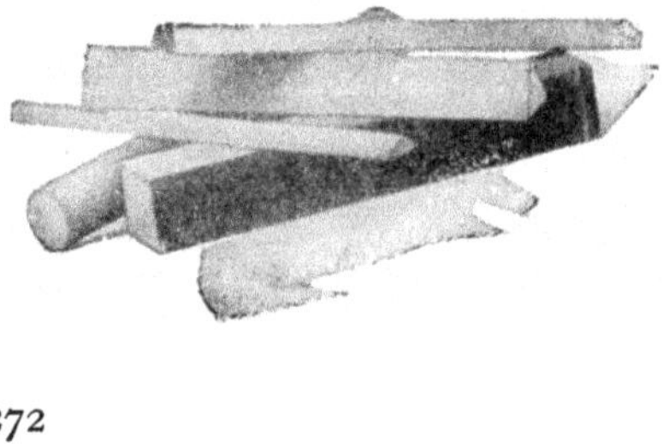

Abb. 251. Schleiffeilen

In Abb. 250 ist das Schärfen von Stangenbohrern durch Siliziumkarbid-Feilen in Sonderform dargestellt.
Mit einem feinen, schnellschneidenden Stein kann man eine bessere Schneide an einem Holzbohrer hervorbringen als mit einer Feile.
Die Abziehsteine oder Schleiffeilen, die für diesen Zweck verwendet werden, sind sehr dünn und besitzen eine feine Körnung. Zweckmäßig schärft man die Holzbohrer auf der Innenseite der Spitzen und an dem obersten Ende der Lippen oder horizontalen Schneidkanten. Häufig wird der Fehler gemacht, daß zuviel Metall an der Außenseite des Bohrers weggenommen wird, oder man schärft die Lippen von der unteren Seite aus, wodurch der Bohrer nicht in das Holz hineingeht.
In Abb. 251 sind Schleiffeilen in verschiedenen Formen dargestellt.

Der Schraubenzieher

In der Regel wird der Schraubenzieher sehr nachlässig behandelt. Man gebraucht ihn für verschiedene Zwecke, und die Kante ist oft in einer solchen Verfassung, daß man kaum eine Schraube damit bewegen kann.
Um nun den Schraubenzieher wieder brauchbar zu machen, benutzt man einen Ölstein. Um die Kante wieder in die richtige Form zu bringen, braucht man nur wenige Minuten. Der Schraubenzieher muß flach auf den Stein aufgelegt werden, und man muß besonders darauf achten, daß die Kante nicht zu scharf wird.
Der Holzarbeiter muß sich daran gewöhnen, seine Werkzeuge scharf zu halten, und er wird dann sicher die Vorteile, die daraus entstehen, erkennen können. Handwerker, die eigen sind mit ihren Werkzeugen, leisten gewöhnlich recht gute Arbeit. Der Holzarbeiter muß also darauf sehen, stets eine kleine Sammlung von guten Abziehsteinen und eine gute Handschleifmaschine mit brauchbaren Schleifscheiben vorrätig zu haben, um seinen Arbeitserzeugnissen die größte Anerkennung zu verschaffen.

Fußboden-Schleifmaschine, Bauart HK-G

Mit der in Abb. 252 dargestellten Fußboden-Schleifmaschine HK-G kann man wirtschaftlich Buchen- und Eichen-Parkettböden, Weichholzböden, Holzzementböden, Spachtelböden wie auch neuzeitlichen kunstharzgebundenen Fußbodenbelag schleifen. Die Maschine besitzt folgende Vorteile: Bruchsicheres Stahlblechgehäuse — kein Leichtmetallguß —, sichert daher zuverlässig gegen Beschädigungen beim Transport und rauhen Betrieb. Die Maschine ist mit einem robusten Dauerbetriebsmotor ausgerüstet (Dreh-, Wechsel- oder Gleichstrom für jede Spannung, auch Benzinmotor).
Die Wechselstrommotoren sind durch Thermo: Schutzvorrichtung vor Überlastung geschützt.
Es ist ein wirklicher Planschliff möglich durch hohe Standfestigkeit (Vierpunktauflage).
Sie besitzt eine elektro-dynamisch ausgewuchtete Schleifwalze.

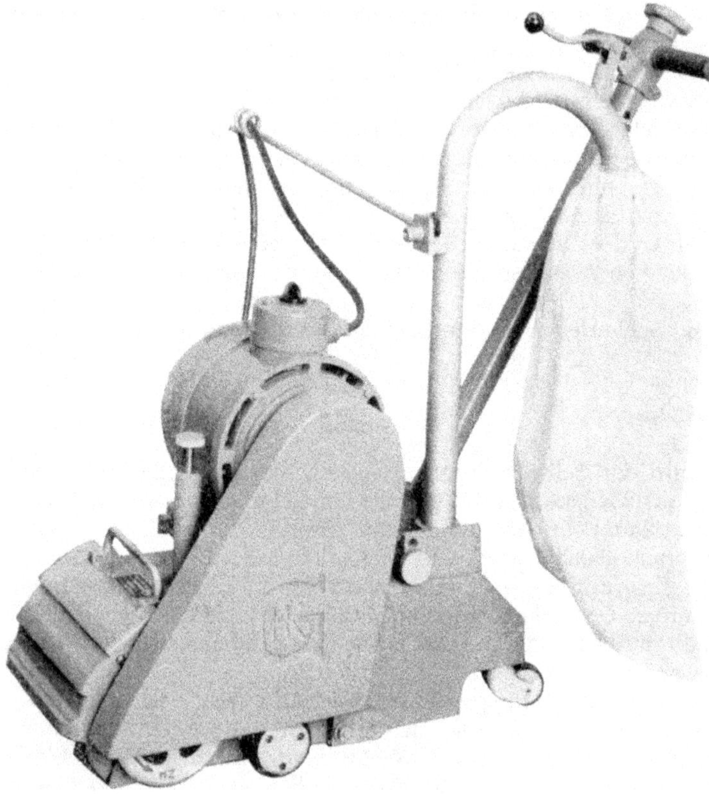

Abb. 252. Fußboden-Schleifmaschine, Bauart HK-G

Die Schleifwalzen-Drehzahl ist hoch und beträgt 2000 Touren.
Sie besitzt ein einfache Walzendruck-Regulierung und Tiefeneinstellung am Lenker, auch ist eine wirksame Staubabsaugung vorhanden.
Mit der Maschine HK-G kann man Fußboden der verschiedensten Art mühelos schleifen. Mit einer als Sonderzubehör lieferbaren 80 mm breiten Sonder-Anbauwalze kann man auch die verbleibenden 30 mm breiten Randstreifen der Fußböden bearbeiten. Der Gehäusedeckel läßt sich leicht abnehmen und gibt den Zugang zur Walze frei. Das zur Verwendung gelangende Schleifpapier kann daher ohne Ausbau der Schleifwalze einfach und schnell ausgewechselt werden. Der Motor ist auf einer Wippe angeordnet und läßt sich ohne Mühe ein- und ausbauen, wenn der Wippenbolzen gelöst wird. Man kann daher Motor und Maschinenuntergestell getrennt in zwei Lasten transportieren, und zwar ist dies eine Arbeit, die der Bodenschleifer allein bewältigen kann. Was die weiteren technischen Daten anbetrifft, so kann die Maschine mit folgenden Antriebsmöglichkeiten geliefert werden:

1. Drehstrommotor, 2 PS, für 110/220/380 Volt umschaltbar, mantelgekühlt, n = 2800, zum Anschluß an Kraftstrom, mit Schalter und drei Spannungsbrücken.
2. Wechselstrom-Repulsionsmotor, 2 PS, mit eingebauten Thermo- und Überstromschutz gegen Überlastung des Motors, für 110/220 Volt umschaltbar, n = 2800, mit Ein- und Umschalter, zum Anschluß an Lichtleitung.
3. Gleichstrommotor, 2 PS, Spannung nach Bedarf 110 oder 160 oder 440 Volt (nicht umschaltbar), n = 2800, mit Anlaßschalter, zum Anschluß an Lichtleitung.
4. Benzinmotor, etwa 5 PS.

Die Breite der Schleifwalze beträgt 200 mm, der Durchmesser 175 mm. Was nun das zur Verwendung kommende Schleifpapier anbetrifft, so sei bemerkt, daß für den Vor- und Mittelschliff eine Kombination mit Siliziumkarbid-Belag in den Körnungen 8 bis 30, offen und dicht gestreut, in Betracht kommt. Für den Mittel- und Nachschliff nimmt man Schleifpapier mit Siliziumkarbid-Belag in den Körnungen 40 bis 100, dicht gestreut.
Für diese Maschine ist als aufsetzbares Sonderzubehör ein Kreissägetisch entwickelt worden, und zwar mit je einem verstellbaren Führungsanschlag auf dem Sägetisch für Parallel- und Gehrungsschnitte bis zu 45°. Eine Abfangvorrichtung zum Ableiten der Sägespäne in den Staubsack ist vorhanden, ebenso eine vorschriftsmäßige Schutzvorrichtung für das Sägeblatt und den Keilriemenantrieb. Die Tischgröße beträgt 350 × 500 mm, die Arbeitshöhe 1020 mm, Sägeblatt 200 mm Durchmesser und die Drehzahl 6000 U/min.

Tragbarer Elektro-Bandschleifer Bauart „Nappa" als Fußboden-Schleifer

Der auf Seite 198 beschriebene tragbare Elektro-Bandschleifer Bauart „Nappa" kann durch entsprechende Zusatzgeräte auch als Fußboden-Schleifmaschine nutzbringende Verwendung finden, wie aus der Abb. 253 ersichtlich ist.

Fußboden-Bearbeitung

Das Schleifen von Fußböden aus hartem Holz stellt eine außerordentlich schwere Schleifarbeit dar, die ein Schleifpapier von bester Güte erfordert. Neuerdings werden die Schleifpapiere für diese Arbeit besonders hergestellt. Sie halten dann eine rauhe Behandlung aus, und es läßt sich mit ihnen infolge ihrer großen Schneidfähigkeit und langen Lebensdauer äußerst wirtschaftlich arbeiten.
Zum Beseitigen von Farben- und Lackanstrichen usw. von alten Fußböden verwendet man zweckmäßig eine Siliziumkarbid-Kombination in den Nummern $3^1/_2$, 4 oder $4^1/_2$. Infolge seiner außerordentlichen Härte (s. Seite 10) greift dieser Schleifstoff sehr gut an. Was das Unterlagematerial anbetrifft, so ist der Grundstoff die Kombination sehr schweren und zähen Papiers verstärkt mit leichter aber fester Leinwand. Das fertige Erzeugnis ist außerordentlich biegsam, platzt nicht und wird sich auch nicht abblättern, wenn es um die

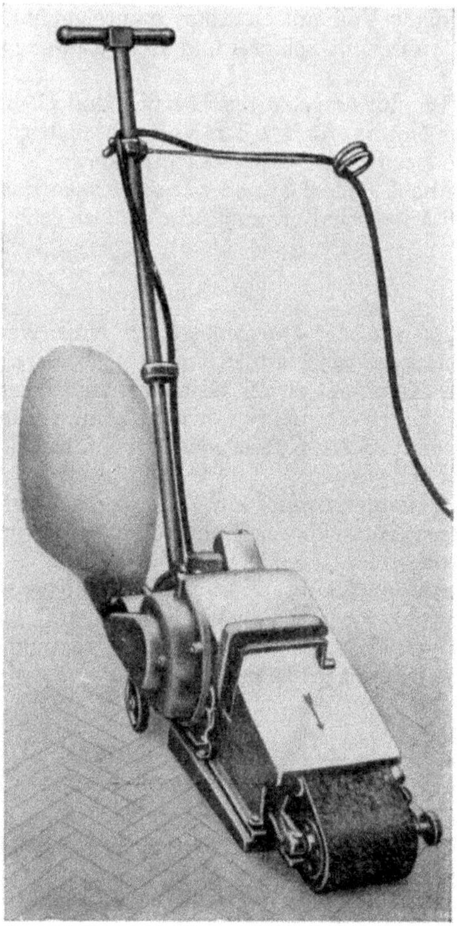

Abb. 253. Tragbarer Elektro-Bandschleifer, Bauart „Nappa"

Walzen gelegt wird. Elektrokorund-Schleif-Papier wird bei neuen Fußböden für die Bearbeitung verwendet, und zwar empfiehlt sich Kombination in den folgenden Körnungen:
Nr. 3 oder $2^1/_2$ für die erste Bearbeitung von neuen Fußböden, oder nach Beseitigung der Farbe oder des Lackes von alten Fußböden,
Nr. 2 oder $1^1/_2$ für den zweiten Schnitt, mit dem die Fußböden für den letzten Schliff vorbereitet werden,
Nr. $^1/_2$ oder 1/0 für den letzten Schliff und Nr. 2/0 für besonders feine Arbeiten.
Auch das Elektrokorund-Schleifpapier zu Fußböden-Bearbeitung wird besonders für diesen Zweck hergestellt. Es enthält einen zähen und widerstandsfähigen Schleifbelag, der den strengsten Arbeitsbedingungen standhält. Bei diesem Schleifstoff, der ja viel zäher als Schmirgel ist, ist es auch möglich, Nägel mit abzuschleifen, ohne daß das Schleifpapier Schaden nimmt. Auch

dieses Erzeugnis wird in einer sehr biegsamen Form herausgebracht, um die Benutzung desselben auf Walzen selbst beim kleinsten Durchmesser möglich zu machen.
Durch Versuche ist einwandfrei festgestellt worden, daß es am wirtschaftlichsten ist, die gröbste Körnungsnummer zu verwenden, mit der sich der gewünschte Schliff überhaupt erzielen läßt. Bei den hergestellten Schleifmitteln wurde festgestellt, daß das Schleifkorn Nr. 24 $2^1/_2$mal schneller arbeitet als das Schleifkorn Nr. 40. Der Preisunterschied bei diesen einzelnen Körnungen liegt aber bereits unter diesem Verhältnis. Die Schleifscheibe bringt bei Beginn der Arbeit immer etwas gröbere Kratzer hervor und diese werden je feiner, je mehr sich die Schleiffläche abnutzt. Man darf sich deshalb nicht dazu verführen lassen, feinere Schleifscheiben zu verwenden, wenn sich am Anfang auf dem zu bearbeitenden Gegenstand Kratzer zeigen.
Man reinigt zuerst die Scheibenplatte in heißem Wasser, und zwar am besten mit einer Beimischung von etwas ätzender Säure. Die Scheibe wird sodann mit einem Anstrich von Scheibenzement (der kalt aufgetragen wird) versehen und sodann die Schleifscheibe darauf gelegt. Die Schleifscheibe muß dann unter Druck entweder in der Scheibenpresse oder mit Hilfe einer Preßplatte, die über der Schleifscheibe angebracht wird, gehalten werden. Diese muß genügend groß sein, um die Schleifscheibe absolut flach zu halten, während der Klebstoff erstarrt. In der Presse muß die Scheibe mindestens zwei Stunden bleiben, am besten ist es aber, wenn man sie eine ganze Nacht hindurch in der Presse läßt. Nach Beseitigung der Preßplatte muß die Scheibe an der Luft zwei Stunden trocknen, worauf sie betriebsfähig ist.
Ganz gleich, ob mit der Hand oder mit einer Hebelvorrichtung, die an einem beweglichen Tisch angeschlossen ist, geschliffen wird, es muß stets sorgfältig darauf geachtet werden, daß man über die ganze Scheibenoberfläche gleichmäßig vom Rand bis zur Mitte streicht, weil sonst die Scheibe infolge der größeren Abnutzung Rillen oder kleine Kanäle erhält. Das Arbeitsstück soll leicht zurückgeführt werden und dann wieder quer über die Scheibe, wie vorstehend beschrieben.

Das Abschleifen der Parkett- und Stabfußböden mit Schleifpapier

Verschmutzte Parkett- und Stabfußböden werden mit Apparaten mit umlaufenden Schleifrollen, die mit Schleifpapier belegt sind, bearbeitet. Der reibende, schleifende und scheuernde Effekt des jeweils verwendeten Schleifpapiers wird zur eigentlichen Reinigungsaktion herangezogen. Eine Holzverfärbung tritt bei diesem Prozeß nicht ein, jedoch sind andere Nachteile vorhanden, und zwar liegen dieselben im Schleifpapier selbst begründet. Die Schleifleistung hängt von der Größe der Schleifkörner, der Schärfe des Schleifkornes und dem Arbeitsdruck ab. Von den gleichen Faktoren wird auch die Glätte oder Rauhigkeit der bearbeiteten Oberfläche bestimmt. Muß nun eine dicke schmutzige Wachsschicht vom Fußboden abgeschliffen werden, dann muß eine recht grobe Körnung des Schleifpapiers verwendet werden, um zu verhindern, daß sich das schmutzige Wachs allzuleicht zwischen die Schleifkörner setzt und das Schleifpapier damit unbrauchbar macht. Durch das grobe Schleifkorn entsteht aber wiederum ein anderer Nachteil, nämlich das Zerkratzen und Aufrauhen des Parkettholzes. Vermeidet man dieses durch Wahl einer Schleifpapiersorte mit feinerer Körnung, nimmt man also mit Rücksicht auf die gewünschte glatte Holzoberfläche ein feinkörniges Schleifpapier, dann wächst die Gefahr des sofortigen Verschmierens des Schleifpapiers durch die abzuschabenden Wachsteile. Wohl gibt es einen Ausweg aus dieser Schwierigkeit, und zwar durch Verwendung zweier oder mehrerer Schleifpapiersorten, die nacheinander sehr sachverständig gebraucht werden müssen. Man kann aber von jedem Reinigungsverfahren verlangen, daß es so einfach wie möglich anzuwenden sei und den technisch richtigen Erfolg, d. h. also eine saubere und glatte Parkettfläche, gewährleistet. Bei nicht ganz ausgezeichneter Anwendung von Schleifpapieren wird aber eine glatte, naturschöne, hygienisch einwandfreie und leicht nachzuarbeitende Holzoberfläche nicht erreicht oder doch schwer zu erzielen sein. Betrachtet man den mit mittelgrobem Schleifpapier bearbeiteten Parkettstab, so findet man mit der Lupe tiefe Kratzer, Rillen und Schrammen, die zum Teil auch darauf zurückzuführen sind, daß Schleifkörner aus der festgeleimten Fläche des Papiers herausgebrochen sind und damit zur Ursache dieser unerwünschten rauhen Oberfläche wurden.

Die Nachgiebigkeit und Elastizität muß zur sachgemäßen Bearbeitung auch schwieriger und unebener Stellen unbedingt gewährt sein. Es dürfte angebracht sein, die Arbeitsweise der Stahlspäne und Stahlwolle noch näher zu untersuchen.

Die Stahlspäne, insbesondere die modernen Spänelappen haben gegenüber anderen mechanischen Bearbeitungsverfahren, besonders dem Scheuern und Schleifen, den Vorzug, nicht mit einzelnen Spitzen und Kratzen und Körnern und dergl. zu arbeiten, sondern mit langen, nahezu messerartigen Schnittflächen. Jeder einzelne Stahlspan, dessen Längsrichtung quer zur Faserrichtung des zu bearbeitenden Holzes sein muß, nimmt von dem Material nicht lange und zum Teil gerollte Holzspäne ab, wie sie z. B. beim Abschleifen mit grobem Schleifpapier entstehen; sie schaben vielmehr nur die Holz- bzw. Schmutzoberfläche ab. Es tritt an Stelle eines mehr oder weniger scharfen Schneidens und Kratzens ein zwar gründliches, in seiner Wirkung aber doch sanftes Schaben des zwangsläufig, d. h. durch die Arbeitsweise neuzeitlicher Stahlspäne überhaupt Rillen Kratzer und andere Bearbeitungsungenauigkeiten vermeidet. Die Formen der abgenommenen Holzteilchen sind dementsprechend auch nicht spiralig und splittrig, sondern eher fein unterteilt in zahlreiche Teilchen, die je nach der verwendeten Stahlwolle oder den Stahlspänen größer oder kleiner werden.

Stahlspäne, Stahlwolle und Spänelappen haben den Vorzug, sich auch durch das Abreiben dicker Schmutz- und Wachskrusten nicht zu verschmieren und voll zu setzen. Die in den Spänen und Spänelappen zurückgebliebenen Schmutzmengen und Holzrückstände können durch einfaches Ausklopfen und dgl. wieder entfernt werden.

Das Schleifen von Rundungen, Profilen, Stäben und Leisten

An mit Schleifpapier bespannten kleinen Schleifspindeln und Schleifzylindern, deren Größe sich nach der zu schleifenden Rundung richtet, läßt sich fast jede Form schleifen. Das Werkstück wird mit zügigem Druck gegen die Schleifspindel gedrückt; es sind aber eine gute Vorbearbeitung und eine sichere Hand erforderlich, um ein zufriedenstellendes Ergebnis zu erhalten. Ist genügend Arbeit vorhanden, so ist natürlich die Anschaffung einer Spezialmaschine zweckmäßig.

An der Gegenscheibe der Bandschleifmaschine läßt sich ohne weiteres ein kleiner Schleifzylinder anbringen, wie dies aus der Abb. 254 zu ersehen ist. Einen Nachteil hat aber diese Vorrichtung: das Schleifpapier muß häufig ausgewechselt werden. Empfohlen wird ein Schleifband aus Granat.

Was nun die Verwendung von endlosen Bändern für diesen Zweck anbetrifft, so sei folgendes dazu gesagt: Durch einen Arm, an dem sich eine Führungsrolle befindet, wird das Schleifband über die Gegenscheibe hinaus verlängert. An dieser Führungsrolle bildet es dann einen besonders kleinen Radius, so daß man hier die gleiche Arbeit vollbringen kann wie an der erwähnten Schleifspindel.

Das Werkstück ist sehr leicht zu verschleifen, wenn man hierbei Bänder mit den sonst üblichen Körnungen verwendet. Die Abnahme ist so groß, daß selbst für einen geübten Schleifer Schwierigkeiten entstehen. Die Maschinen

Abb. 254. Das Arbeiten am Schleifzylinder

geschwindigkeit kann ja meist nicht herabgesetzt werden, man nehme daher ein um zwei Nummern feineres Band, als es für die gleiche Schleifarbeit bei Flächenschliff üblich ist. Bei besonders kleiner Führungsrolle nehme man in diesem Falle ein Köper-Schleifband, weil das übliche Schleifpapier der Beanspruchung nicht standhalten kann. Es ist erstaunlich, wie vielseitig eine zeitgemäße Groß-Bandschleifmaschine ist. In der Abb. 255 wirkt das Schleifband als Treibriemen und an der Gegenscheibe ist ein kleiner Schleifzylinder angebracht; manche Arbeit läßt sich hier zweckmäßig ausführen.

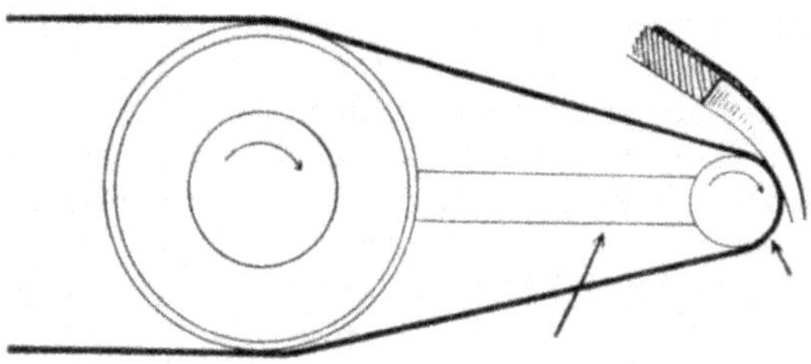

Abb. 255.

Es taucht nun die Frage auf, ob Köper- oder Papier-Schleifbänder zu verwenden sind. In vielen Fällen, so bei Flächen und auch bei konkav oder konvex gebogenen Flächen, wird man mit den Papierbändern gut auskommen. Wenn man aber durch Führungsrollen, die unter Federspannung oder durch Gegengewichte gegen das Band gedrückt werden, eine Schleifwirkung an gebogenen, gewölbten oder sonstwie geformten Stücken erzielen will, so sind Köper-Schleifbänder erforderlich. Das ziemlich steife Papierband beim Laufen um Profile herumzudrücken, ist z. B. nicht möglich. Man muß daher für diesen Zweck weiche, schmiegsame Köper-Schleifbänder gebrauchen. Wenn das Band aber nur quer zur Laufrichtung geknickt wird, so muß man starke, kräftige Köper-Schleifbänder verwenden. Der Hersteller oder Lieferer muß daher stets wissen, in welcher Ausführung er das Köper-Schleifband liefern soll.
Was nun den Profilschliff anbetrifft, so muß jeder Betrieb die Bearbeitungsweise seinen Zwecken entsprechend wählen; er muß entscheiden, ob er mit freilaufendem Köper-Schmalband, mit pneumatischen Schleifzylindern, mit Bürstenscheibe oder Spulenscheibe den gestellten Forderungen gerecht werden kann. Eine gute Ausführung der Fräsarbeit ist beim Schleifen von Profilen unbedingt erforderlich. Ein schlecht gefrästes Profil auf der Schleifmaschine zu verbessern, ist nicht möglich.
Man schleift Rundstäbe zwischen einem längeren Schleifband und einem kurzen Transportband, deren Laufrichtung gegeneinander versetzt ist. Dadurch läuft der Stab rotierend zwischen diesen Bändern hindurch. Im praktischen Schreinereibetrieb kommen diese Arbeiten nicht so oft vor, daß sich die Anschaffung von Sondermaschinen lohnen würde. Was aber die Verfeinerung der Oberfläche von kleinen und kleinsten Werkstücken aus Holz anbetrifft, so sei auf die Ausführungen auf Seite 281 verwiesen.

Das Trommeln kleiner Massenteile aus Holz

Das Schleifen und Polieren kleiner Holzstücke, wie kleine Leisten, geschnitzte und gedrehte Holzteile, Holzknöpfe und sonstige Werkstücke von vielseitiger Form, kann wirtschaftlich in Trommeln oder Faßpoliermaschinen vorgenommen werden. Diese kleinen Holzteile, die gewöhnlich in größeren Serien aufgelegt werden, sollen getrommelt werden, um sie vollkommen glatt zu machen, d. h. um eine saubere Oberfläche zu erzielen oder auch, um sie für das Beizen oder das Lackieren vorzubereiten. Hochglanz-Politur kann jedoch nur mit der Schwabbelscheibe erreicht werden.

Je nach dem Werkstoff des Scheuergutes werden die Trommeln aus Holz, Gußeisen oder SM-Stahl hergestellt. Sie sind waagerecht gelagert und werden in runder (Faßform), 6kantiger, 8kantiger und auch 4kantiger Form erzeugt. Die Scheuerwirkung wird einmal durch das Fallen entsprechend der Trommel-Form erreicht, aber zum anderen auch von der spezifischen Pressung des Scheuergutes, d. h. von der Füllhöhe der Trommel bestimmt, und natürlich hängt sie auch von der Form und dem Werkstoff des Scheuergutes ab. Es ist also erforderlich, auf das richtige Verhältnis von Trommel-Durchmesser und Trommel-Länge zu achten. Bei einer Länge von etwa 100 cm soll der Trommel-Durchmesser etwa 50 cm sein.

Wenn verschiedene Artikel in einer Trommel poliert werden sollen, so verwendet man Trommeln mit mehreren Kammern, wobei jede Kammer mit einer bestimmten Art von Werkstücken beschickt wird. Dadurch wird das zeitraubende Aussortieren vermieden. So werden z. B. Trommeln mit 1—2, 1—3 und 1—4 Kammern verwendet. Auch gibt es Trommeln, die sowohl zum Naß- und Trocken-Scheuern wie auch zum Naß- und Trocken-Polieren benutzt werden können.

Die Umlaufzahl der Trommel von etwa 1 m Länge und 50 cm Durchmesser beträgt etwa 45 in der Minute. Die Umlaufzahl darf nicht zu groß sein, weil sonst durch die Zentrifugalkraft Schleifmittel und Werkstücke sich am Außenmantel der Trommel festlegen.

Die Trommel wird mit Sägespänen und feinkörnigem Bimsstein gefüllt. Die Späne und der Bimsstein, der in mittelfeiner Körnung verwendet wird, müssen gut trocken sein. Sollen z. B. Holzknöpfe getrommelt werden und ist beim Einsetzen nicht alles trocken, so entsteht durch das Ausschwitzen ein klebriger Schmutz, der nur mit größter Mühe wieder entfernt werden kann. Außer den Sägespänen kann man auch Abfall-Schleifpapierstücke und außer dem Bimsstein auch Flint, Granat oder Korund in den feinsten Körnungen gebrauchen.

Die Zusammensetzung des Trommelinhalts soll etwa 1 Raumteil Ware und 1 Raumteil weiche Späne sein, dem man den 20. Teil Bimsstein zufügt. Der Kraftbedarf einer Trommel in der Größe 50 cm Durchmesser und 100 cm Länge beträgt etwa 0,5 PS. Das Trommeln dauert etwa $1/2$ bis $3/4$ Tag.

Ist vom Werkstück, z. B. Knöpfen, viel abzuschleifen, so kommt das Naßtrommeln in Frage. Dazu müssen dann wasserdichte Trommeln Verwendung finden. Die Werkstücke werden unter Zusatz von viel Wasser und etwa 8% Bimsstein $2^1/_2$ bis 3 Stunden getrommelt, worauf der Bimsstein gut abgewaschen werden muß.

Das Vorpolieren wird in Vorpoliertrommeln vorgenommen. Die Größe und die Umdrehungszahl kann die gleiche sein wie oben angegeben. Beschickt wird die Vorpoliertrommel mit 1 Raumteil Holzteile, 1 Raumteil scharfer Sägespäne und etwa 8% Schlämmkreide wie auch etwa $^1/_6$ Liter Stearinöl. Die Dauer des Vorpolierens beträgt etwa 15—20 Stunden.
Was nun das Trommelpolieren anbetrifft, so kommen die gut vorpolierten, gefärbten und getrockneten Knöpfe mit einem Raumteil scharfer Späne und etwa 5% Schlämmkreide in die Poliertrommel. Man trommelt etwa 8—9 Stunden und fügt dann noch etwa 5% Stearinöl hinzu und poliert nochmals einen Tag. In der Ablauftrommel müssen die Knöpfe noch etwa 25 Minuten lang von weichen reinen Spänen getrommelt werden, wonach sie einen schönen Glanz aufweisen müssen.
Soll ein Hochglanz erzielt werden, so müssen die Knöpfe auf der Schwabbelscheibe mittels Wachs oder einer geeigneten fertigen Poliermasse, wie sie von den einschlägigen Fachgeschäften bezogen werden kann, poliert werden.

Schleifen von Grat, Zinken-Einpassen von Schubkästen und Schleifen von Wölbungen

Eine Holz- oder Metallführung nebst Gegenlage bietet an Großschleifmaschinen die Möglichkeit, kleinere Stücke auf dem laufenden Oberband zu bearbeiten. Man kann hier sehr viele Arbeiten ausführen, welche sonst an Schleifscheibenmaschinen oder Querband-Schleifmaschinen ausgeführt werden. Weil es meist nicht lohnt, eine solche extra aufzustellen, verwendet man diese Einrichtung zum Einpassen von Schubkästen (s. Abb. 256). Was die zur Verwendung gelangende Körnung anbetrifft, so verwendet man z. B. auf dem Band die Hermesit-Körnung 40, 50, 60 und die Körnung 90 oder 100 zum Entfernen scharfen Grates wie auch zum Putzen der gezinkten Stellen. Auch Wölbungen an kleinen Türen, Kästchen und Verzierungen lassen sich hier gegebenenfalls bearbeiten. Natürlich muß man in diesem Fall ein feingekörntes Schleifband verwenden, wie z. B. Körnung 100—150.
Um den Vor- und Nachschliff in einem Arbeitsgang vornehmen zu können, werden von einer Anzahl von Firmen Doppelband-Schleifmaschinen hergestellt, die gleichzeitig mit zwei nebeneinander laufenden Schleifbändern arbeiten, wobei man ohne weiteres abwechselnd mit einem groben und einem feinen Schleifband arbeiten kann. Man hat also bei der Doppelband-Schleifmaschine den Vorteil, daß man große Werkstücke in einem Arbeitsgang vor- und nachschleifen kann, während sonst ein Serie erst vorgeschliffen werden mußte, um dann für den Feinschliff erneut auf die Maschine genommen zu werden.
Während die Bandschleifmaschinen in ihrer Bauart vorwiegend für die nachträgliche Bearbeitung von Flächen und Werkstücken aller Art in Holzbearbeitungsbetrieben geeignet sind, wird man für die Massenbearbeitung von ebenen Flächen in großen Auflagen die Zylinder-Schleifmaschine, auch als Walzen- oder Trommelschleifmaschine bezeichnet, vorziehen müssen. Diese Maschinen, deren Leistungen sehr groß sind, findet man hauptsächlich bei der Serienherstellung von Furnierplatten, Sperrholz, Türen und so weiter. Beim Auswechseln der Schleifpapiere bieten Maschinen mit obenliegenden Zylindern Vor-

Abb. 256. Einpassen von Schubkästen

Abb. 257. Das Schleifen von Wölbungen

teile. Die Bauarten mit oben- und untenliegenden Zylindern schleifen Vorder- und Rückseite gleichzeitig. Allerdings werden für den Schreinereibetrieb solche Maschinen kaum in Frage kommen.
Für das Schleifen von Wölbungen eignet sich nur die Groß-Bandschleifmaschine. Aus der Abb. 257 ist der Arbeitsgang gut zu ersehen. Da geschweifte Türen, Betthäupter usw. meist furniert sind, so ist in der im Bilde dargestellten Weise mit einem Schleifballen zu arbeiten. Wenn man ein Hermesit-Schleifband gewählt hat, so nimmt man die Körnung 90 oder 100 oder vielleicht sogar 120. Der mit dieser Arbeit beauftragte Schleifer muß ein gutes schleiftechnisches Gefühl haben, damit das Furnier nicht durchgeschliffen wird.

Werkzeugschleifmaschine „Haffner", Bauart WZM

Diese Werkzeugschleifmaschine, die, wie aus der Abb. 258 zu ersehen ist, zwei Anbaumöglichkeiten für Zusatzvorrichtungen besitzt, stellt eine kräftige Ausführung, vollkommen geschlossen, mit Kugellager und im Sockel eingebautem Kippschalter, dar. Sie wird mit Dreh- oder Wechselstrom für sämtliche Spannungen hergestellt und zu ihrem Normalzubehör gehören eine Topfscheibe 150 × 40 mm und eine Schleifscheibe 150 × 15 mm. Rechts an der Maschine ist eine Schärfvorrichtung, Bauart HNS, zum Schärfen von Normalkreissägen bis 500 mm Durchmesser zu sehen, während links eine Schleifvorrichtung, Bauart HHS, zum Schleifen von Hobeleisen, Stecheisen usw. angebaut werden kann.

Das Polieren und Lackieren

Um einen Hochglanz auf Holz zu erreichen, ist es einmal erforderlich, daß die Fläche an sich eben ist und andererseits, daß sämtliche Poren der Fläche vollständig gefüllt sind. Bekanntlich ist Holz von Natur aus schon mehr oder weniger porig und zeigt im geschliffenen Naturzustand eine mehr oder weniger matt glänzende Oberfläche. Man muß die Poren füllen, um den Glanz zu steigern. Ein Hochglanz wird nur erreicht und auf die Dauer erhalten bleiben können, wenn der Untergrund auf die Dauer unveränderlich stehen bleibt. Im allgemeinen sind aber matte oder mattierte Flächen bei Holz gegenüber solchen mit Glasglanz vorzuziehen.

Die Technik des Polierens

Man kann das Polieren als die beste Veredelungsmöglichkeit des Holzes bezeichnen. Die Erzeugung der richtigen Oberfläche des Holzes erfolgt hier durch die Politur, die in der Regel aus einer Lösung von Schellack in hochprozentigem Alkohol (Spiritus) besteht. Neben reinem Schellack ist auch ein guter Spiritus zur Herstellung einer guten Politur erforderlich.
Da die Technik des Handpolierens nur in der Meisterlehre erlernt werden kann, genügt es, hier nur die wichtigsten, grundsätzlichsten Punkte zu behandeln.

Abb. 258. Werkzeugschleifmaschine, Bauart WZM

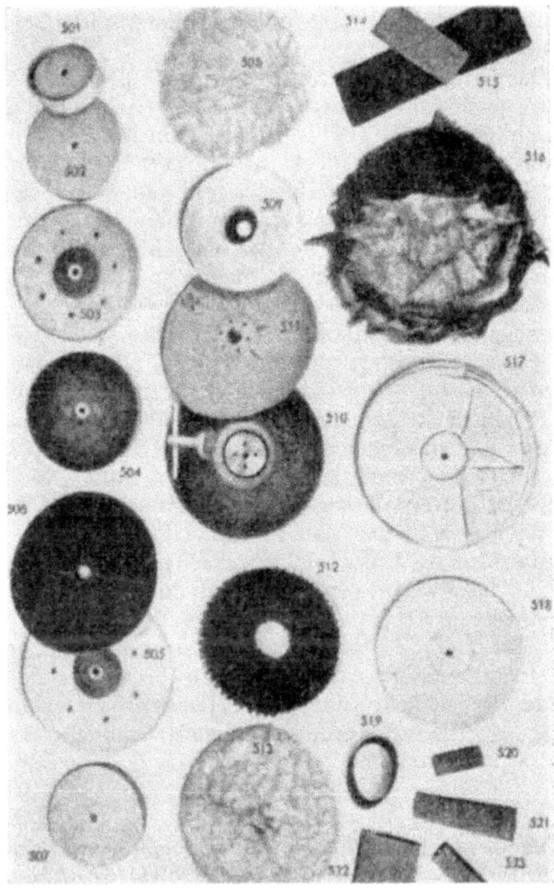

Abb. 259. Verschiedene Arten der Polierwerkzeuge

Beim Handpolieren finden die Arbeitsgänge des Grundierens, des Deckens und des Fertig- und Abpolierens Anwendung. Der Polierballen ist das wichtigste Werkzeug beim Polieren. Er besteht innen aus Wolle und außen aus Leinen. Es findet Tierwolle (ein guter alter Tierwollestrumpf) Verwendung und nicht Baumwollgewebe oder Kunstseide. Für die Umhüllung wird für das Grundieren ein grobes Leinen oder Trikotgewebe benutzt, für das Decken ein mittleres, später feines Leinen und ein besonders feines Leinen für das Fertig- und Abpolieren. Natürlich muß das Material, wenn es nicht neu ist, vorher gewaschen werden. Eine Politur wird in vielen Arbeitsgängen vom Untergrund auf langsam aufgebaut. Durch Verdunstung des Poliersprits entsteht der Film und wenn nun das gleiche Flächenstück vielfach mit dem Ballen überfahren wird, so entsteht ein glänzender Überzug, indem die neu aufgetragene Politur den geglätteten Film anlöst und sich mit ihm zu einer einheitlichen Schicht verbindet. Während durch das Grundieren ein geschlossener Grund erzeugt wird, muß durch das Decken hierauf eine genügende Schellackschicht aufgetragen und durch das Fertig- und Abpolieren diese Schicht zum verlangten Glanz gebracht werden.

Das Grundieren sollte stets nur mit schwacher, höchstens mittelstarker Politur vorgenommen werden und für diese Arbeit soll die Holzfläche in einem trockenen, erwärmten und luftigen Raum wenigstens 24 Stunden stehen bleiben, so daß die Schellackdecke richtig erhärten kann. Sosdann schleift man mit feinstem Bimssteinpulver, wobei man auch etwas Öl mitverwenden kann.

Beim zweiten Arbeitsgang, den man auch mit Mittelpolieren bezeichen kann, wird eine schwache Politur, jedoch unter Benutzung von Polieröl und gegebenenfalls auch Bimssteinpulver, verwendet. Der bei dieser Arbeit zu erreichende Glanz wird durch eine kreisförmige Bewegung des Polierballens erzeugt. Es muß dabei darauf geachtet werden, daß der Ballen den richtigen Nässegrad besitzt und der richtige Druck angewendet wird. Wenn es darum geht, eine Hochglanzpolitur zu erzielen, so muß man nach dem Decken der Politurfläche genügend Zeit zu völligen Erhärten geben. Sodann schleift man und läßt das eigentliche Fertigpolieren, Reinpolieren oder Auspolieren folgen, dem sich dann das letzte Abpolieren, auch „Nachpolieren" genannt, anschließt.

Beim Fertigpolieren darf nur eine schwache Politur genommen werden. Von Wichtigkeit ist es, daß der Polierraum nicht nur warm, sondern vor allem auch staubfrei ist. Das zu polierende Arbeitsstück muß vollständig abgetrocknet und gut durchwärmt sein, auch muß darauf geachtet werden, daß das zwischen den einzelnen Arbeitsvorgängen des Polierens der Ruhe überlassene Werkstück nicht in einen kälteren oder feuchten Raum gebracht wird. Schließlich sei noch erwähnt, daß der Polierballen während des Polierens niemals auf einer Stelle der Polierfläche ruhig liegen bleiben darf, vielmehr muß er ständig in Bewegung gehalten werden, weil sonst häßliche und nur schwer zu entfernende Flecken entstehen.

Verwendungsmöglichkeiten der Schleif- und Poliermaschine FLEX in Malereien, Lackierereien und Holzbearbeitungsbetrieben

Um eine durchaus wirtschaftliche Verwendung der FLEX-Schleif- und Poliermaschinen mit biegsamer Welle zu erreichen, ist es erforderlich, die richtige Wahl der Schleif- oder Polierwerkzeuge zu treffen. Als Unterlage für Schleifpapier werden härtere Scheiben benutzt, wenn viel Material abgeschliffen oder eine plane Fläche geschaffen werden soll; hingegen werden beim Feinschliff, dem sogenannten Spitzenköpfen oder Abziehen, weiche Schwammscheiben ver-

Abb. 260. Das Schleifen von Fensterrahmen mit der Schleifmaschine „Flex“

Abb. 261. Gummischleifteller RS 141

Abb. 262. Das Schleifen von Jalousieläden

wendet. Sie haben nämlich durch ihre Elastizität, bedingt durch die vielen Auflagepunkte in Fällen dem Gefühl der Hand sogar etwas voraus. Handelt es sich um stark verschmutzte Flächen und Lackierungen, so ist es zweckmäßig, diese vorher scharf abzuwaschen oder leicht anzulaugen, da solche Schichten unter Umständen anhängen und das Papier füllen. Man darf auch beim Schleifen nicht allzulange auf einer Stelle verweilen, da sonst die Lackschicht heiß wird, durchbrennt und an dem Schleifpapier anhängt. In solchen Fällen verwendet man zweckmäßig eine Schleifflüssigkeit.

Mit Gummischleifteller (Abb. 263) RS 141 und Leinenschleifscheiben entsprechender Körnung werden alte, spröde und von der Sonne ausgedörrte Anstriche ganz abgeschliffen. Bei Fensterrahmen (Abb. 260) verwendet man jedoch Moos- bzw. Spezialschleifscheiben mit entsprechend grobkörnigem Schleifpapier. Der feinere Nachschliff erfolgt in allen Fällen mit Moos- bzw. Spezialschleifscheiben und Schleifpapier. Möbel, Türen und ähnliches, rohes Holz, Jalousieläden (Abb. 262), Tapeten und Gipswände können auf diese Weise geschliffen werden, und zwar verwendet man Trockenschliffpapier in Körnung 100—150. In manchen Fällen ist die Entfernung des gesamten Anstrichs durch Ablaugen oder Abbrennen zu empfehlen. Nach dem Ablaugen findet man meist rauhes, aufgeworfenes Holz vor, das schon vor der Grundierung wirkungsvoll geschliffen werden kann. Hierzu verwendet man grobkörniges Schleifpapier in Körnung 100—150 und gegebenenfalls auch die entsprechend härteren Schleifscheiben.

Abb. 263. Filzteller RL 41 und RL 43

Auf Lackflächen hat sich folgendes Verfahren bewährt:

Der in Abb. 263 gezeigte Filzteller Rl 41 oder Rl 43 oder eine Porenfüllscheibe wird mit einer Mischung aus Bimsmehl, Wasser und etwas Lauge oder Seife benutzt, die zu schleifende Fläche ebenfalls damit eingerieben und dann mit der Maschine geschliffen. Der Schleifschlamm ist mit Wasser und Schwamm leicht abzuwaschen. Auf diese Weise lassen sich besonders dunkle und farblose Lackierungen leicht und gut schleifen (Abb. 264).

Mit Spezial- oder Schwammscheiben und Trockenschliffpapier Körnung 180 bis 120 werden Grundierungen geschliffen. Nur einmal braucht man die zu schleifende Fläche übergehen, um eine nachhaltige Schleifwirkung zu erzielen. Hier ist allerdings Grundbedingung, daß die Anstriche auch wirklich trocken sind. Wenn etwa Holzgrundierungen, wie bei Neubauten u. ä., noch nicht ganz trocken sind, so kann auch trocken mit den Artifexscheiben in Körnung 80 bis 100, jedoch nur auf Schwammscheibe aufgeklebt, anstelle von Schleifpapier geschliffen werden, ohne daß an der Schleiffläche etwas anhaftet.

Handelt es sich um Leim oder Emulsionsspachtelkitt, so wird mit Trockenschliffpapier in Körnung 120—150, auf Schwamm- oder Spezialscheiben aufgeklebt, geschliffen. Zellulosespachtel kann mit grobem Schleifpapier trocken vorgeschliffen und mit feinem Schleifpapier naß nachgeschliffen werden. Die Maschinen mit biegsamer Welle haben dazu eine regelbare Wasserzuführung mit Wasserschutz. Dagegen wird Öl- und Lackspachtelkitt mit der Moosscheibe und Trockenschliffpapier in Körnung 120—150 bearbeitet. Artifex-Schleif-

Abb. 264. Das Schleifen von Lackierungen

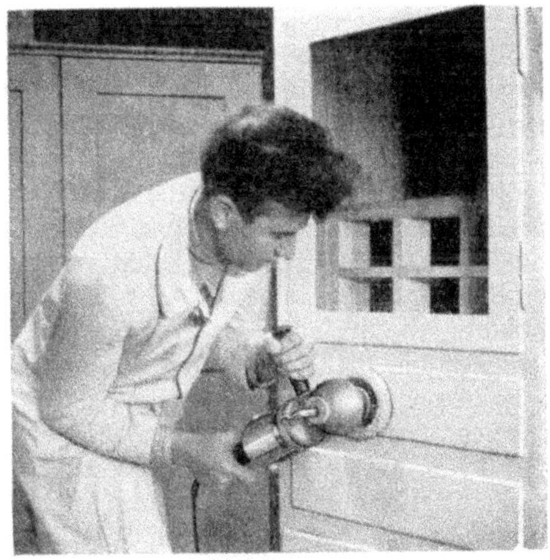

Abb. 265. Das Schleifen mit der Artifex-Schleifscheibe

Abb. 266. Das Schleifen von lackierten Flächen

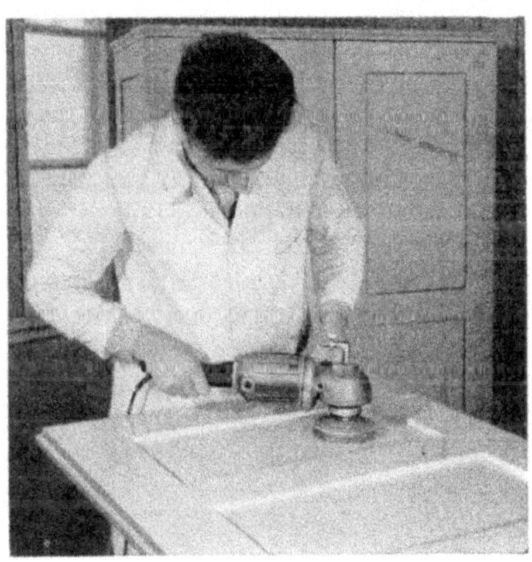

scheiben können ebenfalls für diese Arbeiten verwendet werden. Nicht harte Vorlacke und Lacke sowie andere Farbaufträge, die bei Erwärmung leicht am Schleifpapier anhängen, schleift man am besten mit den Artifex-Schleifscheiben, die fast bis zur Klebefläche abgenützt werden können.
Schleif- und Vorlacke werden nur feucht, jedoch nicht zu naß, mit Wasser geschliffen, und zwar verwendet man Schwammscheiben und Naßschliffpapier in Körnung 180—220 oder Artifex-Schleifscheiben in Körnung 150. Das Vorschleifen und Grieselfreischleifen von Schleiflack an geraden Flächen erfolgt mit Spezial-Schwammscheiben, während bei gewölbten Flächen und zum Nachschleifen die weichen Schwammscheiben Verwendung finden. Wasserfestes Schleifpapier in Körnung 320—400 wird hierzu gebraucht und die Fläche mit Terpentinersatz oder Petroleum angelegt (Abb. 265).
Die gespritzte bzw. gestrichene Fläche wird mit der Schwammscheibe unter Verwendung von Schleifflüssigkeit (Terpentin oder Petroleum) mit Schleifpapier in Körnung 220 vor- und mit Körnung 320 nachgeschliffen. Hierauf trägt man auf die geschliffene Fläche eine feinkörnige Ölschleifpaste auf und beseitigt mit dem Schleif-Polierschwamm Rl 180 oder Rl 181 die noch vom Vorschleifen herrührenden Schleifspuren. Nachdem man geprüft hat, ob der Schliff einwandfrei ist, wird der Schleifschlamm entfernt und mit Polish nachgearbeitet.

Polieren

Was nun das Polieren von Öl- und Kunstharz-Lackflächen anbetrifft, so ist Voraussetzung, daß die Lacke einwandfrei durchgehärtet sind. Ohne besondere Umstände können dann fast alle Lacke mit den genannten Maschinen mit biegsamer Welle poliert werden.
Vor dem eigentlichen Polieren muß der Lack sauber sein, d. h. alle Griesel und Erhöhungen müssen vorsichtig abgeschliffen werden. Dazu benützt man eine elastische Schwammscheibe mit einem Durchmesser von 80, 120 oder 175 mm und Naßschliffpapier Korn 360 oder 400, das mit Petroleum oder Terpentinersatz angenetzt wird, bevor die ebenfalls mit Flüssigkeit angenetzte Fläche geschliffen wird. Schleif- und Ölreste werden mit „Flex"-Gummikontrollspachtel entfernt und mit einem sauberen Tuch oder Watte nachgerieben. Auf der nun so vorgeschliffenen Fläche wird mit einer Moltonschwabbel und Vorpolierwachs so lange vorpoliert, bis alle etwa noch vorhandenen Schleifspuren verschwunden sind (Abb. 266). Zum Polieren benutzt man die Moltonschwabbel und Vorpolierwachs (heller Riegel). Das Polierwachs wird so auf die Moltonschwabbel aufgetragen, indem man den Riegel an die laufende Schwabbel hält. Ist genügend vorpoliert, was an dem jetzt auftretenden Glanz leicht festgestellt werden kann, so wird mit der Moltonschwabbel und dem Auspolierwachs (dunkler Riegel) auspoliert. Je nach Lackart kann dann mit einer trockenen reinen Moltonschwabbel oder mit dem Polierschwamm RL 185 unter Verwendung von Polierwasser ein einheitlicher Hochglanz erzielt werden. Polierschwamm RL 185 zuvor mit Wasser feucht machen und Polish in den Schwamm geben. Dadurch wird er erst elastisch.
In der Praxis kommt es vor, daß man den Maschinen für Rundschliff mit Mißtrauen begegnet, da vielfach quer zur Holzfaser laufende, deutlich sichtbare

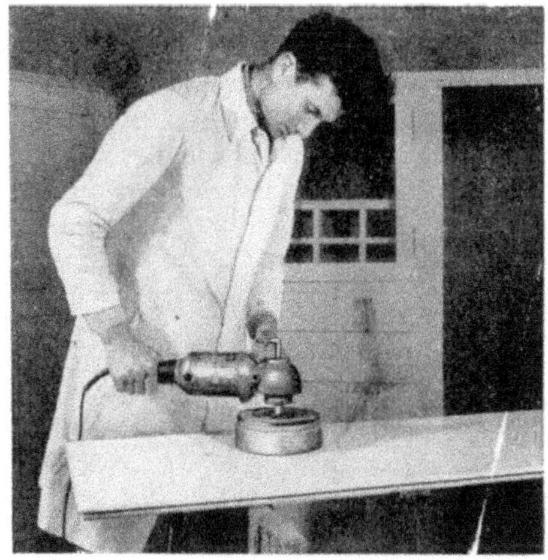

Abb. 267. Das Polieren von lackierten Flächen

Abb. 268. Das Polieren mit Polierschwamm-Scheibe

Abb. 269. Das Schleifen von Wölbungen mit der Flexmaschine MD 10 L 1

Schleifspuren auftreten. Bei der Flex-Maschine ist dies jedoch nicht der Fall. Es lassen sich die feinsten Edelhölzer nachher beizen und polieren. Dadurch wird der Vorteil des Rundschleifens voll ausgenützt. Die nach dem Wässern hochstehenden Porenspitzen und Wände werden nicht in die Poren gedrückt, sondern abgeschnitten, wie dies beim Längsschliff der Fall ist (Abb. 268). Mit diesen Unterlagen, den schon genannten Schwammscheiben, können auch Rundungen, Schweifungen und Wölbungen sowohl bei rohen als auch bei behandelten Furnieren bis zu einem bestimmten Radius bearbeitet werden (Abb. 269). Einzelne Arbeitsgänge werden nachstehend behandelt, und zwar das Roh- und Vorschleifen, das Feinschleifen, Porenfüllen, Arbeiten an Tischen und Stühlen und Polieren. Wenn es sich um große Geraden bzw. ebenen Möbelteilen oder Holzflächen handelt, so ist ein Vorschleifen mit der Bandschleifmaschine oder einer sonstigen planschleifenden Maschine angebracht. Bei kleineren Flächen schleift man unter Verwendung einer Moosgummischeibe mit Trockenschleifpapier, das auf die Scheibe aufgeklebt wird, vor. Dabei ist eine dem Zustand des rohen Holzes entsprechende Körnung zu wählen. Bei Rundungen und Wölbungen werden Schwammscheiben, die sich diesen anpassen und einen tadellosen Schliff ermöglichen, verwendet. Hierauf wässert man, und wenn dies nicht nötig sein sollte, geht man sofort zum Feinschleifen über unter Verwendung der entsprechenden Schwammscheibe und Trockenschleifpapier in Körnung 180—220. Nach diesem Arbeitsgang wird keine Porenspitze mehr vorhanden sein, sofern diese nicht beim groben Vorschliff zu tief in das Holz eingepreßt war. Deshalb erübrigt sich ein Abziehen mit Stahlwolle nach dem Beizen, und die Poren sind sofort für den ersten Einlaßgrund freigegeben.

Abb. 270. Porenfüllscheibe RL 116

Auch das Porenfüllen kann maschinell vorgenommen werden, wodurch meistens ein bis zwei Spritzgänge erspart werden können. Es liegt auf der Hand, daß dadurch eine große Ersparnis an Material erzielt wird. Es kann jedoch nur mit einer niederen Drehzahl gearbeitet werden. Hierzu gebraucht man die Schleif- und Poliermaschine MD 10 L 1 und einen geeigneten Winkelwerkzeughalter H 10 W 6, untersetzend auf eine Drehzahl von 500 U/min, sowie die in Abb. 270 dargestellte Porenfüllscheibe RL 116.

Was nun das Polieren anbetrifft, so muß bemerkt werden, daß sich die Schleif- und Poliermaschine DL 14 nicht auch zum Verteilen des Lackes und zum Auftragen desselben eignet. Das ist auch verständlich, denn bei einer Drehzahl von etwa 1500 U/min würde sich eine Verteilerflüssigkeit in einem so schnell rotierenden Ballen nicht halten. Da ja aber die Oberflächenbehandlung stets auf einen glatten Abschluß der obersten Schicht hinzielt, so ist dies doch nichts anderes als feine Schleifarbeit. Es kann dabei eine so schöne Oberfläche geschaffen werden, daß, um einen einwandfreien Hochglanz zu erreichen, nicht mehr mit lösenden Mitteln verteilt und geglättet zu werden braucht.

Nachstehend wird nun der Aufbau der Fläche zum Schwabbeln beschrieben: Mit der Schleif- und Poliermaschine DL 14 oder MD 10 L 1 wird die zu bear-

Abb. 271. Das Feinschleifen unter Verwendung von Korn Nr. 320

Abb. 272. Das Ausschwabbeln

Abb. 273. Das Ausschwabbeln mit seitlich geführter Maschine

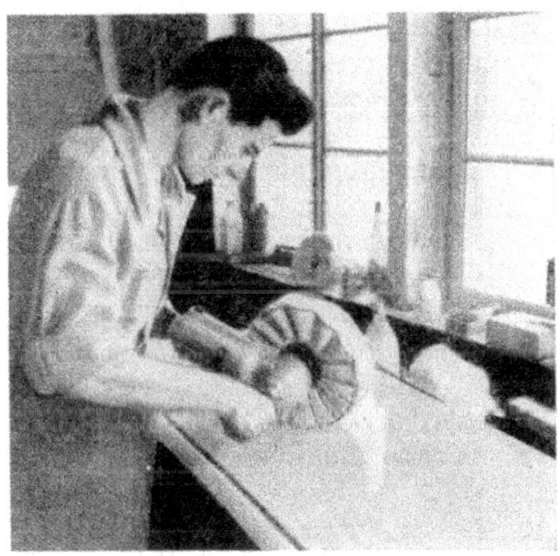

beitende Fläche nach dem Wässern unter Verwendung einer weichen Schwammscheibe und Trockenschliffpapier in Körnung 220 geschliffen. Wie schon gesagt, werden durch den Rundschliff die nach dem Wässern hochstehenden Porenspitzen abgeschnitten und nicht in die Poren gedrückt, wie dies bei dem Längsschliff der Fall ist. Wenn man die erwähnten Schwammscheiben benutzt, ist auch die Gefahr des Auftretens der quer zur Holzfaser laufenden Schleifspuren nicht gegeben. Hierauf wird nach vorherigen Ausbürsten stark verdünnter Lack oder Einlaßgrund gestrichen oder gespritzt. Nach einer nicht zu kurzen Trockenzeit werden mit normal verdünntem Schwabbellack zwei satte Kreuzgänge aufgetragen. Natürlich ist Voraussetzung, daß der Lack auch wirklich schwabbelfähig ist. Es kann nun mit der Bandschleifmaschine trocken geschliffen werden oder unter Verwendung von Schleifflüssigkeit von $^2/_3$ Terpentinersatz und $^1/_3$ Petroleum ein Zwischenschliff mit der Spezialscheibe und Trockenschliffpapier in Körnung 220 eingelegt werden. Je nach der Holzart erfolgt noch ein Spritzgang, der nach guter Durchhärtung mit Schleifflüssigkeit unter Verwendung von Körnung 320 fein geschliffen wird (Abb. 271). Die Fläche muß nach dem letzten Spritzgang einen geschlossenen Stand aufweisen. Es muß unbedingt darauf geachtet werden, daß die einzelnen Trockenzeiten nicht zu kurz bemessen sind, um ein Nachfallen der Poren zu vermeiden. So muß z. B. der letzte Spritzgang mindestens 24 Stunden trocknen. Diese nun matt geschliffene Fläche wird mit Verteilerflüssigkeit mit möglichst trockenem Ballen von Hand verteilt. Nun wird in gleichmäßigen Zügen in zweimaligem Kreuzgang mit der Moltonschwabbel RL 36 oder RL 37 (Durchmesser 125 bzw. 175 mm) und Polierwachs (heller Riegel) vorgeschwabbelt.
Damit der Lackfilm durch längeres Verweilen auf einer Stelle nicht übermäßig erwärmt wird, ist unter allen Umständen auf ein gleichmäßiges, zügiges Schwabbeln zu achten. Unter ganz leichtem Druck wird mit der Filz-Schwabbelscheibe RL 39A und Polierwachs hell in der Faserrichtung abgeschwabbelt. Unter Verwendung von Polierwasser und Polierschwamm RL 185 (siehe Abb. 272) wird zum Schluß ausgeschwabbelt. Der Handgriff der Maschine DL 14 kann durch Anbringung eines Deckels DL 16/8 in senkrechte Richtung gebracht und die Maschine damit beim Schwabbeln seitlich geführt werden (Abb. 273). Es können auch mit Pasten auf schnellem Wege einwandfrie, polierte Flächen erzielt werden.
Gegenüber dem früheren Verfahren weist die auf diesem Wege polierte Fläche (es handelt sich um das von der Firma Ackermann & Schmitt vorgeschlagene Verfahren, von der auch die anschaulichen Bilder stammen) außer der großen Zeitersparnis von etwa 60—70 % Arbeitszeit folgende wesentliche Vorteile auf:

1. Flächenmäßig ein Erfolg, wie er im Handpolierverfahren kaum zu erzielen ist.
2. Wesentlich höhere Beständigkeit, da kein Spirituspräparat (Politur) den festen Zelluloselack bedeckt.
3. Herabminderung der Gefahr der Fleckenbildung sowie des Nachsinkens der Poren.

Sollten mit Deckpolituren im Aufbauverfahren hergestellte Polierungen mit Polierwasser abgezogen werden, so kann dies unter Verwendung der „Flex"-

Maschine und des Polierschwamms RL 185 geschehen. Trocken von Hand und Ballen oder Watte nachreiben. Sehr zu beachten ist, daß der Polierschwamm vor Gebrauch mit Wasser angefeuchtet und weich gemacht werden muß. Ein weiteres Verfahren ist das folgende:
Die gut mit Polier- oder Schwabbellack gespritzte bzw. gestrichene Fläche wird mit der „Flex"-Schleifmaschine DL 14 und Moos- bzw. Schwammscheibe

Abb. 274. Das Schwabbeln mit Nessel- und Flanellschwabbelscheibe

unter Gebrauch von Schleifflüssigkeit mit Schleifpapier in Körnung 220 vor- und mit Körnung 320 nachgeschliffen. Hierauf trägt man auf diese geschliffene Fläche nicht zu feinkörnige Schleifpaste auf, mit der unter Verwendung des Schleifpolierschwammes RL 180—181 die noch von dem Vorschleifen herrührenden Schleifspuren restlos beseitigt werden. Nachdem man sich überzeugt hat, daß der Schliff auch einwandfrei ist, wird nun der Schleifschlamm entfernt und mit Polish nachgearbeitet. Dies kann mit dem Polierschwamm RL 185 und der Maschine geschehen, oder, wenn es sich um kleinere Flächen handelt, mit Watte. So kann man eine einwandfreie glasklare Oberfläche erhalten. Durch das Bearbeiten mit Flüssigkeit wird ein Erhitzen der Lackoberfläche fast ganz ausgeschaltet.
Was nun das Arbeiten an Tischen und Stühlen anbetrifft, so ist darüber folgendes zu sagen:
Bei in der Qualität guten Sitzmöbeln und Tischfüßen werden die Hölzer nach der Hobelarbeit entweder vorher gewässert und dann geschliffen oder aber sofort nach dem Hobeln mit der Schwammscheibe und Trockenschliffpapier in Körnung 120 bis 150 oder noch feiner geschliffen. Die Oberfläche bleibt dadurch auch nach dem Beizen noch ziemlich glatt und braucht nicht nochmals geschliffen zu werden. Wenn es sich um weniger gute Qualitäten handelt, so genügt ein Glätten der gebeizten Fläche mit einem vertikal laufenden Filzring RP 43 in der Richtung der Holzfaser, wobei dann allerdings bei der „Flex"-

Maschine MD 10 L 1 das normale Winkelstück gegen einen geraden Werkzeughalter ausgewechselt werden muß. Durch dieses Glätten werden die aufstehenden Porenspitzen wieder eingedrückt und bleiben nach dem ersten Lackauftrag auch ziemlich glatt. Noch selten vorteilhaft hat sich ein Schleifen nach dem Beizen bei schmalen Flächen, besonders bei dunklen Beizungen, ausgewirkt. Bei diesem Glätten werden allerdings die Porenspitzen nicht wie bei dem Rundschleifen abgeschnitten, sondern nur eingepreßt. Geschwabbelt wird entweder mit der schon genannten RL 39 (Maschine DL 14) oder aber unter Verwendung des geraden Werkzeughalters H 10 M 1 (Maschine MD 10 L 1) mit den Nessel- und Flanell-Schwabbelscheiben RP 40 und RP 41 (Abb. 274).

Die Behandlung von Spanplatten

Das Schleifen vor dem Furnieren wird am zweckmäßigsten auf der Walzenschleifmaschine ausgeführt. Für die Mehrzahl der auf dem Markt befindlichen Spanplatten wird sich ein Schleifpapier für die erste Walze in Körnung 30—40 und für die zweite Walze ein solches in Körnung 40—50 eignen. Je nach der Güte der gewünschten Oberfläche nimmt man für Feinschliff, z. B. für Flächen, die lackiert werden sollen, Schleifpapier in feinerer Körnung; man kann aber auch den Schliff auf der Bandschleifmaschine ausführen. Nach den Ausführungen von Frh. v. Thielmann in „Holztechnik" empfiehlt es sich, die Flächen vor dem Schleifen mit warmen Wasser einzulassen und etwaige noch vorhandene Vertiefungen mit Leimkitt entsprechend auszufüllen. Die meisten Spanplattenfabrikate werden bereits vom Herstellwerk geschliffen geliefert. Sollte Schleifen, insbesondere bei nachfolgender Oberflächenbehandlung, notwendig sein, so achte man bei triplierten Platten sorgfältig darauf, daß insbesondere die Feinspandeckschichten nicht durchstoßen werden. Die Mittellagen aller Spanplattentypen bestehen fast ohne Ausnahme aus gröberen Spänen. Das Zutagetreten der Grobspäne würde sich bei jeder Oberflächenbehandlung sowie beim Furnieren äußerst ungünstig auswirken.

Das Schleifen von Hartmetall-Werkzeugen

Seit vielen Jahren haben Hartmetall-Werkzeuge in der Holzbearbeitung breitesten Eingang gefunden und sich bestens bewährt. Die ungewöhnliche Schneidhaltigkeit dieser Werkzeuge verleiht ihnen überraschend hohe Standzeiten und gibt ihnen eine sehr lange Lebensdauer. Sie arbeiten infolgedessen äußerst wirtschaftlich und sind im Gebrauch spezifisch billiger als Stahlwerkzeuge gleicher Art.

Die bei Falz- und Nutfräsern sowie bei manchen Sonderwerkzeugen eingeführte aufgeschulterte Tangentialspiralschneide mit dem zügigen Schnitt gilt als besonders vorteilhafte Neuerung. Gegenüber bisherigen Ausführungen der Schneiden mit Bestückung an der Zahnbrust erlaubt sie bei gleichem Hartmetallvolumen etwa 35 bis 40 % mehr Nachschärfungen und gibt dem so ausgestatteten Werkzeug einen weiteren, sehr bemerkenswerten Vorteil. In Präzisionsausführung werden auch Oberfräser, Profilfräser verschiedenster Art,

Profilmesser, Viel- und Wenigzahn-Kreissägeblätter wie auch Sonderwerkzeuge mit Hartmetallschneiden hergestellt.

Hartmetalle in der Holz- und Kunststoff-Bearbeitung

Die charakterisierenden Kennzeichen des Hartmetalls sind die noch übertroffene, dem Diamanten ähnliche Naturhärte, eine überaus große Verschleißfestigkeit und sehr hohe Wärmebeständigkeit. Heute sind auch in den holzverarbeitenden Betrieben die mit Hartmetall bestückten Werkzeuge, wie Messer, Fräser, Bohrer, Kreissägeblätter usw. etwas durchaus Selbstverständliches, wenn es darum geht, harte Hölzer, kunstharzverleimte Sperr- und Schichtstoffe, Faser- und Spanholzplatten oder Kunststoffe wirtschaftlich zu bearbeiten. Die überraschend langen Standzeiten und dementsprechend große Lebensdauer ermöglichen die große Wirtschaftlichkeit dieser Werkzeuge.
Nun sind LEUCO-Hartmetall-Werkzeuge mit Tangential-Spiral-Schneide auf den Markt gekommen, die die bisherigen Leistungen noch verbessern. Man nennt die Schneide auch die „aufgeschulterte" Hartmetallschneide, weil sie bei Falzfräsern, soweit zweckmäßig, auch bei Nutfräsern und sonstigen Werkzeugen nicht mehr, wie sonst üblich, in Spanabflußrichtung, also brustbestückt oder ganz in eine Nute des Schneidenträgers eingebettet wird, sondern mit spiral-zügigem Freiflächenverlauf im zuverlässigsten Verfahren der hochfrequenten Hartlöttechnik fest mit dem Rücken des Schneidzahnes verbunden, also bildlich gesprochen „aufgeschultert" ist. Diese Anordnung, wie sie in Abb. 275 gezeigt wird, ist nur den LEUCO-Fräsern eigen und weist u. a. die folgenden Vorteile auf:

1. Bei gleichem Hartmetall-Volumen gegenüber der Spanflächenbestückung erhöhte Lebensdauer.
2. Tangential-Anordnung ermöglicht bei normalem Verschleiß um ein Drittel mehr Nachschliffe.
3. Spannungsfreie Hartmetallauflage verringert Spannungsrisse im Hartmetall.
4. Beim Nachschärfen nur unbedeutende Durchmesserverkleinerung.
5. Normaler Nachschliff an der Zahnbrust (Spanfläche).
6. Starke Verschleißmarken und Schneidenausbrüche können durch geteilten Schliff (Span- und Freiflächenschliff) ohne übergroßen Hartmetallverlust ausgeglichen werden.
7. Die Schneiden bleiben profilbeständig.
8. Der Keilwinkel bleibt beim fachgemäßen Nachschleifen unverändert.

Bei der LEUCO-Ausführung braucht der Fräser nur auf einer normalen Werkzeugschleifmaschine mit Spiraleinrichtung nachgeschliffen werden. Der Grundkörper wird nur an der Spanfläche nachgearbeitet. In Abb. 276 wird das Schleifen der Bohrung eines Widia-Fräsers mit Anlagefläche und in Abb. 277 das Feinstschleifen von Hartmetallschneiden mit Diamantscheibe gezeigt.
Für erfolgreiche Arbeit mit Hartmetallwerkzeugen ist bester Zustand der Schleifmaschine, spiel-, schlag- und schwingungsfreier Lauf der Arbeitsspindel Voraussetzung. Der Vorschub soll stetig und stoßfrei erfolgen, die Drehzahl des

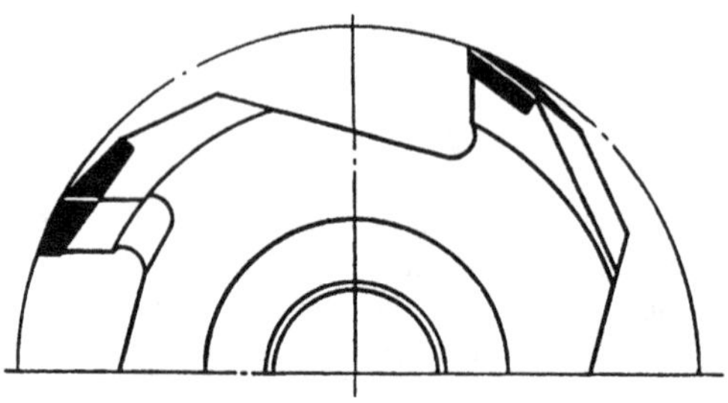

Abb. 275. Leuco-Fräser, aufgeschultert mit Spiralfreifläche

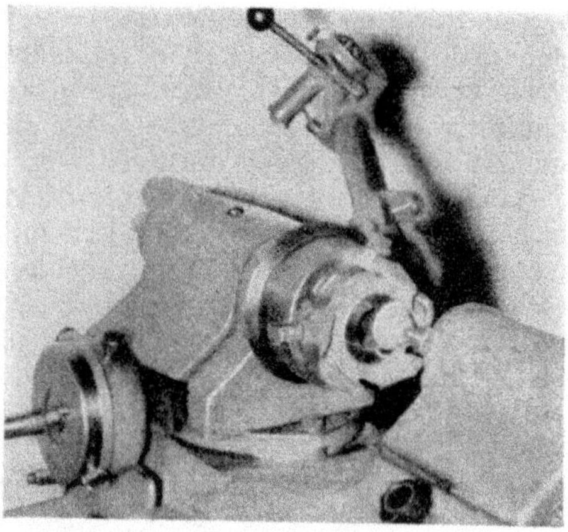

Abb. 276. Schleifen der Bohrung eines Widia-Fräsers

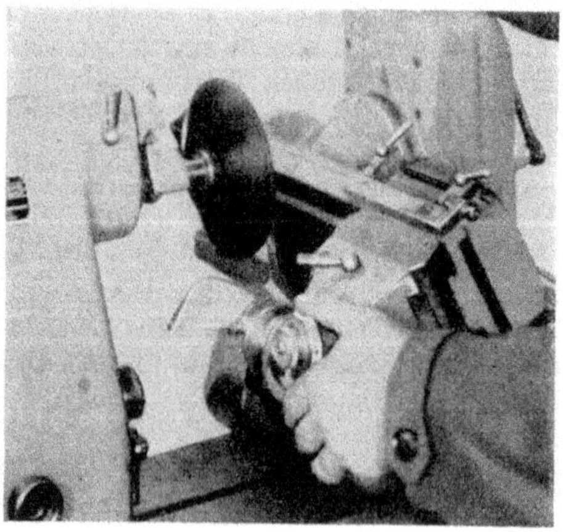

Abb. 277. Feinstschleifen von Hartmetallschneiden mit Diamantscheibe

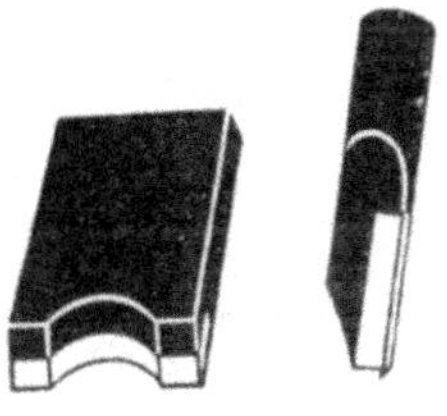

Abb. 278. Oberfräser WH 15

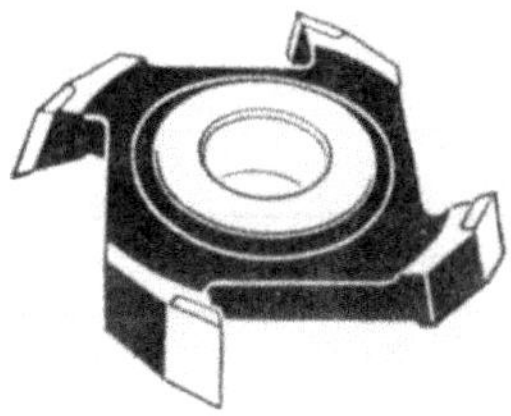

Abb. 279. Falzfräser WH 26

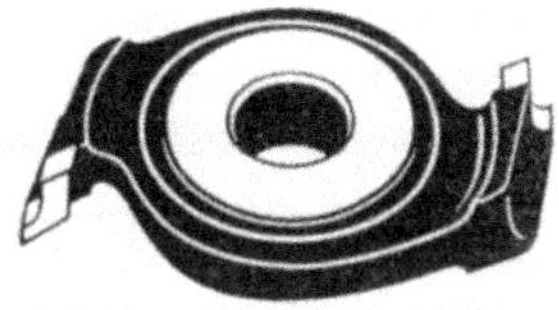

Abb. 280. Viertelstabfräser WH 40

Abb. 281. Sicherheitsmesserkopf WH 60

Abb. 282. Zweiteiliger Stufenfräser

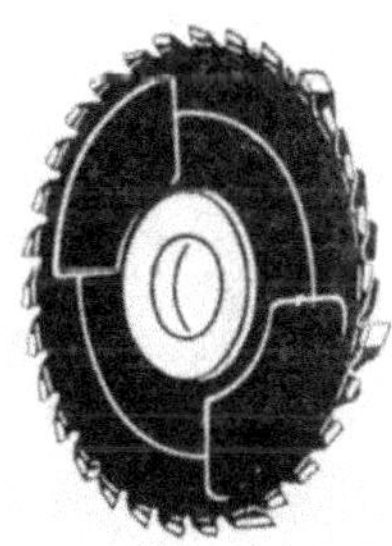

Abb. 283. Besäum-Zerspäner DBPa

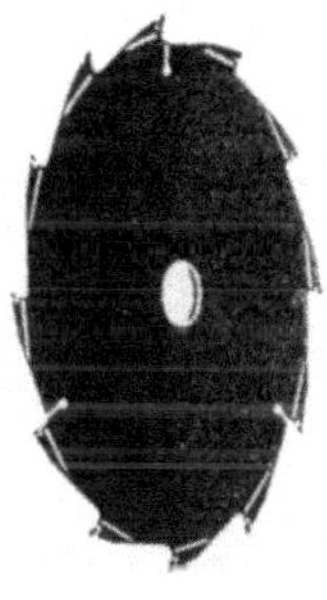

Abb. 284. Kreissägeblatt WH 10

Abb. 285. Kreissägeblatt WH 10

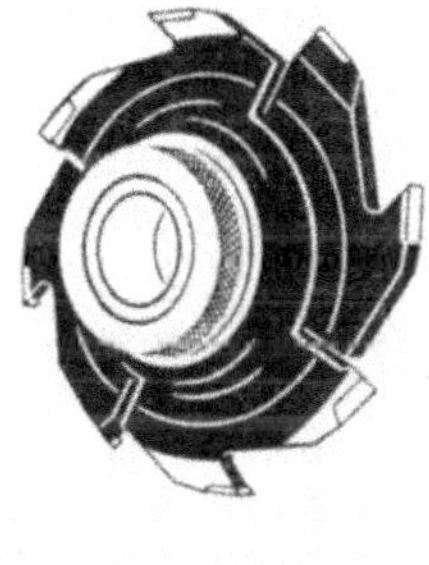

Abb. 286. Verstellbarer Nutfräser

Durchmessers angepaßt sein und so der günstigsten Schnittgeschwindigkeit entsprechen. Die hohen Werte der folgenden Richtwerte gelten für neueste Maschinen in bestem Zustand:

Werkstoff	Schnittgeschwindigkeit v m/sec.	Vorschub s m/min
Nadelhölzer	40.. 100	bis 30
Laubhölzer	40.. 50	bis 20
Sperrhölzer	35.. 45	bis 15
Spanholzplatten	35.. 50	bis 20
Schichtholz	30.. 40	bis 10
Preßholz	25.. 35	bis 8

Die aufgeschulterte Schneidenform des LEUCO-Hartmetall-Werkzeuges ermöglicht sogar bei Aufteilung der Nachschliffe in Span- und Freiflächenschliff bei normalem Verschleiß und auch bei etwaigen Ausbrüchen eine noch bessere Hartmetallaussnutzung. Es können somit die beim Spanflächenschliff möglichen $^1/_3$ mehr Nachschliffe noch wesentlich erhöht werden. Selbst die Möglichkeit, das Werkzeug nachzubestücken, also den Grundkörper mehrmals zu benützen, ist dann gegeben, wenn vorwiegend an der Freifläche nachgeschärft wird. Die Materialabnahme am Hartmetall je Nachschliff beträgt bei normaler Abnützung 0,2 mm, bei starker Abnützung 0, 5 mm und bei Ausbrüchen je nach Größe.

Von der großen Anzahl von LEUCO-Hartmetall-Werkzeugen sind nachstehend neun im Bilde aufgeführt, und zwar:

Oberfräser WH 15, einschneidig zum Bohren und Langfräsen für exzentrischen Einsatz.
Falzfräser WH 26 mit vier wechselseitig schrägen, rückenbestückten Schneiden.
Verstellbarer Nutfräser mit vier Vorschneidern und vier rückenbestückten Räumzähnen.
Viertelstabfräser WH 40 mit zwei Schneiden für hohe Drehzahlen.
Sicherheitsmesserkopf WH 60 mit auswechselbaren Messern.
Zweiteiliger Stufenfräser.
Besäum-Zerspaner.
Zwei Kreissägeblätter WH 10 mit acht Zahnformen. Die Bestimmung der Zahnform erfolgt nach Verwendungszweck:

Zahnform 1 für Trennschnitte in Vollholz, hauptsächlich längs zur Faser.
Zahnform 2 für Trennschnitte in Vollholz längs und quer zur Faser.
Zahnform 3 für Längs- und Querschnitte in Vollholz, Längsschnitte in Tischlerplatten.
Zahnform 4 wie Zahnform 3, verleimfähige Schnitte in Hartholz.
Zahnform 5 für Schnitte in Span- und Hartfaserplatten, Längs- und Querschnitte in Tischlerplatten mit Linoleum- und Kunststoffbelag.
Zahnform 5a besonders geeignet für Besäumarbeiten.
Zahnform 6 für fransenfrei, verleimfähige Schnitte in Sperr-Span-, Hartfaser- und Tischlerplatten sowie Kunststoffplatten unter 5 mm Stärke.
Zahnform 6k für Trennschnitte in Kunststoffen aller Art. Hartpapier, Preß- und Schichthölzern sowie Hobelschnitte in hartem Vollholz.

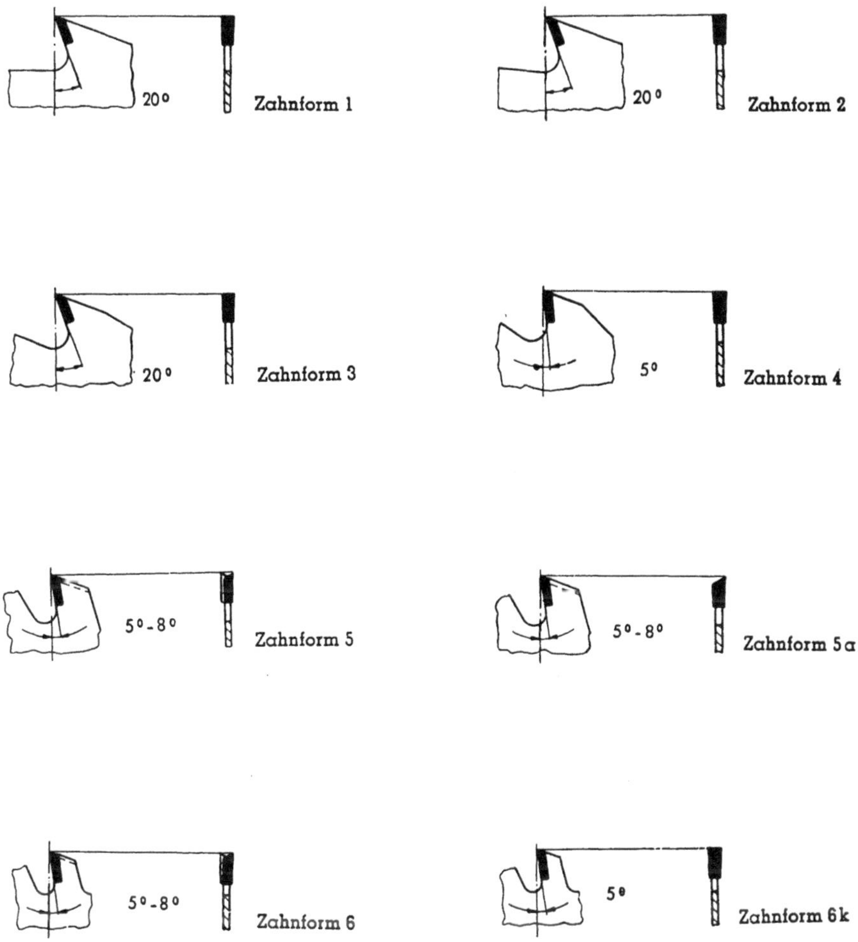

Abb. 287. Verschiedene Zahnformen von Sägeblättern

Abb. 288. Vielzweck-Schleifmaschine, Bauart 55

Universal-Vielzweck-Schleifmaschine

Die in Abb. 288 dargestellte Vielzweckschleifmaschine, Bauart 55, besteht aus einem Gußgehäuse, das einem beweglichen Tragarm als Lagerung dient. Der patentierte Elektromotor ist an diesem Tragarm schwenkbar befestigt. Der Motorträger ist gleichzeitig Schutzhaube für die auf dem Wellenstumpf des Motors sitzende Schleifscheibe. Die Normalmaschine ist für Tischmontage bestimmt; es kann aber auch ein Gußständer geliefert werden. Besonders geeignet ist diese Maschine für den kleinen und mittleren Tischlereibetrieb.
Der Vorrichtungsträger sitzt an einer Schiebeachse, die in ihrer Lagerung durch den unteren Teil des Gußgehäuses verläuft. Er ist im Bereich von 360° um diese Achse schwenkbar und kann in jeder beliebigen Stellung durch seitlich angebrachte Knebelmuttern festgestellt werden.
Der Drehstrommotor, zur Grundmaschine zählend, hat eine Leistung von 0,184 kW bei 2800 Umdrehungen/min. Die Motorwelle ist sowohl im Stillstand als auch während des Laufes verschiebbar und bietet dadurch die Möglichkeit, die auf dem Wellenstumpf sitzende Flachschleifscheibe an das zu schleifende Werkstück genauestens heranzuführen, bzw. nachzustellen.
Zu der vorgeschriebenen Grundmaschine treten die einzelnen auswechselbaren Aufspann-Vorrichtungen, die die UNIVERSAL Modell 55 zur Vielzweck-Schleifmaschine werden lassen. An dem Vorrichtungsträger können Aufnahmevorrichtungen für Kreissägeblätter, Fräser, Fräs- und Sägeketten wie auch für Hobelmesser, Bandsägeblätter und Gattersägen angebracht werden. Darüber hinaus können die Aufnahmevorrichtungen für Kreis- und Bandsägeblätter wie für Gattersägen mit einer am Gußgehäuse zu befestigenden Schaltautomatik gekoppelt werden, die durch Hand- oder Fußbetrieb in einer Bewegung Schleifvorgang und Vorschub regelt. Genaueste Einstellungsmöglichkeiten durch Skalen und einfach zu bedienende Einstellknöpfe sorgen für gleichmäßige Zahnabstände und Zahntiefen — Reguliermöglichkeiten für Winkeleinstellungen eingeschlossen.
Die auswechselbaren Aufnahmevorrichtungen für die verschiedenen Werkzeuge können bei Vorhandensein der Grundmaschine im Rahmen des auftretenden Bedarfs nach und nach bezogen werden. Bei Lieferung der Maschine für das Schleifen von Kreissägeblättern ist diese ohne wesentliche Mehrkosten auch sofort für Fräser sowie Fräs- und Sägeketten verwendbar.

Der Schleifmop

Das Schleifen mit Schmirgelleinen und auch mit Schleifsteinen erhält durch den neuen Schleifmop (DGBM) eine willkommene Ergänzung. Bei diesem neuen Schleifmittel handelt es sich um eine weiche Schleifflatter. Der Aufnahmeflansch wird mit Schleifblättchen aus Schleifleinen und Schleifpapier in den verschiedensten Körnungen besetzt. Der Schleifbesatz kann nach Abnutzung in beliebiger Körnung wieder ausgewechselt werden. Dieses neue Schleifmittel soll bei der Bearbeitung von Oberflächen aller Art vornehmlich dann eingesetzt werden, da dann das Arbeiten mit den bekannten Schleifmitteln schlecht oder nicht möglich ist. Mit den bisherigen Schleifmitteln ist es nicht immer leicht,

Abb. 289. Schleifmop

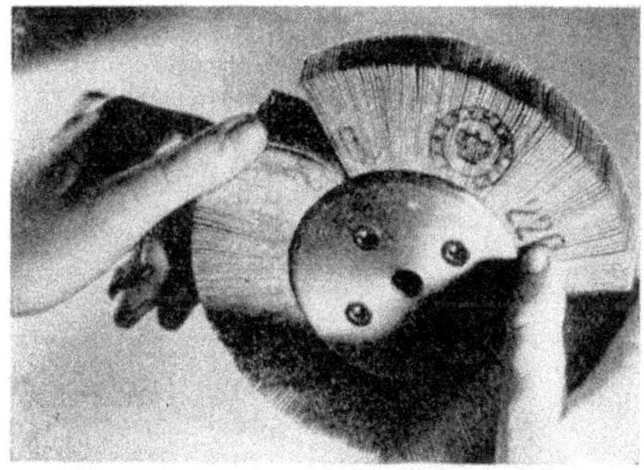

Abb. 290. Einzelteile des Schleifmop

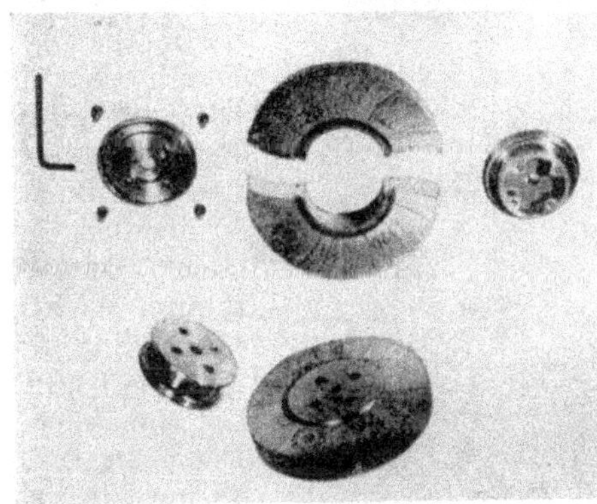

Rundungen, Ecken, Profile bzw. schwer zugängliche Stellen einwandfrei und sauber zu schleifen. Hier soll dann der Schleifmop in Aktion treten, der auf den üblichen Handschleifmaschinen mit normalen Drehzahlen eingesetzt werden kann. Falls eine Profilierung gewünscht wird, läßt sich diese nach einigen Umdrehungen in der gewünschten Form einschleifen. Abb. 289 und 290.
Die Schleifblättchen sind in dichter Form radial aneinander gereiht, wobei auch Zwischenlagen verwendet werden können. Durch diese Anordnung wird ein vorzeitiges Zusetzen der Angriffsflächen beim Schleifen und Polieren durch den entstehenden Abschliff verhindert.
Auf Motorwellen läßt sich der Schleifmop einzeln und auch mehrfach nebeneinander walzenförmig kombiniert und auch auf dem Support aufspannen.
Der Schleifmop wird in zwei verschiedenen Standardgrößen geliefert.

Die Lackbehandlung mit Schleif- und Poliermaschinen

In Abb. 292 ist das Polieren mit Lackveredelungsmaschine Flex DL 1402 dargestellt. Wie schon aus der Abbildung ersichtlich, handelt es sich um eine leichte Handmaschine mit eingebautem Elektromotor, die von einem Gehäuse

aus vollkommen isolierendem Preßmaterial umgeben ist. Die Maschine ist mit einer Lammfellscheibe zum Polishen versehen.
In Abb 292 wird die Flex-Maschine DL 1402 mit Flanell-Schwabbelscheibe zum Schwabbeln von Zelluloselack nach dem Schleifen und Verteilen und in Abb. 293 die Flex-Maschine DL 1602 mit Moltonschwabbelscheibe RL 37 dargestellt.
Abb 295 zeigt eine Nessel-Schwabbelscheibe RL 36-RL 37.
Zum Schleifen von Spachtelgrund, und zwar bei Flächen wird eine Moosgummischeibe, auf der eine Leinenschleifscheibe aufgeklebt ist, verwendet; hierdurch wird ein vollkommenes Anschmiegen ebensogut wie mit dem Handballen erreicht. Zum Schleifen von Rundungen verwendet man zweckmäßig die in Abb. 291 gezeigte Schwammgummischeibe unter Benutzung eines wasserfesten Schleifpapiers. Durch Verwendung eines sehr sparsam arbeitenden Gummikitts ist die Hauptschwierigkeit des raschen Auswechselns des Schleifpapiers beseitigt. Durch einen über dem Getriebe angebrachten Wasserhahn erfolgt die Zufuhr von Wasser.

Abb. 291. Polish-Schwammgummischeibe RL 185

Beim Polieren unterscheidet man das Handpolieren und Maschinenpolieren. In beiden Fällen ist die Beschaffenheit des Polierballens, der innen aus Wolle oder Polierwatte und außen aus Leinen besteht, von größter Wichtigkeit. Beim Grundpolieren besteht die Umhüllung des Ballens aus grobem Leinen oder Trikot. Man arbeitet mit weiten, runden Bewegungen, die allmählich enger werden, und gleichzeitig ist der Druck zu verstärken. Verwendung findet eine Politurlösung, die stark verdünnt ist, etwa 1:12. Um die Poren rascher zu schließen, wird, nachdem man zum Schutz der gebeizten Oberfläche zuerst nur Schellack aufgebracht hatte, nach einiger Zeit etwas Bimsmehl oder Glasstaub auf den Ballen gestreut um die Poren rascher zu schließen. Sind die Poren völlig geschlossen, so trägt man noch ein bis zwei Ballen Politur auf. Es ist unbedingt zu empfehlen, daß vor der absoluten Poren-Zugrundierung kein Polieröl verwendet wird, da dies sonst diese Arbeit sehr erschwert, und daß die grundierte Fläche an einem warmen Ort mindestens 12 Stunden lang trocknen muß, damit der Schellack gut erhärtet. Mit feinstem Schleifpapier oder Bimsmehl wird die Grunddecke von Hand eigeebnet. Wenn der Schleifschmutz entfernt ist, wird „gedeckt" oder „nachpoliert". Bei dieser Arbeit, die dem Grundpolieren ähnlich ist, nimmt man eine dickere Schellacklösung, da ja in der Hauptsache die Schellackdecke gebildet werden soll. Auch benutzt man einen Ballen, der aus feinerem Leinen (Damast) besteht. Man nimmt einige Tropfen Polieröl, um das Ausreißen zu vermeiden, denn durch das Öl wird die Reibung zwischen Ballen und Politur verringert, jedoch ist Vorsicht am Platze. Unter Zwischenschaltung von langen Pausen zum Trocknen muß man mehrfach dünn decken, um eine gute Fläche zu erhalten. Das Auspolieren stellt dann die letzte Arbeitsstufe dar, wodurch das Hochziehen und Entfernen des Polieröles beabsichtigt wird. Man poliert mit einer Benzoelösung mit feinstem Leinen ohne Druck klar, und hierauf wird mit einem Polierwasser,

Abb. 292. Flex-Poliermaschine DL 1402

Abb. 293. Flex-Poliermaschine DL 1602 mit Molton-Schwabbelscheibe RL 37

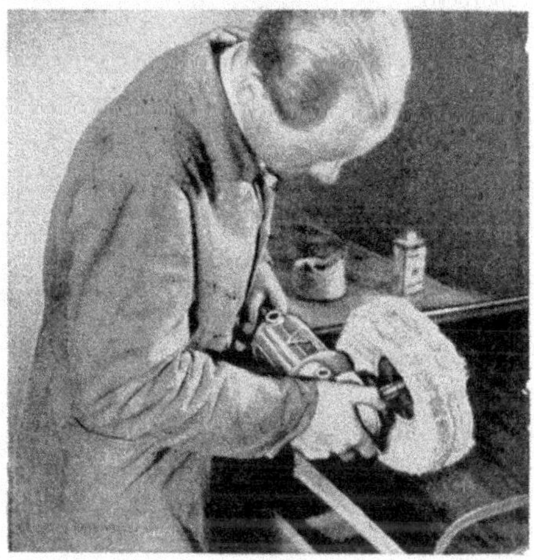

Abb. 294. Flex-Maschine DL 1602 mit Molton-Schwabbelscheibe DL 37

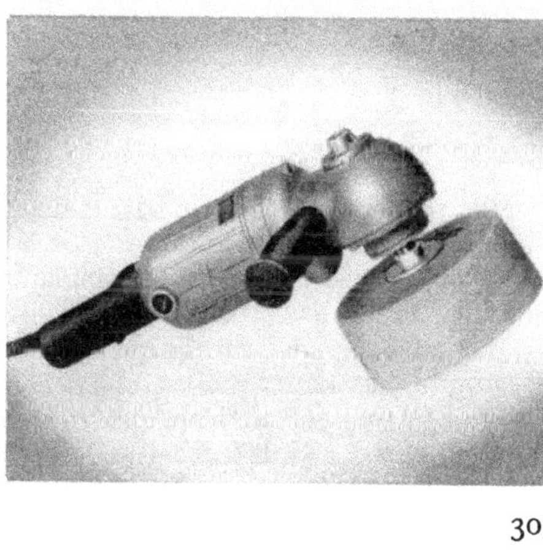

das aus Tripel in angesäuertem Wasser mit einem Fettlösungsmittel besteht, überarbeitet. Auch mit Schwefelsäure (etwa 10 g in 90 g Wasser) und Wiener Kalk kann man das Öl entfernen.
Es ist verständlich, daß infolge der vielen Arbeitsgänge für hochwertige Polituren Arbeitszeiten von insgesamt 14 Tagen erforderlich sind. Natürlich erzielt man durch Verwendung von Poliermaschinen bei den einzelnen Arbeitsmateria-

Abb. 295. Nessel-Schwabbelscheibe RL 36 — RL 37

lien bis zur letzten Deckung eine ziemliche Zeitersparnis. Wie schon an anderer Stelle ausgeführt, ist die Verwendung von Poliermaschinen besonderer Art wirtschaftlich, wo große, gleichbleibende Flächen zu behandeln sind. Die Poliermaschine erledigt alle körperlich schweren Arbeiten mit Leichtigkeit.
Beim Deckpolieren handelt es sich darum, Schellack auf die geschlossene Fläche zu bringen. Man reinigt die durchgetrocknete Fläche, schleift unter Benutzung des in Abb. 296 gezeigten Schleifklotzes mit wasserfestem Schleifpapier fein, und nach Entfernung des Schleifschmutzes wird mit schwacher Politur gearbeitet. Allmählich nimmt man dann weniger verdünnte Politur, zusammen mit etwas Polieröl. Man muß vor allem auch darauf achten, daß überall gleichviel Politur aufgetragen wird, und daß die Kanten und Ecken nicht vernachlässigt werden. Da immer eine sogenannte Lage, d. h. ein größere Fläche, gleichzeitig bearbeitet werden muß, verwendet man zweckmäßig eine drehbare Polierbank.

Elektrowerkzeuge

In der modernen Industrie leisten heute auch die Elektrowerkzeuge sehr große Dienste. Abb. 297 zeigt einen Bosch-Hochfrequenz-Polierer, Bauart DW 12 153b, der zum Polieren und Hochglanzpolieren mit Lammfellhaube im Möbel-, Karosserie-, Behälterbau und Instandsetzungswerkstätten gut verwendbar ist. Die Ausführung ist für Filzschleifteller oder Filzkörper mit Lammfellhaube bestimmt; sie kann mit verschiedenen Einsatzwerkzeugen für alle möglichen anderen Arbeiten nutzbringend verwendet werden. In Abb. 298 wird die Verwendung in der Holzbearbeitung gezeigt.

Abb. 296. Gummischleifklotz

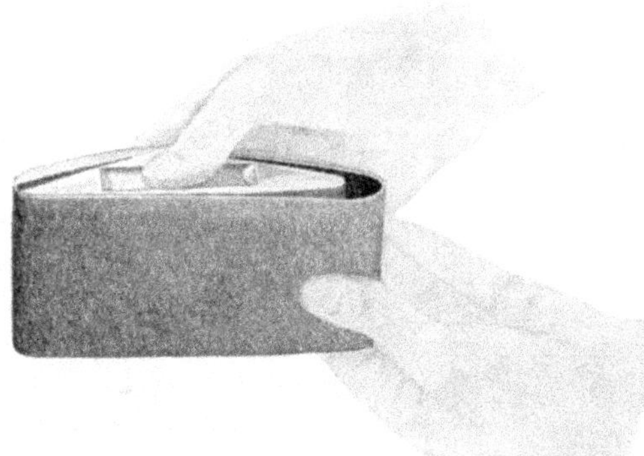

Abb. 297. Bosch-Hochfrequenz-Polierer, Bauart DW 12 153b

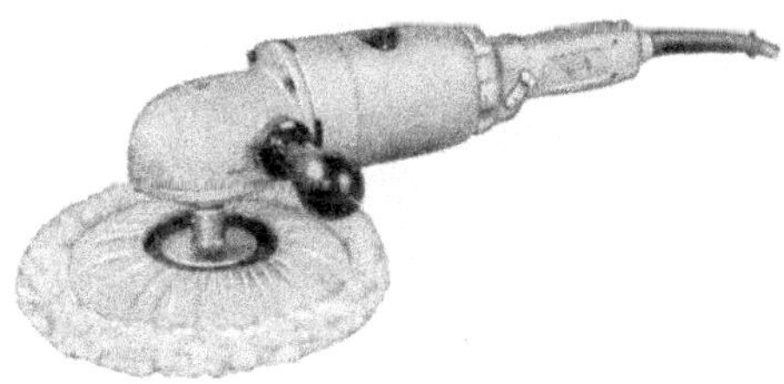

Abb. 298. Bosch-Universal-Elektro-Werkzeug

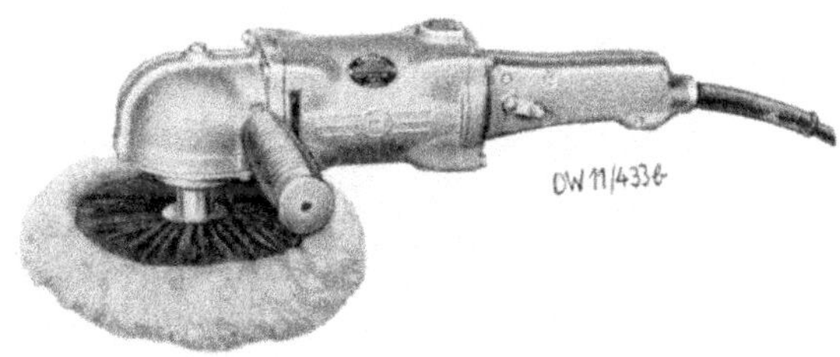

Abb. 299. Polier- und Naßschleifer

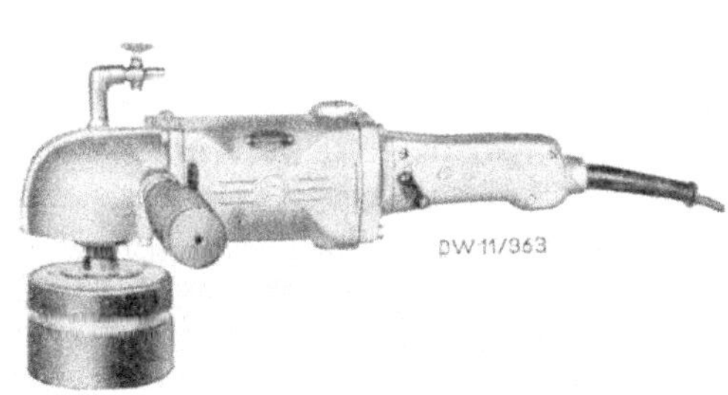

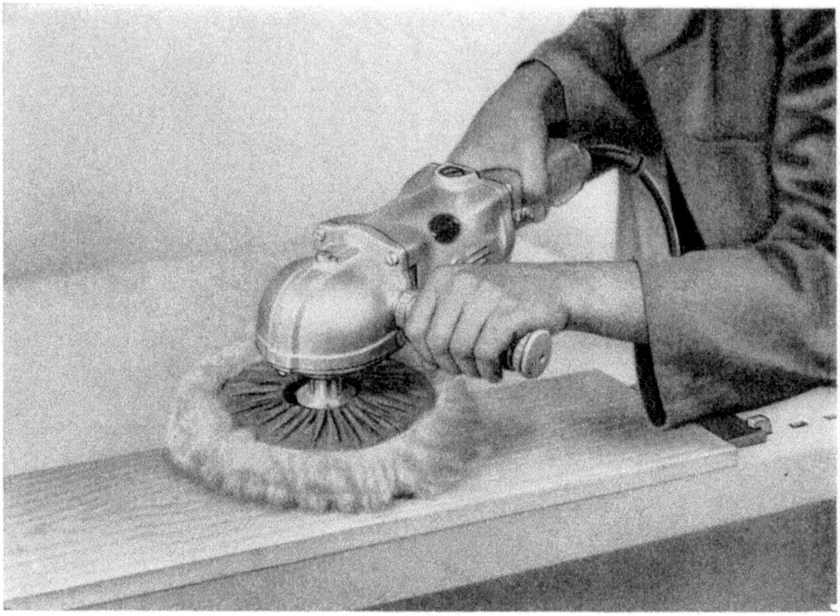

Abb. 300. Das Polieren der Holzoberfläche

Ein weiteres Bosch-Universal-Elektrowerkzeug für Trockenschliff zum Polieren, Bürsten, Schmirgeln, Glattschleifen, Einwachsen usw. von Holz, Hartplatten, Isolierstoffen, Blech usw. wird in Abb. 300 dargestellt, während in Abb. 299 ein Polier- und Naßschleifer mit Wasserhahn gezeigt wird. Bei ihm sind als Einsatzwerkzeuge u. a. zu verwenden: Lammfellhaube auf Filz- oder Gummiteller, Draht- oder Bobinabürsten, Filzteller, Schwamm- oder Moosgummiteller mit Schleifpapieren, Moltonschwabbel usw. Der Allstrommotor für 110 oder 220 Volt kann an jede Lichtleitung angeschlossen werden. Der Motor ist in einem zusätzlichen Isoliergehäuse eingebaut zur Vermeidung von Kriechströmen bei Einwirkung von Staub und Feuchtigkeit. Dieser Elektroschleifer eignet sich auch für Spachtelschleifen.

Hochtouriger Winkelschleifer, Bauart Aurowa-Blitz

Der in Abb. 301 dargestellte Winkelschleifer Aurowa-Blitz ermöglicht in Verbindung mit den bruchsicheren kunststoffgebundenen und mit Gewebeeinlage versehenen Schleifscheiben von 178 mm Durchmesser ein schnelles und sauberes Freihandschleifen. Da die Umfangsgeschwindigkeit der Scheibe 80 m/sek beträgt und die Drehzahl 8500 U/min, wird ein sehr geringer Schleifscheiben-Verschleiß erzielt, so daß mit diesem Winkelschleifer äußerst wirtschaftlich

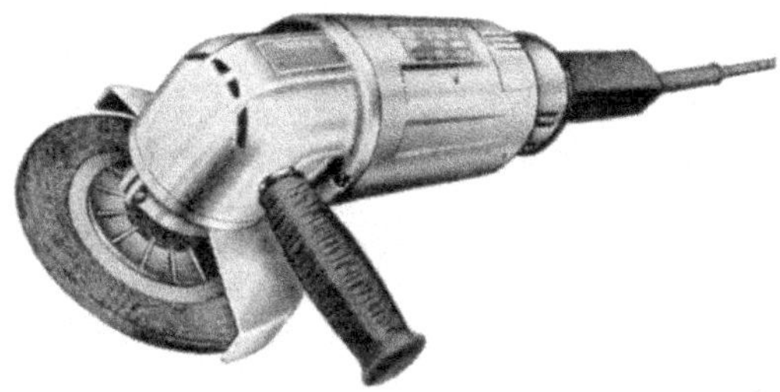

Abb. 301. Winkelschleifer Aurowa-Blitz

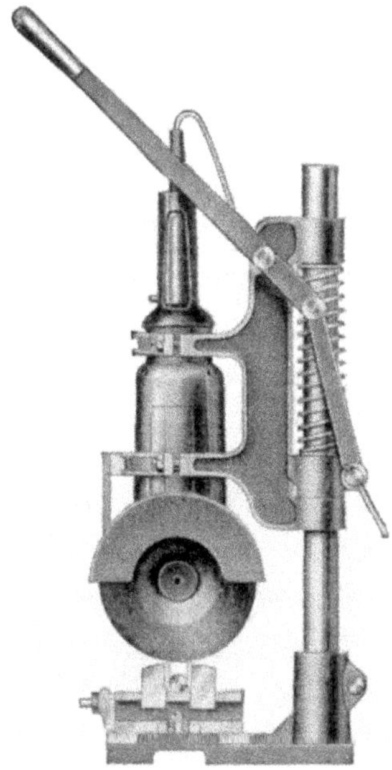

Abb. 302. Trennschleifständer, Type 1551

gearbeitet werden kann. Zum Schruppschleifen, Entgraten, Entrosten und Beseitigen von Schweißnähten ist er besonders geeignet.

Die Maschine weist einen Hochleistungs-Universalmotor in tropenisolierter Ausführung auf, und zwar für Gleich- und Einphasen-Wechselstrom 25—60 Perioden, Leistungsabgabe 1000 Watt = $1^1/_3$ PS, mit einregulierter Bürstenbrücke. Der Kippschalter mit Silberkontakten 15 A Dauer-Abschaltleistung ist vollständig gekapselt. Der Getriebekopf (DB-Patent angemeldet) ist luftgekühlt. Der Motor ist lieferbar für Spannungen von 115, 130, 150, 220 und 260 Volt. Ein weiteres Merkmal ist die Rundfunkentstörung im Sinne der VDE-Bestimmungen (Kondensator und Erddrosselspule).

Zu dem Winkelschleifer ist als Zubehör der in Abb. 302 gezeigte Trennschleifständer Type 1551 wie auch der Schraubstock B 100 lieferbar. Bei Verwendung von Trennscheiben gestattet dieser Ständer in Verbindung mit dem Winkelschleifer folgende Schnittiefen:

41 mm bei Trennscheiben von 178 mm Durchmesser.
69,5 mm bei Trennscheiben von 235 mm Durchmesser.
Als weiteres Zubehör sind für den Winkelschleifer noch erhältlich:
Sonderschutzhauben für Trennscheiben,
Gummischleifteller von 175 mm Durchmesser und
Fiberschleifpapiere von 178 mm Durchmesser.

Eine neue Schleifwalze

Das im Bilde dargestellte Schleifgerät besteht aus einem Walzenkörper in konischer und zylindrischer Form, hat Schaumgummipolsterung und schlagfreie schräg zur Achse liegende Papierspann-Nute mit Klemmschiene. Als Antrieb kann jede beliebige Handbohrmaschine oder Motor mit biegsamer Welle dienen. Zweckmäßige Verwendung findet dieses Schleifgerät in Holzbearbeitungsbetrieben, wie Tischlereien und hauptsächlich in Treppenbaubetrieben, wie auch in Metall- und Polierbetrieben aller Art zur Bearbeitung ebener, unegaler und verwundener Flächen, Krümmungen und Kehlen jeder Art bis 35 mm Radius.

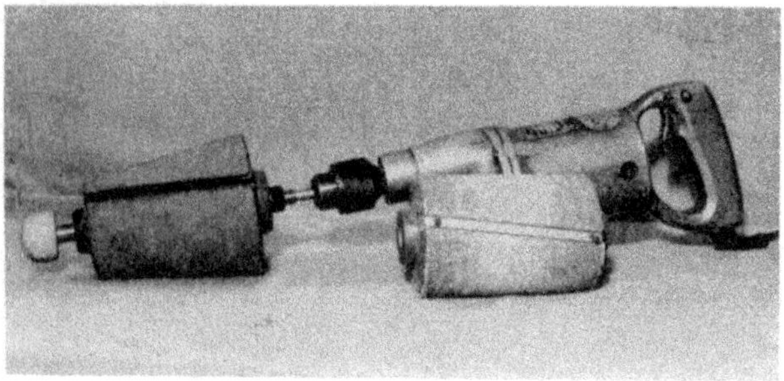

Abb. 303. Schleifwalze

Was die Arbeitsweise des neuen Schleifgerätes anbetrifft, so ist durch die gegebene beidhandige Führung der Schleifwalze in Verbindung mit dem Antrieb ein sicheres genaues Arbeiten in jeder Lage gewährleistet. Verwendung finden kann jede Art von Schleifpapier oder Schleifleinen.
Die Arbeitsleistung des Gerätes, das dem Alleinhersteller Franz Störkle in Friedrichshafen-Fischbach durch Gebrauchsmuster-Eintragung unter 38 c, 2/04, 1700 220 geschützt ist, ist erstaunlich gut, auch ist es weitgehend verschleißfest und der Anschaffungspreis niedrig.

Die Instandhaltung von Werkzeugen für die mechanische Holz- und Kunststoffbearbeitung

Die Gewähr für schnelle und einwandfreie Werkzeuginstandhaltung ist vor allem eine Frage der zur Anwendung kommenden Schleifeinrichtung.
Selbst handwerkliches Können kann beim Nachschleifen von Werkzeugen an einem Schleifbock nicht verhindern, daß die Schnittigkeit und vor allem die Standzeit der Werkzeugschneiden einem Zufallsergebnis überlassen bleibt. Holzbearbeitungswerkzeuge mit den meistens „giftigen" Schnittwinkeln schneiden im Werkstoff Holz mit schlechten Schneiden unfallbegünstigend, da Rückschläge des Werkstückes nicht zu vermeiden sind. Die Oberflächengüte des Holzes wird von dem Zustand der Fräswerkzeuge maßgebend beeinflußt. Es ist

einleuchtend, daß es bei den hohen Werkzeugdrehzahlen in der Holzbearbeitung ganz besonders darauf ankommt, daß alle Schneiden auf gleichem Flugkreis liegen. Ist dies nicht der Fall, dann fällt der am meisten vorstehenden Schneide die Hauptzerspanungsarbeit zu. Die zurückliegenden Schneiden sind der Werkstückvorschubgeschwindigkeit entsprechend nur zum Teil oder gar nicht an der Zerspanungsarbeit beteiligt. Infolge der spitz auslaufenden Schneiden ist jedes Holzbearbeitungswerkzeug als wärmeempfindliches Werkzeug anzusprechen. Es ist daher bei jedem Schleifvorgang auf ein „kühles" Schleifen zu achten, was sich erfahrungsgemäß nur mit geeigneten Schleifeinrichtungen bei besonders ausgewählten und richtig behandelten Schleifscheiben erreichen läßt.

Die Abbildungen zeigen 2 Schleifmaschinentypen (SH u. WS 1), die sich in der Werkzeuginstandhaltung bestens bewährt haben. Bei beiden Maschinen ist die Hauptforderung erfüllt, daß keinerlei Vibration auftritt, wenn die ausgewuchtete Schleifscheibe schlagfrei abgezogen ist. Es ist bei beiden Maschinen darauf geachtet, daß die Spannflansche für die Schleifscheibe schlagfrei laufen, was bei der Anwendung von Diamant-Läppscheiben für die Hartmetallinstandhaltung ganz besonders zu beachten ist.

Die leichtgängige kugelgelagerte Tisch- bzw. Teilkopfführung bei beiden Maschinentypen läßt den Schleifvorgang auch gefühlsmäßig überwachen. Der Schärfer kann das Werkzeug sanft und ohne Druck bei guter Beobachtung des Schleifvorganges an die Schleifscheibe heranführen.

Die Werkzeugaufnahme erfolgt bei beiden Maschinen durch den schlagfrei laufenden auswechselbaren Spanndorn für die verschiedenen Werkzeugbohrungen. Für das genaue Teilen von einer Schneidenzahnbrust zur anderen sind endweder in den Teilungen genau geschliffene Teilscheiben oder nach dem Abwälzverfahren hergestellte gefräste Teilscheiben vorgesehen, in die Teilungsklinken bzw. Teilschnecken spielfrei und kraftschlüssig einrasten.

Das auf den Spanndorn aufgesetzte und festgespannte Werkzeug läßt sich in der räumlichen Lage mit mikrometerartigen Feineinstellungen so korrigieren, daß sich die zu schleifende Fräserzahnbrust nicht nur parallel zur Schlittenführung befindet, sondern daß auch der zu schleifende Spanwinkel eingehalten bleibt.

Die Rundlaufkontrolle der zu schleifenden Werkzeuge läßt sich mittels zweckmäßiger Abtastvorrichtungen in der Ausführung als Tastzeiger oder Fühluhr vornehmen.

Beide Einrichtungen sind am Teilkopf angebracht.

Der sogenannte „Stechschliff", bei dem die Schleifscheibe ähnlich wie beim Schärfen von Sägen in die Spanlücke einsticht, ist für das Schleifen von Fräswerkzeugen für die Holzbearbeitung ungünstig. Dieses Schleifverfahren zeigt an den Schleifscheiben am äußeren Rande eine vorzeitige Abnutzung. Die Schneidenbrustfläche bleibt nicht geradflächig, sondern bekommt ein gewölbtes Aussehen.

Der Spanwinkel, auf den es ganz besonders in dem Bereich der spitz auslaufenden Schneide ankommt, ist in keiner Weise eingehalten. Ganz besonders gefährlich ist dieses Schleifverfahren bei Werkzeugen mit vorspringenden Profilkonturen (z. B. Rolladenprofilfräsern, Verleimprofilfräsern, Hobelwerksfräsern u. a.).

Abb. 304. Schleifen eines kreuzverzahnten Falzfräsers in Rundfräserausführung (System Stehle)

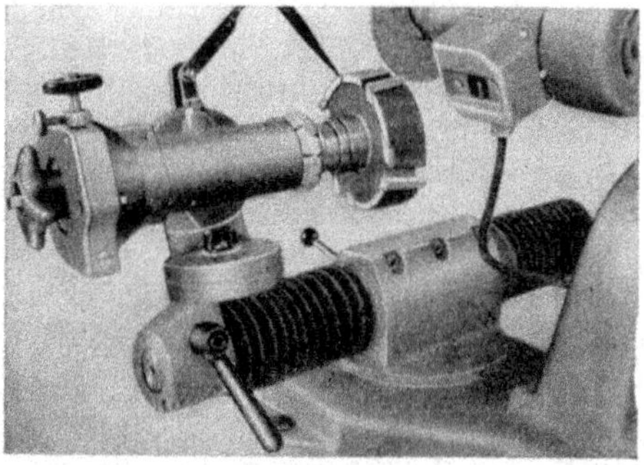

Abb. 305. Schneidenflugkreiskontrolle mit Hilfe eines Tasters oder einer Fühluhr (Abb. zeigt Taster)

Abb. 306. Schneidenflugkreiskontrolle an einem hinterdrehten kreuzverzahnten Falzfräser

Abb. 307. Schleifen eines Phasefräsers in Rundfräserausführung (System Stehle)

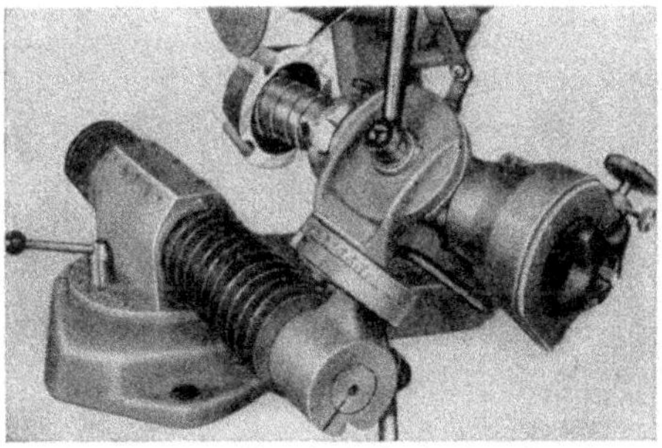

Abb. 308. Schleifen einer Nut- und Zinkensäge

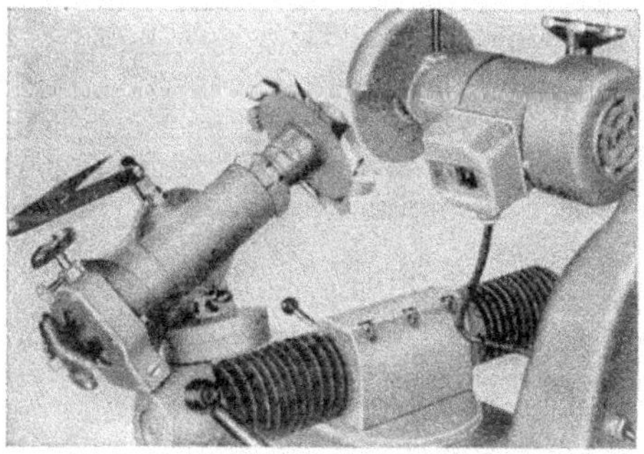

Abb. 309. Schleifen einer Schlitzscheibe (System Stehle)

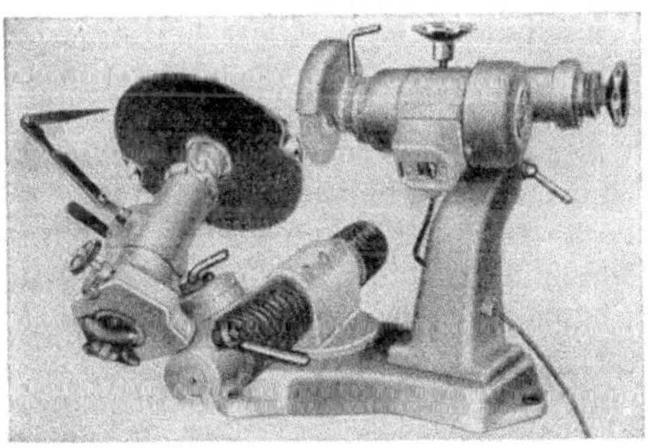

Die zuerst angeschliffenen, vorstehenden, profilierten Schneiden werden infolge des voll zur Auswirkung kommenden Schleifdruckes ungleich mehr abgeschliffen als der übrige nach innen folgende Teil, da sich der Schleifdruck dann auf eine viel größere Fläche verteilt.

Es sollte der bewährte Unter- oder Durchziehschliff, bei dem das Werkzeug an der Schleifscheibe vorbeigezogen wird, nicht verlassen werden, (siehe Abb.). Für die Hartmetallinstandhaltung kommt ausschließlich diese Schleifmethode zur Anwendung.

Sehr wichtig ist auch das richtige schlagfreie Abziehen der Schleifscheibe, die dem zu schleifenden Material entsprechend in ihrer Körnung und Härte richtig ausgewählt sein muß.

Jede neue Schleifscheibe ist noch nicht einsatzfähig; sie muß erst einsatzfähig abgezogen werden. Hierunter ist zu verstehen, daß die auf der am Werkstück anliegenden Seite der Schleifscheibe nach innen frei schneidend abzuziehen ist.

Bei der Auswahl der Schleifscheiben ist darauf zu achten, daß nur solche mit offenem Gefüge verwendet werden.

Die Poren zwischen den Schleifkörnern müssen so groß sein, daß für Span und gegebenenfalls für Kühlmittel Platz vorhanden ist. Feinkörnige Schleifscheiben mit kleinen Poren schleifen stets heiß und sind nur mit Vorsicht anzuwenden.

Groß dimensionierte Schleifscheiben, d. h. solche, bei denen die sekundliche Schleifgeschwindigkeit über 25 m ansteigt, neigen ebenfalls zum Heißschliff, insbesondere dann, wenn ohne Kühlmittel geschliffen wird.

Beim Schleifen ohne Kühlmittel sollte der Schleifscheibendurchmesser 150 mm und die Schleifgeschwindigkeit der Schleifscheibe keinesfalls 25 m/sek übersteigen.

Besondere Erwähnung verdient in oben genanntem Zusammenhang die sogenannte „Einkristallkorn"-Schleifscheibe, bei der das eigentliche Schleifkorn nicht gebrochen, sondern gewachsen ist.

Die Standzeit der gewachsenen Schleifkörner ist größer als die der gebrochenen. Bei besonders zähen Schnellstahlqualitäten werden mit Einkristallkorn-Schleifscheiben im Hinblick auf Standzeit derselben bessere Ergebnisse als mit den allgemein im Handel angebotenen Edelkorund-Schleifscheiben erzielt.

Holz- und Harzrückstände, die vor dem Werkzeugschleifen von den Fräserzähnen nicht entfernt wurden, verkleben und verschmieren die Schleifscheibe bis zur völligen Unbrauchbarkeit.

Holzbearbeitungswerkzeuge sind daher vor dem Schleifprozeß gründlich zu reinigen, handelsübliche Harzlösungsmittel werden hierfür besonders empfohlen.

Als Kühlmittel hat sich u. a. das „Transparent"-Schleiföl der Houghtonchemie gut bewährt. Soda und Bohrölemulsionen setzen die Schleifscheiben sehr schnell zu.

Für das Läppen von Hartmetall mit Diamant-Läppscheiben hat sich neben den im Handel erhältlichen Kühlmitteln Petroleum sehr gut bewährt.

Für das Abziehen von Diamant-Läppscheiben ist der sonst für Edelkorund- und Siliziumkarbid-Schleifscheiben verwendete Abziehdiamant unbrauchbar. Diamant-Läppscheiben lassen sich nur mit Bimsstein oder Siliziumkarbid-Abziehbrocken reinigen. Der Siliziumkarbid-Abziehbrocken ist auch für das fortlaufende Abziehen von Edelkorund- und Siliziumkarbid-Schleifscheiben unentbehrlich.

Die in der Textausführung abgebildeten und beschriebenen Schleifmaschinen dienen durch ihren Aufbau mit ihren Zusatzeinrichtungen neuzeitlicher Werkzeugpflege.
Die Vorteile eines maschinellen Schleifens gegenüber dem freihändigen Schleifen sind so groß, daß sich gerade diese im Textteil beschriebenen Schleifmaschinentypen in unzähligen Betrieben der maschinellen Holzbearbeitung Eingang verschafft haben.

Verzeichnis der Werkstattblätter, Arbeitsblätter, Betriebsblätter und Maschinenkarten

Werkstattblatt 6. Arbeitsermittlung an kreisenden Werkzeugmaschinen.
Werkstattblatt 7. Zahlentafeln für das Berechnen von Hauptzeiten an Drehbänken, Bohr- und Rundschleifmaschinen.
Werkstattblatt 25. Winke für das Abrichten von Genauigkeits-Schleifscheiben mit Diamantwerkzeugen.
Werkstattblatt 39. Schnittgeschwindigkeiten und Vorschübe zum Bearbeiten von Leichtmetallen. I. Drehen, II. Fräsen und Sägen, III. Bohren und Senken, IV. Reiben, V. Gewindeschneiden, VI. Schleifen.
Werkstattblatt 62. Schleifen, Läppen und Polieren von Hartmetall-Werkzeugen.
Werkstattblatt 101. Das Scharfschleifen von Fräsern mit Spitzen oder gefrästen Zähnen.
Werkstattblatt 103. Das Scharfschleifen der Fräser mit breiten oder hintergedrehten Zähnen.
Werkstattblatt 105. Das Schleifen von Werkzeugen.
VDI-Arbeitsblatt 3001. Anwendung und Behandlung des Abrichtdiamanten im Betrieb.
VDI-Arbeitsblatt 3002. Feinstschleifen von Hartmetallschneiden bei sparsamster Verwendung von Diamantscheiben.
VDI-Arbeitsblatt 3003. Anwendungsbereich und Handhabung der diamantfreien Abrichtwerkzeuge.
VDI-Arbeitsblatt 3013. Anleitung zur Pflege von Rund- und Flächenschleifmaschinen.
VDI-Arbeitsblatt 3019. Anleitung zur Pflege von Wälzschleifmaschinen (Zahnradschleifmaschinen).
VLW-Merkblatt Nr. 5. Bearbeitung mit spanabhebenden Werkzeugen.
Betriebsblatt, Masch.-Bau/Betrieb, Bd. 21 (Nr. 10, 1942). Diamantfreies Abrichten von Schleifscheiben.
Betriebsblatt AWF 38. Flächenschliff.
Betriebsblatt AWF 40. Innenschliff.
Betriebsblatt AWF 58. Gattersägenblätter.
Betriebsblatt AWF 76. Schleifen.
Betriebsblatt AWF 77. Schleifen von Hartmetall.
Betriebsblatt AWF 78. Kühlen und Schmieren beim Schleifen.
AWF 80. Diamantschleifscheiben und -schleifstifte.
Maschinenkarte AWF 3007 für Rundschleifmaschinen.
Maschinenkarte AWF 3010 für Flächenschleifmaschinen.
Maschinenkarte AWF 370 für Holzschleifmaschine.

Schrifttum

Engelbrecht, Dr. Ludwig, Oberflächenbehandlung von Holz, Verlag des Druckhauses Tempelhof, Berlin, 1951.
Kleinschmidt, Senator h. c., Das Schleifen der Werkzeuge, Techn. Verlag Herbert Cram, Berlin W 35, 1954.
Kratz, Dipl.-Ing. Erich, Untersuchungen über Holzschleifen an Trommelschleifmaschinen, Dissertation, Dresden, 1932.
Narath, H., Holzbearbeitungsmaschinen, 2. Aufl., Verlag J. J. Arndt, Leipzig, 1941.
Rudolf, Adolf, Das Polieren von Edelholz, 2. Aufl., Verlag Georg D. W. Callwey, München, 1943.
Trautvetter, Dr. Karl, Die Werkzeugmaschinen für Holzbearbeitung, Sammlung Göschen, Berlin W 35.
Wichmann, H., Maschinen und Werkzeuge für die spangebende Holzbearbeitung, Springer Verlag, Berlin, Werkstattbücher, Heft 78, 1951.

Abschnitt 4

Die Unfallverhütung beim Schleifen und Polieren

Die Erfahrung hat bewiesen, daß verhältnismäßig wenige Unfälle, die durch Schleifscheiben hervorgerufen worden sind, auf fehlerhafte Schleifscheiben zurückgeführt werden müssen. Bei der großen Sorgfalt, mit der heute die Schleifscheiben hergestellt werden, ist dies verständlich, denn alle Schleifscheibenhersteller prüfen die hergestellten Schleifscheiben, ehe sie dieselben zum Versand an den Verbraucher bringen. Auf einem Prüfstand, auf dem die Schleifscheiben geprüft werden, läßt man die Schleifscheiben mit einer viel größeren Umfangsgeschwindigkeit laufen, als diejenige ist, die dem Verbraucher als einzuhaltende Umfangsgeschwindigkeit von dem Hersteller empfohlen wird. Man erreicht auf diese Weise, daß die fehlerhaften Schleifscheiben ausgeschaltet werden. Kommen also Unglücksfälle durch Schleifscheiben vor, so ist die Schuld nicht auf fehlerhafte Schleifscheiben, sondern in fast allen Fällen auf Unachtsamkeit des Schleifers usw. zurückzuführen. Auf dem Beförderungswege kann zwar die Schleifscheibe trotz sorgfältiger Verpackung Schaden erleiden; da aber bei jeder neuen Schleifscheibe, die auf eine Schleifmaschine genommen wird, ein halbstündiger Probelauf vorgeschrieben ist, so würde es sich bei diesem Probelauf zeigen, ob die Schleifscheibe auf dem Beförderungswege gelitten hat oder nicht.
Die sichere Befestigung der Schleifscheibe erfordert nicht nur Geschicklichkeit und Urteilsfähigkeit, sondern auch geeignete Vorrichtungen. Die meisten Schleifmaschinen sind zwar mit den geeigneten Spindeln, Flanschen, Spannvorrichtungen und anderen Einrichtungen versehen, hin und wieder findet man aber doch eine Schleifmaschine, bei der die Spindel oder die Flanschen von ungeeigneter Größe sind, oder das Spannfutter oder andere Spannvorrichtungen sind ungeeignet für die betr. Schleifmaschine in Betracht kommende Größe und Art der Schleifscheibe.

Alle diejenigen Betriebsleute, die für die richtige Befestigung der Schleifscheiben verantwortlich sind, müssen unbedingt die folgenden Ausführungen beachten:
Man sehe darauf, daß die richtige Art der Schleifscheiben benutzt wird, und zwar bezieht sich dies auf die Abmessungen, Form, Art der Bindung und Härte der Schleifscheibe. Hierauf untersuche man die Schleifscheibe selbst gründlich, ob sie durchaus einwandfrei ist und nicht etwa auf dem Beförderungswege gelitten hat. Sodann überzeuge man sich, daß die Maschinengeschwindigkeit nicht höher ist als die vom Hersteller empfohlene Umfangsgeschwindigkeit der Schleifscheibe. Ist die Schleifscheibe zwischen Flanschen befestigt, so prüfe man nach, ob die Größe der Flanschen genügt bzw. den Vorschriften der Berufsgenossenschaft in jeder Weise entspricht. Daß die Schleifscheibe immerhin ein zerbrechlicher Gegenstand ist, muß man beim Aufbringen der Schleifscheibe auf die Welle und beim Anziehen der Muttern, Bolzen oder Schrauben beachten. Selbst wenn die Schleifscheibe in Gummi, Schellack- oder Kunstharzbindung hergestellt ist, so ist sie zerbrechlich, wenn auch nicht so leicht. Allerdings darf man nicht vergessen, daß diese Art von Schleifscheibe gewöhnlich mit höherer Umlaufszahl läuft. Infolgedessen ist, wenn ein Bruch erfolgen sollte, der entsprechende Schaden auch entsprechend größer.
Die für Schleifscheiben und Schleifmaschinen bestehenden Unfallverhütungsvorschriften müssen selbstverständlich in jeder Beziehung beachtet werden. Ein Bruch oder Zerknall der Schleifscheibe braucht man nicht zu befürchten, wenn alle Vorschriften erfüllt werden. Erfolgt lange Zeit kein Scheibenbruch, so kann allerdings das Gefühl entstehen, daß ein Bruch überhaupt nicht eintreten könne, und dies mag zu einer gewissen Nachlässigkeit in bezug auf die Schutzvorrichtungen beim Schleifen führen. Die letzteren müssen aber unbedingt in Ordnung sein, um Verletzungen des Schleifers zu vermeiden, wenn wider Erwarten ein Schleifscheibenbruch eintreten sollte.
Beim Schleifvorgang selbst kommen verhältnismäßig wenig Unglücksfälle vor. Durch unrichtige Befestigung oder falsche Auswahl der Schleifscheiben können weit mehr Scheibenbrüche erfolgen.
In einem anderen Abschnitt dieses Buches wurde bereits ausgeführt, wie wichtig die Umfangsgeschwindigkeit der Schleifscheibe ist, und es muß erneut betont werden, daß die vom Schleifscheibenhersteller empfohlenen Schleifgeschwindigkeiten unter keinen Umständen überschritten werden dürfen. Seitendruck muß beim Schleifen vermieden werden. Auch darf die Schleifscheibe nicht in das Werkstück oder das Werkstück in die Schleifscheibe hineingepreßt werden, da sonst ein Bruch mit seinen üblen Folgen leicht eintreten kann.
Besonders wichtig ist es darauf zu achten, daß die Werkstückauflage sich so dicht wie möglich an der Schleifscheibe befindet, damit das Werkstück oder andere Gegenstände nicht zwischen Schleifscheibe und Auflage gelangen können. Auf Nichtbeachtung dieser Vorschriften sind die meisten Scheibenbrüche zurückzuführen.
Auch muß man unbedingt darauf achten, daß die Temperatur der Schleifscheibenoberfläche bei gewissen Schleifarbeiten, die eine hohe Wärmeentwicklung mit sich bringen, nicht zu plötzlich erhöht wird. Das ist besonders von Wichtigkeit, wenn eine neue Schleifscheibe in Benutzung genommen wird, die in einem kalten Raum gelagert hat oder des Morgens, wenn der Schleifraum

die Nacht über kalt war. Harte und dichte Schleifscheiben verursachen eine größere Wärmeentwicklung als solche, die weicher und von offenem Gefüge sind. Geradezu gefährlich ist es, zu harte Schleifscheiben zu verwenden, nur um eine längere Lebensdauer der Schleifscheiben zu erzwingen.

Wenn nun von den Schutzmaßnahmen gegen Auseinanderfliegen der Schleifkörper gesprochen werden soll, so ist zu bemerken, daß bei Anwendung von Schutzbügeln der größte Wert auf die Nachstellbarkeit des Bügels zu legen ist. Wird die Arbeitsöffnung des Bügels bei fortschreitender Abnutzung der Schleifscheibe zu groß, so bietet der Bügel keinen ausreichenden Schutz mehr gegen herausfliegende Teile bei etwaigem Zerspringen der Schleifscheibe. Bei der Herstellung von Schutzbügeln ist Verwendung von gewelltem Stahl (Wellstahl) zweckmäßiger als die von glattem Stahl (Bandstahl), da ersterer elastisch in der Aufnahme von etwa zerspringenden Scheibenteilen ist.

Schleifscheibenreklamationen gehören mit zu den vielen Unannehmlichkeiten und Schwierigkeiten, die der Schleifscheibenhersteller zu überwinden hat; denn die Verbraucher von Schleifscheiben sind nur allzu leicht geneigt, beim Zerknall einer Schleifscheibe die Schuld daran in der Schleifscheibe selbst zu suchen, also den Hersteller dafür verantwortlich zu machen. Es ist nicht immer leicht, die wirklichen Ursachen des Zerknalls einer Schleifscheibe einwandfrei festzustellen.

Von Interesse dürften auch die nachstehenden, dem amerikanischen „Safety Code" entnommenen Bestimmungen sein:

Schleifscheiben für Naßschliff. Nach Stillsetzung der Schleifmaschine dürfen die beim Naßschleifen verwendeten Scheiben nicht im Wasser stehenbleiben, da sie hierdurch einen gefährlichen Wuchtfehler bekommen können.

Untersuchung beim Schleifscheibenbruch. Ist eine Schleifscheibe zersprungen, so ist eine sorgfältige und eingehende Untersuchung erforderlich. Es muß festgestellt werden, ob die Schutzhaube beschädigt ist, die Flanschen verbogen oder aus der Balance gekommen sind. Die Spindeln und die Muttern müssen ebenfalls sorgfältig untersucht werden.

Anbringung der Schutzhaube. Wenn eine neue Schleifscheibe auf die Schleifmaschine gebracht worden ist, so muß darauf geachtet werden, daß die Schutzhaube wieder richtig angebracht wird.

Bleibüchse. Die Bleieinlage in der Bohrung der Schleifscheibe darf nicht über die Seiten der Scheibe hinausragen.

Seitliches Schleifen. Häufig ist das Schleifen auf den flachen Seiten von geraden Schleifscheiben gefährlich; man darf es nicht bei solchen Schleifvorgängen erlauben, wo die Seiten der Schleifscheiben ziemlich abgenutzt sind oder ein großer Druck gegen dieselben erfolgt.

In der Zeitschrift „Die Berufsgenossenschaft" erschien in Heft 4 im Jahre 1956 unter dem Titel „Schwerer Schleifscheibenunfall" folgender Bericht:

Nach etwa 20 Minuten Arbeit an einer doppelseitigen Schleifmaschine älterer Bauart zersprang die Schleifscheibe und tötete den daran beschäftigten Schlosser. Der Schleifkörper von 600 mm Durchmesser war am Tage vorher nach einer Klangprobe aufgespannt und anschließend einem Probelauf von 20 Minuten Dauer unterzogen worden. Die Schutzhaube war aus 3,5 mm dickem Stahlblech hergestellt. Bereits 14 Tage vorher war an dieser Schleifmaschine ein Zerknall entstanden, der jedoch zu keinen Personenschäden geführt hatte.

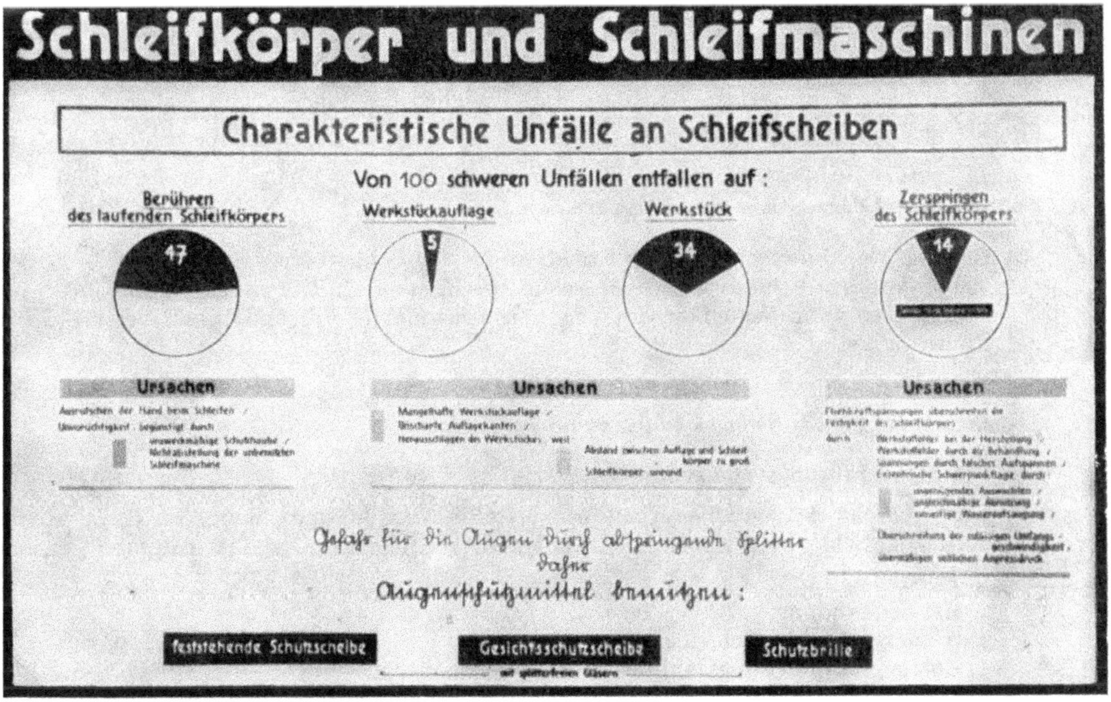

Abb. 310.

Diese Zerknalle wurden vom Betriebsleiter auf minderwertige Güte der Schleifkörper zurückgeführt. Eine genauere Untersuchung führte jedoch zu folgenden Feststellungen:

1. Die Polumschaltung des Motors war unwirksam gemacht worden, so daß er nur noch mit der erhöhten Drehzahl von 1400 U/min lief und nicht mehr mit 950 U/min. Hierdurch betrug die Umfangsgeschwindigkeit der Schleifscheibe 43,5 m/sek. Der Schleifkörper, dessen Aufklebezettel beim Aufspannen der neuen Schleifscheibe achtlos fortgeworfen worden war, war jedoch nur für eine Umfangsgeschwindigkeit von 30 m/sek (950 U/min) zugelassen. Durch die um 45% erhöhte Umfangsgeschwindgkeit war die Fliehkraft auf den doppelten Wert angestiegen.
2. Die Schutzhaube wurde beim Zerknall durch die Bruchstücke der Schleifscheibe derart verformt, daß sich die Befestigungen von dem Maschinenkörper lösten und die Bruchstücke herausfliegen konnten. Wahrscheinlich wären auch bei der unzulässig erhöhten Umfangsgeschwindigkeit keine derartigen Verformungen eingetreten, wenn die Blechdicke der Schutzhaube entsprechend der Unfallverhütungsvorschrift 6 bzw. 7 mm betragen hätte.

Wieder einmal haben Gleichgültigkeit und Unkenntnis der Unfallverhütungsvorschriften zu einem Todesfall geführt.

Daß Schwabbelscheiben nicht immer harmlos sind, zeigt folgender Unfall: Beim Polieren von eisernen Kinderwagenbügeln an einer Schwabbelscheibe riß ein Stück des Schwabbelstoffes ab, wickelte sich um den Bügel und um den linken kleinen Finger des Arbeiters. Das Endglied des Fingers wurde abgerissen.

Die Kennzeichnung von Schleifkörpern

Einen großen Fortschritt in der Etikettierung von Schleifkörpern stellen die vom Deutschen Schleifscheiben-Ausschuß beschlossenen „Richtlinien für die Etikettierung von Schleifkörpern" dar; sie behandeln Form und Inhalt des Einheitsetiketts.

Richtlinien für die Kennzeichnung von Schleifkörpern

I. Unfallverhütungsvorschriften

§ 13, Abschnitt „Metallverarbeitung (Metallbearbeitungsmaschinen)": „Es dürfen nur Schleifkörper verwendet werden, die die folgenden Angaben tragen:

1. Hersteller,
2. Art der Bindung,
3. Abmessungen der Schleifscheiben,
4. Zulässige Umdrehungszahl des neuen Schleifkörpers.

Außerdem müssen mineralisch-gebundene Schleifkörper mit einem dauerhaften weißen Farbstreifen versehen sein, der sich über den ganzen Durchmesser erstreckt."

II. Aufklebezettel

Die in den genannten Unfallverhütungsvorschriften geforderten Angaben sind auf einem zuverlässig an dem Schleifkörper befestigten Aufklebezettel einzutragen. Als Aufklebezettel können rechteckige Zettel nach Form A oder kreisrunde, beiderseitig um die Bohrung des Schleifkörpers angebrachte Scheiben nach Form B verwendet werden (vgl. Abb. DSA 397). Die Abmessungen des Aufklebezettels sind geändert in 50 × 76,8 mm.
Dabei ist folgendes zu beachten:

	Form A	Form B
1. Größe:	DIN B 8; 62 × 88	$^1/_3$ des Schleifscheibendurchmessers, mindestens $^1/_3$ des Schleifkörperdurchmessers + 5 mm.
2. Werkstoff:	haltbar	nachgiebig (weich, elastisch).
3. Stärke:	beliebig	0,5 bis 1 mm.

4. Farbe:
   Braun bei Schleifmittel Normalkorund,
   Gelb bei Schleifmittel Halb-Edelkorund,
   Rot bei Schleifmittel Edelkorund,
   Grün bei Schleifmittel Siliziumkarbid.
5. Herstellerzeichen:
   Anstatt seines Namens kann der Hersteller auf dem Aufklebezettel auch sein geschütztes Warenzeichen angeben.
6. Besondere Kennzeichen:
   a) Mineralische Bindung: ein weißer Diagonalstreifen, 15 mm breit, von links oben nach rechts unten;
   b) Erhöhte Umfangsgeschwindigkeit Zul. des DSA: ein blauer Diagonalstreifen, 15 mm breit, von rechts oben nach links unten.

   Der Zulassungsvermerk des Deutschen Schleifscheibenausschusses ist auf dem Aufklebezettel unter „Bemerkungen" einzutragen. Unter Umständen kann für diese Eintragung auch die Spalte „Höchstgeschwindigkeiten" herangezogen werden. Die Angabe der Höchstumfangsgeschwindigkeit in m/sek kann bei kleineren runden Etiketten (Form B) fortfallen.
7. Probelauf:
   Durch Probelauf geprüfte Schleifkörper müssen auf dem Aufklebezettel den Vermerk tragen:
   „Nach den Richtlinien des Deutschen Schleifscheibenausschusses durch Probelauf geprüft."
8. Kleinst-Schleifkörper:
   Bei Sammellieferungen von Kleinst-Schleifkörpern (Schleifkörpern bis 40 mm Durchmesser) an Großverbraucher genügt die Mitgabe eines Aufklebezettels für je zehn gleichartige Schleifkörper.

III. Schleifkörper:

Unmittelbar auf dem Schleifkörper selbst sind die folgenden Angaben gut kenntlich und haltbar in der Nähe der Bohrung anzubringen:
1. das Herstellerzeichen bei Schleifkörpern von mehr als 100 mm Durchmesser.
2. das Zeichen „(P)" bei Schleifkörpern, die nach den Richtlinien des DSA durch Probelauf geprüft sind.

Schleifkörper, die für erhöhte Umfangsgeschwindigkeiten zugelassen sind, müssen außerdem mit einem dauerhaften blauen Farbstreifen versehen sein, der sich über den ganzen Durchmesser erstreckt.

Unfallverhütungsvorschriften der Nordwestlichen Eisen- und Stahl-Berufsgenossenschaft für Schleifkörper (Schmirgelkörper) und Schleifmaschinen

§ 9. Schleifkörper sind an trockenen Orten aufzubewahren und besonders bei Beförderung sorgsam vor Stößen und Erschütterungen zu bewahren.

§ 10. (1) Schleifkörper müssen mit starken, gut befestigten Schutzhauben oder nachstellbaren Schutzbügeln aus zähem Stoff ausgerüstet sein. Das Nachstellen der Schutzbügel muß der Abnutzung des Schleifkörpers entsprechend erfolgen. Ausgenommen von diesen Bestimmungen sind die Messerschleifmaschinen mit selbsttätiger Zuführung und mit einer Umfangsgeschwindigkeit unter 10 m/sek.

(2) Macht die Art der auszuführenden Arbeit das Anbringen von Schutzhauben oder Schutzbügeln unmöglich, sind entweder konische Schleifscheiben mit auswechselbaren Seitenbacken oder gerade Scheiben mit geeigneten Gummizwischenlagen zu verwenden. Letzteres ist jedoch nur zulässig bei einer Breite der Scheiben bis zu 40 mm. Bei der Verwendung von Gummizwischenlagen ist die vom Deutschen Schleifscheibenausschuß (§ 14) herausgegebene Gebrauchsanweisung zu befolgen.

(3) Die Steigung konischer Scheiben muß auf beiden Seiten 1 : 16 betragen.

(4) Schleifscheiben und Schleifringe, die an den Seitenflächen benutzt werden, müssen von einem ausreichend stark bemessenen und in Längsrichtung der Achse verstellbaren Schutzring aus zähem Stoff[1] umschlossen sein.

(5) Kleinstschleifkörper brauchen keine Schutzhauben und Schutzbügel zu haben; die Bestimmungen des Abs. 2 gelten für sie nicht. Der Deutsche Schleifscheibenausschuß (§ 14) bestimmt, welche Schleifkörper als Kleinstschleifkörper gelten[2].

§ 11. (1) Vor dem Aufspannen sind die Schleifkörper leicht abzuklopfen und hierbei freischwebend auf einem Dorn zu halten. Beschädigte Schleifkörper dürfen nicht verwendet werden.

(2) Die Schleifkörper müssen leicht auf Welle oder Befestigungskörper aufzuschieben sein und mit ihnen zuverlässig verbunden werden.

(3) Zwischen Seitenbacken und Schleifkörper ist Gummi, weiche Pappe, Filz, Leder oder dergleichen einzulegen. Die Anlageflächen der Seitenbacken müssen ausgespart sein, so daß die Seitenbacken nur mit einem äußeren Rand von etwa einem Achtel des Backendurchmessers anliegen. Die gleichzeitige Verwendung von Seitenbacken verschiedenen Durchmessers an einem Schleifkörper ist unzulässig.

(4) Bei Schleifscheiben von über 200 mm Durchmesser muß der Durchmesser jeder der beiden Seitenbacken mindestens gleich einem Drittel des Durchmessers der Scheibe sein. Wo nach § 10 Abs. 2 Schutzhauben fehlen, muß der Durchmesser jeder der beiden Seitenbacken bei Verwendung konischer Scheiben mindestens gleich der Hälfte und bei Verwendung gerader Scheiben mit Gummizwischenlagen mindestens gleich zwei Drittel des Durchmessers der Scheibe sein.

(5) Bei Schleifringen, an deren Umfang geschliffen wird, müssen die Seitenflächen mindestens zu einem Viertel ihrer Höhe von den Seitenbacken überdeckt (gefaßt) sein.

§ 12. (1) Die Schleifkörper sind rundlaufend zu erhalten. Das Behauen der Schleifkörper ist verboten. Zum Abrichten unrund gewordener Schleifkörper sind geeignete Werkzeuge bereitzuhalten.

[1] Gußeisen gilt nicht als zäher Stoff.

[2] Zur Zeit sind dies Schleifkörper bis 40 mm Durchmesser.

(2) Die Wellenenden von Schleifmaschinen sind zu verkleiden, wenn die Enden um mehr als ein Viertel des Wellendurchmessers hervorstehen. Glatte Wellenenden unter 5 cm Länge bedürfen keiner Verkleidung, sind aber abzurunden. Innengewinde sind zu sichern.
(3) An Schleifmaschinen, bei denen das Arbeitsstück von Hand zugeführt wird, ist möglichst eine verstellbare Auflage anzubringen; sie ist so nachzustellen, daß sie sich stets dicht am Schleifkörper befindet.
(4) Beim Trockenschleifen ist möglichst der Schleifstaub durch geeignete Vorrichtungen abzusaugen oder aufzufangen.

§ 13. (1) Es dürfen nur Schleifkörper verwendet werden, die die folgenden Angaben tragen:
1. Hersteller,
2. Art der Bindung,
3. Abmessungen der Scheibe,
4. Zulässige Umdrehungszahl des neuen Schleifkörpers.

Außerdem müssen mineralisch gebundene Schleifkörper mit einem dauerhaften weißen Farbstreifen versehen sein, der sich über den ganzen Durchmesser erstreckt.

§ 14. Die zulässigen Umfangsgeschwindigkeiten werden von einem Ausschuß (dem Deutschen Schleifscheibenausschuß) bestimmt, der sich aus neun Mitgliedern zusammensetzt. Sechs Mitglieder, darunter den Vorsitzenden und einen Vertreter der Versicherten, stellen die Eisen- und Stahlberufsgenossenschaft, je ein Mitglied entsenden der Bundesarbeitsminister als Vorsitzender des Länderausschusses für Unfallverhütung, das Ministerium für Wirtschaft und Arbeit und das Bundesversicherungsamt.
§ 15. Der Deutsche Schleifscheibenausschuß hat die folgenden allgemeinen Höchstumfangsgeschwindigkeiten festgesetzt:

Bindung	Umfangsgeschwindigkeiten in m/sek bei Zustellung des Werkstücks von Hand	mit Support
1. Mineralisch	15	25
2. Silikat, keramisch, vegetabilisch (auch Gummi und Kunstharze)	25	35

§ 16. Die Umfangsgeschwindigkeiten nach § 15 können überschritten werden, wenn es vom Deutschen Schleifscheibenausschuß besonders zugelassen wird. In solchen Fällen muß der Schleifkörper einen vom Deutschen Schleifscheibenausschuß in Wortlaut und Form festgelegten Vermerk tragen, in dem die zulässige Höchstumfangsgeschwindigkeit angegeben ist.

§ 17. (1) Schleifmaschinen für erhöhte Umfangsgeschwindigkeiten (§ 16) müssen nach Aufstellung und Bauart (Lagerung der Schleifspindel) für die zugelassene Geschwindigkeit geeignet sein und, soweit der Deutsche Schleifscheibenausschuß nichts anderes bestimmt, folgenden Anforderungen entsprechen:
1. Sie müssen besonders gut ausgebildete Schutzhauben aus zähem Werkstoff haben. Schutzbügel genügen nicht.
2. Bei Ständer-Schleifmaschinen müssen die Schutzhauben nachstellbar sein.

3. Frei tragbare Handschleifmaschinen müssen konische Schleifscheiben mit entsprechend geformten Seitenbacken haben, außerdem Schutzhauben, die mindestens die Hälfte des Schleifscheibenumfangs umfassen.
4. Bei Abstech-Schleifmaschinen (Trennmaschinen) muß die Schutzhaube verhindern, daß beim Zerspringen der Trennscheibe Bruchstücke herausfliegen; als Werkstoff der Schutzhaube kann auch Gußeisen verwendet werden.
5. Pendel-Schleifmaschinen dürfen nach beiden Seiten nicht mehr als 45 Grad aus der Vertikalen schwenkbar sein.

(2) Soweit der Deutsche Schleifscheibenausschuß Abweichendes bestimmt hat, muß die Schleifscheibe einen entsprechenden Vermerk tragen.

§ 18. Die Bestimmungen über Gewährung von Ausnahmen (vgl. die Übergangs- und Ausführungsbestimmungen, Abschnitt 37) finden auf die §§ 14 bis 17 keine Anwendung.

Schleifsteine

§ 19. (1) Schleifsteine mit einer Umfangsgeschwindigkeit über 4 m/sek dürfen nur mit Druckscheiben auf der Welle befestigt werden. Die Druckscheiben müssen mit Schraubenmuttern angezogen werden.
(2) Zwischen Druckscheiben und Stein sind elastische Zwischenlagen einzulegen.
(3) Die Schleiffläche ist glatt und rundlaufend zu erhalten. Zum Abrunden der Steine dürfen nur die dazu bestimmten Werkzeuge benutzt werden.
Beim Abdrehen von Sandsteinen sind Atemschutzgeräte zu benutzen.

§ 20. Schleifsteine aus Sandstein sind nach Möglichkeit durch künstliche Schleifkörper zu ersetzen.

§ 21. An Schleifsteinen muß die Vorlage, auf die das zu schleifende Arbeitsstück aufgelegt wird, verstellbar sein und beim Schleifen von Hand dicht an den Stein herangebracht werden.

§ 22. (1) Schleifsteine von mehr als 1 m Durchmesser (Großschleifsteine) mit Ausnahme von Schwertsteinen, müssen starke Schutzvorrichtungen aus zähem Stoff (kein Gußeisen) haben, die bei einem Zerspringen der Steine die Bruchstücke sicher auffangen.
(2) Schwertsteine dürfen nicht mit mehr als 12 m/sek Umfangsgeschwindigkeit betrieben werden.

§ 23. Es ist dafür zu sorgen, daß Schleifsteine während des Stillstandes nicht im Wasser stehen und bei Frostwetter nicht gefrieren. Neue Steine sind gegen Feuchtigkeit und Nässe geschützt aufzubewahren.

§ 24. Die Grube von Großschleifsteinen ist der Abnutzung des Steines entsprechend abzudecken.

Poliermaschinen

§ 25. Hölzerne Schleif- und Polierscheiben müssen aus mehreren quer verleimten Furnieren oder Einzelscheiben (Dickten) bestehen. Einzelscheiben, die aus Stücken zusammengesetzt sind, müssen mit versetzten Fugen aufeinander geleimt sein. Die Seitenflächen dürfen keinen Vorsprung haben.

§ 26. Die Wellenenden der Poliermaschinen sind zu verkleiden, wenn die Enden um mehr als ein Viertel des Wellendurchmessers hervorstehen. Glatte Wellenenden unter 5 cm Länge bedürfen keiner Verkleidung, sind aber abzurunden. Innengewinde sind zu sichern.

Absaugung von Schleifstaub in holzverarbeitenden Betrieben

Bei bestimmten Herstellungsvorgängen läßt sich das Entstehen des Staubes nicht vermeiden. Dies ist besonders in den holzverarbeitenden Betrieben beim Schleifen, dann aber auch beim Hobeln, Sägen und Fräsen der Fall. Daher ist der Beseitigung des Schleifstaubes besondere Aufmerksamkeit zu widmen, denn staubfreie Arbeitsräume entsprechen nicht nur den Anforderungen der Gesundheitspflege, sondern sie bringen auch den Betriebsinhabern durch verminderte Krankheit, erhöhte Leistungsfähigkeit und Arbeitsfreudigkeit des Personals große Vorteile. Ferner besteht ja gerade in holzverarbeitenden Betrieben die Gefahr der Betriebsstörungen durch Brände und Selbstentzündungen.
Die Absaugung des Staubes an der Entstehungsstelle und dessen Abscheidung mittels eines Abscheiders dienen als wirksame Bekämpfung der Staubentwicklung. Im Nachstehenden sollen daher Entstaubungsanlagen, wie sie für holzverarbeitende Betriebe in Frage kommen, näher behandelt werden.

Absaugen von Schleifstaub an Schleif- und Poliermaschinen durch Staubschlucker Bauart Handte

Bei dem Handte Staubschlucker sind Ventilator, Staubabscheider und Staubbehälter in einem Apparat vereinigt. Durch den Saugstutzen tritt die staubhaltige Luft tangential in das Gerät ein und gelangt in eine kreisförmige Bewegung. Die Staubteilchen wandern infolge der Fliehkraft nach außen und sinken spiralförmig nach unten, passieren die Wassernebelzone und gelangen in den Staubbehälter. Dort werden sie gebunden und verschlammt.
Die vorgereinigte Luft wird bei den Typen STZF, STFN und STFO noch durch einen Feinfilter nachfiltriert, so daß der Ablauf praktisch staubfrei austritt. Die Type STFO kann mit Trocken- und Naßabscheidung ausgeführt werden. Bei Trockenabscheidung ist die Vorabscheidung eine reine Fliehkraftabscheidung mittels Zyklonen oder Zyklonbatterien.
Die Vorzüge dieses Staubschluckers sind die folgenden: Kein Wärmeverlust im Winter, da Abluft im Raum verbleiben kann. Kein Unterdruck und keine Zugluft. Kurze Rohrleitungen, daher gute Saugkraft.
In Abb. 311 wird die Einzelabsaugung einer Bandschleifmaschine gezeigt, während in Abb. 312 die Einzelabsaugung einer Flächenschleifmaschine (Nachfiltrierung durch Stoff-Feinfilter) und in Abb. 313 bei der Type STFN die Einzelabsaugung einer Poliermaschine dargestellt wird.
Was nun die Handte Zyklone anbetrifft, so ist der Aufbau und die Wirkungsweise wie folgt:

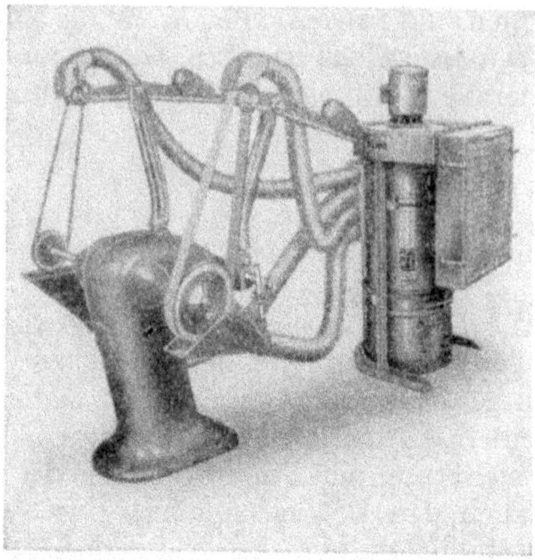

Abb. 311. Einzelabsaugung einer Bandschleifmaschine

Abb. 312. Einzelabsaugung einer Flächenschleifmaschine

Abb. 313. Einzelabsaugung einer Poliermaschine

Die Staubluft wird dem Zyklon tangential zugeführt und gelangt in eine kreisförmige Bewegung. Auf Grund der Fliehkraft wandern die relativ zur Luft schwereren Staubteilchen nach außen und sinken auf einem ihnen zugeordneten Sparrzylinder nach unten in den Staubbehälter. Da der Abscheidegrad von Zyklonen mit kleinen Durchmesser besser ist, wird in den meisten Fällen die Luftmenge durch Parallelschalten gleichartiger Zyklone aufgeteilt. Dadurch bleiben die Einzelabmessungen klein, außerdem bauen sich diese Zyklonbatterien sehr niedrig. Um einen Wärmeverlust im Winter zu vermeiden, wird

Abb. 314.

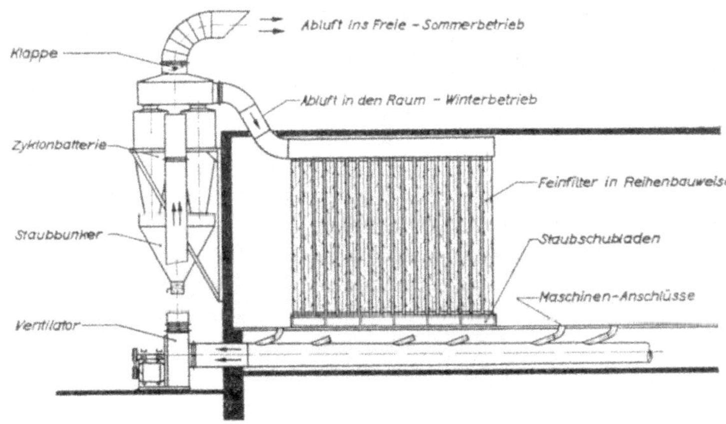

ein Großteil der Luft nach Nachfiltrierung durch einen Feinfilter wieder dem Arbeitsraum zugeführt. Bei Sommerbetrieb geht die Abluft ins Freie.
In Abb. 314 ist eine Entstaubungsanlage mit Luftrückführung, freistehende Anordnung, dargestellt. Der Feinfilter ist längs einer Wand im Arbeitsraum aufgestellt.

Kleinstfilter

Diese Kleinstfilter können aber für die Entstaubung von allen staubabwerfenden Maschinen verwendet werden. In der Tat ergeben sich in der Praxis vielseitige Verwendungsmöglichkeiten, und zwar eignen sich die Kleinstfilter besonders für die alleinstehenden Werkzeug- und Schleifmaschinen. Gerade in der Schleif- und Poliermittelindustrie finden die Kleinstfilter vielseitige Verwendungsmöglichkeiten, sei es für die Absaugung des anfallenden Staubes an Schleifscheiben, Polierscheiben und neuerdings vor allen auch an Bandschleifmaschinen. Durch die direkte Absaugung jedes einzelnen Schleif- und Polierbockes erübrigt sich bei Vorhandensein mehrerer solcher Maschinen die Anschaffung einer zentralen Absaugungsanlage und damit auch die Verlegung von Rohrleitungen. Man kann die Kleinstfilter in unmittelbarer Nähe der Staubentstehungsstelle aufstellen. Der anfallende Staub wird abgesaugt und die gefilterte Luft wieder dem Arbeitsraum zugeführt. Bei zentralen Absaugungsanlagen lassen sich Wärmeverluste und Zugerscheinungen nicht immer vermeiden; bei der Verwendung von direkten Absaugungsanlagen, wie diese durch die Kleinstfilter erfolgt, treten solche Nachteile nicht auf. Die gefilterte Luft kann wieder in den Arbeitsraum zurückgeführt werden. Der im Bild dargestellte Kleinstfilter wird in sieben verschiedenen Größen angefertigt. Auf dem Filtergehäuse ist der Ventilator aufgebaut, der durch einen Drehstrom-Flanschmotor angetrieben wird. Die angesaugte Staubluft wird in das Filtergehäuse geblasen. Der grobe Staub schlägt sich im Filtergehäuse nieder. Hingegen muß der feine Staub das Filter passieren und wird hierin niedergeschlagen bzw. aufgefangen. Je nach der Staubart stehen Kleinstfilter mit Öl- und Stoffiltereinsätzen zur Verfügung. Für spezifisch schweren Staub, wie z. B. Guß- oder Stahlstaub, der sich mit dem Ölfilter verbindet, nimmt man Ölfiltereinsätze. In einem Viscinölbad erfolgt von Zeit zu Zeit die Reinigung der Filterzellen. Der grobe Staub wird aus dem Filtergehäuse durch eine Schublade entnommen. Stoffiltereinsätze werden für spezifisch leichten Staub, wie z. B. Puder, Mehl, Zucker, Gummikunststoffstaub, Bronze- und Aluminiumstaub verwendet. Durch eine im Filtergehäuse eingebaute Abklopfvorrichtung werden die Stoffiltereinsätze gereinigt.

Für Polierbänke, an denen mit Polierscheiben und Paste gearbeitet wird, werden vor dem Ventilator des Kleinstfilters sogenannte Vorabscheider angebaut. Die sich beim Polieren lösenden Textilfasern und der spezifisch schwere, mit Paste verbundene Staub wird abgeschieden. Feiner Staub wird durch den Ventilator in das Filtergehäuse geblasen und schlägt sich dann in dem Filtereinsatz nieder.

Die Anwendungsmöglichkeit der im Bild gezeigten Kleinstfilter, ist außergewöhnlich vielseitig. Es gibt fast keinen Betriebsfall, wo dieser Kleinstfilter bei staubabwerfenden Maschinen nicht verwendet werden kann. Die Luftleistung der Kleinstfilter liegt zwischen 4 und 30 cbm/min und die Pressung zwischen 125 und 250 mm WS. Mithin ist da die Möglichkeit gegeben, selbst den schwersten Staub einwandfrei abzusaugen.

Die vorbehandelten Kleinstfilter weisen eine gedrungene Formausführung auf. Sie haben einen hohen Entstaubungsgrad (92—96%), einen geringen Luftwiderstand und niedrigen Kraftbedarf. Auch ist auf die leichte Reinigungsmöglichkeit hinzuweisen. Über die Luftleistung, Pressung und Antriebsmotor gibt die nachstehende Tabelle Auskunft:

Größe	Luftleistung m^3/min	Pressung mm/WS	Antriebsmotor PS	Upm
6	4	140	0,33	2800
8	6	140	0,5	2800
10	9	140	0,7	2800
12	14	140	1,0	2800
16	28	125	1,5	2800
16 a	30	250	3,0	2800

Wie schon gesagt, ist die Aufstellung von Kleinstfiltern in Schleifereien und Poliereien durchaus zu empfehlen, da sie direkt an der Staubentstehungsstelle erfolgen kann.

Abbildungs-Nachweis

Ackermann/Schmitt, KG., Stuttgart 13, 260, 261, 262, 263, 264, 265, 266, 267, 268, 269, 270, 271, 272, 273, 274, 291, 292, 293, 294, 295.

Wilhelm Altendorf, Minden in Westf. 212.

Artifex, Chemische Fabrik, Dr. Lohmann & Co., Hamburg-Stellingen. 226.

Robert Bosch, GmbH., Stuttgart. 297, 298, 299, 300.

Böttcher & Gessner, Hamburg-Bahrenfeld. 213, 214, 215, 216, 217.

Ernst Carstens, Maschinenfabrik, Nürnberg. 160, 166, 167, 177, 178, 181, 182, 205, 208, 209, 210, 211.

Classen & Schröder, Meinerzhagen in Westf. 69, 70.

„Cosma"-Maschinenbau, Carl O. Scherzinger, Augsburg. 195, 196, 197.

Kurt Ehemann, Delmenhorst. 183, 203.

Eisenwerk Eberstadt Adolf Riesterer, Darmstadt-Eberstadt. 223, 224, 225, 227.

Elektro-Apparate-Bau., GmbH., Lippstadt/Westf. 127.

Englert & Rabenseifner, Fulda. 128, 149, 192, 193, 194.

Festo-Maschinenvertrieb, GmbH., Esslingen/Neckar. 187, 188, 189, 190, 191, 219, 220, 221.

Filzfabrik Fulda, Fulda. 103, 104, 105, 106.

Ferdinand Fromm, Maschinenfabrik, Stuttgart-Bad Cannstatt. 159, 161, 162.

Peter Fuchs, ältestes europäisches Schleifscheibenwerk, Ransbach/Westerwald. 72.

Gustav Göckel, Maschinenfabrik GmbH., Darmstadt. 129, 130, 131, 132.

Greif-Werk, Hagen-Haspe. 93, 94, 95.

Gotthold Haffner, Oetisheim bei Mühlacker/Württ. 152, 168, 258.

Jacob Handte & Co., Tuttlingen/Württ. 311, 312, 313, 314.

Franz Haniel & Cie., GmbH., Duisburg-Ruhrort. 96, 99, 100.

Karl Heesemann, Bad Oeynhausen-Rehme. 169, 170, 171, 172, 185, 204.

Hilger & Kern, GmbH., Mannheim. 252.

A. K. Hoffknecht, Rafama, Düsseldorf. 92.

Hans Johannsen, Battenberg/Eder. 179, 180.

W. Ferd. Klingelnberg Söhne, Remscheid. 135, 136, 137, 138, 139, 140, 141, 142, 143, 144, 145, 146, 147.

C. Klingspor, GmbH., Haiger/Dillkreis. 289, 290.

A. Knoevenagel, Hannover-Hainholz. 157, 158, 198, 199, 200, 201, 202, 206, 207, 218.

Ledermann & Co., Horb a. Neckar. 275, 276, 277, 278, 279, 280, 281, 282, 283, 284, 285, 286, 287.

Jos. Loroch, KG., Mörlenbach/Hessen. 123, 124, 125.

Eugen Lutz, Mühlacker/Lomersheim. 148, 153, 186.

A. Mengeringhausen Nachf., KG., Iserlohn/Westf. 54.

Merz-Werke, Frankfurt/M.-R. 288.

M. S. O. Werke A.-G., Offenbach/M. 7a, 13, 14, 15, 16, 17, 18, 19, 24, 26, 70, 71

Metabowerk KG., Nürtingen/Württ. 97, 98.

Johann Napp, Apparatebau, Düsseldorf. 184, 253.

Gebrüder Neuschäfer, Hockenheim (Baden). 119, 120, 121, 122.

Norddeutsche Schleifmittelindustrie Christiansen & Co., Hamburg-Lurup. 86, 87, 101, 102, 107, 108, 109, 110, 111, 254, 255, 256, 257.

Ludwig Römer, KG., Stuttgart-Obertürkheim. 154, 155, 156, 173, 174, 175, 176.

Rückle & Co., Esslingen/Neckar-Altbach. 222.

C. F. Scheer & Cie., Stuttgart-Feuerbach. 163, 164, 165.

Wilhelm Stehle, Memmingen i. Bayern. 304, 305, 306, 307, 308, 309.

Franz Störkle, Friedrichshafen-Fischbach. 303.

Carl Thielemann Söhne, Remscheid-Hasten. 150.

Vereinigte Furnier- und Sperrholzmaschinen-Fabriken, Hamburg. 33, 133, 134.

Vollmer-Werke, GmbH., Biberach a. d. Riß/Württ. 112, 113, 114, 115, 116, 117, 118, 151.

Schrifttum

1. AWF, Holzbearbeitung Band II Oberflächenbehandlung, Beuth-Verlag GmbH, Berlin SW 19.
2. Engelbrecht, Dr. Ludwig, Oberflächenbehandlung von Holz, Verlag des Druckhauses Tempelhof, Berlin, 1951.
3. Hans Fußeder, Heinrich Wenninger, Dr. Heinrich Beck, Holzoberflächen-Behandlung, Hans Rösler Verlag Augsburg, 1951.
4. Kleinschmidt, Senator h. c., Das Schleifen der Werkzeuge, Techn. Verlag Herbert Cram, Berlin W 35, 1954.
5. Kratz, Dipl.-Ing. Erich, Untersuchungen über Holzschleifen an Trommelschleifmaschinen, Dissertation, Dresden, 1932.
6. Narath, H., Holzbearbeitungsmaschinen, 2. Aufl., Verlag J. J. Arndt, Leipzig, 1941.
7. Rudolf, Adolf, Das Polieren von Edelholz, 2. Aufl., Verlag Georg D.W. Callwey, München, 1943.
8. Schmaußer, Max, Das Schärfen der Maschinensägen, Verlag für Fachschrifttum, München 27, 1951.
9. Schott, Friedrich, Neuzeitliche Oberflächenbehandlung der Hölzer, Wullenwever-Druckverlag, Lübeck, 1948.
10. Trautvetter, Dr. Karl, Die Werkzeugmaschinen für Holzbearbeitung, Sammlung Göschen, Berlin W 35.
11. Wichmann, H., Maschinen und Werkzeuge für die spangebende Holzbearbeitung, Springer Verlag, Berlin, Werkstattbücher, Heft 78, 1951.

Alphabetisches Sachregister

ANZEIGEN

LONZA-WERKE
ELEKTROCHEMISCHE FABRIKEN GMBH
WALDSHUT AM HOCHRHEIN
liefern die Grundstoffe
Elektrokorund · Abrasit ·
und
Siliciumcarbid
für:
SCHLEIFSCHEIBEN
SCHLEIFGEWEBE
SCHLEIFPAPIER
STEIN- UND GLASSCHLIFF
HOCHFEUERFESTE STEINE
STAMPFMASSEN

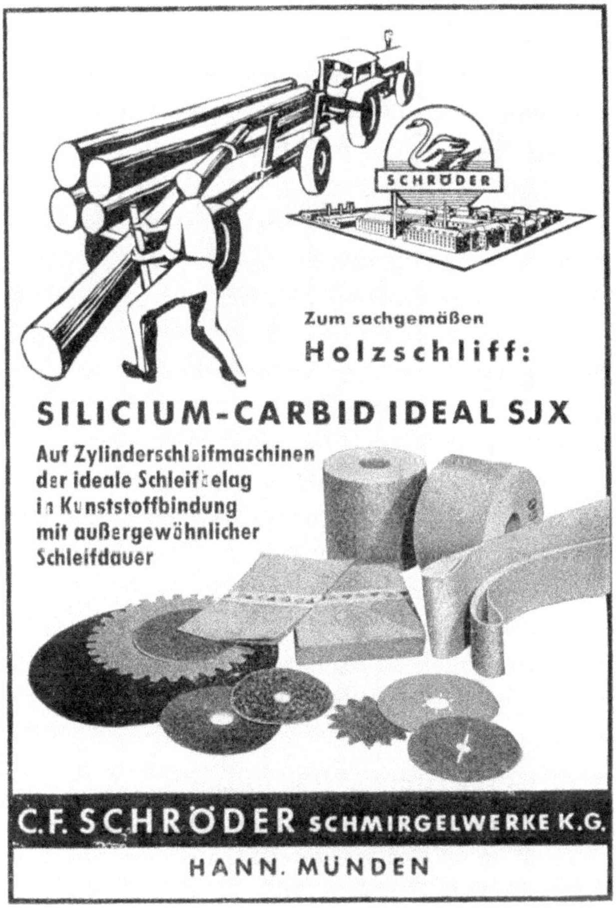
SCHRÖDER
Zum sachgemäßen
Holzschliff:
SILICIUM-CARBID IDEAL SJX
Auf Zylinderschleifmaschinen
der ideale Schleifbelag
in Kunststoffbindung
mit außergewöhnlicher
Schleifdauer
C.F. SCHRÖDER SCHMIRGELWERKE K.G.
HANN. MÜNDEN

SCHLEIFMASCHINEN
HOLZ · METALL UND KUNSTSTOFFE
CARSTENS
Ernst Carstens
MASCHINENFABRIK · NÜRNBERG

Für den Holzschliff
Diamant
Corabin
Korallit
RHEINISCHE SCHMIRGELWERKE
BEUEL–BONN

ARTIFEX
Ringe
Scheiben
Blöcke
Sonder-
formate
Schleif- und Poliermittel
ARTIFEX
HAMBURG-STELLINGEN

FRITZ TÖDT

Metallkorrosion - Allgemeines, Messung und Verhütung

2., völlig neubearbeitete Auflage von „Messung und Verhütung der Metallkorrosion". Oktav. XVI, 122 Seiten mit 37 Abbildungen. 1958. Ganzleinen DM 16,20

(Arbeitsmethoden der modernen Naturwissenschaften)

Mit zunehmender Entwicklung der Technik findet eine Steigerung von Korrosionsschäden statt. Für den Korrosionsschutz müssen jährlich viele Milliarden ausgegeben werden. In anderen Ländern gibt es bereits spezielle Korrosionsingenieure. Daher gewinnt eine zusammengefaßte Kurzdarstellung des Korrosionsgebietes besonders auch für den technischen Nachwuchs eine ständig wachsende Bedeutung.
Das Buch wendet sich vor allem an diejenigen, welche sich durch eine kurzgefaßte Darstellung über die Arbeitsmethoden und Richtlinien, wie sie auf dem Korrosionsgebiet angewandt werden, unterrichten wollen, ohne hierbei ein ausführliches Werk oder ein größeres Schrifttum durcharbeiten zu müssen.

Korrosion und Korrosionsschutz

unter Mitarbeit zahlreicher Fachgelehrter. Groß-Oktav. XXXII, 1102 Seiten mit 515 Abbildungen und zahlreichen Tabellen. 1955. Kunsthalbleder DM 168,—

HEINZ BORCHERS

Metallkunde - 2 Bände

I: Aufbau der Metalle und Legierungen

3. Auflage. Mit 90 Abbildungen und 2 Tabellen. 120 Seiten. 1956. DM 2,40

II: Eigenschaften. Grundzüge der Form und Zustandsgebung

4. Auflage. 1958. In Vorbereitung.

(Sammlung Göschen Band 432, 433)

„. . . vermitteln in konzentrierter und leicht verständlicher Weise die wichtigsten Grundlagenkenntnisse der Metallkunde für Selbstunterricht und Fachstudium."
Aluminium

W A L T E R D E G R U Y T E R & C O. / B E R L I N W 35

vormals G. J. Göschen'sche Verlagshandlung - J. Guttentag, Verlagsbuchhandlung - Georg Reimer - Karl J. Trübner - Veit & Comp.

www.ingramcontent.com/pod-product-compliance
Lightning Source LLC
LaVergne TN
LVHW060628300926
849162LV00008B/1734